JN162368

11

$\mathcal{D}$ 加群

竹内 潔 著

新井 仁之・小林 俊行・斎藤 毅・吉田 朋広 編

共立講座 数学の輝き

共立出版

刊行にあたって

数学の歴史は人類の知性の歴史とともにはじまり，その蓄積には膨大なものがあります．その一方で，数学は現在もとどまることなく発展し続け，その適用範囲を広げながら，内容を深化させています．「数学探検」，「数学の魅力」，「数学の輝き」の3部からなる本講座で，興味や準備に応じて，数学の現時点での諸相をぜひじっくりと味わってください．

数学には果てしない広がりがあり，一つ一つのテーマも奥深いものです．本講座では，多彩な話題をカバーし，それでいて体系的にもしっかりとしたものを，豪華な執筆陣に書いていただきます．十分な時間をかけてそれをゆったりと満喫し，現在の数学の姿，世界をお楽しみください．

「数学の輝き」

数学の最前線ではどのような研究が行われているのでしょうか？ 大学院にはいっても，すぐに最先端の研究をはじめられるわけではありません．この第3部では，第2部の「数学の魅力」で身につけた数学力で，それぞれの専門分野の基礎概念を学んでください．一歩一歩読み進めていけばいつのまにか視界が開け，数学の世界の広がりと奥深さに目を奪われることでしょう．現在活発に研究が進みまだ定番となる教科書がないような分野も多数とりあげ，初学者が無理なく理解できるように基本的な概念や方法を紹介し，最先端の研究へと導きます．

編集委員

はじめに

「新しい酒は新しい革袋に」という諺がある．実際，佐藤幹夫が提唱した新古典解析学とは，19 世紀に栄えた古典解析学を最先端の数学の枠組みの中で再定式化および高次元化し現代に蘇らせようという壮大な構想であった．本書では 1970 年代に登場したこの新古典解析学すなわち代数解析学の基礎を解説する．$\mathcal{D}$-加群はその中心的な対象であり，従来の解析学における関数の四則演算や代入，積分などの基本操作はすべて代数幾何学の言葉を用いて $\mathcal{D}$-加群のそれに抽象化し一般化される．こうしてこれまでは取り扱いが困難であった（線型）偏微分方程式のシステムの研究が可能になり，佐藤-河合-柏原 [201]，柏原-河合 [111]，柏原 [104] などにより非常に美しい一般理論が建設された．それまでは偏微分方程式の一般理論など夢物語と思われていたので，これは数学者の世界においてまさしく空前絶後の快挙であった．またこれは偏微分方程式論が個々の方程式を別々の方法で扱う従来のスタイルから脱却し純粋数学としての理論体系を整えた歴史的瞬間でもあった．

$\mathcal{D}$-加群が大切であることは，システムの特性多様体がこれを連接 $\mathcal{D}$-加群として扱うことで初めて定義されることからも明らかである．高次元のシステムであって特性多様体が可能な限り小さく，その正則関数解が有限次元になるものをホロノミー $\mathcal{D}$-加群と呼ぶ．ホロノミー $\mathcal{D}$-加群は古典解析で大きな成功を収めた複素平面上の常微分方程式の高次元版であり，なかでも正則ホロノミー $\mathcal{D}$-加群に対するリーマン・ヒルベルト対応（柏原 [104]）はその後の数学の発展に非常に大きな影響を与えた．例えば 1980 年代以降，偏屈層 ([10])，交叉コホモロジー ([63])，層の超局所解析 ([115], [116])，混合 Hodge 加群 ([193], [194]) などの革新的な新理論がリーマン・ヒルベルト対応を契機として誕生した．また表現論においては Beilinson-Bernstein [9] および Brylinski-柏原 [25] による Kazhdan-Lusztig 予想の解決を皮切りとする飛躍的な進展をもたらした．こうしてこの「はじめに」の最後の図のように，$\mathcal{D}$-加群の理論の影響はすでに現代数学の多くの分野にわたっており, しかもその適用範囲は年々広がっている．これは$\mathcal{D}$-加群の理論が代数幾何学におけるスキーム理論の自然な非可換化，無限次元化であり, $\mathcal{D}$-加群や偏屈層が持つ多くの構造や美しい対称性が現代数学の様々な問題の解決に極めて重要な役割を果たしていることを示している．特に代数幾何, 数論幾何, 表現論, 特異点理論などで日々活発に論文が書かれていることは, アーカイブを見ていればすぐに気が付くことである．ここ数年来だけでも，不確定特異点を持つホロノミー$\mathcal{D}$-加群の理論（Kedlaya [129], [130], 望月 [168]）とそのリーマン・ヒルベルト対応への応用（D'Agnolo-柏原 [29], Sabbah [192]）やシンプレクティック幾何学への応用（Guillermou-柏原-Schapira [75], Nadler [172], Nadler-Zaslow [173]）など多くの画期的進展があった.

このような状況の下, 特に学生諸君らによる$\mathcal{D}$-加群の理論に対する関心は日に日に増大しつつあるようにみえる．筆者はそのような期待に応えるべくできるだけ少ない労力で理論全体が概観できるよう, 細心の注意を払って本書を執筆した．特に付録においては, 本書を読み始めるにあたり重要な層の理論や導来圏について丁寧な説明を心がけた．またスキーム上の代数的$\mathcal{D}$-加群について解説した以前の堀田-竹内-谷崎 [89] とは異なり, ここではより親しみやすい複素多様体上の解析的$\mathcal{D}$-加群を主に扱った．概ね 7 章まではほぼ self contained に証明が与えられており, これで理論全体の概要がつかめるものと期待している．残りの章は各論であり, 読者がより進んで様々な新しい話題に興味を持ち研究に着手する一助になることを期待して執筆された．本書の後半部では主として$\mathcal{D}$-加群の幾何学への応用が論じられる．$\mathcal{D}$-加群の代数幾何学や特異点理論への応用は多くの数学者の関心事である．また本書を読み始めさらに$\mathcal{D}$-加群の使用法に熟達するためには, 代数幾何学や複素解析幾何学の基本的な考え方や例に徐々になじんでゆくことが望ましい．以上の２つの理由から$\mathcal{D}$-加群とその幾何学への応用をセットにした本書を企画した次第である．前半部で学習した$\mathcal{D}$-加群の基礎理論が幾何学にどのように応用されるか, 読者は後半部で具体例を通じて楽しみながら学ぶことができるものと期待している.

じつは代数幾何学と代数解析学は表裏一体であり, 後者は前者の一部門ということもできる．したがって代数解析学を理解するためには，代数幾何学や可換環論の基礎知識がどうしても必要である．このことは導来圏で考えなければ$\mathcal{D}$-加群の基本的な操作を定義することすらできないことからも明らかである．また連接$\mathcal{D}$-加群の特性多様体の定義が代数幾何学における射影スキームの理論の自然な延長線上にあることからも，代数幾何的なものの見方の重要性がよくわかるであろう．本書はできるだけ少ない予備知識で$\mathcal{D}$-加群の理論に入門し徐々に代数幾何的な議論にも慣れてゆけるよう工夫して執筆されたが，つねに基礎に立ち返って理解に努めることが大切なのは言うまでもないことである．こうした当たり前のことが軽視され続けてきたことが，日本ではごく一握りの人々にしか$\mathcal{D}$-加群の理論が理解されなかったことの原因であると思う．特に解析学においては，すぐに応用し問題を解くことのみに目が向きがちで純粋数学としての視点が忘れられかけているのは問題である．解析学の研究者の方々，なかでも人を評価する立場の方々はぜひ基礎学問としての代数解析学の研究を長期的な視野で温かく見守って頂きたい．基礎学問の芽は大変ひ弱であり，社会の庇護を必要としている．しかしながらそれがひとたび開花すれば文化的に極めて大きな発展が期待できるのは，上で見た通りである．$\mathcal{D}$-加群が発祥の国で理論がほとんど普及しなかったのは，まったく無念という他はない．本書が国際的に標準的なスタイルの代数解析学が日本においても普及する一助となれば幸いである．

本書を執筆するにあたり，$\mathcal{D}$-加群理論の偉大な開拓者である柏原正樹氏の影響は計り知れない．実際筆者の非才により，本書のいくつかの証明には，[89]だけでなく柏原氏の一連の著作 [102], [108], [116] の証明の記号を変えた引き写しに近いものもある．柏原氏の論文や著書はどれも珠玉の芸術作品のようなものであり，これらの美しい作品に接することがなければ筆者の人生はずっとつまらないものになっていたことだろう．また Pierre Schapira 氏はこの分野についてまだ西も東もわからなかった筆者をパリ第6大学へ受け入れ，筆者をつねに励まし正しい方向に導いて下さった．Schapira 氏の厳しい批判がなければ，筆者の研究は代数解析とはいってもまったく国際的に通用しないおかしなものになっていたことだろう．小清水寛氏と杉木雄一氏は，筆者がまだ研究者として駆け出しの時期に多くの議論に付き合って頂いた．筆者が$\mathcal{D}$-加群の理論を何とか自分なりにも理解できたのはひとえに彼らのおかげである．特に本書の執筆においても，小清水寛氏がまとめた膨大なノートが大きな役割を果たした．松井優氏にはその後の多くの共著論文などで大変お世話になった．本書の後半部で述べた $\mathcal{D}$-加群の特異点理論への応用に関するいくつかの結果は，松井氏の寄与なくしては決して得られなかったものである．池祐一氏ならびに齋藤隆大氏には本書のタイプや校正などで非常にお世話になった．実際本書の随所に彼らから頂いた貴重な意見や指摘が反映されている．また伊藤要平氏は本書の原稿をもとに筑波大学でセミナーを行い多くの誤りを訂正して頂いた．桑原敏郎氏と安藤加奈氏はそのセミナーに出席し多くの貴重なご意見を頂いた．石井大海氏はこの「はじめに」の最後の図を作成して頂いた．本書のレフェリーには多くの貴重な助言を頂いた．それ以外にも実に多くの方々のご協力のおかげで何とか本書を完成することができた．これを深く感謝する次第である．最後にこのような貴重な機会を与えて下さった共立出版の方々に深くお礼申し上げる．

2017年6月吉日　　　　筑波大学　　竹内　潔

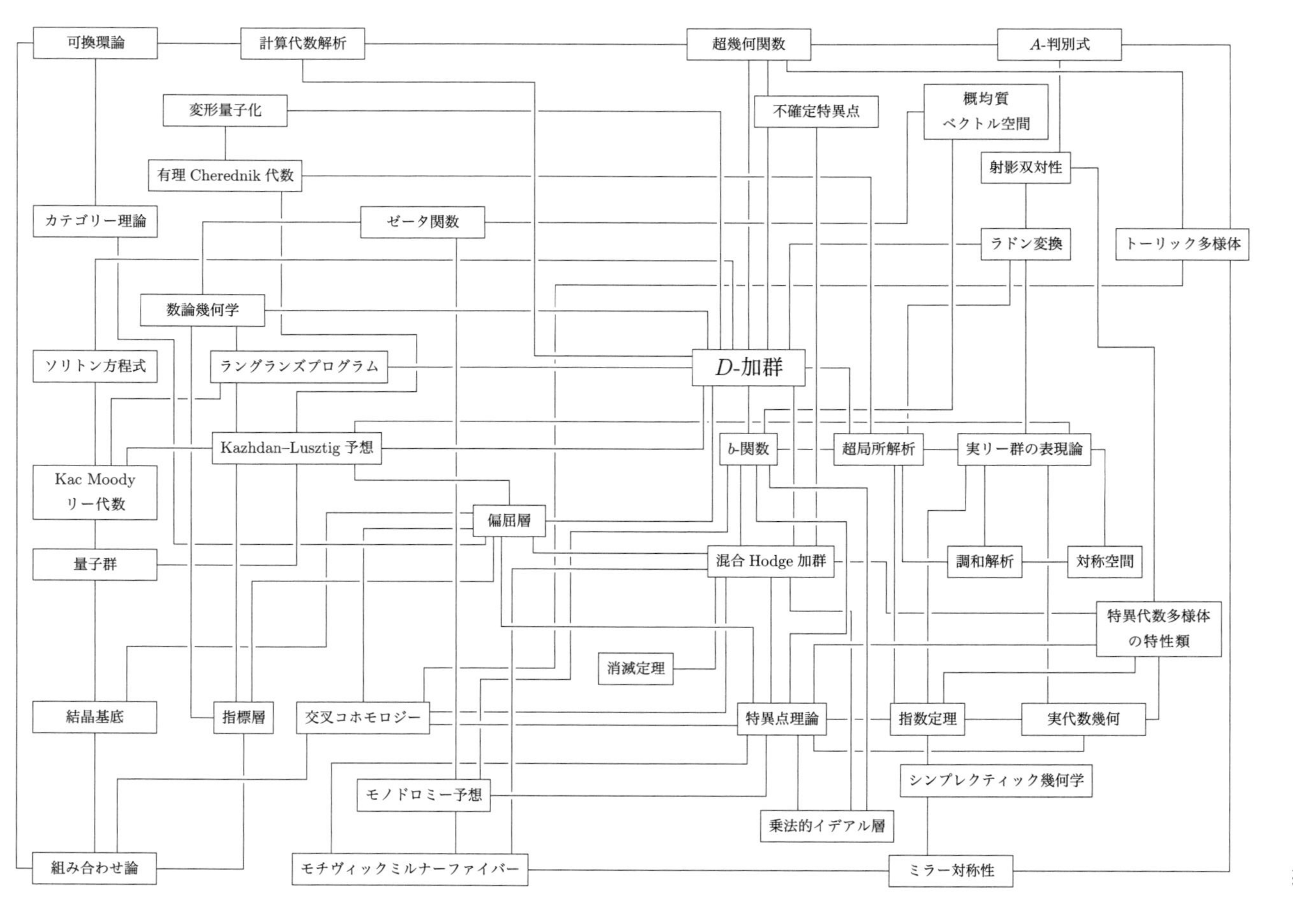

可換環論
計算代数解析
超幾何関数
A-判別式
変形量子化
不確定特異点
概均質
ベクトル空間
有理 Cherednik 代数
射影双対性
カテゴリー理論
ゼータ関数
ラドン変換
トーリック多様体
数論幾何学
ソリトン方程式
ラングランズプログラム
D-加群
Kazhdan–Lusztig 予想
b-関数
超局所解析
実リー群の表現論
Kac Moody
リー代数
偏屈層
量子群
混合 Hodge 加群
調和解析
対称空間
特異代数多様体
の特性類
消滅定理
結晶基底
指標層
交叉コホモロジー
特異点理論
指数定理
実代数幾何
シンプレクティック幾何学
モノドロミー予想
乗法的イデアル層
組み合わせ論
モチヴィックミルナーファイバー
ミラー対称性

目　次

第1章 ◇ $\mathcal{D}$-加群の基本事項

この章ではまず非可換環の層 $\mathcal{D}_X$ を構成し可積分接続などの様々な $\mathcal{D}_X$-加群を紹介する．次に層 $\mathcal{D}_X$ の代数的性質を調べる．特に $\mathcal{D}_X$ は連接層であることを示す．そして連接 $\mathcal{D}_X$-加群の特性多様体を定義しその性質を述べる．これによりホロノミー $\mathcal{D}_X$-加群を定義しその例および基本的な性質を紹介する．

1.1 環の層 $\mathcal{D}_X$ と $\mathcal{D}_X$-加群

以下 X を n 次元の複素多様体として，その上の正則関数係数の偏微分作用素のなす非可換環の層 $\mathcal{D}_X$ を構成しよう．直感的には X の各開集合 $U \subset X$ に対して，

$$\mathcal{D}_X(U) = \left\{ P = \sum_{\alpha \in \mathbb{Z}_+^n} a_\alpha(x) \partial_x^\alpha \;\middle|\; a_\alpha(x) \text{ は正則関数} \right\}$$

(ここで P の表示は U の各点における局所座標 $x = (x_1, \ldots, x_n)$ を用いた．また $\alpha = (\alpha_1, \ldots, \alpha_n) \in \mathbb{Z}_+^n$ に対して <u>**多重指数**</u> の記法 $\partial_x^\alpha = \partial_{x_1}^{\alpha_1} \cdots \partial_{x_n}^{\alpha_n}$ を用いた.)

とおいて，$P, Q \in \mathcal{D}_X(U)$ の積 $PQ \in \mathcal{D}_X(U)$ を $\mathcal{O}_X(U)$ への偏微分作用素としての合成として定める．すなわち積 $PQ \in \mathcal{D}_X(U)$ は，条件 $(PQ)f = P(Qf)$ が全ての $f \in \mathcal{O}_X(U)$ に対して成り立つ唯一つの $\mathcal{D}_X(U)$ の元と定める．U の局所座標 $x = (x_1, \ldots, x_n)$ を用いて偏微分作用素 P, Q が

$$P = \sum_{\alpha \in \mathbb{Z}_+^n} a_\alpha(x) \partial_x^\alpha, \quad Q = \sum_{\alpha \in \mathbb{Z}_+^n} b_\alpha(x) \partial_x^\alpha$$

と書ける場合，積 $PQ = \sum_{\alpha \in \mathbb{Z}_+^n} c_\alpha(x) \partial_x^\alpha$ の係数 $c_\alpha(x)$ $(\alpha \in \mathbb{Z}_+^n)$ は以下の定義とそれに伴う補題を用いて求めることができる．

定義 1.1 $P = \sum_{\alpha \in \mathbb{Z}_+^n} a_\alpha(x) \partial_x^\alpha$ の <u>全シンボル</u> (total symbol) を，$(x, \xi) =$

$(x_1,\ldots,x_n,\xi_1,\ldots,\xi_n)\in\mathbb{C}^{2n}$ の関数として以下のように定める：

$$\tau(P)(x,\xi):=\sum_{\alpha\in\mathbb{Z}_+^n}a_\alpha(x)\xi^\alpha.$$

補題 1.2 $P,Q\in\mathcal{D}_X(U)$ の積 $PQ\in\mathcal{D}_X(U)$ に対して次が成り立つ：

$$\tau(PQ)(x,\xi)=\sum_{\alpha\in\mathbb{Z}_+^n}\frac{1}{\alpha!}\partial_\xi^\alpha\tau(P)(x,\xi)\cdot\partial_x^\alpha\tau(Q)(x,\xi).$$

こうして一応形式的には環の層 $\mathcal{D}_X$ が得られたが，その内在的な（すなわち局所座標を使わない）構成は以下の通りである．$\mathbb{C}_X$-加群の層 $\mathcal{O}_X$ の自己準同型環の層

$$\mathcal{E}nd_{\mathbb{C}_X}(\mathcal{O}_X):=\mathcal{H}om_{\mathbb{C}_X}(\mathcal{O}_X,\mathcal{O}_X)$$

を考えよう．このとき X 上の正則ベクトル場の層 Θ_X は次のように $\mathcal{E}nd_{\mathbb{C}_X}(\mathcal{O}_X)$ の部分層として実現される：

$$\Theta_X=\left\{\theta\in\mathcal{E}nd_{\mathbb{C}_X}(\mathcal{O}_X)\;\middle|\;\theta(fg)=(\theta f)g+f(\theta g)\ \ (f,g\in\mathcal{O}_X)\right\}$$

すなわち Θ_X は $\mathcal{O}_X$ の <u>微分</u> (derivation) のなす層 $\mathrm{Der}_{\mathbb{C}_X}(\mathcal{O}_X)$ である．また $\mathcal{O}_X$ も対応

$$\mathcal{O}_X\ni f\longmapsto[g\longmapsto fg]\in\mathcal{E}nd_{\mathbb{C}_X}(\mathcal{O}_X)$$

により $\mathcal{E}nd_{\mathbb{C}_X}(\mathcal{O}_X)$ の部分環の層とみなす．そして $\mathcal{D}_X$ を

$$\mathcal{D}_X:=\left\{\mathcal{O}_X\text{と}\Theta_X\text{より生成される}\mathcal{E}nd_{\mathbb{C}_X}(\mathcal{O}_X)\text{の部分環}\right\}$$

と定義すればよい．偏微分作用素 $P=\sum_{\alpha\in\mathbb{Z}_+^n}a_\alpha(x)\partial_x^\alpha\in\mathcal{D}_X(U)$ の <u>階数</u> (order)

$$\mathrm{ord}\,P:=\max\left\{|\alpha|\;\middle|\;a_\alpha(x)\neq0\ \ (\alpha\in\mathbb{Z}_+^n)\right\}$$

（ここで $|\alpha|=\alpha_1+\cdots+\alpha_n$ とおいた）は局所座標 $x=(x_1,\ldots,x_n)$ つまり P の表示のとり方によらない．したがって $\mathcal{D}_X$ の $\mathcal{O}_X$-部分加群の層 $F_i\mathcal{D}_X\subset\mathcal{D}_X$ $(i\in\mathbb{Z})$ を

$$F_i\mathcal{D}_X(U):=\left\{P\in\mathcal{D}_X(U)\;\middle|\;\mathrm{ord}\,P\leq i\right\}\subset\mathcal{D}_X(U)$$

と定めることができる．これは $F_i\mathcal{D}_X = 0$ $(i<0)$ および $F_0\mathcal{D}_X = \mathcal{O}_X$ を満たし $i \in \mathbb{Z}$ について増大的である：

$$0 = F_{-1}\mathcal{D}_X \subset F_0\mathcal{D}_X = \mathcal{O}_X \subset F_1\mathcal{D}_X \subset F_2\mathcal{D}_X \subset \cdots .$$

さらに局所的に $\mathcal{O}_X$-加群としての同型 $\mathcal{O}_X \oplus \Theta_X \simeq F_1\mathcal{D}_X$ が成り立つ．$F = \{F_i\mathcal{D}_X\}_{i\in\mathbb{Z}}$ を $\mathcal{D}_X$ の **階数によるフィルター付け** (order filtration) と呼ぶ．このとき組 $(\mathcal{D}_X, F)$ は以下のフィルター付きの環（後述）の条件をみたす：

(1) $\mathcal{D}_X = \bigcup_{i\in\mathbb{Z}} F_i\mathcal{D}_X$, $F_i\mathcal{D}_X = 0 \quad (i<0)$

(2) $1 \in F_0\mathcal{D}_X$

(3) $(F_i\mathcal{D}_X)\cdot(F_j\mathcal{D}_X) \subset F_{i+j}\mathcal{D}_X \quad (i,j\in\mathbb{Z})$

明らかなことであるが，実は $\mathcal{D}_X$ の場合さらに強く等式

(3)′ $(F_i\mathcal{D}_X)\cdot(F_j\mathcal{D}_X) = F_{i+j}\mathcal{D}_X \quad (i,j\in\mathbb{Z}_+)$

が成り立つ．また $P, Q \in \mathcal{D}_X(U)$ の **交換子積** $[P,Q] = PQ - QP \in \mathcal{D}_X(U)$ について不等式

$$\operatorname{ord}[P,Q] \leq \operatorname{ord}P + \operatorname{ord}Q - 1 \tag{1.1}$$

が成り立つ．したがって $F_i\mathcal{D}_X$ の $\mathcal{D}_X \subset \mathcal{E}nd_{\mathbb{C}_X}(\mathcal{O}_X)$ の部分層としての内在的な構成を，以下のように $i\in\mathbb{Z}$ について帰納的に行うことが可能である：

$$\begin{cases} \bullet F_i\mathcal{D}_X = 0 \ (i<0), \quad F_0\mathcal{D}_X = \mathcal{O}_X \\ \bullet F_{i+1}\mathcal{D}_X = \{P \in \mathcal{D}_X \mid [P,\mathcal{O}_X] \subset F_i\mathcal{D}_X\} \quad (i \geq 0) \end{cases}$$

定義 1.3 偏微分作用素 $P = \sum_{\alpha\in\mathbb{Z}_+^n} a_\alpha(x)\partial_x^\alpha \in \mathcal{D}_X(U)$ の階数 $\operatorname{ord}P$ が $i \geq 0$ であるとする．このとき P の **主シンボル** (principal symbol) $\sigma_i(P)(x,\xi)$ を $(x,\xi) = (x_1,\ldots,x_n,\xi_1,\ldots,\xi_n)$ の関数として以下のように定める：

$$\sigma_i(P)(x,\xi) := \sum_{|\alpha|=i} a_\alpha(x)\xi^\alpha .$$

X の余接（ベクトル）束 T^*X とその標準射影 $\pi\colon T^*X \longrightarrow X$ を考えれば，$\sigma_i(P)$ は（局所座標のとり方によらず）開集合 $\pi^{-1}(U) \subset T^*X$ 上の正則関数を定めることがわかる．さらに定義により $\sigma_i(P)$ の $\pi\colon T^*X \longrightarrow X$ の各ファイバー $\pi^{-1}(x) = T_x^*X \simeq \mathbb{C}^n$ 上への制限は i 次の斉次多項式である．以下 $\sigma_i(P)$ を $\sigma(P)$ と略記することもある．不等式 (1.1) より $(\mathcal{D}_X, F)$ から定まる<u>次数付き環</u> (graded ring) の層

$$\mathrm{gr}^F \mathcal{D}_X := \bigoplus_{i \in \mathbb{Z}} \mathrm{gr}_i^F \mathcal{D}_X$$

は可換となる．さらに局所座標 $x = (x_1, \ldots, x_n)$ を用いれば，局所的な $\mathcal{O}_X$-加群としての同型

$$\mathrm{gr}^F \mathcal{D}_X \xrightarrow{\sim} \mathcal{O}_X[T_1, \ldots, T_n] \quad ([\partial_i] \longmapsto T_i)$$

が得られる．本書では特にことわりがなければ $\mathcal{D}_X$-加群とは左 $\mathcal{D}_X$-加群のことを指すものとする．例えば $\mathcal{O}_X$ は $\mathcal{D}_X$ の自然な作用により（左）$\mathcal{D}_X$-加群である．また $\mathcal{D}_X$ 自身は左および右 $\mathcal{D}_X$-加群であるが，それらの作用は可換，つまり両側 $(\mathcal{D}_X, \mathcal{D}_X)$-加群である．応用上最も重要な $\mathcal{D}_X$-加群は局所的にある $\mathcal{D}_X$ を係数に持つ行列 $P = (P_{i,j}) \in M(N_1, N_0, \mathcal{D}_X)$ を用いて $\mathcal{M} = \mathcal{D}_X^{N_0} / \mathcal{D}_X^{N_1} P$ の形に書けるものである．すなわち $\mathcal{D}_X$-加群 $\mathcal{M}$ を（左）$\mathcal{D}_X$-加群の完全列

$$\mathcal{D}_X^{N_1} \xrightarrow[\times P]{} \mathcal{D}_X^{N_0} \longrightarrow \mathcal{M} \longrightarrow 0$$

により定義する．このような $\mathcal{M}$ を<u>連接 $\mathcal{D}_X$-加群</u>と呼ぶ（環の層 $\mathcal{D}_X$ の連接性は後に示す）．上の完全列に左完全函手 $\mathcal{H}om_{\mathcal{D}_X}(*, \mathcal{O}_X)$ を施すことにより（$\mathbb{C}_X$-加群の層の）完全列

$$0 \longrightarrow \mathcal{H}om_{\mathcal{D}_X}(\mathcal{M}, \mathcal{O}_X) \longrightarrow \mathcal{O}_X^{N_0} \xrightarrow{P\times} \mathcal{O}_X^{N_1}$$

が得られる．ここで同型 $\mathcal{H}om_{\mathcal{D}_X}(\mathcal{D}_X, \mathcal{O}_X) \simeq \mathcal{O}_X$ $(\phi \longmapsto \phi(1))$ を用いた．こうして得られる同型

$$\mathcal{H}om_{\mathcal{D}_X}(\mathcal{M}, \mathcal{O}_X) \simeq \{\vec{u}(x) \in \mathcal{O}_X^{N_0} \mid P\vec{u} = \vec{0}\} \subset \mathcal{O}_X^{N_0}$$

より層 $\mathcal{H}om_{\mathcal{D}_X}(\mathcal{M}, \mathcal{O}_X)$ は偏微分方程式（系）$P\vec{u} = \vec{0}$ の正則関数解の層に他ならないことがわかる．さらに $\mathcal{O}_X$ を様々な別の種類の関数のなす層に取りかえても同様の事実が成り立つ．以上の考察に基づき佐藤幹夫は線型偏微分方程式系を連接 $\mathcal{D}_X$-加群とみなして研究することを提唱した．これを**佐藤の哲学**と呼ぶ．環の層 $\mathcal{D}_X$ の連接性（後述）を用いれば $\mathcal{M}$ の局所自由分解

$$\cdots \longrightarrow \mathcal{D}_X^{N_k} \xrightarrow[\times P_k]{} \cdots \xrightarrow[\times P_2]{} \mathcal{D}_X^{N_1} \xrightarrow[\times P_1]{} \mathcal{D}_X^{N_0} \longrightarrow \mathcal{M} \longrightarrow 0$$

$(P_i \in M(N_i, N_{i-1}, \mathcal{D}_X), P_1 = P)$ が得られる．それを用いて $\mathbb{C}_X$-加群の層の複体

$$\begin{aligned} &\mathbf{R}\mathcal{H}om_{\mathcal{D}_X}(\mathcal{M}, \mathcal{O}_X) \\ =&\left[\, 0 \longrightarrow \mathcal{O}_X^{N_0} \xrightarrow{P_1\times} \mathcal{O}_X^{N_1} \xrightarrow{P_2\times} \mathcal{O}_X^{N_2} \xrightarrow{P_3\times} \cdots\cdots \right] \end{aligned}$$

が定義でき同型 $H^0\mathbf{R}\mathcal{H}om_{\mathcal{D}_X}(\mathcal{M}, \mathcal{O}_X) \simeq \mathcal{H}om_{\mathcal{D}_X}(\mathcal{M}, \mathcal{O}_X)$ が成り立つ．次の補題は $\mathcal{D}_X$ が $\mathcal{O}_X$ と Θ_X で生成されていることより明らかである．

補題 1.4 $\mathcal{M}$ は $\mathcal{O}_X$-加群とする．このとき $\mathcal{M}$ に左 $\mathcal{D}_X$-加群の構造を与えることと，$\mathbb{C}_X$-加群の準同型

$$\nabla\colon \Theta_X \longrightarrow \mathcal{E}nd_{\mathbb{C}_X}(\mathcal{M}) \quad (\theta \longmapsto \nabla_\theta)$$

であって次の条件を満たすものを与えることは同値である：

(1) $\nabla_{f\theta}(m) = f\nabla_\theta(m) \quad (f \in \mathcal{O}_X, \theta \in \Theta_X, m \in \mathcal{M})$

(2) $\nabla_\theta(fm) = \theta(f)m + f\nabla_\theta(m) \quad (f \in \mathcal{O}_X, \theta \in \Theta_X, m \in \mathcal{M})$

(3) $\nabla_{[\theta_1,\theta_2]}(m) = [\nabla_{\theta_1}, \nabla_{\theta_2}](m) \quad (\theta_1, \theta_2 \in \Theta_X, m \in \mathcal{M})$

（ここで $[\theta_1, \theta_2]$ は 2 つのベクトル場 θ_1, θ_2 の**リー括弧積** (Lie bracket) である）．つまり ∇ を用いて $\mathcal{M}$ に左 $\mathcal{D}_X$-加群の構造が $\theta m = \nabla_\theta(m)$ $(\theta \in \Theta_X, m \in \mathcal{M})$ で入る．

Ω_X^j で X 上の正則 j-形式の層を表すとすると，上の $(\mathcal{M}, \nabla)$ は $\mathbb{C}_X$-加群の準同型

$$\nabla\colon \mathcal{M} \longrightarrow \Omega_X^1 \otimes_{\mathcal{O}_X} \mathcal{M} \quad \left(m \longmapsto \sum_{i=1}^{n} dx_i \otimes \nabla_{\partial_i}(m)\right)$$

を誘導する（同じ記号 ∇ を用いた）．さらにこれを自然に延長することで，$\mathbb{C}_X$-加群の準同型

$$\nabla_j\colon \Omega_X^j \otimes_{\mathcal{O}_X} \mathcal{M} \longrightarrow \Omega_X^{j+1} \otimes_{\mathcal{O}_X} \mathcal{M} \quad (\omega \otimes m \longmapsto d\omega \otimes m + (-1)^j \omega \wedge \nabla m)$$

$(j = 0, 1, 2, \ldots)$ が得られる．こうして左 $\mathcal{D}_X$-加群 $\mathcal{M}$ よりその de Rham **複体** (de Rham complex) （後述の $\mathrm{DR}_X(\mathcal{M})$ とシフトのみ異なる）

$$0 \longrightarrow \mathcal{M} \xrightarrow{\nabla_0=\nabla} \Omega_X^1 \otimes_{\mathcal{O}_X} \mathcal{M} \xrightarrow{\nabla_1} \Omega_X^2 \otimes_{\mathcal{O}_X} \mathcal{M} \xrightarrow{\nabla_2} \cdots$$

が得られる．補題 1.4 の条件 (3) よりこれが実際に複体であることが確かめられる．

● **例 1.5（可積分接続）** $\mathcal{M}$ は階数 N の局所自由 $\mathcal{O}_X$-加群であって，左 $\mathcal{D}_X$-加群の構造が与えられているものとしよう．このとき補題 1.4 の ∇ に関する条件 (1), (2) は正則ベクトル束に微分幾何学の意味での **接続** (connection) を与えることに対応し，局所座標 $x = (x_1, \ldots, x_n)$ および局所同型 $\mathcal{M} \simeq \mathcal{O}_X^N$ の下で $\nabla_{\partial_i}\colon \mathcal{M} \simeq \mathcal{O}_X^N \longrightarrow \mathcal{M} \simeq \mathcal{O}_X^N$ $(1 \leq i \leq n)$ はある N 次正方行列 $A_i(x) = (A_{ijk}(x))_{1 \leq j,k \leq N} \in M_N(\mathcal{O}_X)$ を用いて

$$\nabla_{\partial_i}(\vec{s}) = \partial_i \vec{s} + A_i \vec{s} \qquad (\vec{s} \in \mathcal{M} \simeq \mathcal{O}_X^N)$$

と書くことができる．$A_i(x)$ $(1 \leq i \leq n)$ を ∇ より定まる **接続行列** (connection matrix) と呼ぶ．等式 $[\partial_i, \partial_j] = 0$ $(1 \leq i, j \leq n)$ および補題 1.4 の条件 (3) より $[\nabla_{\partial_i}, \nabla_{\partial_j}] = 0$ を得る．すなわち

$$0 = [\partial_i + A_i, \partial_j + A_j]\vec{s} = (\partial_i A_j - \partial_j A_i + [A_i, A_j])\vec{s}$$

がすべての $\vec{s} \in \mathcal{M} \simeq \mathcal{O}_X^N$ に対して成り立つ．これより直ちに次の重要な関係式を得る：

$$\frac{\partial A_i}{\partial x_j} - \frac{\partial A_j}{\partial x_i} = [A_i, A_j] \quad (1 \leq i, j \leq n).$$

これを接続 $(\mathcal{M}, \nabla)$ の **可積分条件** (integrability condition) と呼ぶ．すなわち局所自由 $\mathcal{O}_X$-加群であって左 $\mathcal{D}_X$-加群の構造をもつものは，古典的な可積分接続 (integrable connection)（あるいは **Pfaff 系** (Phaff system) とも呼ばれる偏微分方程式系）に他ならない．また $A_i(x)$ $(1 \leq i \leq n)$ より定まる **接続 1-形式**

$$A(x) := \sum_{i=1}^{n} A_i(x) dx_i \in M_N(\Omega_X^1)$$

を用いて $\nabla_0 = \nabla \colon \mathcal{M} \longrightarrow \Omega_X^1 \otimes_{\mathcal{O}_X} \mathcal{M}$ は $\vec{s} \longmapsto d\vec{s} + A(x)\vec{s}$ と書くことができる．上に述べた接続 $(\mathcal{M}, \nabla)$ の可積分条件はその曲率形式

$$R(x) := dA + A \wedge A \in M_N(\Omega_X^2)$$

が恒等的に消えているという条件（いわゆる **曲率 0 条件**）と同値である．なお可積分性を仮定しない一般の接続 $(\mathcal{M}, \nabla)$ に対して $\nabla_1 \circ \nabla_0 \colon \mathcal{M} \longrightarrow \Omega_X^2 \otimes_{\mathcal{O}_X} \mathcal{M}$ が $\vec{s} \longmapsto R(x)(\vec{s})$ で与えられるように曲率形式 $R(x)$ が定義されていたことに注意せよ．

定義 1.6　左 $\mathcal{D}_X$-加群 $\mathcal{M}$ が $\mathcal{O}_X$ 上有限階数の局所自由加群であるとき，$\mathcal{M}$ は **可積分接続** (integrable connection) あるいは単に **接続** (connection) であるという．

可積分接続 $\mathcal{M} = (\mathcal{M}, \nabla)$ $(\nabla : \mathcal{M} \longrightarrow \Omega_X^1 \otimes_{\mathcal{O}_X} \mathcal{M})$ の **水平切断** (horizontal section) のなす部分層 $\mathcal{M}^{\nabla} \subset \mathcal{M}$ を

$$\mathcal{M}^{\nabla} = \{m \in \mathcal{M} \mid \nabla m = 0\} \subset \mathcal{M}$$

で定義する．

定義 1.7　複素多様体 X 上の $\mathbb{C}_X$-加群の層 $\mathcal{L}$ が **局所系** (local system) であるとは，X の各連結成分ごとに定まるある有限な $N \geq 0$ が存在して局所的な $\mathbb{C}_X$-加群の同型 $\mathcal{L} \simeq \mathbb{C}_X^N$ が成り立つことをいう．またこのとき N を $\mathcal{L}$ の **階数** (rank) と呼ぶ．

局所系や可積分接続の階数は X の各連結成分ごとに定まることに注意せよ．X 上の局所系とそれらの間の $\mathbb{C}_X$-加群の層の準同型はアーベル圏 $\mathrm{Loc}(X)$ を定める．X が連結な場合，X の点 $p \in X$ を基点とする **基本群** (fundamental group) を $\pi_1(X,p)$ と記す．このとき X 上の階数 N の局所系 $\mathcal{L}$ より **モノドロミー表現** (monodromy representation)

$$\rho(\mathcal{L},p)\colon \pi_1(X,p) \longrightarrow \mathrm{GL}(N,\mathbb{C})$$

が，点 p を始点および終点とするループ $[\gamma] \in \pi_1(X,p)$ に対してそれより定まる茎 $\mathcal{L}_p \simeq \mathbb{C}^N$ の自己同型（γ に沿う $\mathcal{L}$ の切断の平行移動）を対応させることにより定義される．基本群 $\pi_1(X,p)$ の次数 N の表現の同値類全体のなすアーベル圏を $\mathrm{Rep}(\pi_1(X,p),N)$ と記す．さらに N についての合併をとり

$$\mathrm{Rep}(\pi_1(X,p)) = \bigsqcup_{N\geq 0} \mathrm{Rep}(\pi_1(X,p),N)$$

とおく（これもアーベル圏である）．次の事実は基本的である（証明は渋谷 [215, 1.7 節] などを参照せよ）．

定理 1.8 複素多様体 X は連結と仮定する．このときモノドロミー表現より定まる函手

$$\rho\colon \mathrm{Loc}(X) \longrightarrow \mathrm{Rep}(\pi_1(X,p))$$

はアーベル圏の圏同値を引き起こす．

X 上の可積分接続のなす圏 $\mathrm{Conn}(X)$ が $\mathrm{Loc}(X) \simeq \mathrm{Rep}(\pi_1(X,p))$ と圏同値であることを示そう．次の結果は古典的な **Cauchy-Kowalevski の定理** の1つの形である（証明は [136] などを参照せよ）．

補題 1.9 $X = \mathbb{C}^n_x$ として $Y = \{x_n = 0\} = \mathbb{C}^{n-1} \subset X$ をその複素超曲面とする．また $X = \mathbb{C}^n$ の原点の近傍で正則な関数を成分に持つ N 次正方行列 $A(x) = (A_{jk}(x))_{1\leq j,k\leq N} \in M_N(\mathcal{O}_{X,0})$ を考える．このとき任意の Y 上の（原点の近傍で定義された）ベクトル値正則関数 $\vec{a}(x_1,\dots,x_{n-1}) \in \mathcal{O}^N_{Y,0}$ に対

して初期問題

$$\begin{cases} (\partial_n + A(x))\vec{u}(x_1, \ldots, x_n) = \vec{0} \\ \vec{u}(x_1, \ldots, x_{n-1}, 0) = \vec{a}(x_1, \ldots, x_{n-1}) \end{cases}$$

の解 $\vec{u}(x_1, \ldots, x_n) \in \mathcal{O}_{X,0}^N$ がただ1つ存在する.

定理 1.10　複素多様体 X は連結であると仮定する．このとき X 上の階数 N の可積分接続 $\mathcal{M} = (\mathcal{M}, \nabla)$ に対してその水平切断の層 $\mathcal{L} = \mathcal{M}^{\nabla}$ は階数 N の局所系である．さらに次の $\mathcal{D}_X$-加群の同型が成り立つ：

$$\mathcal{O}_X \otimes_{\mathbb{C}_X} \mathcal{L} \xrightarrow{\sim} \mathcal{M} \quad (f \otimes m \longmapsto fm).$$

ここで左辺には $\mathcal{O}_X$ の左 $\mathcal{D}_X$-加群としての構造より定まる左 $\mathcal{D}_X$-加群の構造が入っている．特に函手

$$\begin{array}{rcl} \Phi\colon \mathrm{Conn}(X) & \longrightarrow & \mathrm{Loc}(X) \\ \Psi & & \Psi \\ \mathcal{M} = (\mathcal{M}, \nabla) & \longmapsto & \mathcal{M}^{\nabla} \end{array}$$

はアーベル圏の圏同値を引き起こす.

証明　問題は局所的なので $X = \mathbb{C}^n$ としてその原点の近傍で考えれば十分である．このとき例 1.5 より局所同型 $\mathcal{M} \simeq \mathcal{O}_X^N$ の下である接続行列 $A_i(x) \in M_N(\mathcal{O}_{X,0})$ $(1 \leq i \leq n)$ が存在して

$$\nabla_{\partial_i}(\vec{s}) = \partial_i \vec{s} + A_i \vec{s} \qquad (\vec{s} \in \mathcal{M} \simeq \mathcal{O}_X^N)$$

となる．さらに可積分条件よりこれらの作用素は互いに可換 $[\partial_i + A_i, \partial_j + A_j] = 0$ $(1 \leq i, j \leq n)$ である．このとき補題 1.9 をくり返し用いて初期値問題を解くことにより，次元 $n = \dim X$ に関する帰納法で茎の同型

$$\mathcal{L}_0 \xrightarrow{\sim} \mathbb{C}^N \quad (\vec{s}(x) \longmapsto \vec{s}(0))$$

を示すことができる．よって $\mathcal{M} = (\mathcal{M}, \nabla)$ の水平切断の層 $\mathcal{L} = \mathcal{M}^{\nabla} \subset \mathcal{M}$ が局所系であり $\mathcal{M}$ と同じ階数を持つことがわかった．なお，この事実は

$\mathcal{M} = (\mathcal{M}, \nabla)$ の可積分性を用いて積空間 $X \times \mathbb{C}^N$ 上の接分布に関するいわゆるフロベニウスの定理より導くこともできる．さらに水平切断の定義より層準同型

$$\mathcal{O}_X \otimes_{\mathbb{C}_X} \mathcal{L} \longrightarrow \mathcal{M} \quad (f \otimes m \longmapsto fm)$$

が $\mathcal{D}_X$-線型な全射であることもわかる．また函手 $\Phi\colon \mathrm{Conn}(X) \longrightarrow \mathrm{Loc}(X)$ の逆函手 (quasi-inverse) が

$$\begin{array}{ccc} \Psi\colon \mathrm{Loc}(X) & \longrightarrow & \mathrm{Conn}(X) \\ \Cup & & \Cup \\ \mathcal{L} & \longmapsto & \mathcal{O}_X \otimes_{\mathbb{C}_X} \mathcal{L} \end{array}$$

により与えられることも明らかである． ■

命題 1.11 複素多様体 X は連結であると仮定する．このとき X 上の階数 N の可積分接続 $\mathcal{M} = (\mathcal{M}, \nabla)$ に対して

$$H^j \mathbf{R}\mathcal{H}om_{\mathcal{D}_X}(\mathcal{M}, \mathcal{O}_X) \simeq 0 \qquad (j \neq 0)$$

が成り立ち，さらに $H^0 \mathbf{R}\mathcal{H}om_{\mathcal{D}_X}(\mathcal{M}, \mathcal{O}_X) \simeq \mathcal{H}om_{\mathcal{D}_X}(\mathcal{M}, \mathcal{O}_X)$ は X 上の階数 N の局所系である．

証明 定理 1.10 より $\mathcal{M}$ の水平切断の層 $\mathcal{L} = \mathcal{M}^{\nabla}$ に対して $\mathcal{D}_X$-加群としての局所同型 $\mathcal{O}_X \otimes_{\mathbb{C}_X} \mathcal{L} \xrightarrow{\sim} \mathcal{M}$ が成り立つ．よって $\mathcal{M} = \mathcal{O}_X$ の場合に命題を証明すれば十分である．問題は局所的なのでさらに $X = \mathbb{C}^n$ と仮定して差し支えない．$n = \dim X$ についての帰納法を用いる．まず $n = 1$ の場合は連接 $\mathcal{D}_X$-加群 $\mathcal{M} = \mathcal{O}_X$ の自由分解が

$$0 \longrightarrow \mathcal{D}_X \underset{\times \partial_1}{\longrightarrow} \mathcal{D}_X \longrightarrow\!\!\!\!\!\rightarrow \mathcal{M} \longrightarrow 0$$

により与えられる．これより

$$\mathbf{R}\mathcal{H}om_{\mathcal{D}_X}(\mathcal{M}, \mathcal{O}_X) = [0 \longrightarrow \mathcal{O}_X \xrightarrow{\partial_1 \times} \mathcal{O}_X \longrightarrow 0]$$

となり，主張は明らかである．$n = 2$ の場合はスペクトル系列の理論（河田 [128] や谷崎 [229] などを参照）より二重複体 (double complex)

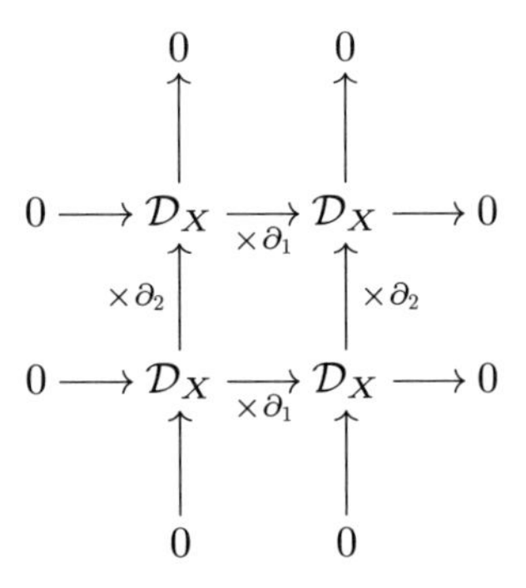

を単化 (simplify) して得られる複体

$$\mathcal{P}_\bullet = \Big[\ 0 \longrightarrow \mathcal{D}_X \xrightarrow[\times(\partial_1, -\partial_2)]{} \mathcal{D}_X^2 \xrightarrow[\times\begin{pmatrix}\partial_1\\ \partial_2\end{pmatrix}]{} \mathcal{D}_X \longrightarrow 0\ \Big]$$

により連接 $\mathcal{D}_X$-加群 $\mathcal{M} = \mathcal{O}_X$ の自由分解

$$0 \longrightarrow \mathcal{D}_X \longrightarrow \mathcal{D}_X^2 \longrightarrow \mathcal{D}_X \twoheadrightarrow \mathcal{M} \longrightarrow 0$$

が得られる．すなわち $\mathcal{D}_X$-加群の層の複体としての擬同型 (quasi-isomorphism) $\mathcal{P}_\bullet \xrightarrow[\text{Qis}]{\sim} \mathcal{M}$ が成り立つ．これより

$$\mathbf{R}\mathcal{H}om_{\mathcal{D}_X}(\mathcal{M}, \mathcal{O}_X) = \mathcal{H}om_{\mathcal{D}_X}(\mathcal{P}_\bullet, \mathcal{O}_X)$$

$$= \Big[\ 0 \longrightarrow \mathcal{O}_X \xrightarrow{\begin{pmatrix}\partial_1\\ \partial_2\end{pmatrix}\times} \mathcal{O}_X^2 \xrightarrow{(\partial_1, -\partial_2)\times} \mathcal{O}_X \longrightarrow 0\ \Big]$$

となる．この複体は二重複体

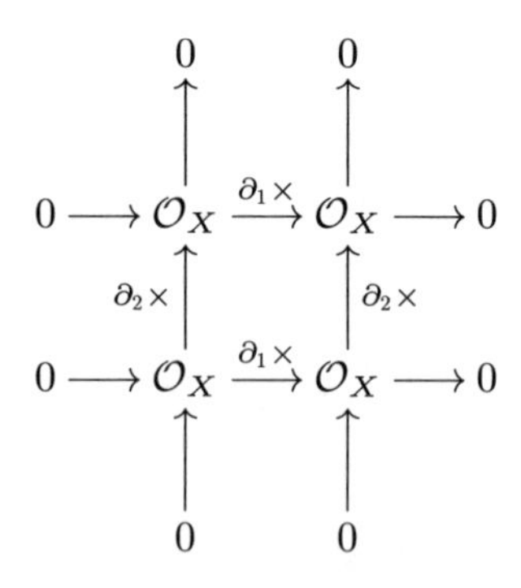

を単化して得られる複体と一致するので，再びスペクトル系列の理論を用いることで所要の擬同型

$$\mathbf{R}\mathcal{H}om_{\mathcal{D}_X}(\mathcal{M}, \mathcal{O}_X) \simeq \mathbb{C}_X$$

が得られる．一般の n についてはこの操作をくり返せばよい． ■

補題 1.12 $\mathcal{M}$ は $\mathcal{O}_X$-加群とする．このとき $\mathcal{M}$ に右 $\mathcal{D}_X$-加群の構造を与えることと，$\mathbb{C}_X$-加群の準同型

$$\nabla' : \Theta_X \longrightarrow \mathcal{E}nd_{\mathbb{C}_X}(\mathcal{M}) \quad (\theta \longmapsto \nabla'_\theta)$$

であって次の条件を満たすものを与えることは同値である：

(1) $\nabla'_{f\theta}(m) = \nabla'_\theta(fm) \quad (f \in \mathcal{O}_X, \theta \in \Theta_X, m \in \mathcal{M})$

(2) $\nabla'_\theta(fm) = \theta(f)m + f\nabla'_\theta(m) \quad (f \in \mathcal{O}_X, \theta \in \Theta_X, m \in \mathcal{M})$

(3) $\nabla'_{[\theta_1,\theta_2]}(m) = [\nabla'_{\theta_1}, \nabla'_{\theta_2}](m) \quad (\theta_1, \theta_2 \in \Theta_X, m \in \mathcal{M})$

（ここで $\mathcal{O}_X$ は可換なので $fm = mf$ であることに注意せよ）．

つまり ∇' を用いて $\mathcal{M}$ に右 $\mathcal{D}_X$-加群の構造が $m\theta = -\nabla'_\theta(m)$ $(\theta \in \Theta_X, m \in \mathcal{M})$ で入る．

• **例 1.13** X の標準層 (canonical sheaf) $\Omega_X := \bigwedge^n \Omega_X^1$ は

$$\nabla' : \Theta_X \longrightarrow \mathcal{E}nd_{\mathbb{C}_X}(\Omega_X) \quad (\theta \longmapsto [\omega \longmapsto \mathrm{Lie}_\theta(\omega)])$$

により右 $\mathcal{D}_X$-加群になる．ここで $\mathrm{Lie}_\theta\colon \Omega_X \longrightarrow \Omega_X$ はベクトル場 $\theta \in \Theta_X$ によるリー微分である．すなわち Θ_X の Ω_X への右作用は

$$\Omega_X \times \Theta_X \longrightarrow \Omega_X \quad ((\omega, \theta) \longmapsto \omega\cdot\theta = -\mathrm{Lie}_\theta(\omega))$$

で与えられる．局所座標 $x = (x_1, \dots, x_n)$ を用いるとこれより等式

$$(f dx_1 \wedge \cdots \wedge dx_n)\cdot\partial_i = -\frac{\partial f}{\partial x_i} dx_1 \wedge \cdots \wedge dx_n \quad (f \in \mathcal{O}_X)$$

$(1 \leq i \leq n)$ を得る．したがってこの局所座標を用いて偏微分作用素 $P = \sum_{\alpha\in\mathbb{Z}_+^n} a_\alpha(x)\partial_x^\alpha \in \mathcal{D}_X$ の**形式共役** (formal adjoint) ${}^tP \in \mathcal{D}_X$ を

$${}^tP = \sum_{\alpha\in\mathbb{Z}_+^n} (-\partial_x)^\alpha \circ a_\alpha(x) \in \mathcal{D}_X$$

で定めれば，次の等式が成り立つ：

$$(f dx_1 \wedge \cdots \wedge dx_n)\cdot P = ({}^tPf) dx_1 \wedge \cdots \wedge dx_n \quad (f \in \mathcal{O}_X).$$

${}^t(PQ) = {}^tQ{}^tP$ より，これが $\mathcal{D}_X$ の Ω_X への右作用を与えていることが納得されよう．

環の層 $\mathcal{A}$ に対して，和の構造はそのままで新しい積の構造 $*$ を $a * b := b \cdot a$ $(a, b \in \mathcal{A})$ で入れてできる環を $\mathcal{A}^{\mathrm{op}}$ と記す（アーベル群の層としては $\mathcal{A}^{\mathrm{op}} \simeq \mathcal{A}$）．また左 $\mathcal{A}$-加群の層のなすアーベル圏を $\mathrm{Mod}(\mathcal{A})$ と記す．このとき $\mathrm{Mod}(\mathcal{A}^{\mathrm{op}})$ は右 $\mathcal{A}$-加群のなすアーベル圏と同一視される．

命題 1.14 $\mathcal{M}, \mathcal{N} \in \mathrm{Mod}(\mathcal{D}_X), \mathcal{M}', \mathcal{N}' \in \mathrm{Mod}(\mathcal{D}_X^{\mathrm{op}})$ に対して次が成り立つ：

(1) $\mathcal{M} \otimes_{\mathcal{O}_X} \mathcal{N} \in \mathrm{Mod}(\mathcal{D}_X)$ $(\theta(s \otimes t) = \theta s \otimes t + s \otimes \theta t)$

(2) $\mathcal{M}' \otimes_{\mathcal{O}_X} \mathcal{N} \in \mathrm{Mod}(\mathcal{D}_X^{\mathrm{op}})$ $((s' \otimes t)\theta = s'\theta \otimes t - s' \otimes \theta t)$

(3) $\mathcal{H}om_{\mathcal{O}_X}(\mathcal{M}, \mathcal{N}) \in \mathrm{Mod}(\mathcal{D}_X)$ $((\theta\phi)(s) = \theta(\phi(s)) - \phi(\theta(s)))$

(4) $\mathcal{H}om_{\mathcal{O}_X}(\mathcal{M}', \mathcal{N}') \in \mathrm{Mod}(\mathcal{D}_X)$ $((\theta\phi)(s') = -\phi(s')\theta + \phi(s'\theta))$

(5) $\mathcal{H}om_{\mathcal{O}_X}(\mathcal{M}, \mathcal{N}') \in \mathrm{Mod}(\mathcal{D}_X^{\mathrm{op}})$ $((\phi\theta)(s) = \phi(s)\theta + \phi(\theta(s)))$

環の層 $\mathcal{A}$ 上の加群の層 $\mathcal{M}$ が <u>可逆</u> (invertible) であるとは，$\mathcal{M}$ が階数1の局所自由 $\mathcal{A}$-加群であることである．X の標準層 Ω_X およびその双対層

$$\Omega_X^{\otimes -1} := \mathcal{H}om_{\mathcal{O}_X}(\Omega_X, \mathcal{O}_X)$$

は可逆な $\mathcal{O}_X$-加群である．したがって命題1.14より定義される2つの函手

$$\begin{cases} \mathrm{Mod}(\mathcal{D}_X) \longrightarrow \mathrm{Mod}(\mathcal{D}_X^{\mathrm{op}}) & (\mathcal{M} \longmapsto \Omega_X \otimes_{\mathcal{O}_X} \mathcal{M}) \\ \mathrm{Mod}(\mathcal{D}_X^{\mathrm{op}}) \longrightarrow \mathrm{Mod}(\mathcal{D}_X) & (\mathcal{N} \longmapsto \Omega_X^{\otimes -1} \otimes_{\mathcal{O}_X} \mathcal{N} \simeq \mathcal{H}om_{\mathcal{O}_X}(\Omega_X, \mathcal{N})) \end{cases}$$

は互いに逆対応を与えており，ともに圏同値である．$\mathcal{D}$-加群の理論では，これにより左加群の結果と右加群の結果を自由に行き来するのが基本的な戦略となる．この操作を <u>side changing</u> と呼ぶことにしよう．

1.2 層 $\mathcal{D}_X$ の代数的性質

この節では複素多様体 X 上の正則関数係数偏微分作用素の層 $\mathcal{D}_X$ の連接性を証明する．層 $\mathcal{D}_X$ は非可換環の層であるが，それより自然に得られる次数付きの可換環の層 $\mathrm{gr}^F \mathcal{D}_X = \bigoplus_{i \in \mathbb{Z}} \mathrm{gr}_i^F \mathcal{D}_X$ を考えることで，非可換性から生ずる困難さを克服することができる．

<u>代数的準備</u>

定義 1.15 $\mathcal{A}$ を位相空間 X 上の環の層とし，$\mathcal{M}$ は（左）$\mathcal{A}$-加群の層とする．このとき $\mathcal{M}$ が **<u>連接的</u>** (coherent) であるとは次の2条件を満たすことをいう：

(1) $\mathcal{M}$ は $\mathcal{A}$-加群として局所有限生成．

(2) X の任意の開集合 U 上での $\mathcal{A}|_U$-加群の準同型 $\Phi\colon (\mathcal{A}|_U)^{\oplus m} \longrightarrow \mathcal{M}|_U$ に対して $\mathrm{Ker}\,\Phi$ は $\mathcal{A}|_U$-加群の層として局所有限生成．

環の層 $\mathcal{A}$ が $\mathcal{A}$-加群の層として連接的であるとき，単に $\mathcal{A}$ は **<u>連接層</u>** (coherent sheaf) であるという．

よく知られているように，複素多様体 X 上の正則関数の層 $\mathcal{O}_X$ は連接的である（岡潔の定理）．岡-カルタンの定理より層 $\mathcal{O}_X$ は以下の意味でネーター環の層でもある（以下の例 1.17 を参照）．

定義 1.16　（左）$\mathcal{A}$ 加群の層 $\mathcal{M}$ が<u>**ネーター的**</u> (Noetherian) であるとは，次の 3 条件を満たすことをいう：

(1) $\mathcal{M}$ は連接 $\mathcal{A}$-加群である．

(2) 任意の $x \in X$ に対して茎 $\mathcal{M}_x$ は $\mathcal{A}_x$-加群としてネーター的である．

(3) X の任意の開集合 U 上での連接 $\mathcal{A}|_U$-部分加群の層 $\mathcal{N}_\alpha \subset \mathcal{M}|_U$ $(\alpha \in A)$ の族 $\{\mathcal{N}_\alpha\}_{\alpha \in A}$ に対して，それらの和 $\sum_{\alpha \in A} \mathcal{N}_\alpha \subset \mathcal{M}|_U$ も連接 $\mathcal{A}|_U$-部分加群となる．

環の層 $\mathcal{A}$ が $\mathcal{A}$-加群の層としてネーター的であるとき，単に $\mathcal{A}$ は<u>**ネーター環の層**</u>であるという．

• 例 1.17　X を複素多様体とし，$\mathcal{O}_X$ をその上の正則関数の層とする．このときカルタンの定理 B より，X の Stein 開集合 U 上の連接 $\mathcal{O}_U$-加群 $\mathcal{F}$ は大域切断で生成される．すなわち自然な $\mathcal{O}_U$-加群の準同型

$$\Phi \colon \mathcal{O}_U \otimes_{\mathbb{C}_U} \Gamma(U; \mathcal{F})_U \longrightarrow \mathcal{F}$$

は全射である．ここで $\Gamma(U; \mathcal{F})_U$ は $\Gamma(U; \mathcal{F})$ を茎に持つ U 上の定数層である．また Frisch [52] の定理によれば，X の各点 $x \in X$ に対してそのコンパクト近傍 K であって次の 2 条件を満たすものが存在する：

(1) K は X の Stein 開集合の交わりである．

(2) $\Gamma(K; \mathcal{O}_X)$ はネーター環である．

したがって $\mathcal{I}_\alpha \subset \mathcal{O}_X$ $(\alpha \in A)$ が $\mathcal{O}_X$ の連接 $\mathcal{O}_X$-部分加群であるとき，上のコンパクト近傍 K に対してイデアル

$$\Gamma\left(K; \sum_{\alpha \in A} \mathcal{I}_\alpha\right) = \sum_{\alpha \in A} \Gamma(K; \mathcal{I}_\alpha) \subset \Gamma(K; \mathcal{O}_X)$$

は $\Gamma(K; \mathcal{O}_X)$ 上有限生成となるので，$\mathcal{I}_\alpha$ たちの和 $\sum_{\alpha \in A} \mathcal{I}_\alpha \subset \mathcal{O}_X$ も $\mathcal{O}_X$ 上

局所有限生成的，すなわち連接的となる．この事実およびよく知られた層 $\mathcal{O}_X$ の茎のネーター性より，$\mathcal{O}_X$ がネーター環の層であることがわかる．

連接層についての以下の基本的な性質は，一松 [82, 9章2節] などを参照されたい．連接 $\mathcal{A}$ 加群の準同型 $\Phi\colon \mathcal{N} \longrightarrow \mathcal{M}$ に対して $\operatorname{Ker}\Phi, \operatorname{Im}\Phi$ は再び連接層となる．また

$$0 \longrightarrow \mathcal{M}' \longrightarrow \mathcal{M} \longrightarrow \mathcal{M}'' \longrightarrow 0$$

を $\mathcal{A}$-加群の完全列とし，$\mathcal{M}, \mathcal{M}', \mathcal{M}''$ のうちの2つが連接的であるならば，残りの $\mathcal{A}$-加群の層も連接的となる（セールの定理）．また連接 $\mathcal{A}$-加群 $\mathcal{M}$ の2つの $\mathcal{A}$-部分加群 $\mathcal{M}', \mathcal{M}'' \subset \mathcal{M}$ がともに連接的であるときそれらの交わり $\mathcal{M}' \cap \mathcal{M}''$ が連接的であるも直ちにわかる．

定義 1.18 $\mathcal{A}$ を位相空間 X 上の環の層とする．このとき $\mathcal{A}$ が**フィルター付けられている**とは，$\mathcal{A}$ の部分層 $F_i\mathcal{A} \subset \mathcal{A}$ $(i \in \mathbb{Z})$ の増大列 $\{F_i\mathcal{A}\}_{i \in \mathbb{Z}}$ が存在して次の条件を満たすことをいう：

(1) $\mathcal{A} = \bigcup_{i \in \mathbb{Z}} F_i\mathcal{A}, \quad F_i\mathcal{A} = 0 \quad (i < 0)$

(2) $1 \in F_0\mathcal{A}$

(3) $(F_i\mathcal{A}) \cdot (F_j\mathcal{A}) \subset F_{i+j}\mathcal{A} \quad (i, j \in \mathbb{Z})$

このとき $\mathcal{F}$ を $\mathcal{A}$ の**フィルター付け** (filtration) とよび，対 $(\mathcal{A}, \mathcal{F})$ を**フィルター付きの環の層** (sheaf of filtered rings) と呼ぶ．

非可換環の層 $\mathcal{D}_X$ の連接性の証明の鍵となるのが次の定理である．

定理 1.19 フィルター付き環の層 $(\mathcal{A}, \mathcal{F})$ は次の3条件を満たすとする：

(1) $F_0\mathcal{A}$ はネーター環の層である．

(2) 任意の $i \in \mathbb{Z}$ に対して $\operatorname{gr}_i^F \mathcal{A} = F_i\mathcal{A}/F_{i-1}\mathcal{A}$ は $F_0\mathcal{A}$ 上連接的である．

(3) X の任意の開集合 $U \subset X$ 上の部分 $\mathcal{A}|_U$-加群の層 $\mathcal{M} \subset (\mathcal{A}|_U)^{\oplus m}$ に対して，その部分層 $\mathcal{M} \cap (F_i\mathcal{A}|_U)^{\oplus m} \subset \mathcal{M}$ たち $(i \in \mathbb{Z})$ がすべて $F_0\mathcal{A}|_U$-加群として連接的であるならば，$\mathcal{M}$ は $\mathcal{A}|_U$-加群として局所有限生成である．

このとき $\mathcal{A}$ は定義 1.16 のネーター性の条件 (1) と (3) を満たす．

証明　条件 (1), (2) を用いて任意の $i \in \mathbb{Z}$ に対して $F_i\mathcal{A} \subset \mathcal{A}$ は連接 $F_0\mathcal{A}$-加群であることがわかる．まず $\mathcal{A}$ の連接性を証明する．X のある開集合 $U \subset X$ 上で $\mathcal{A}|_U$-加群の準同型 Φ: $(\mathcal{A}|_U)^{\oplus m} \longrightarrow \mathcal{A}|_U$ を考える．このとき，各 $i \in \mathbb{Z}$ に対してある $j \gg i$ が存在して包含関係

$$\Phi((F_i\mathcal{A})^{\oplus m}) \subset F_j\mathcal{A}$$

が局所的に成り立つ．したがって

$$\operatorname{Ker}\Phi \cap (F_i\mathcal{A})^{\oplus m} = \operatorname{Ker}\{(F_i\mathcal{A})^{\oplus m} \xrightarrow{\Phi} F_j\mathcal{A}\}$$

は $F_0\mathcal{A}$-加群として連接的である．条件 (3) より $\operatorname{Ker}\Phi$ は $\mathcal{A}|_U$-加群として局所有限生成であり，環の層 $\mathcal{A}$ が連接的であることが示せた．次に定義 1.16 の $\mathcal{A}$ のネーター性の条件 (3) を示す．X のある開集合 $U \subset X$ 上の連接 $\mathcal{A}|_U$-部分加群の層 $\mathcal{N}_\alpha \subset \mathcal{A}|_U$ $(\alpha \in A)$ の族 $\{\mathcal{N}_\alpha\}_{\alpha \in A}$ を考える．このとき条件 (1) および以下の補題 1.20 により，各 $i \in \mathbb{Z}$ に対して

$$\left(\sum_{\alpha \in A} \mathcal{N}_\alpha\right) \cap (F_i\mathcal{A}|_U) = \sum_{\alpha \in A} \{\mathcal{N}_\alpha \cap (F_i\mathcal{A}|_U)\}$$

は連接 $F_0\mathcal{A}$-加群である．ここで $F_i\mathcal{A}|_U$ が $F_0\mathcal{A}|_U$-加群としてネーター的であることを用いた．したがって条件 (3) より $\sum_{\alpha \in A} \mathcal{N}_\alpha \subset \mathcal{A}|_U$ は $\mathcal{A}|_U$-加群として局所有限生成，つまり連接 $\mathcal{A}|_U$-加群である．■

補題 1.20　定理 1.19 の条件下で，$\mathcal{N} \subset \mathcal{A}^{\oplus m}$ は局所有限生成的な $\mathcal{A}$-部分加群とする．このとき任意の $i \in \mathbb{Z}$ に対して $\mathcal{N} \cap (F_i\mathcal{A})^{\oplus m}$ は連接 $F_0\mathcal{A}$-加群である．

証明　各 $(F_i\mathcal{A})^{\oplus m}$ $(i \in \mathbb{Z})$ は $F_0\mathcal{A}$ 上連接で $\mathcal{A}^{\oplus m}$ はそれらの合併であるので，$\mathcal{N}$ は局所的にはある連接 $F_0\mathcal{A}$-部分加群 $\mathcal{N}_0 \subset \mathcal{N} \subset \mathcal{A}^{\oplus m}$ で生成される：$\mathcal{N} = \mathcal{A}\cdot\mathcal{N}_0$．すなわち $\mathcal{N}_j = (F_j\mathcal{A})\cdot\mathcal{N}_0 \subset \mathcal{N}$ とおくと $\mathcal{N} = \sum_{j \in \mathbb{Z}} \mathcal{N}_j$ であり，

各 $\mathcal{N}_j$ は連接 $F_0\mathcal{A}$-加群となる．$(F_i\mathcal{A})^{\oplus m}$ は $F_0\mathcal{A}$-加群としてネーター的であるので

$$\mathcal{N} \cap (F_i\mathcal{A})^{\oplus m} = \sum_{j \in \mathbb{Z}} \{\mathcal{N}_j \cap (F_i\mathcal{A})^{\oplus m}\}$$

も連接 $F_0\mathcal{A}$-加群である． ■

層 $\mathcal{D}_X$ の連接性

以下 X は複素多様体とする．まず次の命題を示す．

命題 1.21 任意の $k>0$ に対して可換環の層 $\mathcal{O}_X[T_1, T_2, \ldots, T_k]$ はネーター環の層，すなわち特に連接層である．

証明 $\mathcal{O}_X$ はネーター環の層であるから，$k \geq 0$ についての帰納法を用いれば $\mathcal{A}$ が可換ネーター環の層であるとき，$\mathcal{A}[T]$ も可換ネーター環の層であることを示せば十分である．

$$F_i(\mathcal{A}[T]) := \bigoplus_{j=0}^{i} \mathcal{A}T^j \subset \mathcal{A}[T]$$

とおくと，$(\mathcal{A}[T], F)$ はフィルター付きの環となる．このとき $\mathrm{gr}_i^F \mathcal{A}[T] = \mathcal{A}T^i \simeq \mathcal{A}$ が成立する．定理 1.19 の条件 (1), (2) は明らかであるので，条件 (3) が成り立つことを示せばよい（定義 1.16 のネーター性の条件 (2) はヒルベルトの基底定理により明らか）．X の開集合 $U \subset X$ 上の部分 $\mathcal{A}[T]|_U$-加群 $\mathcal{M} \subset (\mathcal{A}[T]|_U)^{\oplus m}$ に対して，その部分層 $F_i\mathcal{M} := \mathcal{M} \cap (F_i(\mathcal{A}[T])|_U)^{\oplus m}$ たち $(i \in \mathbb{Z})$ がすべて $\mathcal{A}|_U$-加群として連接的であると仮定する．$U = X$ として一般性を失わない．このとき $\mathcal{M}$ が $\mathcal{A}[T]$-加群として局所有限生成であることを示そう．連接 $\mathcal{A}$ 加群の族

$$\mathrm{gr}_i^F \mathcal{M} \subset \{\mathrm{gr}_i^F(\mathcal{A}[T])\}^{\oplus m} = \mathcal{A}^{\oplus m} T^i \simeq \mathcal{A}^{\oplus m}$$

は $\mathcal{A}^{\oplus m}$ 内の増大列を定めるので（$\mathcal{A}$ のネーター性より）局所的に停留的である．すなわちある $i_0 \gg 0$ が存在して等式 $\mathrm{gr}_i^F \mathcal{M} \simeq \mathrm{gr}_{i_0}^F \mathcal{M}$ が任意の $i \geq i_0$ に

対して成り立つ．よって $\mathcal{M} = \mathcal{A}[T]F_{i_0}\mathcal{M}$，すなわち $\mathcal{M}$ は $\mathcal{A}[T]$ 上局所有限生成である． ■

定理 1.22 層 $\mathcal{D}_X$ はネーター的，すなわち特に連接的である．

証明 層 $\mathcal{D}_X$ に微分作用素の階数によるフィルター付け $F_i\mathcal{D}_X \subset \mathcal{D}_X$ $(i \in \mathbb{Z})$ を入れて $(\mathcal{D}_X, F)$ をフィルター付き環とみなす．定理 1.19 の条件 (3) のみをチェックすれば十分である（定義 1.16 のネーター性の条件 (2) は以下の議論と同様にして示せる）．局所的な同型 $\mathrm{gr}^F\mathcal{D}_X \simeq \mathcal{O}_X[T_1, \ldots, T_n]$ $(n = \dim X)$ に注意せよ．$\mathcal{D}_X^{\oplus m}$ の部分 $\mathcal{D}_X$-加群 $\mathcal{M} \subset \mathcal{D}_X^{\oplus m}$ に対してその部分層 $F_i\mathcal{M} := \mathcal{M} \cap (F_i\mathcal{D}_X)^{\oplus m}$ がすべて $F_0\mathcal{D}_X = \mathcal{O}_X$ 上連接的と仮定する．このとき $\mathrm{gr}_i^F\mathcal{M}$ も連接 $\mathcal{O}_X$-加群なので $(\mathrm{gr}^F\mathcal{D}_X)^{\oplus m} \simeq (\mathcal{O}_X[T_1, \ldots, T_n])^{\oplus m}$ の部分 $\mathrm{gr}^F\mathcal{D}_X$-加群

$$(\mathrm{gr}^F\mathcal{D}_X)\cdot(\mathrm{gr}_i^F\mathcal{M}) \subset (\mathrm{gr}^F\mathcal{D}_X)^{\oplus m}$$

は $\mathrm{gr}^F\mathcal{D}_X$ 上連接的である（環の層 $\mathrm{gr}^F\mathcal{D}_X \simeq \mathcal{O}_X[T_1, \ldots, T_n]$ の連接性）．$(\mathrm{gr}^F\mathcal{D}_X)^{\oplus m}$ のネーター性よりそれらの無限和

$$\mathrm{gr}^F\mathcal{M} = \sum_{i \in \mathbb{Z}} (\mathrm{gr}^F\mathcal{D}_X)(\mathrm{gr}_i^F\mathcal{M})$$

も $\mathrm{gr}^F\mathcal{D}_X$ 上連接的，特に局所有限生成的である．これより $\mathcal{M}$ 自身が $\mathcal{D}_X$ 上局所有限生成であることが直ちに従う． ■

系 1.23 次が成り立つ：

(1) 任意の $x \in X$ に対して茎 $(\mathcal{D}_X)_x$ はネーター環である．

(2) $\mathcal{M}$ を連接 $\mathcal{D}_X$-加群とし，その連接 $\mathcal{D}_X$-部分加群 $\mathcal{N}_\alpha \subset \mathcal{M}$ $(\alpha \in A)$ の族 $\{\mathcal{N}_\alpha\}_{\alpha \in A}$ を考える．このときそれらの和 $\sum_{\alpha \in A} \mathcal{N}_\alpha \subset \mathcal{M}$ も連接 $\mathcal{D}_X$-部分加群となる．

この小節を終えるにあたり，以下の「連接 $\mathcal{D}_X$-加群は $\mathcal{O}_X$-加群として**擬連接** (pseudo-coherent)」という重要な事実を証明しよう．

命題 1.24 連接 $\mathcal{D}_X$-加群 $\mathcal{M}$ の任意の（局所）有限生成 $\mathcal{O}_X$-部分加群 $\mathcal{N}$ は連接 $\mathcal{O}_X$-加群である.

証明 $\mathcal{M}$ の連接性より局所的に連接 $\mathcal{D}_X$-加群の完全列

$$0 \longrightarrow \mathcal{K} \longrightarrow \mathcal{D}_X{}^{\oplus m} \xrightarrow{\Phi} \mathcal{M} \longrightarrow 0$$

が得られる. 連接 $\mathcal{D}_X$-加群 $\mathcal{K}$ および $\mathcal{M}$ の $\mathcal{O}_X$-部分加群を

$$\begin{cases} F_i\mathcal{K} := \mathcal{K} \cap (F_i\mathcal{D}_X)^{\oplus m} \\ F_i\mathcal{M} := \Phi((F_i\mathcal{D}_X)^{\oplus m}) \end{cases}$$

$(i \in \mathbb{Z})$ で定める. このとき任意の $i \in \mathbb{Z}$ に対して

$$0 \longrightarrow F_i\mathcal{K} \longrightarrow (F_i\mathcal{D}_X)^{\oplus m} \longrightarrow F_i\mathcal{M} \longrightarrow 0$$

は $\mathcal{O}_X$-加群の完全列となる. さらに補題 1.20 より, $F_i\mathcal{K}$ は $F_0\mathcal{D}_X = \mathcal{O}_X$ 上連接的である. したがって $F_i\mathcal{M}$ も $\mathcal{O}_X$ 上連接的であり, $\mathcal{M}$ は連接 $\mathcal{O}_X$-加群の和となる：

$$\mathcal{M} = \bigcup_{i \in \mathbb{Z}} F_i\mathcal{M}$$

これにより命題の主張は直ちに従う. ■

以下の命題は, 局所有限生成的な $\mathcal{O}_X$-加群で左 $\mathcal{D}_X$-加群の構造を持つものは必然的に $\mathcal{O}_X$ 上局所自由すなわち可積分接続となってしまうことを意味する.

命題 1.25 連接 $\mathcal{D}_X$-加群 $\mathcal{N}$ は $\mathcal{O}_X$ 上局所有限生成的であるとする. このとき $\mathcal{N}$ は局所自由 $\mathcal{O}_X$-加群となる.

証明 $\mathcal{N}$ の $\mathcal{O}_X$ 上の擬連接性（命題 1.24）より, $\mathcal{N}$ は連接 $\mathcal{O}_X$-加群である. 次の **中山の補題** を用いる：

補題 1.26 A を可換環, $J = J(A)$ を A の Jacobson 根基（すなわち A のすべての極大イデアルの交わり）とする. このとき任意の有限生成 A-加群 M, その部分 A-加群 $N \subset M$ およびイデアル $I \subset J$ に対して, $M = IM + N$ ならば $M = N$ である.

命題 1.25 の証明を続ける．点 $x \in X$ における局所環 $\mathcal{O}_{X,x}$ の（ただ 1 つの）極大イデアルを $\mathfrak{m}_x$ と記す．このとき $\mathcal{O}_{X,x}/\mathfrak{m}_x \simeq \mathbb{C}$ が成り立つ．全射準同型 $(\mathcal{O}_{X,x})^{\oplus N} \twoheadrightarrow \mathcal{N}_x \longrightarrow 0$ に右完全函手 $(\mathcal{O}_{X,x}/\mathfrak{m}_x) \otimes_{\mathcal{O}_{X,x}} (*)$ を施すことで，$\mathbb{C}$-ベクトル空間の全射

$$\mathbb{C}^N \twoheadrightarrow \overline{\mathcal{N}_x} := (\mathcal{O}_{X,x}/\mathfrak{m}_x) \otimes_{\mathcal{O}_{X,x}} \mathcal{N}_x \longrightarrow 0$$

を得る．すなわち $\overline{\mathcal{N}_x}$ は $\mathbb{C}$ 上有限次元である．$\bar{s}_1, \dots, \bar{s}_N \in \overline{\mathcal{N}_x}$ $(s_i \in \mathcal{N}_x)$ を $\overline{\mathcal{N}_x}$ の $\mathbb{C}$-基底とすると，中山の補題（補題 1.26）より等式

$$\mathcal{N}_x = \sum_{i=1}^{N} \mathcal{O}_{X,x} s_i$$

が成り立つ．この s_i $(1 \leq i \leq N)$ が $\mathcal{N}_x$ の $\mathcal{O}_{X,x}$-自由加群としての基底を与えていることを示そう．これらの間に非自明な関係式

$$\sum_{i=1}^{N} f_i s_i = 0 \qquad (f_i \in \mathcal{O}_{X,x}) \tag{1.2}$$

があったとする．各 $1 \leq i \leq N$ に対して

$$\mathrm{ord}(f_i) = \max\{k \mid f_i \in \mathfrak{m}_x^k\}$$

とおく．上の式 (1.2) に偏微分作用素 ∂_j を施せば等式

$$0 = \sum_{i=1}^{N} \{(\partial_j f_i) s_i + f_i(\partial_j s_i)\} = \sum_{i=1}^{N} g_i s_i$$

がある $g_i \in \mathcal{O}_{X,x}$ $(1 \leq i \leq N)$ に対して成り立つ．このとき添え字 $1 \leq j \leq N$ をうまく選ぶことで

$$\min_{1 \leq i \leq N} \{\mathrm{ord}(f_i)\} > \min_{1 \leq i \leq N} \{\mathrm{ord}(g_i)\}$$

とできる．この操作をくり返すことで，$\overline{\mathcal{N}_x} \simeq \mathbb{C}^N$ における非自明な関係式：

$$\sum_{i=1}^{N} \bar{h}_i \cdot \bar{s}_i = 0 \qquad (\bar{h}_i \in \mathbb{C},\ (\bar{h}_1, \dots, \bar{h}_N) \neq (0, \dots, 0))$$

が得られる．これは $\bar{s}_1, \ldots, \bar{s}_N \in \overline{\mathcal{N}_x}$ が $\overline{\mathcal{N}_x}$ の $\mathbb{C}$-基底であったことに矛盾する．以上より

$$\mathcal{N}_x \simeq \mathcal{O}_{X,x}s_1 \oplus \cdots \oplus \mathcal{O}_{X,x}s_N$$

となり，点 $x \in X$ の近傍で定義された連接 $\mathcal{O}_X$-加群の準同型

$$\Phi \colon \mathcal{O}_X^{\oplus N} \longrightarrow \mathcal{N} \quad \left((f_1, \ldots, f_N) \longmapsto \sum_{i=1}^{N} f_i s_i\right)$$

は茎の同型 $\Phi_x \colon (\mathcal{O}_{X,x})^{\oplus N} \xrightarrow{\sim} \mathcal{N}_x$ を誘導する．$\operatorname{Ker}\Phi, \operatorname{Coker}\Phi$ は $\mathcal{O}_X$ 上連接的なので，Φ は点 $x \in X$ の近傍で同型である． ■

1.3 特性多様体

ここでは X は複素多様体とする．連接 $\mathcal{D}_X$-加群 $\mathcal{M}$ の詳しい性質を解明するためには，X の余接束 T^*X 内に定義される $\mathcal{M}$ の特性多様体 $\operatorname{ch}\mathcal{M} \subset T^*X$ を調べるのが常套手段である．

定義 1.27 連接 $\mathcal{D}_X$-加群 $\mathcal{M}$ が <u>$\mathcal{D}_X$ 上フィルター付けられている</u>とは，$\mathcal{M}$ の部分層 $F_i\mathcal{M} \subset \mathcal{M}$ $(i \in \mathbb{Z})$ の増大列 $\{F_i\mathcal{M}\}_{i\in\mathbb{Z}}$ が存在して次の条件を満たすことをいう：

(1) $\mathcal{M} = \bigcup_{i\in\mathbb{Z}} F_i\mathcal{M}, \quad F_i\mathcal{M} = 0 \quad (i \ll 0)$.

(2) $F_i\mathcal{M}$ は $F_0\mathcal{M} = \mathcal{O}_X$ 上の連接加群 $(i \in \mathbb{Z})$.

(3) $(F_i\mathcal{D}_X)\cdot(F_j\mathcal{M}) \subset F_{i+j}\mathcal{M} \quad (i, j \in \mathbb{Z})$

このとき F を $\mathcal{M}$ の<u>$\mathcal{D}_X$ 上のフィルター付け</u>とよび，対 $(\mathcal{M}, F)$ を<u>フィルター付き連接 $\mathcal{D}_X$-加群</u>と呼ぶ．

連接 $\mathcal{D}_X$-加群 $\mathcal{M}$ に対して局所的な $\mathcal{D}$-加群の全射 $\Phi \colon {\mathcal{D}_X}^{\oplus m} \twoheadrightarrow \mathcal{M}$ を用いれば，命題 1.24 により $F_i\mathcal{M} := \Phi((F_i\mathcal{D}_X)^{\oplus m}) \subset \mathcal{M}$ $(i \in \mathbb{Z})$ は連接 $\mathcal{O}_X$-加群となるので，少なくとも局所的には $\mathcal{M}$ に $\mathcal{D}_X$ 上のフィルター付けが入ることに注意しよう．

定義 1.28　ある整数 $m \geq 0$ および整数列 $k_1, \ldots, k_m \in \mathbb{Z}$ を用いて自由 $\mathcal{D}_X$-加群 $\mathcal{D}_X{}^{\oplus m}$ の $\mathcal{D}_X$ 上のフィルター付け $F(k_1, \ldots, k_m)$ を次で定める：

$$F(k_1, \ldots, k_m)_i(\mathcal{D}_X{}^{\oplus m}) := F_{i-k_1}\mathcal{D}_X \oplus F_{i-k_2}\mathcal{D}_X \oplus \cdots \oplus F_{i-k_m}\mathcal{D}_X$$

$(i \in \mathbb{Z})$. 組 $(\mathcal{D}_X^{\oplus m}, F(k_1, \ldots, k_m))$ を <u>**擬自由な**</u> (quasi-free) フィルター付き $\mathcal{D}_X$-加群と呼ぶ.

定義 1.29　$(\mathcal{N}, F)$, $(\mathcal{M}, F)$ をフィルター付き連接 $\mathcal{D}_X$-加群とする.

(1)　$\mathcal{D}_X$-加群の準同型 $\Phi\colon \mathcal{N} \longrightarrow \mathcal{M}$ は条件 $\Phi(F_i\mathcal{N}) \subset F_i\mathcal{M}$ $(i \in \mathbb{Z})$ を満たすとき <u>**フィルター付けを保つ**</u> という. またこのとき $\Phi\colon (\mathcal{N}, F) \longrightarrow (\mathcal{M}, F)$ は <u>**フィルター付き連接 $\mathcal{D}_X$-加群の射**</u> であるという.

(2)　フィルター付き連接 $\mathcal{D}_X$-加群の射 $\Phi\colon (\mathcal{N}, F) \longrightarrow (\mathcal{M}, F)$ が <u>**厳密**</u> (strict) であるとは, 任意の $i \in \mathbb{Z}$ に対して等式

$$\Phi(F_i\mathcal{N}) = \Phi(\mathcal{N}) \cap F_i\mathcal{M}$$

が成り立つことをいう.

フィルター付き連接 $\mathcal{D}_X$-加群 $\mathcal{M}$ に対して

$$\begin{cases} \mathrm{gr}_i^F \mathcal{M} = F_i\mathcal{M}/F_{i-1}\mathcal{M} & (i \in \mathbb{Z}) \\ \mathrm{gr}^F \mathcal{M} = \bigoplus_{i \in \mathbb{Z}} \mathrm{gr}_i^F \mathcal{M} \end{cases}$$

とおく. 定義より $\mathrm{gr}^F \mathcal{M}$ は $\mathrm{gr}^F \mathcal{D}_X$-加群となる. よってフィルター付き連接 $\mathcal{D}_X$-加群の複体

$$(\mathcal{M}_\bullet, F) = \Big[\cdots \longrightarrow (\mathcal{M}_j, F) \xrightarrow{\Phi_j} (\mathcal{M}_{j+1}, F) \longrightarrow \cdots \Big]$$

から $\mathrm{gr}^F \mathcal{D}_X$-加群の複体

$$\mathrm{gr}^F \mathcal{M}_\bullet = \Big[\cdots \longrightarrow \mathrm{gr}^F \mathcal{M}_j \xrightarrow{\mathrm{gr}^F \Phi_j} \mathrm{gr}^F \mathcal{M}_{j+1} \longrightarrow \cdots \Big]$$

が得られる. 複体 $\mathcal{M}_\bullet$ が $\mathcal{D}_X$-加群の完全列であっても, $\mathrm{gr}^F \mathcal{M}_\bullet$ が $\mathrm{gr}^F \mathcal{D}_X$-加群の完全列になるとは限らない. しかしながら次が成り立つ.

補題 1.30 次は同値である：

(1) フィルター付き連接 $\mathcal{D}_X$-加群の複体 $(\mathcal{M}_\bullet, F)$ は（フィルターについて）厳密な射からなる完全列である.

(2) $\mathrm{gr}^F\mathcal{D}_X$-加群の複体 $\mathrm{gr}^F\mathcal{M}_\bullet$ は完全列である.

読者は各自この補題の証明を試みよ. なおこの結果はフィルター付けられた複体に対するスペクトル系列の一般論（El Zein [47], [48] などを参照）からも直ちに導くことができる.

命題 1.31 フィルター付き連接 $\mathcal{D}_X$-加群 $(\mathcal{M}, F)$ に対して次の3条件は互いに同値である：

(1) 局所的にある擬自由なフィルター付き $\mathcal{D}_X$-加群 $(\mathcal{D}_X^{\oplus m}, F(k_1, \ldots, k_m))$ からの厳密な全射 (strict epimorphism) が存在する：

$$(\mathcal{D}_X^{\oplus m}, F(k_1, \ldots, k_m)) \longrightarrow\!\!\!\!\!\rightarrow (\mathcal{M}, F) \longrightarrow 0$$

(2) ある $j_0 \gg 0$ が存在して等式

$$(F_i\mathcal{D}_X)\cdot(F_j\mathcal{M}) = F_{i+j}\mathcal{M}$$

が任意の $i \in \mathbb{Z}_+$ および $j \geq j_0$ に対して成立する.

(3) $\mathrm{gr}^F\mathcal{M}$ は $\mathrm{gr}^F\mathcal{D}_X$-加群として連接的である.

証明 (1) $\Longrightarrow$ (2) は明らかである. (3) $\Longrightarrow$ (1) を示す. 条件 (3) より特に $\mathrm{gr}^F\mathcal{M}$ は $\mathrm{gr}^F\mathcal{D}_X$-加群として局所有限生成的である. すなわちある局所的な切断 $[s_l] \in \mathrm{gr}^F_{k_l}\mathcal{M}$ $(1 \leq l \leq m)$ $(s_l \in F_{k_l}\mathcal{M})$ により, $\mathrm{gr}^F\mathcal{M}$ は $\mathrm{gr}^F\mathcal{D}_{\mathcal{M}}$ 上生成されている. したがって厳密な全射

$$(\mathcal{D}_X^{\oplus m}, F(k_1, \ldots, k_m)) \longrightarrow\!\!\!\!\!\rightarrow (\mathcal{M}, F) \longrightarrow 0$$

が $(P_1, \ldots, P_m) \longmapsto \sum_{l=1}^m P_l\cdot s_l$ により得られる. すなわち (3) $\Longrightarrow$ (1) が示された. 同様にして (2) $\Longrightarrow$ (1) が示せる. 最後に (1) $\Longrightarrow$ (3) を示そう. 擬自由なフィルター付き $\mathcal{D}_X$-加群 $(\mathcal{L}, F) := (\mathcal{D}_X^{\oplus m}, F(k_1, \ldots, k_m))$ からの厳密な全射 $(\mathcal{L}, F) \longrightarrow\!\!\!\!\!\rightarrow (\mathcal{M}, F) \longrightarrow 0$ に対して, その核 $\mathcal{K}$ に F より導かれるフィルター

付け $F_i\mathcal{K} = \mathcal{K} \cap F_i\mathcal{L}$ $(i \in \mathbb{Z})$ を入れれば，次の（フィルター付けについて）厳密な射からなる連接 $\mathcal{D}_X$-加群の完全列を得る：

$$0 \longrightarrow (\mathcal{K}, F) \longrightarrow (\mathcal{L}, F) \longrightarrow (\mathcal{M}, F) \longrightarrow 0.$$

したがって，$\mathrm{gr}^F \mathcal{D}_X$-加群の完全列

$$0 \longrightarrow \mathrm{gr}^F \mathcal{K} \longrightarrow \mathrm{gr}^F \mathcal{L} \longrightarrow \mathrm{gr}^F \mathcal{M} \longrightarrow 0 \tag{1.3}$$

が得られた（$\mathrm{gr}^F \mathcal{L} \simeq (\mathrm{gr}^F \mathcal{D}_X)^{\oplus m}$）．完全列

$$0 \longrightarrow F_i\mathcal{K} \longrightarrow F_i\mathcal{L} \longrightarrow F_i\mathcal{M} \longrightarrow 0 \quad (i \in \mathbb{Z})$$

より各 $\mathrm{gr}_i^F \mathcal{K}$ は $F_0\mathcal{D}_X = \mathcal{O}_X$ 上連接的である．したがって，

$$\mathrm{gr}^F \mathcal{K} = \sum_{i \in \mathbb{Z}} (\mathrm{gr}^F \mathcal{D}_X) \cdot (\mathrm{gr}_i^F \mathcal{K}) \subset \mathrm{gr}^F \mathcal{L}$$

はネーター加群の層 $\mathrm{gr}^F \mathcal{L} \simeq (\mathrm{gr}^F \mathcal{D}_X)^{\oplus m}$ の連接 $\mathrm{gr}^F \mathcal{D}_X$-部分加群である．よって完全列 (1.3) より $\mathrm{gr}^F \mathcal{M}$ も $\mathrm{gr}^F \mathcal{D}_X$ 上連接的となり (1) $\Longrightarrow$ (3) が示せた． ■

定義 1.32 フィルター付き連接 $\mathcal{D}_X$-加群 $(\mathcal{M}, F)$ が命題 1.31 の同値な条件 (1), (2), (3) を満たすとき，F は **良いフィルター付け** (good filtration) であるという．

連接 $\mathcal{D}_X$-加群 $\mathcal{M}$ に対して局所的な $\mathcal{D}_X$-加群の全射 $\Phi \colon \mathcal{D}_X{}^{\oplus m} \twoheadrightarrow \mathcal{M}$ を用いれば，$F_i\mathcal{M} := \Phi((F_i\mathcal{D}_X)^{\oplus m}) \subset \mathcal{M}$ $(i \in \mathbb{Z})$ とおくことで少なくとも局所的には $\mathcal{M}$ に良いフィルター付けを入れることができる．解析的な $\mathcal{D}$-加群のカテゴリーではこの事実の大域版には Deligne による反例があるそうである．したがって最近は文献によっては，大域的に良いフィルター付けの入る解析的 $\mathcal{D}$-加群を **良い $\mathcal{D}$-加群** (good $\mathcal{D}$-module) と呼ぶこともある．

命題 1.33 フィルター付き連接 $\mathcal{D}_X$-加群の厳密な射からなる完全列

$$0 \longrightarrow (\mathcal{M}', F) \longrightarrow (\mathcal{M}, F) \longrightarrow (\mathcal{M}'', F) \longrightarrow 0$$

を考える．このとき次の2条件は互いに同値である：

(1) $(\mathcal{M}', F)$ および $(\mathcal{M}'', F)$ はともに良いフィルター付けである．

(2) $(\mathcal{M}, F)$ は良いフィルター付けである．

証明 まず (1) $\Longrightarrow$ (2) を示そう．$\mathrm{gr}^F \mathcal{D}_X$-加群の完全列

$$0 \longrightarrow \mathrm{gr}^F \mathcal{M}' \longrightarrow \mathrm{gr}^F \mathcal{M} \longrightarrow \mathrm{gr}^F \mathcal{M}'' \longrightarrow 0 \tag{1.4}$$

のうち $\mathrm{gr}^F \mathcal{M}'$ および $\mathrm{gr}^F \mathcal{M}''$ は連接的であるので，$\mathrm{gr}^F \mathcal{M}$ も連接的である．したがって (2) が示された．(2) $\Longrightarrow$ (1) を示す．$(\mathcal{M}, F)$ が良いフィルター付けの条件（命題1.31の条件 (2)）を満たすことにより，$(\mathcal{M}'', F)$ もそうであることがわかる．したがって完全列 (1.4) より $(\mathcal{M}', F)$ も良いフィルター付けであることがわかる． ■

系 1.34 $(\mathcal{M}, F)$ を良いフィルター付き連接 $\mathcal{D}_X$-加群とし，$\mathcal{N} \subset \mathcal{M}$ はその連接 $\mathcal{D}_X$-部分加群とする．このとき $\mathcal{N}$ に $(\mathcal{M}, F)$ より導かれるフィルター付け $F_i\mathcal{N} = \mathcal{N} \cap F_i\mathcal{M}$ $(i \in \mathbb{Z})$ を入れれば，$(\mathcal{N}, F)$ は良いフィルター付けになる．

証明 商加群 $\mathcal{M}/\mathcal{N}$ にフィルター付け $F_i(\mathcal{M}/\mathcal{N}) = (F_i\mathcal{M} + \mathcal{N})/\mathcal{N}$ $(i \in \mathbb{Z})$ を入れれば，

$$0 \longrightarrow (\mathcal{N}, F) \longrightarrow (\mathcal{M}, F) \longrightarrow (\mathcal{M}/\mathcal{N}, F) \longrightarrow 0$$

はフィルター付き連接 $\mathcal{D}_X$-加群の厳密な射からなる完全列になる． ■

以上の準備の下，いよいよ連接 $\mathcal{D}_X$-加群 $\mathcal{M}$ に対してその特性多様体 $\mathrm{ch}\, \mathcal{M} \subset T^*X$ を定義しよう．$n = \dim X$ とおき X のある局所座標 $x = (x_1, \ldots, x_n)$ を用いれば，1階の微分作用素 $\partial_i = \partial/\partial x_i \in F_1\mathcal{D}_X$ $(1 \leq i \leq n)$ から定まる切断 $[\partial_i] \in \mathrm{gr}_1^F \mathcal{D}_X = F_1\mathcal{D}_X / F_0\mathcal{D}_X$ $(1 \leq i \leq n)$ で次の（局所的な）環の層の同型が得られる：

$$\mathcal{O}_X[T_1, \ldots, T_n] \xrightarrow{\sim} \mathrm{gr}^F \mathcal{D}_X = \bigoplus_{i=0}^{\infty} \mathrm{gr}_i^F \mathcal{D}_X$$

$(T_i \longmapsto [\partial_i])$．この事実は X の余接束 T^*X を用いて次のように内在的に（すなわち局所座標を用いずに）述べ直すことができる．$\pi\colon T^*X \longrightarrow X$ を標準射影とし，T^*X 上の正則関数の層 $\mathcal{O}_{T^*X}$ の π による準像層 $\pi_*\mathcal{O}_{T^*X}$ を考える．このとき切断 $[P] \in \mathrm{gr}_i^F \mathcal{D}_X$ $(P \in F_i\mathcal{D}_X)$ に対してその主シンボル $\sigma(P)(x,\xi) \in \pi_*\mathcal{O}_{T^*X}$ を対応させることにより環の層の単射準同型

$$\mathrm{gr}^F \mathcal{D}_X \hookrightarrow \pi_*\mathcal{O}_{T^*X}$$

が得られる．こうして得られる部分層 $\mathrm{gr}^F\mathcal{D}_X \subset \pi_*\mathcal{O}_{T^*X}$ の切断は，$\pi_*\mathcal{O}_{T^*X}$ の切断であって $\pi\colon T^*X \longrightarrow X$ の各ファイバー $\pi^{-1}(x) = T_x^*X \simeq \mathbb{C}^n$ $(x \in X)$ 上多項式となるものたちである．以上により環の層の単射準同型の列

$$\pi^{-1}\mathrm{gr}^F\mathcal{D}_X \longrightarrow \pi^{-1}\pi_*\mathcal{O}_{T^*X} \longrightarrow \mathcal{O}_{T^*X}$$

が得られる．さて $\mathcal{M}$ を連接 $\mathcal{D}_X$-加群とし，$(\mathcal{M}, F)$ を局所的に定義された $\mathcal{M}$ の良いフィルター付けとする．このとき $\mathrm{gr}^F\mathcal{M}$ は $\mathrm{gr}^F\mathcal{D}_X$ 上連接的であるので，$\mathrm{gr}^F\mathcal{M}$ の（局所的に定義された）ある自由分解

$$(\mathrm{gr}^F\mathcal{D}_X)^{\oplus m_1} \longrightarrow (\mathrm{gr}^F\mathcal{D}_X)^{\oplus m_0} \longrightarrow \mathrm{gr}^F\mathcal{M} \longrightarrow 0$$

が存在する．この完全列に函手 $\widetilde{*} := \mathcal{O}_{T^*X} \otimes_{\pi^{-1}\mathrm{gr}^F\mathcal{D}_X} \pi^{-1}(*)$ を施せば，よく知られた $\mathcal{O}_{T^*X}$ の環 $\pi^{-1}\mathrm{gr}^F\mathcal{D}_X$ 上の平坦性（あるいはテンソル積の右完全性）より，$\mathcal{O}_{T^*X}$-加群

$$\widetilde{\mathrm{gr}^F\mathcal{M}} = \mathcal{O}_{T^*X} \otimes_{\pi^{-1}\mathrm{gr}^F\mathcal{D}_X} \pi^{-1}\mathrm{gr}^F\mathcal{M}$$

の自由分解

$$(\mathcal{O}_{T^*X})^{\oplus m_1} \longrightarrow (\mathcal{O}_{T^*X})^{\oplus m_0} \longrightarrow \widetilde{\mathrm{gr}^F\mathcal{M}} \longrightarrow 0$$

が得られる．すなわち $\widetilde{\mathrm{gr}^F\mathcal{M}}$ は連接 $\mathcal{O}_{T^*X}$-加群である．$\mathcal{M}$ の特性多様体 $\mathrm{ch}\,\mathcal{M} \subset T^*X$ をこの連接層 $\widetilde{\mathrm{gr}^F\mathcal{M}}$ の台と定義したいが，そのためには以下の命題を示す必要がある．

命題 1.35　連接 $\mathcal{O}_{T^*X}$-加群 $\widetilde{\mathrm{gr}^F\mathcal{M}}$ の台 $\mathrm{supp}\,(\widetilde{\mathrm{gr}^F\mathcal{M}}) \subset T^*X$ は $\mathcal{M}$ の良いフィルター付け F のとり方によらない．

証明 $\mathcal{M}$ に2つの良いフィルター付け F および F' が入っているとする．$\widetilde{\mathrm{gr}^F\mathcal{M}}$ はフィルター付けの添え字をシフトしても（$\mathcal{O}_{T^*X}$-加群としての同型を除いて）不変であるから，命題1.31 で提示された良いフィルター付けの条件(2) により，ある $N \gg 0$ が存在して次が成り立つと仮定してよい：

$$F'_{i+N}\mathcal{M} \supset F_i\mathcal{M} \supset F'_i\mathcal{M} \qquad (i \in \mathbb{Z})$$

以下 N についての帰納法により等式

$$\mathrm{supp}\,(\widetilde{\mathrm{gr}^F\mathcal{M}}) = \mathrm{supp}\,(\widetilde{\mathrm{gr}^{F'}\mathcal{M}})$$

を証明しよう．$N=0$ の場合は明らかである．$N=1$ とすると条件

$$F_i\mathcal{M} \supset F'_i\mathcal{M} \supset F_{i-1}\mathcal{M} \supset F'_{i-1}\mathcal{M}$$

より次の2つの完全列を得る：

$$\begin{cases} 0 \longrightarrow F'_i\mathcal{M}/F_{i-1}\mathcal{M} \longrightarrow F_i\mathcal{M}/F_{i-1}\mathcal{M} \longrightarrow F_i\mathcal{M}/F'_i\mathcal{M} \longrightarrow 0, \\ 0 \longrightarrow F_{i-1}\mathcal{M}/F'_{i-1}\mathcal{M} \longrightarrow F'_i\mathcal{M}/F'_{i-1}\mathcal{M} \longrightarrow F'_i\mathcal{M}/F_{i-1}\mathcal{M} \longrightarrow 0. \end{cases}$$

したがって新しい $\mathrm{gr}^F\mathcal{D}_X$-加群 $\mathcal{F}$ と $\mathcal{G}$ を

$$\mathcal{F} = \bigoplus_{i\in\mathbb{Z}}(F_i\mathcal{M}/F'_i\mathcal{M}), \quad \mathcal{G} = \bigoplus_{i\in\mathbb{Z}}(F'_i\mathcal{M}/F_{i-1}\mathcal{M})$$

で定義すれば，$\mathcal{O}_{T^*X}$ の環 $\pi^{-1}\mathrm{gr}^F\mathcal{D}_X$ 上の平坦性より，次の2つの $\mathcal{O}_{T^*X}$-加群の完全列を得る：

$$\begin{cases} 0 \longrightarrow \widetilde{\mathcal{G}} \longrightarrow \widetilde{\mathrm{gr}^F\mathcal{M}} \longrightarrow \widetilde{\mathcal{F}} \longrightarrow 0, \\ 0 \longrightarrow \widetilde{\mathcal{F}} \longrightarrow \widetilde{\mathrm{gr}^{F'}\mathcal{M}} \longrightarrow \widetilde{\mathcal{G}} \longrightarrow 0. \end{cases}$$

ここで $\widetilde{\mathcal{F}}$ および $\widetilde{\mathcal{G}}$ はともに連接 $\mathcal{O}_{T^*X}$-加群であることに注意せよ．これにより所要の等式

$$\mathrm{supp}\,(\widetilde{\mathrm{gr}^F\mathcal{M}}) = \mathrm{supp}\,\widetilde{\mathcal{F}} \cup \mathrm{supp}\,\widetilde{\mathcal{G}} = \mathrm{supp}\,(\widetilde{\mathrm{gr}^{F'}\mathcal{M}})$$

が得られた．次に $N>1$ の場合を考えよう．このとき $\mathcal{M}$ の新しいフィルター付け F'' を

$$F''_i\mathcal{M} := F_{i-1}\mathcal{M} + F'_i\mathcal{M} \qquad (i \in \mathbb{Z})$$

で定めると，命題1.31で提示された良いフィルター付けの条件(2)により，これも $\mathcal{M}$ の良いフィルター付けとなる．3つの良いフィルター付け F, F', F'' について条件

$$F_i\mathcal{M} \supset F''_i\mathcal{M} \supset F_{i-1}\mathcal{M}, \quad F''_i\mathcal{M} \supset F'_i\mathcal{M} \supset F''_{i-N+1}\mathcal{M}$$

$(i \in \mathbb{Z})$ が成り立つので，帰納法の仮定により等式

$$\mathrm{supp}\,(\widetilde{\mathrm{gr}^F\mathcal{M}}) = \mathrm{supp}\,(\widetilde{\mathrm{gr}^{F''}\mathcal{M}}) = \mathrm{supp}\,(\widetilde{\mathrm{gr}^{F'}\mathcal{M}})$$

が得られる． ■

定義 1.36 命題1.35により $\mathcal{M}$ の（局所的に定義された）良いフィルター付けによらず定義される T^*X 内の部分集合 $\mathrm{ch}\,\mathcal{M} \subset T^*X$ を $\mathcal{M}$ の<u>特性多様体</u>(characteristic variety) と呼ぶ．これは T^*X 内の閉解析的部分集合である．

補題 1.37 次が成り立つ：

(1) $\mathcal{M}$ を連接 $\mathcal{D}_X$-加群とするとき，等式 $\mathrm{supp}\,\mathcal{M} = \pi(\mathrm{ch}\,\mathcal{M})$ が成り立つ．

(2) 連接 $\mathcal{D}_X$-加群の完全列

$$0 \longrightarrow \mathcal{M}' \longrightarrow \mathcal{M} \longrightarrow \mathcal{M}'' \longrightarrow 0$$

に対して等式

$$\mathrm{ch}\,\mathcal{M} = \mathrm{ch}\,\mathcal{M}' \cup \mathrm{ch}\,\mathcal{M}''$$

が成り立つ．

証明 各点 $x \in X$ に対する茎 $\mathcal{O}_{T^*X,(x,0)}$ の環 $(\mathrm{gr}^F\mathcal{D}_X)_x$ 上の忠実平坦性より(1)は明らかである．(2)を証明する．$\mathcal{M}$ に（局所的に）良いフィルター付け F を入れて，$\mathcal{M}'$ および $\mathcal{M}''$ にもそれから自然に導かれるフィルター付けを入れ

同じ記号 F で表すことにする．このとき系1.34より $(\mathcal{M}',F)$ および $(\mathcal{M}'',F)$ も良いフィルター付きの連接 $\mathcal{D}_X$-加群となり，連接 $\mathcal{O}_{T^*X}$-加群の完全列

$$0 \longrightarrow \widetilde{\mathrm{gr}^F\mathcal{M}'} \longrightarrow \widetilde{\mathrm{gr}^F\mathcal{M}} \longrightarrow \widetilde{\mathrm{gr}^F\mathcal{M}''} \longrightarrow 0$$

が得られる．これより主張が直ちに従う． ■

● **例 1.38** 1つの偏微分作用素 $P \in \Gamma(X;\mathcal{D}_X)$ で定まる連接 $\mathcal{D}_X$-加群 $\mathcal{M} = \mathcal{D}_X/\mathcal{D}_X P$ に $\mathcal{D}_X$ のフィルター付け $F_i\mathcal{D}_X$ より導かれるフィルター付け $F_i\mathcal{M} = (F_i\mathcal{D}_X + \mathcal{D}_X P)/\mathcal{D}_X P$ $(i \in \mathbb{Z})$ を入れれば，

$$\mathrm{gr}^F\mathcal{M} \simeq \mathrm{gr}^F\mathcal{D}_X/\mathrm{gr}^F\mathcal{D}_X\cdot\sigma(P)$$

となるので，$\mathrm{ch}\,\mathcal{M} = \{(x,\xi) \in T^*X \mid \sigma(P)(x,\xi) = 0\}$．すなわち $\mathcal{M}$ の特性多様体は P の主シンボル $\sigma(P)$ の零点集合である．複数個の偏微分作用素 $P_1, P_2, \ldots, P_m \in \Gamma(X;\mathcal{D}_X)$ で定まる連接 $\mathcal{D}_X$-加群 $\mathcal{M} = \mathcal{D}_X/\sum_{j=1}^m \mathcal{D}_X P_j$ の場合は事態はより複雑である．$\mathcal{M}$ およびイデアル $\mathcal{I} = \sum_{j=1}^m \mathcal{D}_X P_j \subset \mathcal{D}_X$ にそれぞれ（良い）フィルター付け F を

$$\begin{cases} F_i\mathcal{M} = (F_i\mathcal{D}_X + \mathcal{I})/\mathcal{I} \subset \mathcal{M} \\ F_i\mathcal{I} = \mathcal{I} \cap F_i\mathcal{D}_X \subset \mathcal{I} \end{cases}$$

$(i \in \mathbb{Z})$ と入れれば，

$$\mathrm{gr}^F\mathcal{M} \simeq \mathrm{gr}^F\mathcal{D}_X/\mathrm{gr}^F\mathcal{I}$$

となる．ここで $\mathrm{gr}^F\mathcal{I} \subset \mathrm{gr}^F\mathcal{D}_X$ はイデアル $\mathcal{I}$ に含まれる偏微分作用素の主シンボルたちにより生成されている環 $\mathrm{gr}^F\mathcal{D}_X$ のイデアルである．したがって $\mathcal{M}$ の特性多様体は

$$\mathrm{ch}\,\mathcal{M} = \bigl\{(x,\xi) \in T^*X \mid \sigma(Q)(x,\xi) = 0 \ (Q \in \mathcal{I})\bigr\}$$

と定まる．しかしながら包含関係

$$\sum_{j=1}^m \mathrm{gr}^F\mathcal{D}_X\cdot\sigma(P_j) \subset \mathrm{gr}^F\mathcal{I}$$

は一般には等式とは限らない．すなわち $\mathrm{ch}\,\mathcal{M}$ は $\sigma(P_j)$ $(1 \leq j \leq m)$ たちの共通零点よりも小さくなる可能性がある．イデアル $\mathcal{I} \subset \mathcal{D}_X$ の生成元 $P_1, \ldots, P_m$ が包合性 (involutivity) の条件（[202] などを参照）を満たせば等式が成り立つことが知られている．

上の例で計算した特性多様体はすべて以下に定義する意味で錐的である（主シンボルの斉次性）．X の余接束 $\pi\colon T^*X \longrightarrow X$ の各ファイバー $\pi^{-1}(x) \simeq \mathbb{C}^{\dim X}$ $(x \in X)$ は $\mathbb{C}$-ベクトル空間なので T^*X に乗法群 $\mathbb{C}^* = \mathbb{C}\setminus\{0\} \subset \mathbb{C}$ が定数倍で作用する．

定義 1.39　T^*X の部分集合 $S \subset T^*X$ が**錐的** (conic) であるとは $\mathbb{C}^*$ の T^*X への作用で S が閉じていることである．

補題 1.40　連接 $\mathcal{D}_X$-加群 $\mathcal{M}$ の特性多様体は錐的である．

証明　代数幾何における射影スキーム Proj の理論になじみの読者にとってこの補題は明らかであろうが，ここでは念のため初等的な証明を与えることにしよう．$\mathcal{M}$ の（局所）生成元 $u_1, \ldots, u_m \in \mathcal{M}$ を選んで

$$\mathcal{I}_j := \{P \in \mathcal{D}_X \mid Pu_j = 0\} \subset \mathcal{D}_X \qquad (1 \leq j \leq m)$$

とおく．このとき連接 $\mathcal{D}_X$-加群の単射準同型

$$\mathcal{D}_X/\mathcal{I}_j \hookrightarrow \mathcal{M} \qquad (1 \leq j \leq m)$$

および全射準同型

$$\bigoplus_{j=1}^{m} (\mathcal{D}_X/\mathcal{I}_j) \twoheadrightarrow \mathcal{M}$$

が得られる．よって補題 1.37 (2) より等式

$$\mathrm{ch}\,\mathcal{M} = \bigcup_{j=1}^{m} \mathrm{ch}\,(\mathcal{D}_X/\mathcal{I}_j)$$

が得られるが，右辺は上の例で既に見たように錐的である．■

特性多様体 $\mathrm{ch}\,\mathcal{M}$ は T^*X 内の錐的な閉解析的部分集合であることがわかった．実はその既約成分への分解 $\mathrm{ch}\,\mathcal{M} = \bigcup_{\alpha \in A} V_\alpha$ に現れる各既約成分 V_α の次元は大変強い制約条件：$V_\alpha \neq \emptyset \Longrightarrow \dim V_\alpha \geq \dim X$ を満たす．この非自明な事実は以下に述べる特性多様体の包合性定理より従う．X の余接束 T^*X には自然な複素シンプレクティック多様体の構造が入ることを思い出そう．特に T^*X 上局所的に定義された2つの正則関数 f, g に対して，それらの**ポアソン括弧積** (Poisson bracket) $\{f, g\}$ が定まる．T^*X の局所座標 (x, ξ) を用いると，

$$\{f, g\}(x, \xi) = \sum_{j=1}^{\dim X} \left(\frac{\partial f}{\partial \xi_j} \frac{\partial g}{\partial x_j} - \frac{\partial f}{\partial x_j} \frac{\partial g}{\partial \xi_j} \right)$$

と書くことができる．

定義 1.41 T^*X 内の閉解析的部分集合 $V \subset T^*X$ が**包合的** (involutive) であるとは，V の定義イデアル $\mathcal{I}_V = \{f \in \mathcal{O}_{T^*X} \mid f|_V \equiv 0\} \subset \mathcal{O}_{T^*X}$ が条件 $\{\mathcal{I}_V, \mathcal{I}_V\} \subset \mathcal{I}_V$ を満たすことである．

多変数正則関数についての一致の定理により，この条件は V の**正則部分** (regular part) $V_{\mathrm{reg}} = V \setminus V_{\mathrm{sing}}$（$V_{\mathrm{sing}}$ は V の特異点集合）が T^*X 内の包合的な複素部分多様体であることと同値である．シンプレクティック幾何学でよく知られているように，その場合 $V \neq \emptyset$ ($\Longleftrightarrow V_{\mathrm{reg}} \neq \emptyset$) $\Longrightarrow \dim V = \dim V_{\mathrm{reg}} \geq \dim X$ が成り立つ．次の佐藤-河合-柏原 [201] による定理は基本的である（[55],[229] も参照）．

定理 1.42 （**包合性定理**）連接 $\mathcal{D}_X$-加群の特性多様体 $\mathrm{ch}\,\mathcal{M}$ は T^*X 内で包合的である．特に $\mathrm{ch}\,\mathcal{M} = \bigcup_{\alpha \in A} V_\alpha$ をその既約成分への分解とするとき，不等式 $\dim V_\alpha \geq \dim X$ がすべての $\alpha \in A$ に対して成り立つ．

定義 1.43 T^*X 内の閉解析的部分集合 $V \subset T^*X$ が**ラグランジュ部分多様体** (Lagrangian subvariety) であるとは，V が包合的であってかつ等式

$$\dim V = \dim X = \frac{1}{2}\dim T^*X$$

を満たすことである.

● 例 1.44 X 内の滑らかな部分多様体 $Y \subset X$ に対してその X 内での**余法束** (conormal bundle) を $T^*_Y X \subset T^*X$ と記す. これは T^*X の錐的なラグランジュ部分多様体である. X の局所座標 $x = (x_1, \ldots, x_n)$ を用いて $Y = \{x_1 = \cdots = x_d = 0\} \subset X$ $(d = \operatorname{codim} Y = \dim X - \dim Y)$ と表される場合は,

$$T^*_Y X = \{(x, \xi) \in T^*X \mid x_1 = \cdots = x_d = \xi_{d+1} = \cdots = \xi_n = 0\}$$

である. 特に $Y = X$ の場合, $T^*_X X \subset T^*X$ は余接束 T^*X の **0-切断** (zero section) である.

定義 1.45 連接 $\mathcal{D}_X$-加群 $\mathcal{M}$ が, **ホロノミー $\mathcal{D}_X$-加群** (holonomic $\mathcal{D}_X$-module) または **ホロノミー系** (holonomic system) であるとは, その特性多様体 $\operatorname{ch}\mathcal{M}$ が T^*X のラグランジュ部分多様体であることである.

● 例 1.46 正則関数の層 $\mathcal{O}_X$ は $\mathcal{D}_X$-加群の全射準同型

$$\Phi\colon \mathcal{D}_X \twoheadrightarrow \mathcal{O}_X \quad (P \longmapsto P\cdot 1)$$

により連接 $\mathcal{D}_X$-加群 $\mathcal{D}_X / \operatorname{Ker}\Phi$ と同型となる. 実際 X の局所座標 $x = (x_1, \ldots, x_n)$ を用いると, この同型は

$$\mathcal{D}_X / \mathcal{D}_X\partial_1 + \cdots + \mathcal{D}_X\partial_n \xrightarrow{\sim} \mathcal{O}_X$$

と書くことができる. さらに $\operatorname{ch}\mathcal{O}_X = T^*_X X \subset T^*X$ なので, $\mathcal{O}_X$ はホロノミー $\mathcal{D}_X$-加群である.

● 例 1.47 $X = \mathbb{C}^n_x \supset Y = \{x_1 = \cdots = x_d = 0\} = \mathbb{C}^{n-d}$ とおく. このとき連接 $\mathcal{D}_X$-加群

$$\mathcal{B}_{Y|X} := \mathcal{D}_X \Big/ \sum_{i=1}^{d} \mathcal{D}_X x_i + \sum_{i=d+1}^{n} \mathcal{D}_X \partial_i$$

に対して $\operatorname{ch}\mathcal{B}_{Y|X} = T_Y^*X \subset T^*X$ が成り立つ．よって $\mathcal{B}_{Y|X}$ はホロノミー $\mathcal{D}_X$-加群である．

補題 1.48　連接 $\mathcal{D}_X$-加群の完全列

$$0 \longrightarrow \mathcal{M}' \longrightarrow \mathcal{M} \longrightarrow \mathcal{M}'' \longrightarrow 0$$

に対して，次の2条件は同値である：

(1) $\mathcal{M}'$ および $\mathcal{M}''$ はともにホロノミー $\mathcal{D}_X$-加群である．

(2) $\mathcal{M}$ はホロノミー $\mathcal{D}_X$-加群である．

証明　補題 1.37 より明らかである．■

この小節を終えるにあたり，連接 $\mathcal{D}_X$-加群 $\mathcal{M}$ の特性多様体 $\operatorname{ch}\mathcal{M}$ をより精密化して $\mathcal{M}$ の特性サイクル $\mathrm{CC}\,\mathcal{M}$ を定義しよう．次の定義は古典的である（[102] などを参照）．

定義 1.49　S を複素多様体，$\mathcal{F}$ を S 上の連接 $\mathcal{O}_S$-加群の層とし，$V := \operatorname{supp}\mathcal{F} = \bigcup_{\alpha\in A} V_\alpha$ を $\mathcal{F}$ の台の既約成分への分解とする．このとき既約成分 V_α に沿った**重複度** (multiplicity) $\operatorname{mult}_{V_\alpha}\mathcal{F} \in \mathbb{Z}_+$ を次で定める：

$$\operatorname{mult}_{V_\alpha}\mathcal{F} = \operatorname{length}_{(\mathcal{O}_{S,x})_{\mathfrak{p}_\alpha}}(\mathcal{F}_x)_{\mathfrak{p}_\alpha}.$$

ここで $x \in V_\alpha$ は（V の非特異点である）V_α の一般点であり，$\mathfrak{p}_\alpha \subset \mathcal{O}_{S,x}$ は

$$\mathfrak{p}_\alpha = \left\{ f \in \mathcal{O}_{S,x} \;\middle|\; f|_{V_\alpha} \equiv 0 \right\} \subset \mathcal{O}_{S,x}$$

で定義される局所環 $\mathcal{O}_{S,x}$ の素イデアルであり，$(\mathcal{O}_{S,x})_{\mathfrak{p}_\alpha}$ および $(\mathcal{F}_x)_{\mathfrak{p}_\alpha}$ はそれぞれ $\mathcal{O}_{S,x}$ および $\mathcal{O}_{S,x}$-加群 $\mathcal{F}_x$ の $\mathfrak{p}_\alpha$ による局所化である（柏原 [102, Section 2.6] などを参照）．

重複度は以下の意味で加法的である．

補題 1.50　複素多様体 S 上の連接 $\mathcal{O}_S$-加群の完全列

$$0 \longrightarrow \mathcal{F}' \longrightarrow \mathcal{F} \longrightarrow \mathcal{F}'' \longrightarrow 0$$

および $\mathcal{F}$ の台の既約成分への分解 $\mathrm{supp}\,\mathcal{F}=\bigcup_{\alpha\in A}V_\alpha$ を考える．このとき各既約成分 V_α に対して等式

$$\mathrm{mult}_{V_\alpha}\mathcal{F}=\mathrm{mult}_{V_\alpha}\mathcal{F}'+\mathrm{mult}_{V_\alpha}\mathcal{F}''$$

が成り立つ．

連接 $\mathcal{D}_X$-加群 $\mathcal{M}$ の特性多様体 $\mathrm{ch}\,\mathcal{M}$ の既約成分への分解 $\mathrm{ch}\,\mathcal{M}=\bigcup_{\alpha\in A}V_\alpha$ を考える．$\mathcal{M}$ に局所的に良いフィルター付け F を入れれば $\mathrm{ch}\,\mathcal{M}$ は

$$\mathrm{ch}\,\mathcal{M}=\mathrm{supp}\,(\widetilde{\mathrm{gr}^F\mathcal{M}})$$

と連接 $\mathcal{O}_{T^*X}$-加群の台として定義されたのであった．したがって既約成分 $V_\alpha\subset\mathrm{ch}\,\mathcal{M}$ に沿った $\mathcal{M}$ の重複度 $\mathrm{mult}_{V_\alpha}\mathcal{F}$ を

$$\mathrm{mult}_{V_\alpha}\mathcal{M}:=\mathrm{mult}_{V_\alpha}(\widetilde{\mathrm{gr}^F\mathcal{M}})$$

と定義するのが妥当であろう．実際命題 1.35 の証明および $\mathrm{mult}_{V_\alpha}(*)$ の加法性より，この定義は $\mathcal{M}$ の良いフィルター付けのとり方によらないことがわかる．

定義 1.51　上の議論により $\mathcal{M}$ の良いフィルター付けによらず定まる数 $\mathrm{mult}_{V_\alpha}\mathcal{M}\in\mathbb{Z}_+$ を $\mathcal{M}$ の既約成分 $V_\alpha\subset\mathrm{ch}\,\mathcal{M}$ に沿う **重複度** (multiplicity) と呼ぶ．また T^*X の閉解析的部分多様体の形式和

$$\mathrm{CC}\,\mathcal{M}=\sum_{\alpha\in A}(\mathrm{mult}_{V_\alpha}\mathcal{M})\cdot[V_\alpha]$$

を $\mathcal{M}$ の **特性サイクル** (characterictic cycle) と呼ぶ．

ここでは，連接 $\mathcal{D}_X$-加群 $\mathcal{M}$ の特性サイクルを代数的な方法で定義したが，$\mathcal{M}$ がホロノミー $\mathcal{D}_X$-加群の場合は同じ対象を $\mathcal{M}$ と対応する構成可能層 $\mathrm{Sol}_X(\mathcal{M})=\mathbf{R}\mathcal{H}om_{\mathcal{D}_X}(\mathcal{M},\mathcal{O}_X)$ から幾何学的に定義することもできる（後述）．次の補題は補題 1.37 の証明および重複度の加法性より明らかであろう．

補題 1.52 ホロノミー $\mathcal{D}_X$-加群の完全列

$$0 \longrightarrow \mathcal{M}' \longrightarrow \mathcal{M} \longrightarrow \mathcal{M}'' \longrightarrow 0$$

に対して等式

$$\mathrm{CC}\,\mathcal{M} = \mathrm{CC}\,\mathcal{M}' + \mathrm{CC}\,\mathcal{M}''$$

が成り立つ．

連接 $\mathcal{D}_X$-加群のなすアーベル圏を $\mathrm{Mod_{coh}}(\mathcal{D}_X)$ と記す．このときホロノミー $\mathcal{D}_X$-加群のなす圏 $\mathrm{Mod_h}(\mathcal{D}_X)$ は $\mathrm{Mod_{coh}}(\mathcal{D}_X)$ の部分アーベル圏となる．

系 1.53 ホロノミー $\mathcal{D}_X$-加群の（組成列の）長さは有限である．すなわち圏 $\mathrm{Mod_h}(\mathcal{D}_X)$ は**アルチン的** (Artinian) である．

証明 $\mathcal{M}$ をホロノミー $\mathcal{D}_X$-加群とし，$\mathrm{CC}\,\mathcal{M} = \sum_{\alpha\in A} m_\alpha \cdot [V_\alpha]$ ($m_\alpha \in \mathbb{Z}_+, V_\alpha \subset T^*X$) をその特性サイクルとする．このとき $\mathcal{M}$ の**全重複度** (total multiplicity) $\text{t-mult}\,(\mathcal{M}) \in \mathbb{Z}_+$ を

$$\text{t-mult}\,(\mathcal{M}) := \sum_{\alpha\in A} m_\alpha$$

で定義する．このときホロノミー $\mathcal{D}_X$-加群の非自明な拡大（完全列）

$$0 \longrightarrow \mathcal{M}' \longrightarrow \mathcal{M} \longrightarrow \mathcal{M}'' \longrightarrow 0$$

$(\mathcal{M}' \neq 0, \mathcal{M}'' \neq 0)$ に対して等式

$$\text{t-mult}\,(\mathcal{M}) = \text{t-mult}\,(\mathcal{M}') + \text{t-mult}\,(\mathcal{M}'')$$

が成り立つ．特性多様体の包合性定理（定理 1.42）より，ホロノミー $\mathcal{D}_X$-加群 $\mathcal{N}$ に対して

$$\mathcal{N} = 0 \underset{\text{同値}}{\Longleftrightarrow} \mathrm{CC}\,\mathcal{N} = 0$$

であるから，系の主張は明らかである． ■

● **例 1.54** $\mathcal{M}$ は階数 $N>0$ の接続とする．このとき定理 1.10 により $\mathcal{D}_X$-加群としての局所的な同型 $\mathcal{M} \simeq \mathcal{O}_X^{\oplus N}$ が存在する．よって $\mathcal{M}$ のフィルター付け

$$F_i\mathcal{M} = \begin{cases} \mathcal{M} & (i \geq 0) \\ 0 & (i < 0) \end{cases}$$

は良いフィルター付けであり，次の局所的な同型が成り立つ：

$$\mathrm{gr}^F\mathcal{M} \simeq \Bigl(\mathcal{O}_X[T_1,\ldots,T_n] \Bigm/ \sum_{i=1}^{n} \mathcal{O}_X[T_1,\ldots,T_n]T_i \Bigr)^{\oplus N} \qquad (n = \dim X).$$

これより T^*X の 0-切断 $j\colon X \simeq T^*_X X \hookrightarrow T^*X$ に対して（局所的な）$\mathcal{O}_{T^*X}$-加群の同型

$$\widetilde{\mathrm{gr}^F\mathcal{M}} = \mathcal{O}_{T^*X} \otimes_{\pi^{-1}\mathrm{gr}^F\mathcal{D}_X} \pi^{-1}\mathrm{gr}^F\mathcal{M} \simeq j_*(\mathcal{O}_X^{\oplus N})$$

が成り立つ．よって $\mathrm{ch}\,\mathcal{M} = T^*_X X$ すなわち $\mathcal{M}$ はホロノミー $\mathcal{D}_X$-加群であり $\mathrm{CC}\,\mathcal{M} = N\cdot[T^*_X X]$ が成り立つ．

ホロノミー $\mathcal{D}_X$-加群は X の一般点では接続となっていることを後に示す．上の例の逆，すなわち $\mathrm{ch}\,\mathcal{M} = T^*_X X$ となる連接 $\mathcal{D}_X$-加群は接続であることを示そう．そのために特性多様体の別の定義を紹介しよう．連接 $\mathcal{D}_X$-加群 $\mathcal{M}$ に良いフィルター付け F を入れたとき連接 $\mathrm{gr}^F\mathcal{D}_X$-加群 $\mathrm{gr}^F\mathcal{M}$ の **消滅イデアル** (annihilating ideal) $\mathrm{Ann}_{\mathrm{gr}^F\mathcal{D}_X}(\mathrm{gr}^F\mathcal{M}) \subset \mathrm{gr}^F\mathcal{D}_X$ を

$$\mathrm{Ann}_{\mathrm{gr}^F\mathcal{D}_X}(\mathrm{gr}^F\mathcal{M}) = \Bigl\{ s \in \mathrm{gr}^F\mathcal{D}_X \Bigm| sm = 0 \quad (m \in \mathrm{gr}^F\mathcal{M}) \Bigr\}$$

で定義する．これは $\mathrm{gr}^F\mathcal{D}_X$ の連接イデアルであり，それが定める T^*X の閉解析的部分集合

$$\begin{aligned} &V(\mathrm{Ann}_{\mathrm{gr}^F\mathcal{D}_X}(\mathrm{gr}^F\mathcal{M})) \\ &\quad := \Bigl\{ (x,\xi) \in T^*X \Bigm| s(x,\xi) = 0 \quad (s \in \mathrm{Ann}_{\mathrm{gr}^F\mathcal{D}_X}(\mathrm{gr}^F\mathcal{M})) \Bigr\} \subset T^*X \end{aligned}$$

は $\mathcal{M}$ の特性多様体と一致する（このことは補題 1.40 の証明を真似ることで容易に証明することができる．各自証明を試みよ）．

命題 1.55 連接 $\mathcal{D}_X$-加群 $\mathcal{M} \not\simeq 0$ に対して次の3条件は互いに同値である：

(1) $\mathcal{M}$ は $\mathcal{O}_X$ 上局所有限生成である.

(2) $\mathcal{M}$ は接続である.

(3) $\operatorname{ch}\mathcal{M} = T_X^*X$.

証明 (1) $\Longrightarrow$ (2) は命題 1.25 で示した. (2) $\Longrightarrow$ (3) は例 1.54 で既に見た通りである. よってあとは (3) $\Longrightarrow$ (1) を示せばよい. 局所的に考えればよい：$\operatorname{gr}^F\mathcal{D}_X \simeq \mathcal{O}_X[T_1, \ldots, T_n]$ ($n = \dim X, T_i = [\partial_i] \in \operatorname{gr}_1^F\mathcal{D}_X$). $\mathcal{M}$ に良いフィルター付け F を入れると条件 (3) より等式

$$\sqrt{\operatorname{Ann}_{\operatorname{gr}^F\mathcal{D}_X}(\operatorname{gr}^F\mathcal{M})} = \sum_{i=1}^n \mathcal{O}_X[T_1, \ldots, T_n]T_i$$

が得られる. ここで $\sqrt{\ }$ は根基である. すなわちイデアル

$$\mathcal{J} := \sum_{i=1}^n \mathcal{O}_X[T_1, \ldots, T_n]T_i \subset \operatorname{gr}^F\mathcal{D}_X$$

に対してある十分大きな $k_0 \gg 0$ が存在して（局所的な）包含関係

$$\mathcal{J}^{k_0} \subset \operatorname{Ann}_{\operatorname{gr}^F\mathcal{D}_X}(\operatorname{gr}^F\mathcal{M})$$

が成り立つ. $T^\alpha = T_1^{\alpha_1} \cdots T_n^{\alpha_n}$ ($\alpha \in \mathbb{Z}_+^n, |\alpha| = k_0$) たちは $\mathcal{J}^{k_0}$ の元であるから, これより非自明な包含関係

$$\partial_x^\alpha F_i\mathcal{M} \subset F_{i+k_0-1}\mathcal{M} \qquad (|\alpha| = k_0, i \in \mathbb{Z})$$

を得る. 一方 F は $\mathcal{M}$ の良いフィルター付けであったので, ある $j_0 \gg 0$ が存在して等式

$$(F_i\mathcal{D}_X)\cdot(F_j\mathcal{M}) = F_{i+j}\mathcal{M} \qquad (i \in \mathbb{Z}, j \geq j_0)$$

が成り立つ. したがって任意の $j \geq j_0$ に対して

$$F_{j+k_0}\mathcal{M} = (F_{k_0}\mathcal{D}_X)\cdot(F_j\mathcal{M}) \subset F_{j+k_0-1}\mathcal{M}$$

となる．すなわち増大列

$$\cdots \subset F_j\mathcal{M} \subset F_{j+1}\mathcal{M} \subset F_{j+2}\mathcal{M} \subset \cdots$$

は停留的である：$F_j\mathcal{M} = F_{j+1}\mathcal{M}$ $(j \gg 0)$．よって $\mathcal{M} = F_j\mathcal{M}$ $(j \gg 0)$ は $\mathcal{O}_X$ 上連接的である． ■

第2章 ◇ Cauchy-Kowalevski-柏原の定理

この章では偏微分方程式の初期値問題への$\mathcal{D}$-加群の理論の応用として名高い柏原の定理を紹介する．柏原の定理は古典的なCauchy-Kowalevskiの定理を一般のシステムにまで一気に拡張するもので，専門家の間では現在Cauchy-Kowalevski-柏原の定理と呼ばれている．

2.1 $\mathcal{D}$-加群の逆像とその連接性が成り立つ条件

まず複素多様体の間の写像$f\colon Y \longrightarrow X$に対して$Y$上の$\mathcal{O}_Y$-加群の層

$$\mathcal{D}_{Y\to X} := f^*\mathcal{D}_X = \mathcal{O}_Y \otimes_{f^{-1}\mathcal{O}_X} f^{-1}\mathcal{D}_X$$

を考えよう．これが右$f^{-1}\mathcal{D}_X$-加群の構造を持つことは明らかである．またfより導かれる$\mathcal{O}_Y$-加群の準同型（写像fの微分）

$$\Theta_Y \longrightarrow f^*\Theta_X = \mathcal{O}_Y \otimes_{f^{-1}\mathcal{O}_X} f^{-1}\Theta_X$$

により$\mathcal{D}_{Y\to X}$は左$\mathcal{D}_Y$-加群にもなることがわかるが，この作用は右からの$f^{-1}\mathcal{D}_X$の作用と可換である．こうして両側$(\mathcal{D}_Y, f^{-1}\mathcal{D}_X)$-加群$\mathcal{D}_{Y\to X}$が得られた．したがって$\mathcal{D}_X$-加群$\mathcal{M}$の$f$による（$\mathcal{O}$-加群としての）逆像

$$f^*\mathcal{M} = \mathcal{O}_Y \otimes_{f^{-1}\mathcal{O}_X} f^{-1}\mathcal{M} \simeq \mathcal{D}_{Y\to X} \otimes_{f^{-1}\mathcal{D}_X} f^{-1}\mathcal{M}$$

は左$\mathcal{D}_Y$-加群となる．すなわち函手

$$f^*\colon \mathrm{Mod}(\mathcal{D}_X) \longrightarrow \mathrm{Mod}(\mathcal{D}_Y) \quad (\mathcal{M} \longmapsto f^*\mathcal{M})$$

が得られた．

● **例 2.1** YがXの複素部分多様体で$f\colon Y \hookrightarrow X$がその埋め込み写像である場合を考えよう．$X$の局所座標$x = (x_1, \ldots, x_n)$を用いて$Y = \{x_1 = \cdots =$

$x_d = 0\}$ $(d = \operatorname{codim}_X Y)$ と書かれるとすると，局所的な同型

$$\mathcal{D}_{Y \to X} \simeq \left(\mathcal{D}_X / x_1 \mathcal{D}_X + \cdots + x_d \mathcal{D}_X\right)\big|_Y$$

が成り立つ.

● 例 2.2 $f\colon Y \longrightarrow X$ が沈め込み写像 (submersion) である場合を考える．このとき局所的には f は直積多様体 $Y = S \times X$ (S は複素多様体) から X への第2射影となる．すなわち Y の各点で局所座標 $y = (y_1, \ldots, y_d, y_{d+1}, \ldots, y_n)$ $(n = \dim Y, n - d = \dim X)$ が存在して，f は

$$y = (y_1, \ldots, y_d, y_{d+1}, \ldots, y_n) \longmapsto (y_{d+1}, \ldots, y_n)$$

と書くことができる．このとき局所的な同型

$$\mathcal{D}_{Y \to X} \simeq \mathcal{D}_Y / \mathcal{D}_Y \partial_1 + \cdots + \mathcal{D}_Y \partial_d$$

が成り立つ.

函手 $f^*\colon \operatorname{Mod}(\mathcal{D}_X) \longrightarrow \operatorname{Mod}(\mathcal{D}_Y)$ は以下のように導来圏に拡張することができる：

$$\begin{array}{ccc} \mathbf{L}f^*\colon \mathrm{D}^+(\operatorname{Mod}(\mathcal{D}_X)) & \longrightarrow & \mathrm{D}^+(\operatorname{Mod}(\mathcal{D}_Y)) \\ \Psi & & \Psi \\ \mathcal{M}_\bullet & \longmapsto & \mathbf{L}f^*(\mathcal{M}_\bullet) := \mathcal{D}_{Y \to X} \otimes^{\mathbf{L}}_{f^{-1}\mathcal{D}_X} f^{-1}\mathcal{M}_\bullet. \end{array}$$

テンソル積の結合律により $\mathrm{D}^+(\operatorname{Mod}(\mathcal{D}_Y))$ での等式

$$\begin{aligned} \mathbf{L}f^*(\mathcal{M}_\bullet) &\simeq (\mathcal{O}_Y \otimes^{\mathbf{L}}_{f^{-1}\mathcal{O}_X} f^{-1}\mathcal{D}_X) \otimes^{\mathbf{L}}_{f^{-1}\mathcal{D}_X} f^{-1}\mathcal{M}_\bullet \\ &\simeq \mathcal{O}_Y \otimes^{\mathbf{L}}_{f^{-1}\mathcal{O}_X} (f^{-1}\mathcal{D}_X \otimes^{\mathbf{L}}_{f^{-1}\mathcal{D}_X} f^{-1}\mathcal{M}_\bullet) \\ &\simeq \mathcal{O}_Y \otimes^{\mathbf{L}}_{f^{-1}\mathcal{O}_X} f^{-1}\mathcal{M}_\bullet \end{aligned}$$

が成り立つ. ここで $\mathcal{D}_X$ が $\mathcal{O}_X$-加群として平坦であることを用いた．$\mathbf{L}f^*(\mathcal{M}_\bullet) \in \mathrm{D}^+(\operatorname{Mod}(\mathcal{D}_Y))$ を $\mathcal{D}_X$-加群（の複体）$\mathcal{M}_\bullet$ の f による（$\mathcal{D}$-加群としての）

逆像 (inverse image) と呼ぶ．写像 $g\colon Z \longrightarrow Y$ および $f\colon Y \longrightarrow X$ に対して（同様にテンソル積の結合律を用いて）同型

$$\mathcal{D}_{Z\to Y} \otimes^{\mathbf{L}}_{g^{-1}\mathcal{D}_Y} g^{-1}\mathcal{D}_{Y\to X} \simeq \mathcal{D}_{Z\to X}$$

が示せるので，任意の $\mathcal{M}_\bullet \in \mathrm{D}^+(\mathrm{Mod}(\mathcal{D}_X))$ に対して $\mathrm{D}^+(\mathrm{Mod}(\mathcal{D}_Z))$ での同型

$$\mathbf{L}g^*(\mathbf{L}f^*(\mathcal{M}_\bullet)) \simeq \mathbf{L}(f\circ g)^*(\mathcal{M}_\bullet)$$

が得られる．写像 $f\colon Y \longrightarrow X$ より自然に導かれる写像

$$T^*Y \underset{\rho_f}{\longleftarrow} Y \times_X T^*X \underset{\varpi_f}{\longrightarrow} T^*X$$

を考えよう．ここで ρ_f は Y 上の正則ベクトル束の準同型であり，f が閉埋め込みの場合は全射でありその核

$$\rho_f^{-1}(T^*_YY) \subset Y \times_X T^*X$$

は $Y \subset X$ の X における余法束 T^*_YX と一致することに注意しよう．また f が沈め込みの場合は ρ_f は閉埋め込みであり等式

$$\rho_f^{-1}(T^*_YY) = Y \times_X T^*_XX$$

が成り立つ．

補題 2.3　写像 $g\colon Z \longrightarrow Y$ および $f\colon Y \longrightarrow X$ に対して次の自然な可換図式が存在する：

$$\begin{array}{ccccc}
T^*Z & \xleftarrow{\rho_g} & Z \times_Y T^*Y & \xleftarrow{\phi} & Z \times_X T^*X \\
 & & {\scriptstyle\varpi_g}\big\downarrow & \square & \big\downarrow{\scriptstyle\psi} \\
 & & T^*Y & \xleftarrow[\rho_f]{} & Y \times_X T^*X \\
 & & & & \big\downarrow{\scriptstyle\varpi_f} \\
 & & & & T^*X.
\end{array}$$

ここで等式 $\rho_g \circ \phi = \rho_{f\circ g}$ および $\varpi_f \circ \psi = \varpi_{f\circ g}$ が成り立ち，右上の四角形はデカルト積（ファイバー積）である．

定義 2.4 写像 $f\colon Y \longrightarrow X$ が連接 $\mathcal{D}_X$-加群 $\mathcal{M}$ に対して非特性的 (non-characteristic) であるとは，包含関係

$$\varpi_f^{-1}(\operatorname{ch}\mathcal{M}) \cap \rho_f^{-1}(T_Y^*Y) \subset Y \times_X T_X^*X$$

が成り立つことである．

上の考察により，f が沈め込みならばそれは任意の連接 $\mathcal{D}_X$-加群に対して非特性的である．また $f\colon Y \hookrightarrow X$ が閉埋め込みの場合，f が $\mathcal{M}$ に対して非特性的であることと ρ_f の $\varpi_f^{-1}(\operatorname{ch}\mathcal{M})$ 上への制限が有限射 (finite map) であることは同値である．ここで $\operatorname{ch}\mathcal{M}$ が錐的であることおよび $\mathbb{C}^d$ 内の有界な代数的集合は有限集合であることを用いた．

● **例 2.5** $\mathcal{M} = \mathcal{D}_X/\mathcal{D}_X P$ $(P \in \mathcal{D}_X)$ とし，$f\colon Y = \{x_n = 0\} \hookrightarrow X$ は複素超曲面 $Y = \{x_n = 0\}$ の閉埋め込みとする．このとき P の主シンボル $\sigma(P)(x,\xi)$ は ξ について斉次であり $\operatorname{ch}\mathcal{M} = \{(x,\xi) \in T^*X \mid \sigma(P) = 0\}$ である．したがって f が $\mathcal{M}$ に対して非特性的という条件 $\operatorname{ch}\mathcal{M} \cap T_Y^*X \subset Y \times_X T_X^*X$ は次の条件と同値である：

$$\sigma(P)((x_1,\dots,x_{n-1},0),(0,\dots,0,1)) \neq 0 \quad ((x_1,\dots,x_{n-1},0) \in Y)$$

このときさらに P の左から 0 でない正則関数をかけることでイデアル $\mathcal{D}_X P \subset \mathcal{D}_X$ の生成元 P を次の形のもの $P' \in \mathcal{D}_X$ に取り替えることができる：

$$P' = \partial_n^m + \sum_{0\le j\le m-1} Q_j(x,\partial_1,\dots,\partial_{n-1})\partial_n^j$$

$(m = \operatorname{ord}P,\ \operatorname{ord}Q_j \le \operatorname{ord}P - j = m - j)$．すなわち写像 $f\colon Y \hookrightarrow X$ が $\mathcal{M}$ に対して非特性的であることと，複素超曲面 $Y = \{x_n = 0\}$ が（古典解析の意味で）偏微分作用素 $P \in \mathcal{D}_X$ に対して非特性的であることは同値である．ここで $P' \in \mathcal{D}_X$ を ∂_n の m 次多項式のように考えて $\mathcal{D}_X$ の元を割り算することにより局所的な同型

$$f^*\mathcal{M} = \left(\mathcal{D}_X/x_n\mathcal{D}_X + \mathcal{D}_X P\right)\big|_Y \simeq \mathcal{D}_Y^{\oplus m}$$

が得られる．さらに右 $f^{-1}\mathcal{D}_X$-加群 $\mathcal{D}_{Y\to X}$ の自由分解

$$0 \longrightarrow f^{-1}\mathcal{D}_X \underset{x_n\times}{\longrightarrow} f^{-1}\mathcal{D}_X \longrightarrow \mathcal{D}_{Y\to X} \longrightarrow 0$$

を用いれば

$$\mathbf{L}f^*(\mathcal{M}) = \bigl[0 \longrightarrow (\mathcal{D}_X/\mathcal{D}_X P)\bigr|_Y \underset{x_n\times}{\longrightarrow} (\mathcal{D}_X/\mathcal{D}_X P)\bigr|_Y \longrightarrow 0\bigr]$$

とかけるので，$H^j\mathbf{L}f^*(\mathcal{M}) = 0$ $(j \neq 0)$ かつ $H^0\mathbf{L}f^*(\mathcal{M}) \simeq \mathcal{D}_Y^{\oplus m}$ となることがわかる．

この例は次のように一般化することができる．

定理 2.6　写像 $f\colon Y \longrightarrow X$ は連接 $\mathcal{D}_X$-加群 $\mathcal{M}$ に対して非特性的であるとする．このとき次が成り立つ：

(1)　$H^j\mathbf{L}f^*(\mathcal{M}) = 0 \quad (j \neq 0)$.

(2)　$H^0\mathbf{L}f^*(\mathcal{M}) \simeq f^*\mathcal{M}$ は連接 $\mathcal{D}_Y$-加群である．

(3)　$\mathrm{ch}\,(f^*\mathcal{M}) \subset \rho_f\varpi_f^{-1}(\mathrm{ch}\,\mathcal{M})$.

証明　**(Step1)** $f\colon Y = \{x_n = 0\} \hookrightarrow X$ が複素超曲面 $Y = \{x_n = 0\} \subset X$ の閉埋め込みの場合を考えよう．このとき

$$\mathbf{L}f^*(\mathcal{M}) = \Bigl[\,0 \longrightarrow f^{-1}\mathcal{M} \underset{x_n\times}{\longrightarrow} f^{-1}\mathcal{M} \longrightarrow 0\,\Bigr]$$

である．まず (1) を示す．$f^{-1}u \in f^{-1}\mathcal{M}$ $(u \in \mathcal{M})$ に対して $x_n \cdot (f^{-1}u) = 0$ とする．このときイデアル $\mathcal{I} = \{P \in \mathcal{D}_X \mid Pu = 0\} \subset \mathcal{D}_X$ を用いて定義される連接 $\mathcal{D}_X$-加群の単射準同型

$$0 \longrightarrow \mathcal{D}_X/\mathcal{I} \hookrightarrow \mathcal{M}$$

より包含関係 $\mathrm{ch}\,(\mathcal{D}_X/\mathcal{I}) \subset \mathrm{ch}\,\mathcal{M}$ が得られる．したがって $f\colon Y \hookrightarrow X$ は連接 $\mathcal{D}_X$-加群 $\mathcal{D}_X/\mathcal{I}$ に対しても非特性的である．ここで T_Y^*X が Y 上の複素直

線束であり $\mathrm{ch}(\mathcal{D}_X/\mathcal{I})$ が錐的であることを鑑みれば，局所的にある $P \in \mathcal{I}$ が存在して条件

$$\{(x,\xi) \in T^*X \mid \sigma(P)(x,\xi) = 0\} \cap T^*_Y X \subset Y \times_X T^*_X X$$

が成り立つことがわかる．すなわち $f\colon Y \hookrightarrow X$ は $\mathcal{D}_X/\mathcal{D}_X P$ に対しても非特性的である．さらに $P \in \mathcal{I}$ は次の形をしていると仮定して差し支えない：

$$P = \partial_n^m + \sum_{0 \le j \le m-1} Q_j(x, \partial_1, \ldots, \partial_{n-1})\partial_n^j$$

$(m = \mathrm{ord}\,P,\ \mathrm{ord}\,Q_j \le \mathrm{ord}\,P - j = m - j)$．この $P \in \mathcal{I}$ に対して $\mathrm{ad}_{x_n}(P) := [x_n, P] = x_n \circ P - P \circ x_n \in \mathcal{D}_X$ とおく．このとき $x_n \cdot (f^{-1}u) = P \cdot (f^{-1}u) = 0$ より任意の $k > 0$ に対して $\mathrm{ad}_{x_n}^k(P) \cdot (f^{-1}u) = 0$ が成り立つ．然るに $k = m = \mathrm{ord}\,P$ に対して $\mathrm{ad}_{x_n}^m(P) \in \mathcal{D}_X$ は 0 でない正則関数（倍の作用素 $\in \mathcal{O}_X \subset \mathcal{D}_X$）である．したがって $f^{-1}u = 0$ すなわち (1) が示された．

次に (2) を示そう．(1) の議論より $\mathcal{M}$ の局所生成元 $u_1, \ldots, u_l \in \mathcal{M}$ に対してある $P_j \in \mathcal{D}_X$ $(1 \le j \le l)$ であって $P_j u_j = 0$ かつ $f\colon Y \hookrightarrow X$ は $\mathcal{D}_X/\mathcal{D}_X P_j$ に対して非特性的となるものが存在する．これにより局所的な連接 $\mathcal{D}_X$-加群の完全列

$$0 \longrightarrow \mathcal{N} \longrightarrow \bigoplus_{j=1}^{l} \mathcal{D}_X/\mathcal{D}_X P_j \longrightarrow \mathcal{M} \longrightarrow 0$$

が得られる．ここで $f\colon Y \hookrightarrow X$ は $\mathcal{N}$ に対しても非特性的である．よって (1) および例 2.5 における計算より，次の $\mathcal{D}_Y$-加群の完全列を得る：

$$0 \longrightarrow f^*\mathcal{N} \longrightarrow \mathcal{D}_Y^{\oplus N} \longrightarrow f^*\mathcal{M} \longrightarrow 0 \tag{2.1}$$

（ここで $N := \sum_{j=1}^{l} \mathrm{ord}\,P_j$ とおいた）．特に $f^*\mathcal{M}$ は $\mathcal{D}_Y$ 上局所有限生成である．$\mathcal{N}$ も $\mathcal{M}$ と同じ仮定をみたすので，$f^*\mathcal{N}$ も $\mathcal{D}_Y$ 上局所有限生成的な $\mathcal{D}_Y^{\oplus N}$ の部分加群つまり連接 $\mathcal{D}_Y$-加群である．よって完全列 (2.1) より $f^*\mathcal{M}$ も連接 $\mathcal{D}_Y$-加群すなわち (2) が示された．最後に (3) を示そう．(2) の証明で用いた

$P_j \in \mathcal{D}_X$ $(1 \leq j \leq l)$ に対して $m_j := \operatorname{ord} P_j$ とおく．このとき $\mathcal{D}_Y$-加群の同型

$$\Phi_j \colon \mathcal{D}_Y^{\oplus m_j} \simeq f^*(\mathcal{D}_X/\mathcal{D}_X P_j) \simeq \mathcal{D}_X/x_n\mathcal{D}_X + \mathcal{D}_X P_j$$

$((R_0, R_1, \ldots, R_{m_j-1}) \longmapsto [\sum_{k=0}^{m_j-1} R_k \circ \partial_n^k])$ は次の性質をみたす：

$$\begin{aligned} &\Phi_j(F_i\mathcal{D}_Y \oplus F_{i-1}\mathcal{D}_Y \oplus \cdots \oplus F_{i-m_j+1}\mathcal{D}_Y) \\ &\quad = \frac{F_i\mathcal{D}_X + (x_n\mathcal{D}_X + \mathcal{D}_X P_j)}{(x_n\mathcal{D}_X + \mathcal{D}_X P_j)} \subset f^*(\mathcal{D}_X/\mathcal{D}_X P_j) \quad (i \in \mathbb{Z}). \qquad (2.2) \end{aligned}$$

ここで自由 $\mathcal{D}_Y$-加群 $f^*(\mathcal{D}_X/\mathcal{D}_X P_j) \simeq \mathcal{D}_Y^{\oplus m_j}$ にフィルター付けを

$$F_i(\mathcal{D}_Y^{\oplus m_j}) := F_i\mathcal{D}_Y \oplus \cdots \oplus F_{i-m_j+1}\mathcal{D}_Y \subset f^*(\mathcal{D}_X/\mathcal{D}_X P_j)$$

$(i \in \mathbb{Z})$ で入れると，(2) の証明で用いた連接 $\mathcal{D}_Y$-加群の全射準同型

$$\Psi \colon \bigoplus_{j=1}^{l} f^*(\mathcal{D}_X/\mathcal{D}_X P_j) \longrightarrow\!\!\!\!\rightarrow f^*\mathcal{M}$$

は連接 $\mathcal{D}_Y$-加群 $f^*\mathcal{M} = \mathcal{M}/x_n\mathcal{M}$ の良いフィルター付け

$$F_i(f^*\mathcal{M}) := \Psi\Big(\bigoplus_{j=1}^{l} \Phi_j(F_i(\mathcal{D}_Y^{\oplus m_j}))\Big)$$

$(i \in \mathbb{Z})$ を定める．さらに上の等式 (2.2) より，ある $\mathcal{M}$ の良いフィルター付け $F_i\mathcal{M} \subset \mathcal{M}$ $(i \in \mathbb{Z})$ に対して等式

$$F_i(f^*\mathcal{M}) = (F_i\mathcal{M} + x_n\mathcal{M})/x_n\mathcal{M} \subset f^*\mathcal{M}$$

$(i \in \mathbb{Z})$ が成り立つ．以上の構成より $\mathrm{gr}^F\mathcal{D}_Y$-加群の全射準同型

$$f^*\mathrm{gr}^F\mathcal{M} := (\mathrm{gr}^F\mathcal{M}/x_n\mathrm{gr}^F\mathcal{M}) \longrightarrow\!\!\!\!\rightarrow \mathrm{gr}^F(f^*\mathcal{M})$$

が得られる．ここで射影 $\pi_Y \colon T^*Y \longrightarrow Y$ および $\pi \colon Y \times_X T^*X \longrightarrow Y$ に対して $\mathcal{O}_{T^*Y}$-加群

$$(f^*\mathrm{gr}^F\mathcal{M})^\sim := \mathcal{O}_{T^*Y} \otimes_{\pi_Y^{-1}\mathrm{gr}^F\mathcal{D}_Y} \pi_Y^{-1}(f^*\mathrm{gr}^F\mathcal{M})$$

および $\mathcal{O}_{Y\times_X T^*X}$-加群

$$\varpi_f^*(\widetilde{\mathrm{gr}^F\mathcal{M}}) := \mathcal{O}_{Y\times_X T^*X} \otimes_{\pi^{-1}(f^*\mathrm{gr}^F\mathcal{D}_X)} \pi^{-1}(f^*\mathrm{gr}^F\mathcal{M})$$

を考えよう．このとき f が $\mathcal{M}$ に対して非特性的であることより，写像 ρ_f は後者の台上有限射であり次の同型が成り立つ：

$$(f^*\mathrm{gr}^F\mathcal{M})^{\sim} \simeq \rho_{f*}\varpi_f^*(\widetilde{\mathrm{gr}^F\mathcal{M}})$$

([108, 67 page])．実際代数幾何学の標準的な知識（[233, 4.3 節] などを参照）により，まず各点 $x \in Y$ に対して $\mathcal{O}_{Y,x}[\xi_1, \ldots, \xi_{n-1}]$-加群の同型を示し，次に連接層の固有射による順像が解析化と交換すること（[89, Proposition 4.7.2] の証明の最後の部分などを参照）を用いればよい．これより包含関係

$$\mathrm{supp}\,(f^*\mathrm{gr}^F\mathcal{M})^{\sim} \subset \rho_f\varpi_f^{-1}(\mathrm{ch}\,\mathcal{M})$$

が得られる．よって $\mathcal{O}_{T^*Y}$-加群の全射準同型

$$(f^*\mathrm{gr}^F\mathcal{M})^{\sim} \twoheadrightarrow \widetilde{\mathrm{gr}^F(f^*\mathcal{M})}$$

と合わせて，所要の包含関係

$$\mathrm{ch}\,f^*\mathcal{M} \subset \rho_f\varpi_f^{-1}(\mathrm{ch}\,\mathcal{M})$$

が得られた．

(Step2) $f\colon Y = \{x_{n-d+1} = x_{n-d+2} = \cdots = x_n = 0\} \hookrightarrow X$ が部分多様体 $Y = \{x_{n-d+1} = x_{n-d+2} = \cdots = x_n = 0\} \subset X$ の閉埋め込みの場合を考えよう．Y の X における余次元 d についての帰納法を用いる．$d = 1$ の場合は **(Step1)** で示した．$d > 1$ の場合を考えよう．このとき Y の各点で局所座標 $x = (x_1, \ldots, x_n)$ を用いて $Y = \{x_{n-d+1} = x_{n-d+2} = \cdots = x_n = 0\}$ を含む X 内の複素超曲面 H をとることができる：

$$Y \subsetneq H := \{x_n = 0\} \subsetneq X.$$

$g\colon H = \{x_n = 0\} \hookrightarrow X$ を埋め込み写像とする．このとき写像 $\rho_f\colon Y \times_X T^*X \twoheadrightarrow T^*Y$ は

$$Y \times_X T^*X = Y \times_H (H \times_X T^*X) \underset{\mathrm{id}_Y \times_H \rho_g}{\twoheadrightarrow} Y \times_H T^*H \twoheadrightarrow T^*Y$$

と分解する．仮定より ρ_f は $\varpi_f^{-1}(\mathrm{ch}\,\mathcal{M}) \subset Y \times_X T^*X$ 上有限射なので，Y の X 内での近傍上で $\rho_g\colon H \times_X T^*X \twoheadrightarrow T^*H$ も $\varpi_g^{-1}(\mathrm{ch}\,\mathcal{M})$ 上有限射である．すなわち $g\colon H \hookrightarrow X$ は（Y の近傍上で）$\mathcal{M}$ に対して非特性的である．したがって **(Step1)** より $H^j\mathbf{L}g^*(\mathcal{M}) = 0\ (j \neq 0)$ であり連接 $\mathcal{D}_H$-加群 $H^0\mathbf{L}g^*(\mathcal{M}) \simeq g^*\mathcal{M}$ に対して包含関係

$$\mathrm{ch}\,(g^*\mathcal{M}) \subset \rho_g\varpi_g^{-1}(\mathrm{ch}\,\mathcal{M})$$

が成り立つ．これにより埋め込み写像 $h\colon Y \hookrightarrow H$ は $g^*\mathcal{M}$ に対して非特性的で $\mathrm{codim}\,_H Y < \mathrm{codim}\,_X Y = d$ なので，帰納法の仮定により $H^j\mathbf{L}h^*(g^*\mathcal{M}) = 0\ (j \neq 0)$ であり，連接 $\mathcal{D}_Y$-加群 $H^0\mathbf{L}h^*(g^*\mathcal{M}) \simeq h^*g^*\mathcal{M} \simeq f^*\mathcal{M}$ に対して所要の包含関係

$$\mathrm{ch}\,(f^*\mathcal{M}) \subset \rho_h\varpi_h^{-1}\rho_g\varpi_g^{-1}(\mathrm{ch}\,\mathcal{M}) \subset \rho_f\varpi_f^{-1}(\mathrm{ch}\,\mathcal{M})$$

が得られる．導来函手の等式 $\mathbf{L}h^* \circ \mathbf{L}g^* = \mathbf{L}f^*$ より $H^j\mathbf{L}f^*\mathcal{M} = 0\ (j \neq 0)$ であることも直ちにわかる．

(Step3) $f\colon Y \longrightarrow X$ が沈め込みである場合を考えよう．このとき局所的には f は直積多様体 $Y = S \times X$（S は複素多様体）から X への第2射影となり，$\mathcal{O}_Y$ は $f^{-1}\mathcal{O}_X$ 上平坦である．よって

$$\mathbf{L}f^*\mathcal{M} = \mathcal{D}_{Y\to X} \otimes^{\mathbf{L}}_{f^{-1}\mathcal{D}_X} f^{-1}\mathcal{M} \simeq \mathcal{O}_Y \otimes^{\mathbf{L}}_{f^{-1}\mathcal{O}_X} f^{-1}\mathcal{M}$$

に対して $H^j\mathbf{L}f^*\mathcal{M} = 0\ (j \neq 0)$ が成り立つ．さらに $\mathcal{D}$-加群の外部テンソル積の理論（後述）より同型

$$f^*\mathcal{M} = H^0\mathbf{L}f^*\mathcal{M} \simeq \mathcal{O}_S \boxtimes \mathcal{M}$$

が得られる．これより $f^*\mathcal{M}$ は連接 $\mathcal{D}_Y$-加群であり，等式

$$\mathrm{ch}\,(f^*\mathcal{M}) = S \times \mathrm{ch}\,\mathcal{M} = \rho_f \varpi_f^{-1}(\mathrm{ch}\,\mathcal{M})$$

が成り立つ（補題4.5および例4.6を参照）．

(Step4) 一般の写像 $f\colon Y \longrightarrow X$ を考えよう．f より定まるグラフ埋入 (graph embedding)

$$g\colon Y \hookrightarrow Y \times X \quad (y \longmapsto (y, f(y)))$$

および直積多様体 $Y \times X$ からの第2射影 $p\colon Y \times X \twoheadrightarrow X$ に対して $f = p \circ g$ が成り立つ．すなわち f は閉埋め込み g と沈め込み p に分解することができる．まず次の補題を示す．

補題 2.7 写像 $g\colon Z \longrightarrow Y$ および $f\colon Y \longrightarrow X$ の合成 $f \circ g\colon Z \longrightarrow X$ は連接 $\mathcal{D}_X$-加群 $\mathcal{M}$ に対して非特性的であるとする．このとき次が成り立つ：

(1) f は $\mathcal{M}$ に対して $g(Z) \subset Y$ の近傍上で非特性的である．

(2) $\varpi_g^{-1}(\rho_f \varpi_f^{-1}(\mathrm{ch}\,\mathcal{M})) \cap \rho_g^{-1}(T_Z^*Z) \subset Z \times_Y T_Y^*Y$.

証明 補題2.3の記号を用いる．まず (1) を示す．仮定により

$$\psi^{-1}\{\varpi_f^{-1}(\mathrm{ch}\,\mathcal{M}) \cap \rho_f^{-1}(T_Y^*Y)\}$$
$$\subset {\varpi_{f\circ g}}^{-1}(\mathrm{ch}\,\mathcal{M}) \cap {\rho_{f\circ g}}^{-1}(T_Z^*Z) \subset Z \times_X T_X^*X$$

が成り立つ．これは $g(Z) \subset Y$ の近傍で f が $\mathcal{M}$ に対して非特性的であることを意味する．(2) も補題2.3を用いて次のように示せる：

$$\begin{aligned}
&\varpi_g^{-1}(\rho_f \varpi_f^{-1}(\mathrm{ch}\,\mathcal{M})) \cap \rho_g^{-1}(T_Z^*Z) \\
&\quad \subset \phi\psi^{-1}\varpi_f^{-1}(\mathrm{ch}\,\mathcal{M}) \cap \rho_g^{-1}(T_Z^*Z) \\
&\quad = \phi\{{\varpi_{f\circ g}}^{-1}(\mathrm{ch}\,\mathcal{M}) \cap \phi^{-1}\rho_g^{-1}(T_Z^*Z)\} \\
&\quad = \phi\{{\varpi_{f\circ g}}^{-1}(\mathrm{ch}\,\mathcal{M}) \cap {\rho_{f\circ g}}^{-1}(T_Z^*Z)\} \\
&\quad \subset \phi(Z \times_X T_X^*X) = Z \times_Y T_Y^*Y.
\end{aligned}$$

■

定理2.6の証明を続ける．この補題2.7の状況で，さらにfおよびgに対して定理が成り立つとする．このとき$g\colon Z \longrightarrow Y$は連接$\mathcal{D}_Y$-加群$f^*\mathcal{M}$に対して非特性的であり，$f^*\mathcal{M}$および$g^*(f^*\mathcal{M})$の特性多様体の上からの評価

$$\begin{cases} \mathrm{ch}\,(f^*\mathcal{M}) \subset \rho_f \varpi_f^{-1}(\mathrm{ch}\,\mathcal{M}) \\ \mathrm{ch}\,(g^*(f^*\mathcal{M})) \subset \rho_g \varpi_g^{-1}(\mathrm{ch}\,(f^*\mathcal{M})) \end{cases}$$

が成り立つ．さらに$\mathrm{ch}\,(g^*f^*\mathcal{M})$の$\mathrm{ch}\,\mathcal{M}$による上からの評価

$$\begin{aligned} \mathrm{ch}\,(g^*f^*\mathcal{M}) &\subset \rho_g \varpi_g^{-1} \rho_f \varpi_f^{-1}(\mathrm{ch}\,\mathcal{M}) \\ &= \rho_g \phi \psi^{-1} \varpi_f^{-1}(\mathrm{ch}\,\mathcal{M}) \\ &= \rho_{f\circ g} \varpi_{f\circ g}^{-1}(\mathrm{ch}\,(f^*\mathcal{M})) \end{aligned}$$

も得られる．したがって元の写像$f\colon Y \longrightarrow X$の分解$f = p \circ g$に現れる$g$と$p$について定理が成立すれば，$f$についても定理が成立する．**(Step1)**〜**(Step3)**よりこれは既に示されている． ■

注意 2.8 $f\colon Y \longrightarrow X$が$\mathcal{M}$に対して非特性的な場合は，実はさらに強く等式

$$\mathrm{ch}\,(f^*\mathcal{M}) = \rho_f \varpi_f^{-1}(\mathrm{ch}\,\mathcal{M})$$

が成立することが知られている．証明は柏原 [108, 定理4.7] を参照されたい．

写像$f\colon Y \hookrightarrow X$が閉埋め込みの場合に定理2.6より得られる連接$\mathcal{D}_Y$-加群$H^0\mathbf{L}f^*\mathcal{M} \simeq f^*\mathcal{M}$を$\mathcal{M}_Y$と記し，$\mathcal{M}$の$Y$上への<u>制限</u>(induced system)と呼ぶことがある．$f^*\mathcal{O}_X \simeq \mathcal{O}_Y$なので$Y$上の層の準同型

$$\begin{aligned} & f^{-1}\mathcal{H}om_{\mathcal{D}_X}(\mathcal{M}, \mathcal{O}_X) \\ &\qquad \longrightarrow \mathcal{H}om_{f^{-1}\mathcal{D}_X}(f^{-1}\mathcal{M}, f^{-1}\mathcal{O}_X) \\ &\qquad \longrightarrow \mathcal{H}om_{\mathcal{D}_Y}(\mathcal{D}_{Y\to X} \otimes_{f^{-1}\mathcal{D}_X} f^{-1}\mathcal{M}, \mathcal{D}_{Y\to X} \otimes_{f^{-1}\mathcal{D}_X} f^{-1}\mathcal{O}_X) \\ &\qquad \simeq \mathcal{H}om_{\mathcal{D}_Y}(\mathcal{M}_Y, \mathcal{O}_Y) \end{aligned} \tag{2.3}$$

が得られる．これにより$\mathcal{M}_Y$は$\mathcal{M}$の（X上の）正則関数解をY上へ制限して得られる（Y上の）正則関数のみたす偏微分方程式系と考えることができる．

特に複素超曲面 $Y=\{x_n=0\}\subset X$ の閉埋め込み $f\colon Y=\{x_n=0\}\hookrightarrow X$ が $\mathcal{M}=\mathcal{D}_X/\mathcal{D}_XP$ ($P\in\mathcal{D}_X, m=\operatorname{ord}P$) に対して非特性的な場合は，局所同型

$$\mathcal{D}_Y^{\oplus m}\simeq\mathcal{D}_X/x_n\mathcal{D}_X+\mathcal{D}_XP\simeq\mathcal{M}_Y$$

$((R_0,R_1,\dots,R_{m-1})\longmapsto[\sum_{k=0}^{m-1}R_k\circ\partial_n^k])$ を介して射 (2.3) は次のように具体的に書くことができる：

$$\begin{array}{ccc}\{u\in\mathcal{O}_X|_Y\,|\,Pu=0\} & \longrightarrow & \mathcal{O}_Y^{\oplus m}\\ \Psi & & \Psi\\ u & \longmapsto & (u|_Y,\partial_nu|_Y,\dots,\partial_n^{m-1}u|_Y).\end{array}$$

古典的な Cauchy-Kowalevski **の定理** (非特性初期値問題の一意可解性) はこれが同型であることを主張している（証明は [136] などを参照）．この射の構成は一般の写像 $f\colon Y\longrightarrow X$ に対してさらに導来圏 $\mathrm{D^b}(X)=\mathrm{D^b}(\mathrm{Mod}(\mathbb{C}_Y))$ の射として自然に拡張できる：

$$\begin{aligned}&f^{-1}\mathbf{R}\mathcal{H}om_{\mathcal{D}_X}(\mathcal{M},\mathcal{O}_X)\\&\qquad\longrightarrow\mathbf{R}\mathcal{H}om_{f^{-1}\mathcal{D}_X}(f^{-1}\mathcal{M},f^{-1}\mathcal{O}_X)\\&\qquad\longrightarrow\mathbf{R}\mathcal{H}om_{\mathcal{D}_Y}(\mathcal{D}_{Y\to X}\otimes^{\mathbf{L}}_{f^{-1}\mathcal{D}_X}f^{-1}\mathcal{M},\mathcal{D}_{Y\to X}\otimes^{\mathbf{L}}_{f^{-1}\mathcal{D}_X}f^{-1}\mathcal{O}_X)\\&\qquad\simeq\mathbf{R}\mathcal{H}om_{\mathcal{D}_Y}(\mathbf{L}f^*\mathcal{M},\mathcal{O}_Y).\end{aligned}\tag{2.4}$$

特に上で詳しく考察した $f\colon Y=\{x_n=0\}\hookrightarrow X$, $\mathcal{M}=\mathcal{D}_X/\mathcal{D}_XP$ ($P\in\mathcal{D}_X$, $m=\operatorname{ord}P$) の場合は，式 (2.4) の両辺は以下のように計算される：

$$H^jf^{-1}\mathbf{R}\mathcal{H}om_{\mathcal{D}_X}(\mathcal{M},\mathcal{O}_X)=\begin{cases}\{u\in\mathcal{O}_X|_Y\,|\,Pu=0\} & (j=0)\\ (\mathcal{O}_X/P\mathcal{O}_X)|_Y & (j=1)\\ 0 & (j\neq0,1),\end{cases}$$

$$H^j\mathbf{R}\mathcal{H}om_{\mathcal{D}_Y}(\mathcal{M}_Y,\mathcal{O}_Y)=\begin{cases}\mathcal{O}_Y^{\oplus m} & (j=0)\\ 0 & (j\neq0).\end{cases}$$

さらによく知られた（ある方向へ非特性条件をみたす）偏微分作用素 $P \in \mathcal{D}_X$ の $\mathcal{O}_X$ における可解性より,

$$H^1 f^{-1}\mathbf{R}\mathcal{H}om_{\mathcal{D}_X}(\mathcal{M}, \mathcal{O}_X) \simeq \mathcal{O}_X/P\mathcal{O}_X \simeq 0$$

が成り立つ（この事実を Cauchy-Kowalevski の定理に含める定式化もある）. 以上よりこの場合は導来圏における同型

$$f^{-1}\mathbf{R}\mathcal{H}om_{\mathcal{D}_X}(\mathcal{M}, \mathcal{O}_X) \xrightarrow{\sim} \mathbf{R}\mathcal{H}om_{\mathcal{D}_Y}(\mathbf{L}f^*\mathcal{M}, \mathcal{O}_Y)$$

が確かめられた. これより紹介する柏原の定理は, この事実を一気に一般のシステム $\mathcal{M}$ および一般の写像 $f\colon Y \longrightarrow X$ へ拡張するものである.

2.2 主定理とその証明

定理 2.9 （柏原 [96]） 写像 $f\colon Y \longrightarrow X$ は連接 $\mathcal{D}_X$-加群 $\mathcal{M}$ に対して非特性的とする. このとき導来圏 $\mathrm{D}^{\mathrm{b}}(Y) = \mathrm{D}^{\mathrm{b}}(\mathrm{Mod}(\mathbb{C}_Y))$ における同型

$$f^{-1}\mathbf{R}\mathcal{H}om_{\mathcal{D}_X}(\mathcal{M}, \mathcal{O}_X) \xrightarrow{\sim} \mathbf{R}\mathcal{H}om_{\mathcal{D}_Y}(\mathbf{L}f^*\mathcal{M}, \mathcal{O}_Y)$$

が成り立つ.

証明 **(Step1)** $f\colon Y = \{x_n = 0\} \hookrightarrow X$ が複素超曲面 $Y = \{x_n = 0\} \subset X$ の閉埋め込みである場合を考えよう. 定理 2.6 の証明で用いた連接 $\mathcal{D}_X$-加群の完全列

$$0 \longrightarrow \mathcal{N} \longrightarrow \bigoplus_{j=1}^{l} \mathcal{D}_X/\mathcal{D}_X P_j \longrightarrow \mathcal{M} \longrightarrow 0$$

を用いる. 古典的な Cauchy-Kowalevski の定理より $\mathcal{L} := \bigoplus_{j=1}^{l} \mathcal{D}_X/\mathcal{D}_X P_j$ に対して同型

$$f^{-1}\mathbf{R}\mathcal{H}om_{\mathcal{D}_X}(\mathcal{L}, \mathcal{O}_X) \xrightarrow{\sim} \mathbf{R}\mathcal{H}om_{\mathcal{D}_Y}(\mathcal{L}_Y, \mathcal{O}_Y)$$

が成り立つ. これより次の（同型を含む）可換図式を得る：

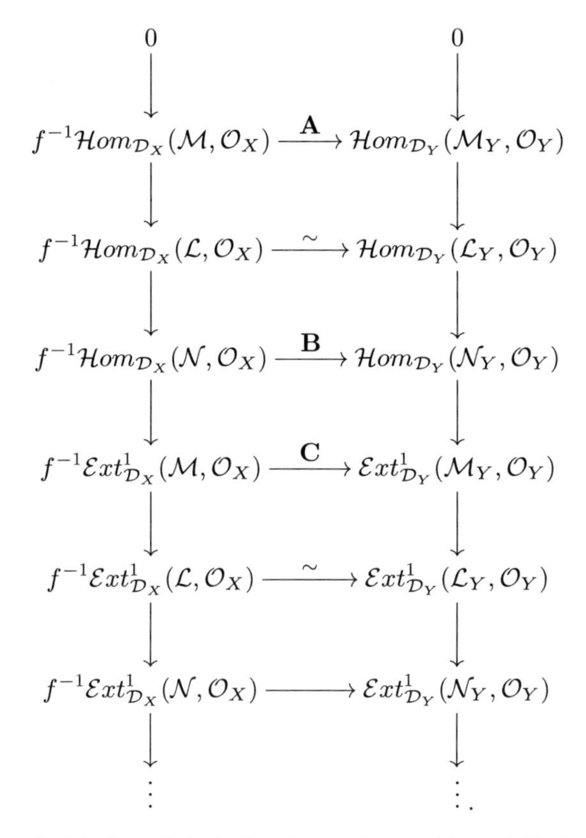

ここで縦の 2 列はともに長完全列である．よって射 **A** は単射である．連接 $\mathcal{D}_X$-加群 $\mathcal{N}$ も $\mathcal{M}$ と同じ非特性条件を $f\colon Y \hookrightarrow X$ に対して満たすので，射 **B** も単射である．よって 5 項補題より **A** は同型となる．5 項補題をさらにもう一度用いて，射 **C** が単射であることがわかる．この議論をくり返すことで所要の同型

$$f^{-1}\mathbf{R}\mathcal{H}om_{\mathcal{D}_X}(\mathcal{M}, \mathcal{O}_X) \xrightarrow{\sim} \mathbf{R}\mathcal{H}om_{\mathcal{D}_Y}(\mathcal{M}_Y, \mathcal{O}_Y)$$

が得られる．

(Step2) $f\colon Y = \{x_{n-d+1} = x_{n-d+2} = \cdots = x_n = 0\} \hookrightarrow X$ が部分多様体 $Y = \{x_{n-d+1} = x_{n-d+2} = \cdots = x_n = 0\} \subset X$ の閉埋め込みの場合を考えよ

う．Y の X における余次元 d についての帰納法を用いる．定理2.6の証明と同様に Y を含む X 内の複素超曲面 H：

$$Y \underset{h}{\hookrightarrow} H = \{x_n = 0\} \underset{g}{\hookrightarrow} X \quad (f = g \circ h)$$

をとれば，補題2.7および帰納法の仮定より次の同型が得られる：

$$\begin{aligned} f^{-1}\mathbf{R}\mathcal{H}om_{\mathcal{D}_X}(\mathcal{M}, \mathcal{O}_X) &\simeq h^{-1}(g^{-1}\mathbf{R}\mathcal{H}om_{\mathcal{D}_X}(\mathcal{M}, \mathcal{O}_X)) \\ &\simeq h^{-1}\mathbf{R}\mathcal{H}om_{\mathcal{D}_H}(\mathbf{L}g^*\mathcal{M}, \mathcal{O}_H) \\ &\simeq \mathbf{R}\mathcal{H}om_{\mathcal{D}_Y}(\mathbf{L}h^*\mathbf{L}g^*\mathcal{M}, \mathcal{O}_Y) \\ &\simeq \mathbf{R}\mathcal{H}om_{\mathcal{D}_Y}(\mathbf{L}f^*\mathcal{M}, \mathcal{O}_Y). \end{aligned}$$

(Step3) $f\colon Y \twoheadrightarrow X$ が沈め込みの場合を考える．このとき簡単な計算により左 $f^{-1}\mathcal{D}_X$-加群としての同型

$$\mathbf{R}\mathcal{H}om_{\mathcal{D}_Y}(\mathcal{D}_{Y\to X}, \mathcal{O}_Y) \simeq f^{-1}\mathcal{O}_X$$

が成り立つことがわかる（命題1.11の証明を参照）．よって同型

$$\begin{aligned} &f^{-1}\mathbf{R}\mathcal{H}om_{\mathcal{D}_X}(\mathcal{M}, \mathcal{O}_X) \\ &\quad \xrightarrow{\sim} \mathbf{R}\mathcal{H}om_{f^{-1}\mathcal{D}_X}(f^{-1}\mathcal{M}, f^{-1}\mathcal{O}_X) \\ &\quad\quad \simeq \mathbf{R}\mathcal{H}om_{f^{-1}\mathcal{D}_X}(f^{-1}\mathcal{M}, \mathbf{R}\mathcal{H}om_{\mathcal{D}_Y}(\mathcal{D}_{Y\to X}, \mathcal{O}_Y)) \\ &\quad\quad \simeq \mathbf{R}\mathcal{H}om_{\mathcal{D}_Y}(\mathcal{D}_{Y\to X} \otimes^{\mathbf{L}}_{f^{-1}\mathcal{D}_X} f^{-1}\mathcal{M}, \mathcal{O}_Y) \end{aligned}$$

が成り立つ．ここで最初の射が同型であることを示すのに $\mathcal{M}$ の連接性を用いた．

(Step4) $f\colon Y \longrightarrow X$ が一般の写像の場合は，定理2.6の証明の **(Step4)** と同様に，f を $f = p \circ g$（g は f によるグラフ埋め込み，p は射影）と分解する．このとき補題2.7を用いて **(Step1)**～**(Step3)** で得た結果に帰着することができる． ■

（連接 $\mathcal{D}_X$-加群 $\mathcal{M}$ に対して非特性とは限らない）一般の写像 $f\colon Y \longrightarrow X$ に対しては，$\mathcal{M}$ が正則ホロノミー加群であれば同型

$$f^{-1}\mathbf{R}\mathcal{H}om_{\mathcal{D}_X}(\mathcal{M}, \mathcal{O}_X) \xrightarrow{\sim} \mathbf{R}\mathcal{H}om_{\mathcal{D}_Y}(\mathbf{L}f^*\mathcal{M}, \mathcal{O}_Y)$$

が成り立つことが知られている．さらにこの場合，任意の $j \in \mathbb{Z}$ に対して $H^j\mathbf{L}f^*\mathcal{M}$ は再びホロノミー，特に連接 $\mathcal{D}_Y$-加群であることも示せる（ただし $H^j\mathbf{L}f^*\mathcal{M} \simeq 0$ $(j \neq 0)$ とは限らない）．これらのより深い結果の証明については柏原 [100] などを参照されたい．Cauchy-Kowalevski-柏原の定理は初期値に特異性が有る場合に拡張されている．これを分岐コーシー問題 (ramified Cauchy problem) と呼ぶが，その方面の最も決定的な結果は D'Agnolo-Schapira [30] により得られた．また Cauchy-Kowalevski-柏原の定理の超局所化が石村 [93] および杉木-竹内 [222] により研究されている．

第3章 ◇ ホロノミー$\mathcal{D}$-加群の正則関数解

本章ではホロノミー$\mathcal{D}$-加群の正則関数解が構成可能層になるという柏原の構成可能性定理（柏原の学位論文の主定理）を紹介する．特にホロノミー$\mathcal{D}$-加群の正則関数解の各点での茎は$\mathbb{C}$上有限次元のベクトル空間であることが従う．これによりホロノミー$\mathcal{D}$-加群は古典的な複素平面上の常微分方程式の自然な高次元化とみなすことができ，その後の理論が大きく発展する契機となった．この柏原の学位論文ではさらに，ホロノミー$\mathcal{D}$-加群の正則関数解が偏屈層の条件を満たすことも示されている（当時はまだ偏屈層の理論の登場する前であったが）．本章ではこの歴史的な結果も解説する．

3.1 $\mathcal{D}$-加群の双対

以下考える複素多様体はすべて連結と仮定し，複素多様体Xの次元をd_Xと記すことにする．複素多様体X上の左$\mathcal{D}_X$-加群の有界な複体のなす導来圏$\mathrm{D}^{\mathrm{b}}(\mathcal{D}_X)=\mathrm{D}^{\mathrm{b}}(\mathrm{Mod}(\mathcal{D}_X))$の充満部分圏$\mathrm{D}^{\mathrm{b}}_{\mathrm{coh}}(\mathcal{D}_X), \mathrm{D}^{\mathrm{b}}_{\mathrm{h}}(\mathcal{D}_X)\subset \mathrm{D}^{\mathrm{b}}(\mathcal{D}_X)$を次で定める：

$$\mathrm{D}^{\mathrm{b}}_{\mathrm{coh}}(\mathcal{D}_X)=\left\{\mathcal{M}_\bullet\in \mathrm{D}^{\mathrm{b}}(\mathcal{D}_X)\;\middle|\; {}^\forall j\in\mathbb{Z}\text{ に対して }H^j\mathcal{M}_\bullet\text{ は連接 }\mathcal{D}_X\text{-加群}\right\}$$
$$\mathrm{D}^{\mathrm{b}}_{\mathrm{h}}(\mathcal{D}_X)=\left\{\mathcal{M}_\bullet\in \mathrm{D}^{\mathrm{b}}(\mathcal{D}_X)\;\middle|\; {}^\forall j\in\mathbb{Z}\text{ に対して }H^j\mathcal{M}_\bullet\text{ はホロノミー }\mathcal{D}_X\text{-加群}\right\}.$$

以下慣例に従い導来圏$\mathrm{D}^{\mathrm{b}}(\mathrm{Mod}(\mathbb{C}_X))$を$\mathrm{D}^{\mathrm{b}}(X)$と略記する．このとき$\mathcal{M}_\bullet\in\mathrm{D}^{\mathrm{b}}_{\mathrm{coh}}(\mathcal{D}_X)$の解層複体 (solution complex) $\mathrm{Sol}_X(\mathcal{M}_\bullet)\in\mathrm{D}^{\mathrm{b}}(X)$およびde Rham複体 (de Rham complex) $\mathrm{DR}_X(\mathcal{M}_\bullet)\in\mathrm{D}^{\mathrm{b}}(X)$をそれぞれ以下で定義する：

$$\begin{cases}\mathrm{Sol}_X(\mathcal{M}_\bullet)=\mathbf{R}\mathcal{H}om_{\mathcal{D}_X}(\mathcal{M}_\bullet,\mathcal{O}_X)\\ \mathrm{DR}_X(\mathcal{M}_\bullet)=\Omega_X\otimes^{\mathbf{L}}_{\mathcal{D}_X}\mathcal{M}_\bullet.\end{cases}$$

次の補題は局所的には（局所座標を用いた計算で）明らかであるが，より厳密な座標不変な証明はKoszul複体を用いて示される（[89], [108] などを参照).

補題 3.1 左 $\mathcal{D}_X$-加群 $\mathcal{O}_X$ の自由分解が次で与えられる：

$$0 \longrightarrow \mathcal{D}_X \otimes_{\mathcal{O}_X} \bigwedge^{d_X} \Theta_X \longrightarrow \cdots \longrightarrow \mathcal{D}_X \otimes_{\mathcal{O}_X} \bigwedge^{0} \Theta_X \simeq \mathcal{D}_X \longrightarrow \mathcal{O}_X \longrightarrow 0.$$

ここで射 $\mathcal{D}_X \otimes_{\mathcal{O}_X} \bigwedge^0 \Theta_X \simeq \mathcal{D}_X \longrightarrow \mathcal{O}_X$ および

$$d_k \colon \mathcal{D}_X \otimes_{\mathcal{O}_X} \bigwedge^{k} \Theta_X \longrightarrow \mathcal{D}_X \otimes_{\mathcal{O}_X} \bigwedge^{k-1} \Theta_X \qquad (1 \leq k \leq d_X)$$

はそれぞれ $P \longmapsto P(1)$ および

$$\begin{aligned} &d_k(P \otimes \theta_1 \wedge \cdots\cdots \wedge \theta_k) \\ &\quad = \sum_i (-1)^{i+1} P\theta_i \otimes \theta_1 \wedge \cdots \wedge \check{\theta}_i \wedge \cdots \wedge \theta_k \\ &\qquad + \sum_{i<j} (-1)^{i+j} P \otimes [\theta_i, \theta_j] \wedge \theta_1 \wedge \cdots \check{\theta}_i \wedge \cdots \wedge \check{\theta}_j \wedge \cdots \wedge \theta_k \end{aligned}$$

で与えられる.

この補題における $\mathcal{O}_X$ の自由分解を $\mathcal{O}_X$ の Spencer 分解 (Spencer resolution) と呼ぶ. これにテンソル積 $\Omega_X \otimes_{\mathcal{O}_X} (*)$ を施して次の右 $\mathcal{D}_X$-加群 Ω_X の自由分解を得る.

補題 3.2 右 $\mathcal{D}_X$-加群 Ω_X の自由分解が次で与えられる：

$$0 \to \Omega_X^0 \otimes_{\mathcal{O}_X} \mathcal{D}_X \simeq \mathcal{D}_X \to \Omega_X^1 \otimes_{\mathcal{O}_X} \mathcal{D}_X \to \cdots \to \Omega_X^{d_X} \otimes_{\mathcal{O}_X} \mathcal{D}_X \to \Omega_X \to 0.$$

ここで射 $\Omega_X^{d_X} \otimes_{\mathcal{O}_X} \mathcal{D}_X = \Omega_X \otimes_{\mathcal{O}_X} \mathcal{D}_X \longrightarrow \Omega_X$ および

$$\delta_k \colon \Omega_X^k \otimes_{\mathcal{O}_X} \mathcal{D}_X \longrightarrow \Omega_X^{k+1} \otimes_{\mathcal{O}_X} \mathcal{D}_X \qquad (0 \leq k \leq d_X - 1)$$

はそれぞれ $\omega \otimes P \longmapsto \omega P$ および

$$\delta_k(\omega \otimes P) = d\omega \otimes P + \sum_{i=1}^{d_X} dx_i \wedge \omega \otimes \partial_i P$$

$(x = (x_1, \ldots, x_{d_X})$ は局所座標）で与えられる.

この補題により連接$\mathcal{D}_X$-加群$\mathcal{M}$に対するde Rham複体$\mathrm{DR}_X(\mathcal{M})$は

$$\mathrm{DR}_X(\mathcal{M}) = \left[\quad 0 \longrightarrow \mathcal{M} \xrightarrow{\nabla_0} \Omega_X^1 \otimes_{\mathcal{O}_X} \mathcal{M} \xrightarrow{\nabla_1} \cdots \xrightarrow{\nabla_{d_X-1}} \Omega_X^{d_X} \otimes_{\mathcal{O}_X} \mathcal{M} \longrightarrow 0 \quad\right]$$

(ここで$\Omega_X^k \otimes_{\mathcal{O}_X} \mathcal{M}$は$k-d_X$次にある) および

$$\begin{array}{ccc} \nabla_k\colon \Omega_X^k \otimes_{\mathcal{O}_X} \mathcal{M} & \longrightarrow & \Omega_X^{k+1} \otimes_{\mathcal{O}_X} \mathcal{M} \\ \Psi & & \Psi \\ \omega \otimes P & \longmapsto & d\omega \otimes P + \sum_{i=1}^{d_X} dx_i \wedge \omega \otimes \partial_i P \end{array}$$

$(0 \leq k \leq d_X - 1)$となる．これが$\mathrm{DR}_X(\mathcal{M})$を$\mathcal{M}$のde Rham複体と呼ぶ所以である．また上の2つの補題より次の命題が直ちに従う．

命題3.3 $\mathcal{M}_\bullet \in \mathrm{D}^{\mathrm{b}}_{\mathrm{coh}}(\mathcal{D}_X)$に対して同型

$$\mathbf{R}\mathcal{H}om_{\mathcal{D}_X}(\mathcal{O}_X, \mathcal{M}_\bullet)[d_X] \simeq \Omega_X \otimes^{\mathbf{L}}_{\mathcal{D}_X} \mathcal{M}_\bullet = \mathrm{DR}_X(\mathcal{M}_\bullet)$$

が成り立つ．また右$\mathcal{D}_X$-加群としての圏$\mathrm{D}^{\mathrm{b}}(\mathcal{D}_X{}^{\mathrm{op}}) = \mathrm{D}^{\mathrm{b}}(\mathrm{Mod}(\mathcal{D}_X{}^{\mathrm{op}}))$における同型

$$\mathbf{R}\mathcal{H}om_{\mathcal{D}_X}(\mathcal{O}_X, \mathcal{D}_X)[d_X] \simeq \Omega_X$$

が存在する．

つまりホロノミー$\mathcal{D}_X$-加群$\mathcal{O}_X$に対して右$\mathcal{D}_X$-加群としての同型

$$\mathcal{E}xt^j_{\mathcal{D}_X}(\mathcal{O}_X, \mathcal{D}_X) = H^j\mathbf{R}\mathcal{H}om_{\mathcal{D}_X}(\mathcal{O}_X, \mathcal{D}_X) = \begin{cases} \Omega_X & (j = d_X) \\ 0 & (j \neq d_X) \end{cases}$$

が成り立つ．さらにテンソル積$(*) \otimes_{\mathcal{O}_X} \Omega_X^{\otimes -1}$を施すことにより，左$\mathcal{D}_X$-加群としての圏$\mathrm{D}^{\mathrm{b}}(\mathcal{D}_X)$における同型

$$\mathbf{R}\mathcal{H}om_{\mathcal{D}_X}(\mathcal{O}_X, \mathcal{D}_X) \otimes_{\mathcal{O}_X} \Omega_X^{\otimes -1}[d_X] \simeq \mathcal{O}_X$$

が得られた．以上の考察により，ホロノミー$\mathcal{D}_X$-加群$\mathcal{M}$の<u>双対$\mathcal{D}_X$-加群</u> $\mathbb{D}_X(\mathcal{M}) \in \mathrm{D^b}(\mathcal{D}_X)$を

$$\mathbb{D}_X(\mathcal{M}) = \mathbf{R}\mathcal{H}om_{\mathcal{D}_X}(\mathcal{M}, \mathcal{D}_X) \otimes_{\mathcal{O}_X} \Omega_X^{\otimes -1}[d_X] \in \mathrm{D^b}(\mathcal{D}_X)$$

と定義するのは極めて自然であろう．実際次が成り立つ．

定理 3.4 ホロノミー$\mathcal{D}_X$-加群$\mathcal{M}$に対して$H^j\mathbb{D}_X(\mathcal{M}) \simeq 0$ $(j \neq 0)$が成り立つ．さらに$H^0\mathbb{D}_X(\mathcal{M}) \simeq \mathbb{D}_X(\mathcal{M})$はホロノミー$\mathcal{D}_X$-加群であり，同型$\mathbb{D}_X(\mathbb{D}_X(\mathcal{M})) \simeq \mathcal{M}$が成り立つ．

この定理の証明はやや後回しにして次の定義をする．

定義 3.5 導来圏$\mathrm{D^b}(\mathcal{D}_X)$からそれ自身への反変函手$\mathbb{D}_X \colon \mathrm{D^b}(\mathcal{D}_X)^{\mathrm{op}} \longrightarrow \mathrm{D^b}(\mathcal{D}_X)$を次で定める：

$$\mathbb{D}_X(\mathcal{M}_\bullet) = \mathbf{R}\mathcal{H}om_{\mathcal{D}_X}(\mathcal{M}_\bullet, \mathcal{D}_X) \otimes_{\mathcal{O}_X} \Omega_X^{\otimes -1}[d_X].$$

定義 3.6 $\mathcal{M}_\bullet \in \mathrm{D^b}(\mathcal{D}_X)$の<u>コホモロジー的長さ</u> (cohomological length) $l(\mathcal{M}_\bullet)$を

$$l(\mathcal{M}_\bullet) = \max\{j \in \mathbb{Z} \mid H^j\mathcal{M}_\bullet \not\simeq 0\} - \min\{j \in \mathbb{Z} \mid H^j\mathcal{M}_\bullet \not\simeq 0\} + 1$$

により定める．

命題 3.7 $\mathcal{M}_\bullet \in \mathrm{D^b_{coh}}(\mathcal{D}_X)$に対して$\mathbb{D}_X(\mathcal{M}_\bullet), \mathbb{D}_X(\mathbb{D}_X(\mathcal{M}_\bullet)) \in \mathrm{D^b_{coh}}(\mathcal{D}_X)$であり，同型$\mathcal{M}_\bullet \xrightarrow{\sim} \mathbb{D}_X(\mathbb{D}_X(\mathcal{M}_\bullet))$が成り立つ．

証明 まず$\mathcal{M}_\bullet \in \mathrm{D^b_{coh}}(\mathcal{D}_X)$に対して$\mathbb{D}_X(\mathcal{M}_\bullet) \in \mathrm{D^b_{coh}}(\mathcal{D}_X)$であることを証明しよう．$\mathcal{M}_\bullet$のコホモロジー的長さについての帰納法を用いる．$l(\mathcal{M}_\bullet) = 1$の場合は，ある$j \in \mathbb{Z}$に対して$\mathcal{M}_\bullet \simeq H^j\mathcal{M}_\bullet[-j]$となるので，連接$\mathcal{D}_X$-加群$H^j\mathcal{M}_\bullet \in \mathrm{Mod_{coh}}(\mathcal{D}_X)$の自由分解を考えることにより$\mathbb{D}_X(\mathcal{M}_\bullet) \in \mathrm{D^b_{coh}}(\mathcal{D}_X)$

が示せる．$l(\mathcal{M}_\bullet) > 1$ の場合を考えよう．このときある $j \in \mathbb{Z}$ が存在して特殊三角形 (distinguished triangle)

$$\mathcal{M}'_\bullet := \tau^{\leq j-1}\mathcal{M}_\bullet \longrightarrow \mathcal{M}_\bullet \longrightarrow \mathcal{M}''_\bullet := \tau^{\geq j}\mathcal{M}_\bullet \xrightarrow{+1}$$

に対して $l(\mathcal{M}'_\bullet), l(\mathcal{M}''_\bullet) < l(\mathcal{M}_\bullet)$ が成り立つ．よってこれに函手 $\mathbb{D}_X(*)$ を施して得られる特殊三角形

$$\mathbb{D}_X(\mathcal{M}''_\bullet) \longrightarrow \mathbb{D}_X(\mathcal{M}_\bullet) \longrightarrow \mathbb{D}_X(\mathcal{M}'_\bullet) \xrightarrow{+1}$$

および帰納法の仮定により $\mathbb{D}_X(\mathcal{M}_\bullet) \in \mathrm{D}^{\mathrm{b}}_{\mathrm{coh}}(\mathcal{D}_X)$ が得られる．同様にして $\mathbb{D}_X(\mathbb{D}_X(\mathcal{M}_\bullet)) \in \mathrm{D}^{\mathrm{b}}_{\mathrm{coh}}(\mathcal{D}_X)$ も成り立つ．次に $\mathcal{M}_\bullet \in \mathrm{D}^{\mathrm{b}}_{\mathrm{coh}}(\mathcal{D}_X)$ に対して $\mathrm{D}^{\mathrm{b}}_{\mathrm{coh}}(\mathcal{D}_X)$ における射 $\mathcal{M}_\bullet \longrightarrow \mathbb{D}_X(\mathbb{D}_X(\mathcal{M}_\bullet))$ を構成しよう．これは同型

$$\begin{aligned}
&\mathrm{Hom}_{\mathrm{D^b}(\mathcal{D}_X^{\mathrm{op}})}(\mathbf{R}\mathcal{H}om_{\mathcal{D}_X}(\mathcal{M}_\bullet, \mathcal{D}_X), \mathbf{R}\mathcal{H}om_{\mathcal{D}_X}(\mathcal{M}_\bullet, \mathcal{D}_X)) \\
&\quad\simeq \mathrm{Hom}_{\mathrm{D^b}(\mathcal{D}_X^{\mathrm{op}} \otimes_{\mathbb{C}} \mathcal{D}_X)}(\mathbf{R}\mathcal{H}om_{\mathcal{D}_X}(\mathcal{M}_\bullet, \mathcal{D}_X) \otimes_{\mathbb{C}} \mathcal{M}_\bullet, \mathcal{D}_X) \\
&\quad\simeq \mathrm{Hom}_{\mathrm{D^b}(\mathcal{D}_X)}(\mathcal{M}_\bullet, \mathbf{R}\mathcal{H}om_{\mathcal{D}_X^{\mathrm{op}}}(\mathbf{R}\mathcal{H}om_{\mathcal{D}_X}(\mathcal{M}_\bullet, \mathcal{D}_X), \mathcal{D}_X)) \\
&\quad\simeq \mathrm{Hom}_{\mathrm{D^b}(\mathcal{D}_X)}(\mathcal{M}_\bullet, \mathbb{D}_X(\mathbb{D}_X(\mathcal{M}_\bullet)))
\end{aligned}$$

による恒等射 $\mathrm{id} \colon \mathbf{R}\mathcal{H}om_{\mathcal{D}_X}(\mathcal{M}_\bullet, \mathcal{D}_X) \xrightarrow{\sim} \mathbf{R}\mathcal{H}om_{\mathcal{D}_X}(\mathcal{M}_\bullet, \mathcal{D}_X)$ の像として定まる．こうして得られた射 $\mathcal{M}_\bullet \longrightarrow \mathbb{D}_X(\mathbb{D}_X(\mathcal{M}_\bullet))$ が同型であることを $\mathcal{M}_\bullet$ のコホモロジー的長さについての帰納法で証明する．$l(\mathcal{M}_\bullet) = 1$ の場合は明らかである．$l(\mathcal{M}_\bullet) > 1$ の場合は，上と同様にある特殊三角形

$$\mathcal{M}'_\bullet \longrightarrow \mathcal{M}_\bullet \longrightarrow \mathcal{M}''_\bullet \xrightarrow{+1}$$

が存在して $l(\mathcal{M}'_\bullet), l(\mathcal{M}''_\bullet) < l(\mathcal{M}_\bullet)$ が成り立つ．よって帰納法の仮定により $\mathbb{D}_X(\mathbb{D}_X(\mathcal{M}'_\bullet)) \simeq \mathcal{M}'_\bullet$ および $\mathbb{D}_X(\mathbb{D}_X(\mathcal{M}''_\bullet)) \simeq \mathcal{M}''_\bullet$ が成り立つ．すなわち特殊三角形の射

$$\begin{array}{ccccccc}
\mathcal{M}'_\bullet & \longrightarrow & \mathcal{M}_\bullet & \longrightarrow & \mathcal{M}''_\bullet & \xrightarrow{+1} & \\
\mathbf{A}\downarrow & & \mathbf{B}\downarrow & & \mathbf{C}\downarrow & & \\
\mathbb{D}_X(\mathbb{D}_X(\mathcal{M}'_\bullet)) & \longrightarrow & \mathbb{D}_X(\mathbb{D}_X(\mathcal{M}_\bullet)) & \longrightarrow & \mathbb{D}_X(\mathbb{D}_X(\mathcal{M}''_\bullet)) & \xrightarrow{+1} &
\end{array}$$

において射 **A** と **C** は同型である．したがって 5 項補題により射 **B** も同型である． ■

補題 3.8 $\mathcal{M}_\bullet \in \mathrm{D}^{\mathrm{b}}_{\mathrm{coh}}(\mathcal{D}_X)$ に対して同型

$$\mathrm{Sol}_X(\mathbb{D}_X(\mathcal{M}_\bullet))[d_X] \simeq \mathrm{DR}_X(\mathcal{M}_\bullet)$$

が成り立つ．

証明 $\mathcal{M}_\bullet \in \mathrm{D}^{\mathrm{b}}_{\mathrm{coh}}(\mathcal{D}_X)$ に対して次の同型が存在する：

$$\begin{aligned}
\mathrm{Sol}_X(\mathbb{D}_X(\mathcal{M}_\bullet))[d_X] &\simeq \mathbf{R}\mathcal{H}om_{\mathcal{D}_X}(\mathbb{D}_X(\mathcal{M}_\bullet), \mathcal{O}_X)[d_X] \\
&\simeq \mathbf{R}\mathcal{H}om_{\mathcal{D}_X}(\mathbb{D}_X(\mathcal{M}_\bullet), \mathcal{D}_X)[d_X] \otimes^{\mathbf{L}}_{\mathcal{D}_X} \mathcal{O}_X \\
&\simeq \Omega_X \otimes^{\mathbf{L}}_{\mathcal{D}_X} (\mathbf{R}\mathcal{H}om_{\mathcal{D}_X}(\mathbb{D}_X(\mathcal{M}_\bullet), \mathcal{D}_X) \otimes_{\mathcal{O}_X} \Omega_X^{\otimes -1}[d_X]) \\
&\simeq \Omega_X \otimes^{\mathbf{L}}_{\mathcal{D}_X} \mathbb{D}_X(\mathbb{D}_X(\mathcal{M}_\bullet)) \simeq \Omega_X \otimes^{\mathbf{L}}_{\mathcal{D}_X} \mathcal{M}_\bullet.
\end{aligned}$$

ここで 2 番目の同型で $\mathbb{D}_X(\mathcal{M}_\bullet) \in \mathrm{D}^{\mathrm{b}}_{\mathrm{coh}}(\mathcal{D}_X)$ の連接性を用いた．また 3 番目の同型では，左右の $\mathcal{D}_X$-加群についての side changing を用いた． ■

定理 3.4 を示すためには，特に次の命題を示せばよい．

命題 3.9 $\mathcal{M}$ は連接 $\mathcal{D}_X$-加群とする．このとき次が成り立つ：

(1) $\mathcal{E}xt^j_{\mathcal{D}_X}(\mathcal{M}, \mathcal{D}_X) = 0 \quad (j < \mathrm{codim}\,(\mathrm{ch}\,\mathcal{M}))$.

(2) 任意の $j \geq 0$ に対して $\mathrm{ch}\,(\mathcal{E}xt^j_{\mathcal{D}_X}(\mathcal{M}, \mathcal{D}_X) \otimes_{\mathcal{O}_X} \Omega_X^{\otimes -1}) \subset \mathrm{ch}\,\mathcal{M}$ であり，次の不等式が成り立つ：

$$\mathrm{codim}\,(\mathrm{ch}\,(\mathcal{E}xt^j_{\mathcal{D}_X}(\mathcal{M}, \mathcal{D}_X) \otimes_{\mathcal{O}_X} \Omega_X^{\otimes -1})) \geq j.$$

証明 局所的な $\mathcal{D}_X$-加群の全射

$$\mathcal{D}_X{}^{\oplus N_0} \xrightarrow{\Phi} \mathcal{M} \longrightarrow 0$$

および $\mathcal{D}_X{}^{\oplus N_0}$ の擬自由なフィルター付け

$$F(k_1, k_2, \ldots, k_{N_0})_i(\mathcal{D}_X{}^{\oplus N_0}) := F_{i-k_1}\mathcal{D}_X \oplus F_{i-k_2}\mathcal{D}_X \oplus \cdots \oplus F_{i-k_{N_0}}\mathcal{D}_X$$

$(k_1, \ldots, k_{N_0} \in \mathbb{Z})$ を用いて $\mathcal{M}$ に良いフィルター付け F を入れ，

$$(\mathcal{D}_X{}^{\oplus N_0}, F(k_1, \ldots, k_{N_0})) \longrightarrow (\mathcal{M}, F) \longrightarrow 0$$

がフィルター付けについて厳密な全射となるようにできる．このとき $\operatorname{Ker}\Phi \subset \mathcal{D}_X{}^{\oplus N_0}$ に $F(k_1, \ldots, k_{N_0})$ より誘導されるフィルター付けも良いフィルター付けとなるので，ある擬自由なフィルター付き $\mathcal{D}_X$-加群 $(\mathcal{D}_X{}^{\oplus N_1}, F(k'_1, \ldots, k'_{N_1}))$ $(k'_1, \ldots, k'_{N_1} \in \mathbb{Z})$ をとって，次のフィルター付けについて厳密な完全列を得ることができる：

$$(\mathcal{D}_X{}^{\oplus N_1}, F(k'_1, \ldots, k'_{N_1})) \longrightarrow (\mathcal{D}_X{}^{\oplus N_0}, F(k_1, \ldots, k_{N_0})) \longrightarrow (\mathcal{M}, F) \longrightarrow 0.$$

以上の操作をくり返すことで，局所的にある擬自由なフィルター付き $\mathcal{D}_X$-加群 $(\mathcal{L}_j, F(j))$ $(j = 0, 1, 2, \ldots)$ を用いたフィルター付けについて厳密な $\mathcal{D}_X$-加群の完全列

$$\cdots \longrightarrow (\mathcal{L}_2, F(2)) \longrightarrow (\mathcal{L}_1, F(1)) \longrightarrow (\mathcal{L}_0, F(0)) \longrightarrow (\mathcal{M}, F) \longrightarrow 0$$

が得られる．これを $(\mathcal{M}, F)$ の <u>フィルター付き自由分解</u> (filtered free resolution) と呼ぶ．したがって $\mathrm{gr}^F \mathcal{D}_X$-加群の完全列

$$\cdots \longrightarrow \mathrm{gr}^{F(2)} \mathcal{L}_2 \longrightarrow \mathrm{gr}^{F(1)} \mathcal{L}_1 \longrightarrow \mathrm{gr}^{F(0)} \mathcal{L}_0 \longrightarrow \mathrm{gr}^F \mathcal{M} \longrightarrow 0$$

および同型

$$\mathcal{E}xt^j_{\mathrm{gr}^F \mathcal{D}_X}(\mathrm{gr}^F \mathcal{M}, \mathrm{gr}^F \mathcal{D}_X) \simeq H^j[\mathcal{H}om_{\mathrm{gr}^F \mathcal{D}_X}(\mathrm{gr}^{F(\bullet)} \mathcal{L}_\bullet, \mathrm{gr}^F \mathcal{D}_X)]$$

$(j \geq 0)$ が得られる．ここで右自由 $\mathcal{D}_X$-加群 $\mathcal{L}_j{}^* = \mathcal{H}om_{\mathcal{D}_X}(\mathcal{L}_j, \mathcal{D}_X)$ を考えよう．すると右 $\mathcal{D}_X$-加群 $\mathcal{E}xt^j_{\mathcal{D}_X}(\mathcal{M}, \mathcal{D}_X)$ は右自由 $\mathcal{D}_X$-加群の複体

$$\mathcal{L}_\bullet{}^* = \left[0 \longrightarrow \mathcal{L}_0{}^* \xrightarrow{d_0} \mathcal{L}_1{}^* \xrightarrow{d_1} \mathcal{L}_2{}^* \xrightarrow{d_2} \cdots\right]$$

の j 次のコホモロジー層

$$H^j(\mathcal{L}_\bullet{}^*) = \operatorname{Ker} d_j / \operatorname{Im} d_{j-1}$$

と同型である．まず $\mathcal{L}_0{}^* \simeq \mathcal{D}_X{}^{\oplus N_0}$ に $\mathcal{L}_0 \simeq \mathcal{D}_X{}^{\oplus N_0}$ のフィルター付け $F(0) = F(k_1, \ldots, k_{N_0})$ より自然に定まるフィルター付け

$$\begin{aligned} G(0)_i \mathcal{L}_0{}^* &= \left\{ \phi \in \mathcal{L}_0{}^* \;\middle|\; \phi(F(0)_l \mathcal{L}_0) \subset F_{l+i}\mathcal{D}_X \quad (l \in \mathbb{Z}) \right\} \\ &\simeq F(-k_1, \ldots, -k_{N_0})_i (\mathcal{D}_X{}^{\oplus N_0}) \subset \mathcal{L}_0{}^* \simeq \mathcal{D}_X{}^{\oplus N_0} \qquad (i \in \mathbb{Z}) \end{aligned}$$

を入れれば，$\mathrm{gr}^F\mathcal{D}_X$-加群としての同型

$$\mathrm{gr}^{G(0)} \mathcal{L}_0{}^* \simeq \mathcal{H}om_{\mathrm{gr}^F\mathcal{D}_X}(\mathrm{gr}^{F(0)}\mathcal{D}_X, \mathrm{gr}^F\mathcal{D}_X)$$

が成り立つ．同様に $\mathcal{L}_j{}^*$ $(j = 1, 2, 3, \ldots)$ に対しても $\mathcal{L}_j$ のフィルター付け $F(j)$ より自然に定まるフィルター付け $G(j)$ を入れ，$\mathrm{gr}^F\mathcal{D}_X$-加群としての同型

$$\begin{aligned} \mathcal{E}xt^j_{\mathrm{gr}^F\mathcal{D}_X}(\mathrm{gr}^F\mathcal{M}, \mathrm{gr}^F\mathcal{D}_X) &\simeq H^j\left[\mathrm{gr}^{G(\bullet)}\mathcal{L}_\bullet{}^*\right] \\ &= H^j\left[0 \longrightarrow \mathrm{gr}^{G(0)}\mathcal{L}_0{}^* \longrightarrow \mathrm{gr}^{G(1)}\mathcal{L}_1{}^* \longrightarrow \mathrm{gr}^{G(2)}\mathcal{L}_2{}^* \longrightarrow \cdots\right] \end{aligned}$$

を得ることができる．$\mathcal{L}_j{}^*$ のフィルター付け $G(j)$ は $\mathrm{Ker}\, d_j \subset \mathcal{L}_j{}^*$ および $\mathcal{E}xt^j_{\mathcal{D}_X}(\mathcal{M}, \mathcal{D}_X) \simeq H^j(\mathcal{L}_\bullet{}^*) = \mathrm{Ker}\, d_j / \mathrm{Im}\, d_{j-1}$ に（右 $\mathcal{D}_X$-加群としての）良いフィルター付け

$$G_i \mathcal{E}xt^j_{\mathcal{D}_X}(\mathcal{M}, \mathcal{D}_X) \subset \mathcal{E}xt^j_{\mathcal{D}_X}(\mathcal{M}, \mathcal{D}_X) \qquad (i \in \mathbb{Z})$$

を誘導する．フィルター付けられた $\mathcal{O}_X$-加群の複体

$$\left[0 \longrightarrow (\mathcal{L}_0{}^*, G(0)) \longrightarrow (\mathcal{L}_1{}^*, G(1)) \longrightarrow (\mathcal{L}_2{}^*, G(2)) \longrightarrow \cdots\right]$$

に付随するスペクトル列の一般理論（[47], [48] などを参照）により，$\mathrm{gr}^G\mathcal{E}xt^j_{\mathcal{D}_X}(\mathcal{M}, \mathcal{D}_X)$ は $\mathcal{E}xt^j_{\mathrm{gr}^F\mathcal{D}_X}(\mathrm{gr}^F\mathcal{M}, \mathrm{gr}^F\mathcal{D}_X) \simeq H^j\left[\mathrm{gr}^{G(\bullet)}\mathcal{L}_\bullet{}^*\right]$ の部分商 (subquotient) となる．したがってそれと対応する連接 $\mathcal{O}_{T^*X}$-加群 $\mathrm{gr}^G\mathcal{E}xt^j_{\mathcal{D}_X}(\mathcal{M}, \mathcal{D}_X)^\sim$ に対する等式

$$\mathrm{ch}\,(\mathcal{E}xt^j_{\mathcal{D}_X}(\mathcal{M}, \mathcal{D}_X) \otimes_{\mathcal{O}_X} \Omega_X^{\otimes -1}) = \mathrm{supp}\,(\mathrm{gr}^G\mathcal{E}xt^j_{\mathcal{D}_X}(\mathcal{M}, \mathcal{D}_X)^\sim)$$

および同型

$$\mathcal{E}xt^j_{\mathrm{gr}^F\mathcal{D}_X}(\mathrm{gr}^F\mathcal{M}, \mathrm{gr}^F\mathcal{D}_X)^{\sim} \simeq \mathcal{E}xt^j_{\mathcal{O}_{T^*X}}(\widetilde{\mathrm{gr}^F\mathcal{M}}, \mathcal{O}_{T^*X})$$

より，包含関係

$$\mathrm{ch}\,(\mathcal{E}xt^j_{\mathcal{D}_X}(\mathcal{M}, \mathcal{D}_X) \otimes_{\mathcal{O}_X} \Omega_X^{\otimes -1}) \subset \mathrm{supp}\,\mathcal{E}xt^j_{\mathcal{O}_{T^*X}}(\widetilde{\mathrm{gr}^F\mathcal{M}}, \mathcal{O}_{T^*X})$$

が得られる．等式 $\mathrm{ch}\,\mathcal{M} = \mathrm{supp}\,\widetilde{\mathrm{gr}^F\mathcal{M}}$ より，命題の主張 (1) と (2) は，連接 $\mathcal{O}$-加群についての以下の補題より直ちに従う． ■

補題 3.10 （[87, 8.6 節] などを参照） S を複素多様体とし，$\mathcal{F}$ をその上の連接 $\mathcal{O}_S$-加群の層とする．このとき次が成り立つ：

(1) $\mathcal{E}xt^j_{\mathcal{O}_S}(\mathcal{F}, \mathcal{O}_S) = 0 \quad (j < \mathrm{codim}\,(\mathrm{supp}\,\mathcal{F}))$.

(2) 任意の $j \geq 0$ に対して

$$\mathrm{codim}\,(\mathrm{supp}\,\mathcal{E}xt^j_{\mathcal{O}_S}(\mathcal{F}, \mathcal{O}_S)) \geq j.$$

命題 3.9 および特性多様体の包合性定理（定理 1.42）より，特に次が成り立つ．

系 3.11 連接 $\mathcal{D}_X$-加群 $\mathcal{M}$ に対して

$$\mathcal{E}xt^j_{\mathcal{D}_X}(\mathcal{M}, \mathcal{D}_X) = 0 \qquad (j > d_X)$$

が成り立つ．

• 例 3.12 $Y \subset X$ が X の部分多様体のとき，ホロノミー $\mathcal{D}_X$-加群 $\mathcal{B}_{Y|X}$ に対して同型 $\mathbb{D}_X(\mathcal{B}_{Y|X}) \simeq \mathcal{B}_{Y|X}$ が成り立つ．

定義 3.13 $\mathcal{M}_\bullet \in \mathrm{D}^{\mathrm{b}}_{\mathrm{coh}}(\mathcal{D}_X)$ に対してその（一般化された）特性多様体 $\mathrm{ch}\,(\mathcal{M}_\bullet) \subset T^*X$ を

$$\mathrm{ch}\,(\mathcal{M}_\bullet) = \bigcup_{j \in \mathbb{Z}} \mathrm{ch}\,(H^j\mathcal{M}_\bullet)$$

で定義する．

この一般化された特性多様体について次が成り立つ.

定理 3.14　$\mathcal{M}_\bullet \in \mathrm{D}^{\mathrm{b}}_{\mathrm{coh}}(\mathcal{D}_X)$ に対して等式 $\mathrm{ch}(\mathcal{M}_\bullet) = \mathrm{ch}(\mathbb{D}_X(\mathcal{M}_\bullet))$ が成り立つ.

証明　命題3.9および $\mathcal{M}_\bullet$ のコホモロジー的長さ (cohomological length) についての帰納法より, 包含関係

$$\mathrm{ch}(\mathbb{D}_X(\mathcal{M}_\bullet)) = \bigcup_{j \in \mathbb{Z}} \mathrm{ch}(H^j \mathbb{D}_X(\mathcal{M}_\bullet)) \subset \mathrm{ch}(\mathcal{M}_\bullet)$$

を示すことができる. 函手 $\mathbb{D}_X \colon \mathrm{D}^{\mathrm{b}}_{\mathrm{coh}}(\mathcal{D}_X)^{\mathrm{op}} \longrightarrow \mathrm{D}^{\mathrm{b}}_{\mathrm{coh}}(\mathcal{D}_X)$ は圏 $\mathrm{D}^{\mathrm{b}}_{\mathrm{coh}}(\mathcal{D}_X)$ の対合 (involution) なので $\mathrm{ch}(\mathcal{M}_\bullet) = \mathrm{ch}(\mathbb{D}_X(\mathbb{D}_X(\mathcal{M}_\bullet))) \subset \mathrm{ch}(\mathbb{D}_X(\mathcal{M}_\bullet)) \subset \mathrm{ch}(\mathcal{M}_\bullet)$ となり等式 $\mathrm{ch}(\mathcal{M}_\bullet) = \mathrm{ch}(\mathbb{D}_X(\mathcal{M}_\bullet))$ が得られる. ■

この一般化された特性多様体を用いて, Cauchy-Kowalevski-柏原の定理（定理 2.9）は次のように一般化できる. すなわち写像 $f \colon Y \longrightarrow X$ が $\mathcal{M}_\bullet \in \mathrm{D}^{\mathrm{b}}_{\mathrm{coh}}(\mathcal{D}_X)$ に対して非特性的という条件を $\mathrm{ch}(\mathcal{M}_\bullet)$ を用いて定義することで次が得られる.

定理 3.15　写像 $f \colon Y \longrightarrow X$ は $\mathcal{M}_\bullet \in \mathrm{D}^{\mathrm{b}}_{\mathrm{coh}}(\mathcal{D}_X)$ に対して非特性的とする. このとき導来圏 $\mathrm{D}^{\mathrm{b}}(Y)$ における同型

$$f^{-1}\mathbf{R}\mathcal{H}om_{\mathcal{D}_X}(\mathcal{M}_\bullet, \mathcal{O}_X) \xrightarrow{\sim} \mathbf{R}\mathcal{H}om_{\mathcal{D}_Y}(\mathbf{L}f^*\mathcal{M}_\bullet, \mathcal{O}_Y)$$

が成り立つ.

証明　$\mathcal{M}_\bullet \in \mathrm{D}^{\mathrm{b}}_{\mathrm{coh}}(\mathcal{D}_X)$ のコホモロジー的長さについての帰納法により, Cauchy-Kowalevski-柏原の定理（定理 2.9）に帰着できる. ■

3.2　構成可能層と偏屈層

柏原の構成可能性定理を述べるために必要な構成可能層と偏屈層の定義を

説明しよう．構成可能層および滑層分割 (stratification) に関する基本的性質の証明については，Dimca [39]，Goresky-MacPherson [64]，柏原 [102]，柏原-Schapira [116] などを参照されたい．位相空間 X に対して，1点からなる集合 pt への定値写像を $a_X\colon X \longrightarrow \mathrm{pt}$ と記す．

定義 3.16 解析空間（解析的集合）X の <u>**双対化複体**</u> (dualizing complex) $\omega_X \in \mathrm{D^b}(X)$ を $\omega_X = a_X^! \mathbb{C}_{\mathrm{pt}}$ と定める．

解析空間 X が複素多様体の場合は，$\omega_X \simeq \mathbb{C}_X[2d_X]$ $(d_X = \dim X)$ となる．また X がある複素多様体 M の閉解析的部分集合の場合は，埋め込み写像 $i_X\colon X \hookrightarrow M$ についての可換図式

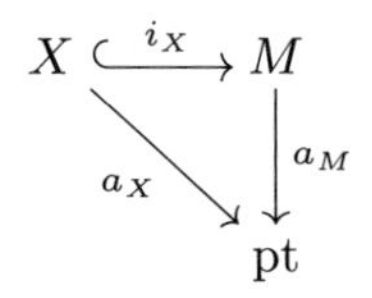

より，

$$\omega_X = a_X^! \mathbb{C}_{\mathrm{pt}} = i_X^! a_M^! \mathbb{C}_{\mathrm{pt}} = \mathbf{R}\Gamma_X(\mathbb{C}_M[2d_M])\big|_X$$

となる．この双対化複体 $\omega_X \in \mathrm{D^b}(X)$ を用いて <u>Verdier **双対函手**</u> (Verdier duality functor)

$$\mathbf{D}_X\colon \mathrm{D^b}(X)^{\mathrm{op}} \longrightarrow \mathrm{D^b}(X)$$

を

$$\mathbf{D}_X(\mathcal{F}_\bullet) := \mathbf{R}\mathcal{H}om_{\mathbb{C}_X}(\mathcal{F}_\bullet, \omega_X) \in \mathrm{D^b}(X)$$

と定める．

定義 3.17 解析空間 X の局所閉な解析的部分集合 $X_\alpha \subset X$ $(\alpha \in A)$ による局所有限な分割 (partition) $X = \bigsqcup_{\alpha \in A} X_\alpha$ が <u>**滑層分割**</u> (stratification) であるとは，次の2条件を満たすことである：

(1) 任意の $\alpha \in A$ に対して，X_α は滑らかであり $\overline{X_\alpha}$ および $\partial X_\alpha = \overline{X_\alpha} \setminus X_\alpha$ は解析的である．

(2) 任意の $\alpha \in A$ に対して，ある部分集合 $B \subset A$ が存在して等式

$$\overline{X_\alpha} = \bigsqcup_{\beta \in B} X_\beta$$

が成り立つ.

各 $\alpha \in A$ に対する複素多様体 X_α を滑層分割 $X = \bigsqcup_{\alpha \in A} X_\alpha$ の **滑層** (stratum) と呼ぶ.

任意の解析空間は滑層分割を持つことが知られている.

定義 3.18 X を解析空間とし，$\mathcal{F}$ は X 上の $\mathbb{C}_X$-加群の層とする．このとき $\mathcal{F}$ が **構成可能層** (constructible sheaf) であるとは，X のある滑層分割 $X = \bigsqcup_{\alpha \in A} X_\alpha$ が存在し，各滑層 X_α 上への $\mathcal{F}$ の制限 $\mathcal{F}|_{X_\alpha}$ が X_α 上の局所系であることである.

• 例 3.19 複素平面 $X = \mathbb{C}$ 上の $\mathcal{D}_X$-加群

$$\mathcal{M} = \mathcal{D}_X / \mathcal{D}_X (x\partial_x - \lambda) \qquad (\lambda \in \mathbb{C})$$

に対して，$\mathcal{F} = \mathcal{H}om_{\mathcal{D}_X}(\mathcal{M}, \mathcal{O}_X) \in \mathrm{Mod}(\mathbb{C}_X)$ とおく．このとき $\mathcal{F}|_{X \setminus \{0\}} \simeq \mathbb{C}_{X \setminus \{0\}} x^\lambda$ は $X \setminus \{0\}$ 上の階数 1 の局所系であり，茎についての同型

$$\mathcal{F}_0 \simeq \begin{cases} \mathbb{C} & (\lambda = 0, 1, 2, \dots) \\ 0 & (\text{それ以外の場合}) \end{cases}$$

が成り立つ．したがって $\mathcal{F}$ は（X の滑層分割 $X = (X \setminus \{0\}) \sqcup \{0\}$ により）構成可能層である.

定義 3.20 X を解析空間とし，$\mathcal{F}_\bullet \in \mathrm{D^b}(X)$ とする．このとき層の複体 $\mathcal{F}_\bullet$ が **構成可能** (constructible) であるとは，任意の $j \in \mathbb{Z}$ に対して $H^j(\mathcal{F}_\bullet) \in \mathrm{Mod}(\mathbb{C}_X)$ が構成可能層であることである．構成可能な複体 $\mathcal{F}_\bullet$ のなす導来圏 $\mathrm{D^b}(X)$ の充満部分圏を $\mathrm{D^b_c}(X) \subset \mathrm{D^b}(X)$ と記す.

構成可能性は導来圏 $\mathrm{D^b}(X)$ における様々な函手により保たれることが知られている．例えば次の結果がある．

定理 3.21　X を解析空間とする．このとき次が成り立つ．

(1) $\omega_X \in \mathrm{D^b_c}(X)$ であり，Verdier 双対函手 $\mathbf{D}_X$ は圏 $\mathrm{D^b_c}(X)$ を保つ．さらに $\mathrm{D^b_c}(X)$ 上で函手の等式 $\mathbf{D}_X \circ \mathbf{D}_X = \mathrm{id}$ が成り立つ．つまり $\mathbf{D}_X$ は圏 $\mathrm{D^b_c}(X)$ の対合 (involution) を定める．

(2) $\mathcal{F}_\bullet, \mathcal{G}_\bullet \in \mathrm{D^b_c}(X)$ に対して，$\mathcal{F}_\bullet \otimes^{\mathbf{L}}_{\mathbb{C}_X} \mathcal{G}_\bullet, \mathbf{R}\mathcal{H}om_{\mathbb{C}_X}(\mathcal{F}_\bullet, \mathcal{G}_\bullet) \in \mathrm{D^b_c}(X)$.

定理 3.22　$f\colon X \longrightarrow Y$ を解析空間の射とする．このとき次が成り立つ．

(1) 函手 $f^{-1}, f^!\colon \mathrm{D^b}(Y) \longrightarrow \mathrm{D^b}(X)$ は構成可能性を保ち，函手

$$f^{-1}, f^!\colon \mathrm{D^b_c}(Y) \longrightarrow \mathrm{D^b_c}(X)$$

を誘導する．さらに次の函手の等式が $\mathrm{D^b_c}(Y)$ 上で成り立つ：

$$f^! = \mathbf{D}_X \circ f^{-1} \circ \mathbf{D}_Y, \quad f^{-1} = \mathbf{D}_X \circ f^! \circ \mathbf{D}_Y.$$

(2) $f\colon X \longrightarrow Y$ が固有射であるならば，函手 $\mathbf{R}f_*, \mathbf{R}f_!\colon \mathrm{D^b}(X) \longrightarrow \mathrm{D^b}(Y)$ は構成可能性を保ち，函手

$$\mathbf{R}f_*, \mathbf{R}f_!\colon \mathrm{D^b_c}(X) \longrightarrow \mathrm{D^b_c}(Y)$$

を誘導する．さらに次の函手の等式が $\mathrm{D^b_c}(X)$ 上で成り立つ：

$$\mathbf{R}f_! = \mathbf{D}_Y \circ \mathbf{R}f_* \circ \mathbf{D}_X, \quad \mathbf{R}f_* = \mathbf{D}_Y \circ \mathbf{R}f_! \circ \mathbf{D}_X.$$

これらの定理は，解析空間の Whitney 滑層分割や解析空間の射の滑層分割の理論（Goresky-MacPherson [64, 1.7 節] などを参照）を用いて構成可能層の台を単純なものに分解することで位相幾何学的に証明できる．複素多様体上の証明については，柏原-Schapira [116, 8.5 節] を参照せよ．解析空間が特異点を持つより一般の場合については，Borel [18], Schürmann [211] などに証明がある．

定義 3.23 ([10]) X を解析空間とし，$\mathcal{F}_\bullet \in \mathrm{D}^{\mathrm{b}}_{\mathrm{c}}(X)$ とする．このとき $\mathcal{F}_\bullet$ が **偏屈層** (perverse sheaf) であるとは，任意の $j \in \mathbb{Z}$ に対して条件

$$\dim \operatorname{supp}(H^j(\mathcal{F}_\bullet)) \le -j, \quad \dim \operatorname{supp}(H^j(\mathbf{D}_X(\mathcal{F}_\bullet))) \le -j$$

が成り立つことである．X 上の偏屈層のなす $\mathrm{D}^{\mathrm{b}}_{\mathrm{c}}(X)$ の充満部分圏を $\mathrm{Perv}(\mathbb{C}_X) \subset \mathrm{D}^{\mathrm{b}}_{\mathrm{c}}(X)$ と記す．

• **例 3.24** $X = \mathbb{C}^n_x \supset Y = \{x_1 = \cdots = x_d = 0\} = \mathbb{C}^{n-d}$ とする ($d = d_X - d_Y$)．このときホロノミー $\mathcal{D}_X$-加群

$$\mathcal{B}_{Y|X} = \mathcal{D}_X \Big/ \sum_{i=1}^{d} \mathcal{D}_X x_i + \sum_{i=d+1}^{n} \mathcal{D}_X \partial_i$$

に対して $\mathcal{F}_\bullet = \mathrm{Sol}_X(\mathcal{B}_{Y|X})[n] \simeq \mathrm{DR}_X(\mathcal{B}_{Y|X}) \simeq \mathbb{C}_Y[n-d]$ ($n-d = d_Y$) とおく．すると簡単な計算

$$\begin{aligned}\mathbf{D}_X(\mathcal{F}_\bullet) &= \mathbf{R}\mathcal{H}om_{\mathbb{C}_X}(\mathbb{C}_Y[d_Y], \mathbb{C}_X[2d_X]) \\ &\simeq \mathbf{R}\Gamma_Y \mathbf{R}\mathcal{H}om_{\mathbb{C}_X}(\mathbb{C}_X, \mathbb{C}_X)[2d_X - d_Y] \\ &\simeq \mathbf{R}\Gamma_Y(\mathbb{C}_X)[2d_X - d_Y] \simeq (\mathbb{C}_Y[-2d])[2d_X - d_Y] \\ &\simeq \mathbb{C}_Y[d_Y] \simeq \mathcal{F}_\bullet\end{aligned}$$

により，$\mathcal{F}_\bullet$ が X 上の偏屈層であることが直ちに確かめられる．

3.3 層の超局所解析の理論

連接 $\mathcal{D}$-加群の正則関数解の多くの性質はその特性多様体から導き出すことができるが，そのための非常に強力な手法として柏原-Schapira [115], [116] により創始された層の超局所解析の理論がある．ここではその概要を紹介する．

定義 3.25 (**柏原-Schapira**) X を C^∞-級多様体とし $\mathcal{F}_\bullet \in \mathrm{D}^{\mathrm{b}}(X)$ とする．このとき X の余接束 T^*X の $\mathbb{R}_{>0}$-不変な (実錐的な) 閉部分集合 $\mathrm{SS}(\mathcal{F}_\bullet) \subset$

T^*X を次で定める：

$$
\begin{aligned}
&p_0 = (x_0; \xi_0) \notin \mathrm{SS}(\mathcal{F}_\bullet) \\
\iff &\begin{cases} p_0 \text{ の } T^*X \text{ におけるある開近傍 } U \text{ が存在して，任意の } x \in X \text{ および} \\ (x \text{ の近傍で定義された}) \ C^\infty\text{-級関数 } \phi\colon X \longrightarrow \mathbb{R} \text{ で条件 } \phi(x) = 0, \\ d\phi(x) \in U \text{ を満たすものに対して } \left[\mathbf{R}\Gamma_{\{\phi \geq 0\}}(\mathcal{F}_\bullet)\right]_x \simeq 0 \text{ が成り立つ.} \end{cases}
\end{aligned}
$$

集合 $\mathrm{SS}(\mathcal{F}_\bullet) \subset T^*X$ を層（の複体）$\mathcal{F}_\bullet \in \mathrm{D}^{\mathrm{b}}(X)$ の**マイクロ台** (micro-support) と呼ぶ.

複素多様体 X に対してその下にある実解析的多様体を $X_{\mathbb{R}}$ と記す．このとき以下のようにして自然な同一視 $T^*(X_{\mathbb{R}}) \simeq (T^*X)_{\mathbb{R}}$ を得ることができる．点 $x \in X_{\mathbb{R}}$ における余接空間 $T^*_x(X_{\mathbb{R}})$ の点 $p \in T^*_x(X_{\mathbb{R}})$ に対して，(x の近傍で定義された）C^∞-級関数 $\phi\colon X_{\mathbb{R}} \longrightarrow \mathbb{R}$ であり $d\phi(x) = p$ を満たすものをとる．さらに ϕ の実の外微分 $d\phi$ の正則部分を $\partial\phi$ とおく ($d\phi = \partial\phi + \bar{\partial}\phi$)．これにより同型

$$
\begin{array}{ccc}
T^*_x(X_{\mathbb{R}}) & \xrightarrow{\sim} & (T^*_x X)_{\mathbb{R}} \qquad (x \in X_{\mathbb{R}}) \\
\Psi & & \Psi \\
p & \longmapsto & \partial\phi(p)
\end{array}
$$

および $T^*(X_{\mathbb{R}}) \simeq (T^*X)_{\mathbb{R}}$ が得られた．次の柏原-Schapira による定理は基本的である（証明は [115, Theorem 10.1.1] などを参照).

定理 3.26 **(柏原-Schapira)**　X を複素多様体とし，$\mathcal{M}$ をその上の連接 $\mathcal{D}_X$-加群とする．このとき同一視 $T^*(X_{\mathbb{R}}) \simeq (T^*X)_{\mathbb{R}}$ の下で次の等式が成り立つ：

$$
\mathrm{SS}(\mathrm{Sol}_X(\mathcal{M})) = \mathrm{ch}\,\mathcal{M}
$$

この定理と柏原の非特性変形定理（[116, Proposition 2.7.2] などを参照）より，次の連接 $\mathcal{D}$-加群の正則関数解の延長についての大変強力な帰結を直ちに導き出すことができる.

定理 3.27　X を複素多様体として，$\{\Omega_t\}_{t\in\mathbb{R}}$ は X の相対コンパクトな Stein 開集合 $\Omega_t \subset X$ の族であって，それらの境界 $\partial\Omega_t \subset X_{\mathbb{R}}$ は $X_{\mathbb{R}}$ の C^∞-超曲面であると仮定する．また $\mathcal{M}$ は連接 $\mathcal{D}_X$-加群とする．さらに次の条件を仮定する：

(1)　$\Omega_s \subset \Omega_t \quad (s < t)$.

(2)　$\Omega_t = \bigcup_{s<t} \Omega_s$.

(3)　任意の $t \in \mathbb{R}$ に対して $\bigcap_{s>t}(\Omega_s \setminus \Omega_t) = \partial\Omega_t$ であり，包含関係 $\mathrm{ch}\,\mathcal{M} \cap T^*_{\partial\Omega_t} X_{\mathbb{R}} \subset T^*_{X_{\mathbb{R}}} X_{\mathbb{R}}$ が成り立つ.

このとき任意の $t \in \mathbb{R}$ に対して次の同型が成り立つ.

$$\mathbf{R}\Gamma\left(\bigcup_{s\in\mathbb{R}} \Omega_s; \mathrm{Sol}_X(\mathcal{M})\right) \xrightarrow{\sim} \mathbf{R}\Gamma(\Omega_t; \mathrm{Sol}_X(\mathcal{M})).$$

3.4　柏原の構成可能定理

以上の準備のもと，いよいよ柏原の構成可能性定理を紹介しよう．以下 X を複素多様体とする．次の補題の証明は [89, Theorem E.3.9] などを参照されたい.

補題 3.28（柏原）　$\mathcal{M}$ はホロノミー $\mathcal{D}_X$-加群とする．このとき X のある滑層分割 $X = \bigsqcup_{\alpha\in A} X_\alpha$ が存在して余接束 T^*X 内での包含関係

$$\mathrm{ch}\,\mathcal{M} \subset \bigsqcup_{\alpha\in A} T^*_{X_\alpha} X$$

が成り立つ.

上の滑層分割の細分をとることで，さらに **Whitney の条件** (Whitney condition)（正確な定義は [102, Appendix 2] および [89, Section E.3] などを参照）を満たす滑層分割 $X = \bigsqcup_{\alpha\in A} X_\alpha$ に対して包含関係 $\mathrm{ch}\,\mathcal{M} \subset \bigsqcup_{\alpha\in A} T^*_{X_\alpha} X$ を得ることができる．このとき右辺の集合 $\bigsqcup_{\alpha\in A} T^*_{X_\alpha} X$ は T^*X の閉解析的部分集合である．Whitney 条件とは，大まかにいって各滑層 X_α に対する滑層分割

$X = \bigsqcup_{\alpha \in A} X_\alpha$ の（局所的な）法構造 (normal structure) が X_α に沿って（局所的に）一定であることを意味する．以下では Whitney の条件を満たす滑層分割のことを Whitney 滑層分割 (Whitney stratification) と呼ぶことにする．

定理 3.29 **(柏原の構成可能性定理)** ホロノミー $\mathcal{D}_X$-加群 $\mathcal{M}$ に対して，$\mathrm{Sol}_X(\mathcal{M}), \mathrm{DR}_X(\mathcal{M}) = \Omega_X \otimes^{\mathbf{L}}_{\mathcal{D}_X} \mathcal{M} \in \mathrm{D^b}(X)$ は構成可能である．

証明 同型 $\mathrm{DR}_X(\mathcal{M}) \simeq \mathrm{Sol}_X(\mathbb{D}_X(\mathcal{M}))[d_X]$ より $\mathcal{F}_\bullet = \mathrm{Sol}_X(\mathcal{M})$ が構成可能であることを示せば十分である．X の Whitney 滑層分割 $X = \bigsqcup_{\alpha \in A} X_\alpha$ であって包含関係 $\mathrm{ch}\,\mathcal{M} \subset \bigsqcup_{\alpha \in A} T^*_{X_\alpha} X$ を満たすものを1つとる．まず各 $\alpha \in A$ および $j \in \mathbb{Z}$ に対して $H^j(\mathcal{F}_\bullet)|_{X_\alpha}$ が局所定数層であることを示そう．そのためには各点 $x \in X_\alpha$ に対して x の X_α における十分小さな開近傍 $U \subset X_\alpha$ が存在して規準的な射 $a_U^{-1}\mathbf{R}(a_U)_*(\mathcal{F}_\bullet|_U) \longrightarrow \mathcal{F}_\bullet|_U$ $(a_U \colon U \longrightarrow \mathrm{pt})$ が同型であることを示せばよい．$U \subset X_\alpha$ を $x \in X_\alpha$ を中心とする十分小さな開球として，U の各点 $y \in U$ における茎に誘導される射が同型であることを示せば十分である．滑層分割 $X = \bigsqcup_{\alpha \in A} X_\alpha$ の Whitney 条件および $\mathrm{ch}\,\mathcal{M} \subset \bigsqcup_{\alpha \in A} T^*_{X_\alpha} X$ より，点 $y \in U$ に対して X の相対コンパクトな Stein 開集合の族 $\{\Omega_t\}_{t \in \mathbb{R}}$ および $\{\Omega'_t\}_{t \in \mathbb{R}}$ であって定理 3.27 の条件 (1),(2),(3) および条件

$$\begin{cases} \textbf{(a)}\ \ \bigcup_{t \in \mathbb{R}} \Omega_t = \bigcup_{t \in \mathbb{R}} \Omega'_t \text{ は } U \subset X_\alpha \text{ の } X \text{ における開近傍である．} \\ \textbf{(b)}\ \ \{\Omega_t\}_{t \in \mathbb{R}} \text{ は } U \subset X_\alpha \text{ の } X \text{ における基本近傍系である：} \\ \qquad \bigcap_{t \in \mathbb{R}} \Omega_t = U. \\ \textbf{(c)}\ \ \{\Omega'_t\}_{t \in \mathbb{R}} \text{ は } \{y\} \subset X_\alpha \text{ の } X \text{ における基本近傍系である：} \\ \qquad \bigcap_{t \in \mathbb{R}} \Omega'_t = \{y\}. \end{cases}$$

を満たすものが存在する．よって定理 3.27 より所要の同型

$$a_U^{-1}\mathbf{R}(a_U)_*(\mathcal{F}_\bullet|_U) \simeq a_U^{-1}\mathbf{R}\Gamma(U; \mathcal{F}_\bullet|_U) \xrightarrow{\sim} \mathcal{F}_\bullet|_U$$

が得られる．最後に $\mathcal{F}_\bullet \in \mathrm{D^b}(X)$ の茎の有限次元性

$$\dim H^j(\mathcal{F}_\bullet)_x < +\infty \qquad (x \in X, j \in \mathbb{Z})$$

を示そう．$x \in X_\alpha$ とする．このとき滑層分割 $X = \bigsqcup_{\alpha \in A} X_\alpha$ の Whitney 条件，$\mathrm{ch}\,\mathcal{M} \subset \bigsqcup_{\alpha \in A} T^*_{X_\alpha} X$ および定理 3.27 より点 $x \in X_\alpha$ を中心とする X 内の 2 つの開球 $B(x;\varepsilon_1) \subset B(x;\varepsilon_2)$ $(0 < \varepsilon_1 < \varepsilon_2)$ が存在して同型

$$\mathbf{R}\Gamma(B(x;\varepsilon_2);\mathcal{F}_\bullet) \xrightarrow{\sim} \mathbf{R}\Gamma(B(x;\varepsilon_1);\mathcal{F}_\bullet)$$

が成り立つ．ホロノミー $\mathcal{D}_X$-加群 $\mathcal{M}$ の局所自由分解

$$\cdots \longrightarrow \mathcal{D}_X^{N_k} \longrightarrow \mathcal{D}_X^{N_{k-1}} \longrightarrow \cdots \longrightarrow \mathcal{D}_X^{N_1} \longrightarrow \mathcal{D}_X^{N_0} \longrightarrow \mathcal{M} \longrightarrow 0$$

および $D_i := B(x;\varepsilon_i)$ $(i = 1, 2)$ が Stein であることより，次の 2 つの複体の間の擬同型 (quasi-isomorphism) が得られる：

$$\begin{array}{ccccccc}
0 \longrightarrow \Gamma(D_2;\mathcal{O}_X)^{\oplus N_0} & \longrightarrow & \Gamma(D_2;\mathcal{O}_X)^{\oplus N_1} & \longrightarrow & \Gamma(D_2;\mathcal{O}_X)^{\oplus N_2} & \longrightarrow & \cdots \\
\downarrow & & \downarrow & & \downarrow & & \\
0 \longrightarrow \Gamma(D_1;\mathcal{O}_X)^{\oplus N_0} & \longrightarrow & \Gamma(D_1;\mathcal{O}_X)^{\oplus N_1} & \longrightarrow & \Gamma(D_1;\mathcal{O}_X)^{\oplus N_2} & \longrightarrow & \cdots .
\end{array}$$

ここでモンテルの定理より制限写像 $\Gamma(D_2;\mathcal{O}_X) \longrightarrow \Gamma(D_1;\mathcal{O}_X)$ は Fréchet 空間の間のコンパクト写像である．したがって関数解析におけるシュワルツの定理よりこれらの複体のすべてのコホモロジー群は $\mathbb{C}$ 上有限次元であり，同型

$$H^j(\mathcal{F}_\bullet)_x \simeq \varinjlim_{\varepsilon \to +0} H^j(B(x;\varepsilon);\mathcal{F}_\bullet) \qquad (j \in \mathbb{Z})$$

より求める主張が直ちに得られる．■

定理 3.30　(柏原 [98])　ホロノミー $\mathcal{D}_X$-加群 $\mathcal{M}$ に対して同型

$$\mathbf{D}_X(\mathrm{Sol}_X(\mathcal{M})[d_X]) \simeq \mathrm{DR}_X(\mathcal{M})$$

が成り立つ．

証明　圏 $\mathrm{D}^{\mathrm{b}}_{\mathrm{c}}(X)$ 上で $\mathbf{D}_X \circ \mathbf{D}_X \simeq \mathrm{id}$ なので主張は同型 $\mathrm{Sol}_X(\mathcal{M})[d_X] \simeq \mathbf{D}_X(\mathrm{DR}_X(\mathcal{M}))$ と同値である．まず次のようにして射が構成できる：

$$\mathrm{Sol}_X(\mathcal{M})[d_X] = \mathbf{R}\mathcal{H}om_{\mathcal{D}_X}(\mathcal{M}, \mathcal{O}_X)[d_X]$$

$$\begin{aligned}&\longrightarrow \mathbf{R}\mathcal{H}om_{\mathbb{C}_X}(\mathbf{R}\mathcal{H}om_{\mathcal{D}_X}(\mathcal{O}_X,\mathcal{M}),\mathbf{R}\mathcal{H}om_{\mathcal{D}_X}(\mathcal{O}_X,\mathcal{O}_X)[d_X])\\ &\simeq \mathbf{R}\mathcal{H}om_{\mathbb{C}_X}(\mathbf{R}\mathcal{H}om_{\mathcal{D}_X}(\mathcal{O}_X,\mathcal{M})[d_X],\mathbb{C}_X[2d_X])\\ &\simeq \mathbf{D}_X(\mathrm{DR}_X(\mathcal{M})).\end{aligned}$$

これに Verdier 双対函手 $\mathbf{D}_X$ を施したものが同型であることを示せば十分であるが，各点 $x\in X$ $(i_{\{x\}}\colon \{x\}\hookrightarrow X)$ に対する函手の等式 $i_{\{x\}}^{-1}\circ\mathbf{D}_X\simeq \mathbf{D}_{\{x\}}\circ i_{\{x\}}^{!}\simeq [i_{\{x\}}^{!}(*)]^*$ より函手 $i_{\{x\}}^{!}$ をその両辺に施したものが同型であることを示せばよい．すなわち各点 $x\in X$ に対して射

$$i_{\{x\}}^{!}\mathrm{Sol}_X(\mathcal{M})[d_X]\longrightarrow i_{\{x\}}^{!}\mathbf{D}_X(\mathrm{DR}_X(\mathcal{M})) \tag{3.1}$$

が同型であることを示せば十分である．ここでその右辺は次のように計算できる：

$$\begin{aligned}i_{\{x\}}^{!}\mathbf{D}_X(\mathrm{DR}_X(\mathcal{M}))&\simeq \mathbf{R}\mathcal{H}om_{\mathbb{C}_{\{x\}}}(i_{\{x\}}^{-1}\mathrm{DR}_X(\mathcal{M}),i_{\{x\}}^{!}\omega_X)\\ &\simeq [\mathrm{DR}_X(\mathcal{M})_x]^*.\end{aligned}$$

左辺を計算するために次の事実を思い起こそう：

$$H^j i_{\{x\}}^{!}(\mathcal{O}_X)\simeq H^j\mathbf{R}\Gamma_{\{x\}}(\mathcal{O}_X)|_{\{x\}}\simeq 0 \qquad (j\neq d_X)$$

([112], [170] などを参照)．さらにそのただ1つの非自明なコホモロジー群

$$\mathcal{B}^{\infty}_{\{x\}|X}:=H^{d_X}\mathbf{R}\Gamma_{\{x\}}(\mathcal{O}_X)|_{\{x\}}$$

は1点に台を持つ佐藤超関数の空間と同型であり，特に FS (Fréchet-Schwartz) 空間の位相を持つ．これにより射 (3.1) の左辺は次のように計算できる：

$$i_{\{x\}}^{!}\mathrm{Sol}_X(\mathcal{M})[d_X]\simeq \mathbf{R}\mathcal{H}om_{\mathcal{D}_{X,x}}(\mathcal{M}_x,\mathcal{B}^{\infty}_{\{x\}|X}).$$

ホロノミー $\mathcal{D}_X$-加群 $\mathcal{M}$ の点 $x\in X$ の近傍での局所自由分解

$$\cdots\longrightarrow \mathcal{D}_X^{N_k}\xrightarrow[\times P_k]{}\cdots\xrightarrow[\times P_2]{}\mathcal{D}_X^{N_1}\xrightarrow[\times P_1]{}\mathcal{D}_X^{N_0}\longrightarrow\mathcal{M}\longrightarrow 0$$

$(P_i \in M(N_i, N_{i-1}, \mathcal{D}_X))$ に対して

$$\begin{aligned}
&\mathbf{R}\mathcal{H}om_{\mathcal{D}_{X,x}}(\mathcal{M}_x, \mathcal{B}^{\infty}_{\{x\}|X}) \\
&\simeq \left[0 \longrightarrow (\mathcal{B}^{\infty}_{\{x\}|X})^{N_0} \xrightarrow{P_1 \times} (\mathcal{B}^{\infty}_{\{x\}|X})^{N_1} \xrightarrow{P_2 \times} \cdots \right], \\
&\mathrm{DR}_X(\mathcal{M})_x \\
&\simeq \left[\cdots \longrightarrow \Omega^{N_k}_{X,x} \xrightarrow[\times P_k]{} \cdots \xrightarrow[\times P_2]{} \Omega^{N_1}_{X,x} \xrightarrow[\times P_1]{} \Omega^{N_0}_{X,x} \longrightarrow 0 \right]
\end{aligned}$$

が成り立つ．局所座標を用いた局所同型 $\Omega_X \simeq \mathcal{O}_X$ により特に後者は次のように書きかえられる：

$$\begin{aligned}
&\mathrm{DR}_X(\mathcal{M})_x \\
&\simeq \left[\cdots \longrightarrow \mathcal{O}^{N_k}_{X,x} \xrightarrow{{}^tP_k \times} \cdots \xrightarrow{{}^tP_2 \times} \mathcal{O}^{N_1}_{X,x} \xrightarrow{{}^tP_1 \times} \mathcal{O}^{N_0}_{X,x} \longrightarrow 0 \right]
\end{aligned}$$

$({}^tP_i \in M(N_{i-1}, N_i, \mathcal{D}_X)$ は P_i の形式共役作用素)．ここで茎 $\mathcal{O}_{X,x}$ が DFS (dual Fréchet-Schwartz) 空間の位相を持ち FS 空間 $\mathcal{B}^{\infty}_{\{x\}|X}$ の位相的双対 (topological dual) であり $\mathbf{R}\mathcal{H}om_{\mathcal{D}_{X,x}}(\mathcal{M}_x, \mathcal{B}^{\infty}_{\{x\}|X}) \simeq i^!_{\{x\}}\mathbf{R}\mathcal{H}om_{\mathcal{D}_X}(\mathcal{M}, \mathcal{O}_X)[d_X], \mathrm{DR}_X(\mathcal{M})_x \in \mathrm{D}^{\mathrm{b}}_{\mathrm{c}}(\{x\})$ が有限次元のコホモロジー群を持つことに注意すれば，次の同型が得られる：

$$\left[H^{-j}\mathrm{DR}_X(\mathcal{M})_x \right]^* \simeq H^j\mathbf{R}\mathcal{H}om_{\mathcal{D}_{X,x}}(\mathcal{M}_x, \mathcal{B}^{\infty}_{\{x\}|X}) \qquad (j \in \mathbb{Z}).$$

これは射 (3.1) が同型であることを意味する．実際に射 (3.1) が上の素朴な同型を引き起こすことは 1 点に台を持つ佐藤超関数の空間 $\mathcal{B}^{\infty}_{\{x\}|X}$ に対する同型

$$\mathbf{R}\mathcal{H}om_{\mathcal{D}_{X,x}}(\mathcal{O}_{X,x}, \mathcal{B}^{\infty}_{\{x\}|X})[d_X] \simeq \mathbb{C}$$

を用いれば容易に示すことができる． ■

同型 $\mathrm{DR}_X(\mathcal{M}) \simeq \mathrm{Sol}_X(\mathbb{D}_X(\mathcal{M}))[d_X]$ より次の系が直ちに得られる．

系 3.31 ホロノミー $\mathcal{D}_X$-加群 $\mathcal{M}$ に対して，次の同型が成り立つ：

$$\mathbf{D}_X(\mathrm{Sol}_X(\mathcal{M})[d_X]) \simeq \mathrm{Sol}_X(\mathbb{D}_X(\mathcal{M}))[d_X],$$
$$\mathbf{D}_X(\mathrm{DR}_X(\mathcal{M})) \simeq \mathrm{DR}_X(\mathbb{D}_X(\mathcal{M})).$$

柏原の構成可能性定理（定理3.29）より，ホロノミー$\mathcal{D}_X$-加群$\mathcal{M}$および点$x \in X$に対して次の整数$\chi_x(\mathcal{M}) \in \mathbb{Z}$を定義することができる：

$$\chi_x(\mathcal{M}) := \sum_{j \in \mathbb{Z}} (-1)^j \dim \mathcal{E}xt^j_{\mathcal{D}_X}(\mathcal{M}, \mathcal{O}_X)_x < +\infty.$$

これを$\mathcal{M}$の点$x \in X$における<u>局所オイラー・ポアンカレ指数</u> (local Euler-Poincaré index) と呼ぶ．$\chi_x(\mathcal{M})$を計算する公式として柏原による指数公式（後述）がある．

定理 3.32 **(柏原)**　ホロノミー$\mathcal{D}_X$-加群$\mathcal{M}$に対して$\mathrm{Sol}_X(\mathcal{M})[d_X]$および$\mathrm{DR}_X(\mathcal{M}) = \Omega_X \otimes^{\mathbf{L}}_{\mathcal{D}_X} \mathcal{M}$は偏屈層である．

証明　同型$\mathrm{DR}_X(\mathcal{M}) \simeq \mathrm{Sol}_X(\mathbb{D}_X(\mathcal{M}))[d_X]$より，$\mathrm{Sol}_X(\mathcal{M})[d_X]$が偏屈層であることを示せば十分である．またVerdier双対$\mathbf{D}_X$についての同型

$$\mathbf{D}_X(\mathrm{Sol}_X(\mathcal{M})[d_X]) \simeq \mathrm{Sol}_X(\mathbb{D}_X(\mathcal{M}))[d_X]$$

より$\mathcal{F}_\bullet = \mathrm{Sol}_X(\mathcal{M})[d_X]$の偏屈性についての1番目の条件

$$\dim \mathrm{supp}\,(H^j(\mathcal{F}_\bullet)) \leq -j \qquad (j \in \mathbb{Z})$$

のみをチェックすれば十分である．整数$j \in \mathbb{Z}$を固定し

$$S := \mathrm{supp}\,(H^j(\mathcal{F}_\bullet)) \subset X$$

とおく．ここでXのWhitney滑層分割$X = \bigsqcup_{\alpha \in A} X_\alpha$であって条件$\mathrm{ch}\,\mathcal{M} \subset \bigsqcup_{\alpha \in A} T^*_{X_\alpha} X$を満たし，ある部分集合$B \subset A$に対して$S = \bigsqcup_{\alpha \in B} X_\alpha$となるものを1つとり固定する．このとき柏原の構成可能性定理（定理3.29）の証明より，任意の$\alpha \in A$および$j \in \mathbb{Z}$に対して$H^j(\mathcal{F}_\bullet)|_{X_\alpha}$は$X_\alpha$上の局所系となることがわかる．さらにある$\alpha \in B$が存在して$\dim X_\alpha = \dim S$が成り立つ．

そしてこの滑層 X_α の点 x での **法切片** (normal slice) $Y \subset X$ をとる．すなわち Y は点 $x \in X_\alpha$ の近傍で定義された X の複素部分多様体で次の条件を満たすものである：

(1) $Y \cap X_\alpha = \{x\}$,

(2) $d_Y + d_{X_\alpha} = d_X$,

(3) $T_xY \cap T_xX_\alpha = \{0\}$.

つまり Y は X_α に対し横断的に1点 $\{x\}$ で交わる．このとき $i_Y\colon Y \hookrightarrow X$ を包含写像とすると，条件 $\mathrm{ch}\,\mathcal{M} \subset \bigsqcup_{\alpha\in A} T^*_{X_\alpha}X$ より i_Y は $\mathcal{M}$ に対して非特性的であることがわかる．したがって，Cauchy-Kowalevski-柏原の定理（定理2.9）より次の同型を得る：

$$\mathcal{F}_\bullet\big|_Y = \mathbf{R}\mathcal{H}om_{\mathcal{D}_X}(\mathcal{M},\mathcal{O}_X)\big|_Y[d_X] \simeq \mathbf{R}\mathcal{H}om_{\mathcal{D}_Y}(\mathcal{M}_Y,\mathcal{O}_Y)[d_X].$$

ここで $\mathcal{M}_Y$ は Y 上の連接 $\mathcal{D}_Y$-加群（$\mathcal{M}$ の Y への制限）である．よって我々の仮定 $x \in X_\alpha \subset S = \mathrm{supp}\,(H^j(\mathcal{F}_\bullet))$ より非消滅 $0 \neq H^j(\mathcal{F}_\bullet)_x \simeq \mathcal{E}xt^{j+d_X}_{\mathcal{D}_Y}(\mathcal{M}_Y,\mathcal{O}_Y)_x$ が得られる．一方系3.11および同型

$$\mathbf{R}\mathcal{H}om_{\mathcal{D}_Y}(\mathcal{M}_Y,\mathcal{O}_Y) \simeq \mathbf{R}\mathcal{H}om_{\mathcal{D}_Y}(\mathcal{M}_Y,\mathcal{D}_Y) \otimes^{\mathbf{L}}_{\mathcal{D}_Y} \mathcal{O}_Y$$

より消滅 $\mathcal{E}xt^i_{\mathcal{D}_Y}(\mathcal{M}_Y,\mathcal{O}_Y) = 0 \ (i > d_Y)$ を得る．以上より不等式 $j + d_X \leq d_Y \iff d_S = d_X - d_Y \leq -j$ が成り立たなくてはならない． ■

上記の柏原の学位論文の結果が偏屈層の理論の導入の主要な動機となったのは明らかであろう．さらに柏原は[104]において次の **リーマン・ヒルベルト対応** (Riemann-Hilbert correspondence) を証明した．柏原-河合 [111] は常微分方程式の確定特異点の概念を高次元化することにより，**確定特異点型** (regular singular) のホロノミー $\mathcal{D}_X$-加群を定義した．確定特異点型のホロノミー $\mathcal{D}_X$-加群のなす $\mathrm{Mod}_{\mathrm{h}}(\mathcal{D}_X)$ の充満部分圏を $\mathrm{Mod}_{\mathrm{rh}}(\mathcal{D}_X)$ と記す．

定理 3.33（リーマン・ヒルベルト対応）　次の圏同値が存在する：

$$\mathrm{DR}_X(*)\colon \mathrm{Mod}_{\mathrm{rh}}(\mathcal{D}_X) \xrightarrow{\sim} \mathrm{Perv}(\mathbb{C}_X),$$
$$\mathrm{Sol}_X(*)[d_X]\colon \mathrm{Mod}_{\mathrm{rh}}(\mathcal{D}_X)^{\mathrm{op}} \xrightarrow{\sim} \mathrm{Perv}(\mathbb{C}_X).$$

この定理は初め [101], [104] において証明された（Mebkhout [163] も後に別の証明を与えている）．柏原 [104] の証明では，シュワルツの分布の理論と実の構成可能層を用いることにより $\mathrm{Sol}_X(*)[d_X]$ の逆函手 (quasi-inverse) $\mathrm{RH}_X(*)\colon \mathrm{Perv}(\mathbb{C}_X)^{\mathrm{op}} \longrightarrow \mathrm{Mod}_{\mathrm{rh}}(\mathcal{D}_X)$ が具体的に構成されている．この証明は後に Andronikof [5] がシュワルツの分布に対する超局所解析の理論を構成するのに役立った．リーマン・ヒルベルト対応により，代数幾何学，表現論，数論幾何学，特異点理論などの分野において多くの画期的な進展が得られた．例えば表現論における中心的な問題であった Kazhdan-Lusztig 予想は，旗多様体上の $\mathcal{D}$-加群を介して偏屈層の幾何学的な問題に帰着することにより，Beilinson-Bernstein [9] および Brylinski-柏原 [25] により解決された（堀田-竹内-谷崎 [89] などを参照）．リーマン・ヒルベルト対応は Andronikof [4] および Waschkies [238] などによりその超局所化が研究されている．

第4章 ◇ $\mathcal{D}$-加群の様々な公式

本章においては，前章までに述べ残した連接$\mathcal{D}$-加群に関する重要な結果を紹介する．特に$\mathcal{D}$-加群のテンソル積，逆像および順像について基本的な性質を証明する．さらに部分多様体上に台をもつ連接$\mathcal{D}$-加群についての柏原の圏同値 (Kashiwara equivalence) について説明する．

4.1 $\mathcal{D}$-加群のテンソル積

命題1.14により$\mathcal{D}$-加群のテンソル積に$\mathcal{D}$-加群の構造が入った．これより複素多様体 X に対して双函手 (bifunctor)

$$(*) \otimes_{\mathcal{O}_X} (*)\colon \mathrm{Mod}(\mathcal{D}_X) \times \mathrm{Mod}(\mathcal{D}_X) \longrightarrow \mathrm{Mod}(\mathcal{D}_X)$$

が $(\mathcal{M}, \mathcal{N}) \longmapsto \mathcal{M} \otimes_{\mathcal{O}_X} \mathcal{N}$ により得られる．平坦分解をとることによりその左導来函手

$$(*) \otimes^{\mathbf{L}}_{\mathcal{O}_X} (*)\colon \mathrm{D}^{\mathrm{b}}(\mathcal{D}_X) \times \mathrm{D}^{\mathrm{b}}(\mathcal{D}_X) \longrightarrow \mathrm{D}^{\mathrm{b}}(\mathcal{D}_X)$$

を得る．ここで$\mathcal{D}_X$ 上平坦な加群の層は$\mathcal{O}_X$ 上平坦であることを用いた．この構成により以下の函手の可換図式が存在する：

$$\begin{array}{ccc} \mathrm{D}^{\mathrm{b}}(\mathcal{D}_X) \times \mathrm{D}^{\mathrm{b}}(\mathcal{D}_X) & \xrightarrow{(*)\otimes^{\mathbf{L}}_{\mathcal{O}_X}(*)} & \mathrm{D}^{\mathrm{b}}(\mathcal{D}_X) \\ \downarrow & & \downarrow \\ \mathrm{D}^{\mathrm{b}}(\mathcal{O}_X) \times \mathrm{D}^{\mathrm{b}}(\mathcal{O}_X) & \xrightarrow{(*)\otimes^{\mathbf{L}}_{\mathcal{O}_X}(*)} & \mathrm{D}^{\mathrm{b}}(\mathcal{O}_X) \end{array}$$

(縦の射は忘却函手である)．命題1.14にある他のタイプのテンソル積

$$(*) \otimes_{\mathcal{O}_X} (*)\colon \mathrm{Mod}(\mathcal{D}_X^{\mathrm{op}}) \times \mathrm{Mod}(\mathcal{D}_X) \longrightarrow \mathrm{Mod}(\mathcal{D}_X^{\mathrm{op}})$$

などについても同様にその左導来函手を構成できる．

補題 4.1　$\mathcal{M}, \mathcal{N} \in \mathrm{Mod}(\mathcal{D}_X)$ および $\mathcal{M}' \in \mathrm{Mod}(\mathcal{D}_X^{\mathrm{op}})$ に対して次の $\mathbb{C}_X$-加群の層の同型が存在する：

$$\begin{array}{ccccc} (\mathcal{M}' \otimes_{\mathcal{O}_X} \mathcal{N}) \otimes_{\mathcal{D}_X} \mathcal{M} & \simeq & \mathcal{M}' \otimes_{\mathcal{D}_X} (\mathcal{M} \otimes_{\mathcal{O}_X} \mathcal{N}) & \simeq & (\mathcal{M}' \otimes_{\mathcal{O}_X} \mathcal{M}) \otimes_{\mathcal{D}_X} \mathcal{N} \\ \Cup & & \Cup & & \Cup \\ (s' \otimes t) \otimes s & \longmapsto & s' \otimes (s \otimes t) & \longmapsto & (s' \otimes s) \otimes t. \end{array}$$

この補題により直ちに以下の導来圏における公式を得る．

命題 4.2　$\mathcal{M}_\bullet, \mathcal{N}_\bullet \in \mathrm{D^b}(\mathcal{D}_X)$ および $\mathcal{M}'_\bullet \in \mathrm{D^b}(\mathcal{D}_X^{\mathrm{op}})$ に対して次の $\mathrm{D^b}(X) = \mathrm{D^b}(\mathrm{Mod}(\mathbb{C}_X))$ における同型が存在する：

$$\begin{aligned}(\mathcal{M}'_\bullet \otimes^{\mathbf{L}}_{\mathcal{O}_X} \mathcal{N}_\bullet) \otimes^{\mathbf{L}}_{\mathcal{D}_X} \mathcal{M}_\bullet &\simeq \mathcal{M}'_\bullet \otimes^{\mathbf{L}}_{\mathcal{D}_X} (\mathcal{M}_\bullet \otimes^{\mathbf{L}}_{\mathcal{O}_X} \mathcal{N}_\bullet) \\ &\simeq (\mathcal{M}'_\bullet \otimes^{\mathbf{L}}_{\mathcal{O}_X} \mathcal{M}_\bullet) \otimes^{\mathbf{L}}_{\mathcal{D}_X} \mathcal{N}_\bullet.\end{aligned}$$

$\mathcal{D}_X$-加群の双対函手 $\mathbb{D}_X(*) = \mathbf{R}\mathcal{H}om_{\mathcal{D}_X}(*, \mathcal{D}_X) \otimes_{\mathcal{O}_X} \Omega_X^{\otimes -1}[d_X]$ と組み合わせることで，以下の基本的な結果が得られる．

命題 4.3　$\mathcal{M}_\bullet \in \mathrm{D^b_{coh}}(\mathcal{D}_X)$ および $\mathcal{N}_\bullet \in \mathrm{D^b}(\mathcal{D}_X)$ に対して次の $\mathrm{D^b}(X)$ における同型が存在する：

$$\begin{aligned}\mathbf{R}\mathcal{H}om_{\mathcal{D}_X}(\mathcal{M}_\bullet, \mathcal{N}_\bullet) &\simeq (\Omega_X \otimes^{\mathbf{L}}_{\mathcal{O}_X} \mathbb{D}_X \mathcal{M}_\bullet) \otimes^{\mathbf{L}}_{\mathcal{D}_X} \mathcal{N}_\bullet[-d_X] \\ &\simeq \Omega_X \otimes^{\mathbf{L}}_{\mathcal{D}_X} (\mathbb{D}_X \mathcal{M}_\bullet \otimes^{\mathbf{L}}_{\mathcal{O}_X} \mathcal{N}_\bullet)[-d_X] \\ &= \mathrm{DR}_X(\mathbb{D}_X \mathcal{M}_\bullet \otimes^{\mathbf{L}}_{\mathcal{O}_X} \mathcal{N}_\bullet)[-d_X].\end{aligned}$$

証明　$\mathcal{M}_\bullet$ の連接性より次の同型が存在する：

$$\begin{aligned}\mathbf{R}\mathcal{H}om_{\mathcal{D}_X}(\mathcal{M}_\bullet, \mathcal{N}_\bullet) &\xleftarrow{\sim} \mathbf{R}\mathcal{H}om_{\mathcal{D}_X}(\mathcal{M}_\bullet, \mathcal{D}_X) \otimes^{\mathbf{L}}_{\mathcal{D}_X} \mathcal{N}_\bullet \\ &\simeq (\Omega_X \otimes^{\mathbf{L}}_{\mathcal{O}_X} \mathbb{D}_X \mathcal{M}_\bullet) \otimes^{\mathbf{L}}_{\mathcal{D}_X} \mathcal{N}_\bullet[-d_X].\end{aligned}$$

ここで2番目の同型で左右 $\mathcal{D}_X$-加群の間の side changing を用いた．あとは命題 4.2 を用いれば所要の2番目の同型が示せる．■

<u>系 4.4</u> $\mathcal{M}_\bullet, \mathcal{N}_\bullet \in \mathrm{D}^{\mathrm{b}}_{\mathrm{coh}}(\mathcal{D}_X)$ ならば次の同型が存在する：

$$\mathbf{R}\mathcal{H}om_{\mathcal{D}_X}(\mathcal{M}_\bullet, \mathcal{N}_\bullet) \simeq \mathbf{R}\mathcal{H}om_{\mathcal{D}_X}(\mathbb{D}_X\mathcal{N}_\bullet, \mathbb{D}_X\mathcal{M}_\bullet).$$

$\mathcal{D}$-加群の外部テンソル積を導入しよう．X, Y を複素多様体として $q_1\colon X \times Y \longrightarrow X$ および $q_2\colon X \times Y \longrightarrow Y$ をそれぞれ第 1 および第 2 射影とする．このとき $q_1^{-1}\mathcal{O}_X \otimes_{\mathbb{C}} q_2^{-1}\mathcal{O}_Y$ は $\mathcal{O}_{X\times Y}$ の部分環の層である．$\mathcal{O}_X$-加群の層 $\mathcal{M}$ および $\mathcal{O}_Y$-加群の層 $\mathcal{N}$ に対して $\mathcal{O}_{X\times Y}$-加群の層 $\mathcal{M} \boxtimes \mathcal{N}$ を次で定める：

$$\mathcal{M} \boxtimes \mathcal{N} = \mathcal{O}_{X\times Y} \otimes_{q_1^{-1}\mathcal{O}_X \otimes_{\mathbb{C}} q_2^{-1}\mathcal{O}_Y} (q_1^{-1}\mathcal{M} \otimes_{\mathbb{C}} q_2^{-1}\mathcal{N}).$$

$\mathcal{M} \boxtimes \mathcal{N}$ を $\mathcal{M}$ と $\mathcal{N}$ の（$\mathcal{O}$-加群としての）<u>**外部テンソル積**</u> (external tensor product) と呼ぶ．よく知られた $\mathcal{O}_{X\times Y}$ の $q_1^{-1}\mathcal{O}_X \otimes_{\mathbb{C}} q_2^{-1}\mathcal{O}_Y$ 上の平坦性より，これは 2 つの成分について完全な双函手 (bifunctor)

$$(*) \boxtimes (*)\colon \mathrm{Mod}(\mathcal{O}_X) \times \mathrm{Mod}(\mathcal{O}_Y) \longrightarrow \mathrm{Mod}(\mathcal{O}_{X\times Y})$$

を定める．また等式

$$\mathrm{supp}\,(\mathcal{M} \boxtimes \mathcal{N}) = \mathrm{supp}\,\mathcal{M} \times \mathrm{supp}\,\mathcal{N}$$

が成り立つ．特に $\mathcal{M}$ が $\mathcal{D}_X$-加群の層であり $\mathcal{N}$ が $\mathcal{D}_Y$-加群の層である場合は，次の $\mathcal{O}_{X\times Y}$-加群としての同型が成り立つ：

$$\mathcal{D}_{X\times Y} \otimes_{q_1^{-1}\mathcal{D}_X \otimes_{\mathbb{C}} q_2^{-1}\mathcal{D}_Y} (q_1^{-1}\mathcal{M} \otimes_{\mathbb{C}} q_2^{-1}\mathcal{N}) \simeq \mathcal{M} \boxtimes \mathcal{N}.$$

したがって $\mathcal{M} \boxtimes \mathcal{N}$ に左 $\mathcal{D}_{X\times Y}$-加群の構造が入る．これを $\mathcal{M}$ と $\mathcal{N}$ の $\mathcal{D}$-加群としての外部テンソル積と呼ぶ．こうして 2 つの成分について完全な双函手

$$(*) \boxtimes (*)\colon \mathrm{Mod}(\mathcal{D}_X) \times \mathrm{Mod}(\mathcal{D}_Y) \longrightarrow \mathrm{Mod}(\mathcal{D}_{X\times Y})$$

が得られた．これは導来圏の双函手

$$(*) \boxtimes (*)\colon \mathrm{D}^{\mathrm{b}}(\mathcal{D}_X) \times \mathrm{D}^{\mathrm{b}}(\mathcal{D}_Y) \longrightarrow \mathrm{D}^{\mathrm{b}}(\mathcal{D}_{X\times Y})$$

を定める．

補題 4.5 $\mathcal{M}$ は連接 $\mathcal{D}_X$-加群, $\mathcal{N}$ は連接 $\mathcal{D}_Y$-加群とする. このとき次が成り立つ:

(1) $\mathcal{M} \boxtimes \mathcal{N}$ は連接 $\mathcal{D}_{X \times Y}$-加群である.

(2) 同一視 $T^*(X \times Y) = T^*X \times T^*Y$ の下で次の等式が成り立つ:

$$\mathrm{ch}\,(\mathcal{M} \boxtimes \mathcal{N}) = \mathrm{ch}\,\mathcal{M} \times \mathrm{ch}\,\mathcal{N}.$$

証明 (1) 同型

$$\mathcal{D}_{X \times Y} = \mathcal{O}_{X \times Y} \otimes_{q_1^{-1}\mathcal{O}_X \otimes_{\mathbb{C}} q_2^{-1}\mathcal{O}_Y} (q_1^{-1}\mathcal{D}_X \otimes_{\mathbb{C}} q_2^{-1}\mathcal{D}_Y)$$

より, 等式 $\mathcal{D}_X \boxtimes \mathcal{D}_Y = \mathcal{D}_{X \times Y}$ が成り立つ. よって $\mathcal{M}$ と $\mathcal{N}$ の局所自由分解を考えれば, 双函手 $(*) \boxtimes (*)$ の完全性より主張は明らかである.

(2) $\{F_i\mathcal{M}\}_{i \in \mathbb{Z}}$ および $\{F_j\mathcal{N}\}_{j \in \mathbb{Z}}$ をそれぞれ $\mathcal{M}$ および $\mathcal{N}$ の (局所的に定義された) 良いフィルター付けとする. このとき

$$F_k(\mathcal{M} \boxtimes \mathcal{N}) := \sum_{i+j=k} F_i\mathcal{M} \boxtimes F_j\mathcal{N} \subset \mathcal{M} \boxtimes \mathcal{N}$$

は連接 $\mathcal{D}_{X \times Y}$-加群 $\mathcal{M} \boxtimes \mathcal{N}$ の良いフィルター付けを定める. さらに次の同型が成り立つ:

$$\begin{cases} \mathrm{gr}^F \mathcal{M} \boxtimes \mathcal{N} \simeq \mathrm{gr}^F \mathcal{M} \boxtimes \mathrm{gr}^F \mathcal{N}, \\ \widetilde{\mathrm{gr}^F \mathcal{M} \boxtimes \mathcal{N}} \simeq \widetilde{\mathrm{gr}^F \mathcal{M}} \boxtimes \widetilde{\mathrm{gr}^F \mathcal{N}}. \end{cases}$$

ここで第2の同型は $\mathcal{O}_{T^*X \times T^*Y}$-加群としての同型である. これら2つの同型より主張が直ちに従う. ■

• **例 4.6** 射影 $p\colon X = Y \times Z \longrightarrow Y$ および $\mathcal{D}_Y$-加群 $\mathcal{N}$ に対して同型 $\mathbf{L}p^*\mathcal{N} \simeq \mathcal{N} \boxtimes \mathcal{O}_Z$ が成り立つ. よってさらに $\mathcal{N}$ が連接的であれば $\mathbf{L}p^*\mathcal{N} \simeq H^0\mathbf{L}p^*\mathcal{N}$ も連接的であり等式 $\mathrm{ch}\,(\mathbf{L}p^*\mathcal{N}) = \mathrm{ch}\,\mathcal{N} \times T_Z^*Z$ が成り立つ.

補題 4.7 $\mathcal{M}_\bullet, \mathcal{N}_\bullet \in \mathrm{D^b}(\mathcal{D}_X)$ として $\delta_X\colon X \hookrightarrow X \times X$ を対角射とする. このとき次の $\mathrm{D^b}(\mathcal{D}_X)$ における同型が存在する:

$$\mathbf{L}\delta_X^*(\mathcal{M}_\bullet \boxtimes \mathcal{N}_\bullet) \simeq \mathcal{M}_\bullet \otimes^{\mathbf{L}}_{\mathcal{O}_X} \mathcal{N}_\bullet.$$

証明 まず$\mathcal{D}_X$-加群$\mathcal{M}$および$\mathcal{N}$に対して$\mathcal{O}_{X\times X}$-加群としての同型

$$\mathcal{M}\boxtimes\mathcal{N}\simeq(\mathcal{O}_{X\times X}\otimes_{q_1^{-1}\mathcal{O}_X}q_1^{-1}\mathcal{M})\otimes_{q_2^{-1}\mathcal{O}_X}q_2^{-1}\mathcal{N}$$

が成り立つことに注意する．これにより$\mathcal{M}$および$\mathcal{N}$が平坦$\mathcal{D}_X$-加群のとき$\mathcal{M}\boxtimes\mathcal{N}$は平坦$\mathcal{O}_{X\times X}$-加群となることがわかる．また次の同型が成り立つ：

$$\mathcal{O}_X\otimes_{\delta_X^{-1}\mathcal{O}_{X\times X}}\delta_X^{-1}(\mathcal{M}\boxtimes\mathcal{N})\simeq\mathcal{O}_X\otimes_{\mathcal{O}_X\otimes_{\mathbb{C}}\mathcal{O}_X}(\mathcal{M}\otimes_{\mathbb{C}}\mathcal{N})\simeq\mathcal{M}\otimes_{\mathcal{O}_X}\mathcal{N}.$$

よって$\mathcal{M}_\bullet\in\mathrm{D^b}(\mathcal{D}_X)$および$\mathcal{N}_\bullet\in\mathrm{D^b}(\mathcal{D}_X)$の$\mathcal{D}$-加群としての平坦分解（擬同型）$\mathcal{P}_\bullet\xrightarrow[\mathrm{Qis}]{\sim}\mathcal{M}_\bullet$および$\mathcal{Q}_\bullet\xrightarrow[\mathrm{Qis}]{\sim}\mathcal{N}_\bullet$を用いて，所要の同型

$$\begin{aligned}\mathbf{L}\delta_X^*(\mathcal{M}_\bullet\boxtimes\mathcal{N}_\bullet)&\simeq\mathcal{O}_X\otimes^{\mathbf{L}}_{\delta_X^{-1}\mathcal{O}_{X\times X}}\delta_X^{-1}(\mathcal{M}_\bullet\boxtimes\mathcal{N}_\bullet)\\&\simeq\mathcal{O}_X\otimes_{\delta_X^{-1}\mathcal{O}_{X\times X}}\delta_X^{-1}(\mathcal{P}_\bullet\boxtimes\mathcal{Q}_\bullet)\\&\simeq\mathcal{P}_\bullet\otimes_{\mathcal{O}_X}\mathcal{Q}_\bullet\simeq\mathcal{M}_\bullet\otimes^{\mathbf{L}}_{\mathcal{O}_X}\mathcal{N}_\bullet\end{aligned}$$

が得られる． ■

次の補題の証明も明らかであろう．

補題 4.8 $\mathcal{M}_\bullet\in\mathrm{D^b_{coh}}(\mathcal{D}_X)$および$\mathcal{N}_\bullet\in\mathrm{D^b_{coh}}(\mathcal{D}_Y)$に対して次の$\mathrm{D^b}(\mathcal{D}_{X\times Y})$における同型が存在する：

$$\mathbb{D}_{X\times Y}(\mathcal{M}_\bullet\boxtimes\mathcal{N}_\bullet)\simeq(\mathbb{D}_X\mathcal{M}_\bullet)\boxtimes(\mathbb{D}_Y\mathcal{N}_\bullet).$$

命題 4.9

(1) $f_1\colon X_1\longrightarrow Y_1, f_2\colon X_2\longrightarrow Y_2$を複素多様体の射とする．このとき$\mathcal{M}_\bullet\in\mathrm{D^b}(\mathcal{D}_{Y_1})$および$\mathcal{N}_\bullet\in\mathrm{D^b}(\mathcal{D}_{Y_2})$に対して次の$\mathrm{D^b}(\mathcal{D}_{X_1\times X_2})$における同型が成り立つ：

$$\mathbf{L}(f_1\times f_2)^*(\mathcal{M}_\bullet\boxtimes\mathcal{N}_\bullet)\simeq(\mathbf{L}f_1^*\mathcal{M}_\bullet)\boxtimes(\mathbf{L}f_2^*\mathcal{N}_\bullet).$$

(2) $f\colon X\longrightarrow Y$を複素多様体の射とする．このとき$\mathcal{M}_\bullet,\mathcal{N}_\bullet\in\mathrm{D^b}(\mathcal{D}_Y)$に対して次の$\mathrm{D^b}(\mathcal{D}_X)$における同型が存在する：

$$\mathbf{L}f^*(\mathcal{M}_\bullet\otimes^{\mathbf{L}}_{\mathcal{O}_Y}\mathcal{N}_\bullet)\simeq(\mathbf{L}f^*\mathcal{M}_\bullet)\otimes^{\mathbf{L}}_{\mathcal{O}_X}(\mathbf{L}f^*\mathcal{N}_\bullet).$$

証明 補題4.7の証明で見たように，平坦$\mathcal{D}_{Y_1}$-加群$\mathcal{M}$および平坦$\mathcal{D}_{Y_2}$-加群$\mathcal{N}$に対して$\mathcal{M} \boxtimes \mathcal{N}$は平坦$\mathcal{O}_{Y_1 \times Y_2}$-加群となる．よって$\mathcal{M}_\bullet \in \mathrm{D^b}(\mathcal{D}_{Y_1})$および$\mathcal{N}_\bullet \in \mathrm{D^b}(\mathcal{D}_{Y_2})$の$\mathcal{D}$-加群としての平坦分解$\mathcal{P}_\bullet \xrightarrow[\mathrm{Qis}]{\sim} \mathcal{M}_\bullet$および$\mathcal{Q}_\bullet \xrightarrow[\mathrm{Qis}]{\sim} \mathcal{N}_\bullet$を用いて，所要の同型

$$
\begin{aligned}
&\mathbf{L}(f_1 \times f_2)^*(\mathcal{M}_\bullet \boxtimes \mathcal{N}_\bullet) \\
&\quad \simeq \mathcal{O}_{X_1 \times X_2} \otimes^{\mathbf{L}}_{(f_1 \times f_2)^{-1}\mathcal{O}_{Y_1 \times Y_2}} (f_1 \times f_2)^{-1}(\mathcal{M}_\bullet \boxtimes \mathcal{N}_\bullet) \\
&\quad \simeq \mathcal{O}_{X_1 \times X_2} \otimes_{(f_1 \times f_2)^{-1}\mathcal{O}_{Y_1 \times Y_2}} (f_1 \times f_2)^{-1}(\mathcal{P}_\bullet \boxtimes \mathcal{Q}_\bullet) \\
&\quad \simeq (\mathbf{L}f_1^*\mathcal{M}_\bullet) \boxtimes (\mathbf{L}f_2^*\mathcal{N}_\bullet)
\end{aligned}
$$

が得られる．よって主張(1)が示せた．主張(2)は主張(1)および補題4.7を用いて示すことができる（各自試みよ）． ■

4.2 $\mathcal{D}$-加群の逆像再論

$\mathcal{D}$-加群の逆像について再論する．まず前節の結果を総動員することにより，次の$\mathcal{D}$-加群の双対函手と逆像函手の交換可能性についての定理を得ることができる．

定理 4.10 $f\colon X \longrightarrow Y$を複素多様体の射として$\mathcal{N}$は連接$\mathcal{D}_Y$-加群とする．

(1) 条件$\mathbf{L}f^*\mathcal{N} \in \mathrm{D^b_{coh}}(\mathcal{D}_X)$が成り立つとする．このとき次の$\mathrm{D^b}(\mathcal{D}_X)$における射が存在する：

$$\mathbb{D}_X(\mathbf{L}f^*\mathcal{N}) \longrightarrow \mathbf{L}f^*(\mathbb{D}_Y\mathcal{N}).$$

(2) $f\colon X \longrightarrow Y$は$\mathcal{N}$に対して非特性的であると仮定する．このとき$\mathrm{D^b}(\mathcal{D}_X)$における同型$\mathbb{D}_X(\mathbf{L}f^*\mathcal{N}) \xrightarrow{\sim} \mathbf{L}f^*(\mathbb{D}_Y\mathcal{N})$が成り立つ．

証明 (1) 命題4.3および命題4.9 (2)より，次の準同型の列が得られる：

$$
\begin{aligned}
&\mathrm{Hom}_{\mathrm{D^b}(\mathcal{D}_Y)}(\mathcal{N},\mathcal{N})\\
&\qquad \simeq \mathrm{Hom}_{\mathrm{D^b}(\mathcal{D}_Y)}(\mathcal{O}_Y, \mathbb{D}_Y\mathcal{N} \otimes^{\mathbf{L}}_{\mathcal{O}_Y} \mathcal{N})\\
&\qquad \longrightarrow \mathrm{Hom}_{\mathrm{D^b}(\mathcal{D}_X)}(\mathbf{L}f^*\mathcal{O}_Y, \mathbf{L}f^*(\mathbb{D}_Y\mathcal{N}) \otimes^{\mathbf{L}}_{\mathcal{O}_X} \mathbf{L}f^*\mathcal{N})\\
&\qquad \simeq \mathrm{Hom}_{\mathrm{D^b}(\mathcal{D}_X)}(\mathcal{O}_X, \mathbf{L}f^*\mathcal{N} \otimes^{\mathbf{L}}_{\mathcal{O}_X} \mathbf{L}f^*(\mathbb{D}_Y\mathcal{N}))\\
&\qquad \simeq \mathrm{Hom}_{\mathrm{D^b}(\mathcal{D}_X)}(\mathbb{D}_X(\mathbf{L}f^*\mathcal{N}), \mathbf{L}f^*(\mathbb{D}_Y\mathcal{N})).
\end{aligned}
$$

その合成による恒等射 $\mathrm{id}_{\mathcal{N}} \in \mathrm{Hom}_{\mathrm{D^b}(\mathcal{D}_Y)}(\mathcal{N},\mathcal{N})$ の像として所要の射が得られる．

(2) 定理 2.6 より $\mathbf{L}f^*\mathcal{N} \in \mathrm{D}^{\mathrm{b}}_{\mathrm{coh}}(\mathcal{D}_X)$ であるので (1) より射 $\mathbb{D}_X(\mathbf{L}f^*\mathcal{N}) \longrightarrow \mathbf{L}f^*(\mathbb{D}_Y\mathcal{N})$ が存在する．Cauchy-Kowalevski-柏原の定理（定理 2.9）の証明と同様に，$f\colon X \longrightarrow Y$ を

$$
X \hookrightarrow X \times Y \twoheadrightarrow Y \qquad (x \longmapsto (x, f(x)) \longmapsto f(x))
$$

と閉埋め込み $X \hookrightarrow X \times Y$ と射影 $X \times Y \twoheadrightarrow Y$ に分解し，それぞれの場合に主張を証明すればよい．まず $f\colon X \longrightarrow Y$ が閉埋め込みで連接 $\mathcal{D}_Y$-加群 $\mathcal{N}$ に対して非特性的である場合を考えよう．$X \subset Y$ の Y における余次元についての帰納法で，X が Y の超曲面の場合を考えれば十分である．また Cauchy-Kowalevski-柏原の定理（定理 2.9）の証明と同様に $\mathcal{N} = \mathcal{D}_Y/\mathcal{D}_Y P$ $(P \in \mathcal{D}_Y)$ の場合に帰着できる．このとき Y の局所座標 $y = (y_1, \ldots, y_{d_Y})$ で $X = \{\, y_1 = 0\}$ となるものを用いれば P の形式共役 ${}^tP$ により，$\mathbb{D}_Y\mathcal{N} \simeq \mathcal{D}_Y/\mathcal{D}_Y{}^tP[d_Y - 1] = \mathcal{D}_Y/\mathcal{D}_Y{}^tP[d_X]$ となる．よって $f\colon X = \{\, y_1 = 0\} \hookrightarrow Y$ がさらに $P \in \mathcal{D}_Y$ に対して非特性的であることにより，$m = \mathrm{ord}\, P$ とおくことで次の同型が得られる：

$$
\begin{cases}
\mathbb{D}_X(\mathbf{L}f^*\mathcal{N}) \simeq \mathbb{D}_X(\mathcal{D}_X^{\oplus m}) \simeq \mathcal{D}_X^{\oplus m}[d_X],\\
\mathbf{L}f^*(\mathbb{D}_Y\mathcal{N}) \simeq \mathbf{L}f^*(\mathcal{D}_Y/\mathcal{D}_Y{}^tP)[d_X] \simeq \mathcal{D}_X^{\oplus m}[d_X].
\end{cases}
$$

よって同型 $\mathbb{D}_X(\mathbf{L}f^*\mathcal{N}) \xrightarrow{\sim} \mathbf{L}f^*(\mathbb{D}_Y\mathcal{N})$ が示された．最後に $f\colon X \longrightarrow Y$ が射影 $X = Z \times Y \longrightarrow Y$ の場合を考えよう．連接 $\mathcal{D}_Y$-加群 $\mathcal{N}$ の自由分解を

考えることにより，$\mathcal{N} = \mathcal{D}_Y$ の場合を考えれば十分である．このとき同型 $\mathbf{L}f^*\mathcal{D}_Y \simeq \mathcal{O}_Z \boxtimes \mathcal{D}_Y$ および補題4.8より所要の同型が得られる：

$$\mathbb{D}_X(\mathbf{L}f^*\mathcal{D}_Y) \simeq \mathbb{D}_{Z\times Y}(\mathcal{O}_Z \boxtimes \mathcal{D}_Y) \simeq (\mathbb{D}_Z\mathcal{O}_Z) \boxtimes (\mathbb{D}_Y\mathcal{D}_Y)$$
$$\Big(\simeq \mathcal{O}_Z \boxtimes (\mathcal{D}_Y \otimes_{\mathcal{O}_Y} \Omega_Y^{\otimes -1})[d_Y]\Big) \simeq \mathbf{L}f^*(\mathbb{D}_Y\mathcal{D}_Y).$$

■

この定理とCauchy-Kowalevski-柏原の定理（定理2.9）を組み合わせることで以下の結果が得られる．

定理 4.11 写像 $f\colon Y \longrightarrow X$ は連接 $\mathcal{D}_X$-加群 $\mathcal{M}$ に対して非特性的であるとする．このとき $\mathrm{D^b}(Y)$ における同型：

$$f^{-1}\mathrm{DR}_X(\mathcal{M})[-d_X] \simeq \mathrm{DR}_Y(\mathbf{L}f^*\mathcal{M})[-d_Y]$$

が成り立つ．

証明 Cauchy-Kowalevski-柏原の定理（定理2.9）（の $\mathcal{D}$-加群の複体への一般化），補題3.8および定理4.10より次の同型が存在する：

$$\begin{aligned} f^{-1}\mathrm{DR}_X(\mathcal{M})[-d_X] &\simeq f^{-1}\mathrm{Sol}_X(\mathbb{D}_X\mathcal{M}) \\ &\simeq \mathrm{Sol}_Y(\mathbf{L}f^*(\mathbb{D}_X\mathcal{M})) \simeq \mathrm{Sol}_Y(\mathbb{D}_Y(\mathbf{L}f^*\mathcal{M})) \\ &\simeq \mathrm{DR}_Y(\mathbf{L}f^*\mathcal{M})[-d_Y]. \end{aligned}$$

■

定義 4.12 $\mathcal{M}$ および $\mathcal{N}$ を連接 $\mathcal{D}_X$-加群とする．このとき $\mathcal{M}$ と $\mathcal{N}$ が**互いに非特性的**であるとは，条件

$$\mathrm{ch}\,\mathcal{M} \cap \mathrm{ch}\,\mathcal{N} \subset T_X^*X$$

を満たすことである．

X の対角射 $\delta_X\colon X \hookrightarrow X \times X$ はファイバー積 $T^*X \times_X T^*X$ からの和写像 (addition map)

$$\begin{array}{ccc} \rho := \rho_{\delta_X}\colon T^*X \times_X T^*X & \twoheadrightarrow & T^*X \\ \Downarrow & & \Downarrow \\ ((x,\xi_1),(x,\xi_2)) & \longmapsto & (x, \xi_1 + \xi_2) \end{array}$$

および埋め込み写像

$$\varpi := \varpi_{\delta_X}\colon T^*X \times_X T^*X \hookrightarrow T^*(X \times X)$$

を誘導する．連接 $\mathcal{D}_X$-加群 $\mathcal{M}$ および $\mathcal{N}$ が互いに非特性的であることと，ρ の誘導する写像

$$\varpi^{-1}(\operatorname{ch}\mathcal{M} \times \operatorname{ch}\mathcal{N}) = \operatorname{ch}\mathcal{M} \times_X \operatorname{ch}\mathcal{N} \longrightarrow T^*X$$

が有限射（finite map）であることは同値である．等式 $\operatorname{ch}(\mathcal{M} \boxtimes \mathcal{N}) = \operatorname{ch}\mathcal{M} \times \operatorname{ch}\mathcal{N}$ よりこれは対角射 $\delta_X\colon X \hookrightarrow X \times X$ が外部テンソル積 $\mathcal{M} \boxtimes \mathcal{N}$ に対して非特性的であることを意味する．

定理 4.13 連接 $\mathcal{D}_X$-加群 $\mathcal{M}$ および $\mathcal{N}$ は互いに非特性的であるとする．このとき次が成り立つ：

(1) $H^j(\mathcal{M} \otimes^{\mathbf{L}}_{\mathcal{O}_X} \mathcal{N}) = 0 \quad (j \neq 0)$.

(2) $H^0(\mathcal{M} \otimes^{\mathbf{L}}_{\mathcal{O}_X} \mathcal{N})$ は連接 $\mathcal{D}_X$-加群である．

(3) $\operatorname{ch}(H^0(\mathcal{M} \otimes^{\mathbf{L}}_{\mathcal{O}_X} \mathcal{N})) \subset \rho(\operatorname{ch}\mathcal{M} \times_X \operatorname{ch}\mathcal{N})$.

証明 補題 4.7 より同型：

$$\mathbf{L}\delta_X{}^*(\mathcal{M} \boxtimes \mathcal{N}) \simeq \mathcal{M} \otimes^{\mathbf{L}}_{\mathcal{O}_X} \mathcal{N}$$

が成り立つ．よってあとは定理 2.6 を対角射 $\delta_X\colon X \hookrightarrow X \times X$ および連接 $\mathcal{D}_{X\times X}$-加群 $\mathcal{M} \boxtimes \mathcal{N}$ に適用すればよい． ■

以上の結果を結集することで，次が得られる．以下非特性の定義を余接束の部分集合に適宜一般化して用いる．

定理 4.14 連接 $\mathcal{D}_X$-加群 $\mathcal{M}$ および $\mathcal{N}$ は互いに非特性的であり，写像 $f\colon Y \longrightarrow X$ は $\rho(\operatorname{ch}\mathcal{M} \times_X \operatorname{ch}\mathcal{N}) \subset T^*X$ に対して非特性的であるとする．このとき $\mathrm{D^b}(Y)$ における同型

$$f^{-1}\mathbf{R}\mathcal{H}om_{\mathcal{D}_X}(\mathcal{M},\mathcal{N}) \simeq \mathbf{R}\mathcal{H}om_{\mathcal{D}_Y}(\mathbf{L}f^*\mathcal{M},\mathbf{L}f^*\mathcal{N})$$

が成り立つ．

証明 命題4.3，命題4.9 (2) および定理4.11（の $\mathcal{D}$-加群の複体への一般化）より次の同型が得られる：

$$\begin{aligned} f^{-1}\mathbf{R}\mathcal{H}om_{\mathcal{D}_X}(\mathcal{M},\mathcal{N}) &\simeq f^{-1}\mathrm{DR}_X(\mathbb{D}_X\mathcal{M} \otimes^{\mathbf{L}}_{\mathcal{O}_X} \mathcal{N})[-d_X] \\ &\simeq \mathrm{DR}_Y(\mathbf{L}f^*(\mathbb{D}_X\mathcal{M} \otimes^{\mathbf{L}}_{\mathcal{O}_X} \mathcal{N}))[-d_Y] \\ &\simeq \mathrm{DR}_Y(\mathbb{D}_Y(\mathbf{L}f^*\mathcal{M}) \otimes^{\mathbf{L}}_{\mathcal{O}_Y} \mathbf{L}f^*\mathcal{N})[-d_Y] \\ &\simeq \mathbf{R}\mathcal{H}om_{\mathcal{D}_Y}(\mathbf{L}f^*\mathcal{M},\mathbf{L}f^*\mathcal{N}). \end{aligned}$$

ここで仮定より $f\colon Y \longrightarrow X$ が連接 $\mathcal{D}_X$-加群 $H^j(\mathbb{D}_X\mathcal{M} \otimes^{\mathbf{L}}_{\mathcal{O}_X} \mathcal{N})$ $(j \in \mathbb{Z})$ および $\mathcal{M}$ に対して $\operatorname{supp}\mathcal{M} \cap \operatorname{supp}\mathcal{N}$ の近傍で非特性的であることを用いた． ■

4.3 $\mathcal{D}$-加群の積分

複素多様体の写像 $f\colon X \longrightarrow Y$ に対して両側 $(\mathcal{D}_X, f^{-1}\mathcal{D}_Y)$-加群の層 $\mathcal{D}_{X\to Y}$ を $\mathcal{D}_{X\to Y} = \mathcal{O}_X \otimes_{f^{-1}\mathcal{O}_Y} f^{-1}\mathcal{D}_Y$ と定めた．これにより右 $\mathcal{D}_X$-加群の複体 $\mathcal{M}_\bullet \in \mathrm{D^b}(\mathcal{D}_X^{\mathrm{op}})$ に対して右 $\mathcal{D}_Y$-加群の複体を

$$\int_f \mathcal{M}_\bullet := \mathbf{R}f_*(\mathcal{M}_\bullet \otimes^{\mathbf{L}}_{\mathcal{D}_X} \mathcal{D}_{X\to Y}) \in \mathrm{D^b}(\mathcal{D}_Y^{\mathrm{op}})$$

により定めることができる．すなわち函手 $\int_f\colon \mathrm{D^b}(\mathcal{D}_X^{\mathrm{op}}) \longrightarrow \mathrm{D^b}(\mathcal{D}_Y^{\mathrm{op}})$ が2つの導来函手

$$\mathrm{D^b}(\mathcal{D}_X^{\mathrm{op}}) \xrightarrow{(*)\otimes^{\mathbf{L}}_{\mathcal{D}_X}\mathcal{D}_{X\to Y}} \mathrm{D^b}(f^{-1}\mathcal{D}_Y^{\mathrm{op}}) \xrightarrow{\quad \mathbf{R}f_* \quad} \mathrm{D^b}(\mathcal{D}_Y^{\mathrm{op}})$$

の合成として定まる．$\int_f \mathcal{M}_\bullet \in \mathrm{D}^{\mathrm{b}}(\mathcal{D}_Y^{\mathrm{op}})$ を $\mathcal{M}_\bullet \in \mathrm{D}^{\mathrm{b}}(\mathcal{D}_X^{\mathrm{op}})$ の f による **積分** (integral) または **順像** (direct image) と呼ぶ．この構成を左 $\mathcal{D}_X$-加群の複体にも適用するために，新しい両側 $(f^{-1}\mathcal{D}_Y, \mathcal{D}_X)$-加群の層 $\mathcal{D}_{Y\leftarrow X}$ を

$$\mathcal{D}_{Y\leftarrow X} := \Omega_X \otimes_{\mathcal{O}_X} \mathcal{D}_{X\to Y} \otimes_{f^{-1}\mathcal{O}_Y} f^{-1}\Omega_Y^{\otimes -1}$$

により定義する．これにより左 $\mathcal{D}_X$-加群の複体 $\mathcal{M}_\bullet \in \mathrm{D}^{\mathrm{b}}(\mathcal{D}_X)$ の f による積分 $\int_f \mathcal{M}_\bullet \in \mathrm{D}^{\mathrm{b}}(\mathcal{D}_Y)$ を次のように定める：

$$\int_f \mathcal{M}_\bullet := \mathbf{R}f_*(\mathcal{D}_{Y\leftarrow X} \otimes^{\mathbf{L}}_{\mathcal{D}_X} \mathcal{M}_\bullet) \in \mathrm{D}^{\mathrm{b}}(\mathcal{D}_Y).$$

このとき次の可換図式が存在する：

$$\begin{array}{ccc} \mathrm{D}^{\mathrm{b}}(\mathcal{D}_X) & \xrightarrow[\sim]{\Omega_X \otimes_{\mathcal{O}_X} (*)} & \mathrm{D}^{\mathrm{b}}(\mathcal{D}_X^{\mathrm{op}}) \\ {\scriptstyle \int_f}\downarrow & & \downarrow{\scriptstyle \int_f} \\ \mathrm{D}^{\mathrm{b}}(\mathcal{D}_Y) & \xrightarrow[\Omega_Y \otimes_{\mathcal{O}_Y} (*)]{\sim} & \mathrm{D}^{\mathrm{b}}(\mathcal{D}_Y^{\mathrm{op}}). \end{array}$$

ここで 2 つの水平射は左右 $\mathcal{D}$-加群の間の side changing である．

• 例 4.15　$f\colon Y \hookrightarrow X$ を閉埋め込みとする．X の局所座標 $x = (x_1, \dots, x_{d_X})$ を用いて $Y = \{\, x_1 = \cdots = x_d = 0 \,\} \subset X$ と表したとする．このとき右 $\mathcal{D}_Y$-加群としての同型

$$\mathcal{D}_{X\hookleftarrow Y} \simeq \mathbb{C}_Y[\partial_1, \dots, \partial_d] \otimes_{\mathbb{C}_Y} \mathcal{D}_Y$$

が存在する．また左 $f^{-1}\mathcal{D}_X$-加群として $\mathcal{D}_{X\hookleftarrow Y}$ は

$$(\mathcal{D}_X / \mathcal{D}_X x_1 + \cdots + \mathcal{D}_X x_d)\big|_Y$$

と同型であり，$f_*(\mathcal{D}_{X\hookleftarrow Y}) \simeq \mathcal{D}_X/\mathcal{D}_X x_1 + \cdots + \mathcal{D}_X x_d$ は連接 $\mathcal{D}_X$-加群である．特に $\mathcal{D}_{X\hookleftarrow Y}$ は右 $\mathcal{D}_Y$-加群として平坦である．さらに閉埋め込み $f\colon Y \hookrightarrow X$ による順像函手 $f_*\colon \mathrm{Mod}(\mathbb{C}_Y) \longrightarrow \mathrm{Mod}(\mathbb{C}_X)$ は完全函手である．したがってこの場合 f による積分函手

$$\begin{array}{ccc} \int_f : \operatorname{Mod}(\mathcal{D}_Y) & \longrightarrow & \operatorname{Mod}(\mathcal{D}_X) \\ \Psi & & \Psi \\ \mathcal{N} & \longmapsto & \int_f \mathcal{N} = f_*(\mathcal{D}_{X \hookleftarrow Y} \otimes_{\mathcal{D}_Y} \mathcal{N}) \end{array}$$

は完全函手である．この完全性および $\mathcal{N} = \mathcal{D}_Y$ の場合 $\int_f \mathcal{N} = f_*(\mathcal{D}_{X \hookleftarrow Y})$ が連接 $\mathcal{D}_X$-加群であることより，函手 $\int_f : \operatorname{Mod}(\mathcal{D}_Y) \longrightarrow \operatorname{Mod}(\mathcal{D}_X)$ は連接 $\mathcal{D}_Y$-加群を連接 $\mathcal{D}_X$-加群に移すことがわかる．局所的な同型 $X \simeq Z \times Y$（Z は $\mathbb{C}^d$ の原点の近傍で $Y \simeq \{0\} \times Y$）を用いると，連接 $\mathcal{D}_Y$-加群 $\mathcal{N}$ に対して

$$\int_f \mathcal{N} \simeq \mathcal{B}_{\{0\}|Z} \boxtimes \mathcal{N}$$

となり，等式

$$\operatorname{ch}\left(\int_f \mathcal{N}\right) = T^*_{\{0\}} Z \times \operatorname{ch} \mathcal{N}$$

が得られる．したがって f より定まる写像

$$T^*Y \xleftarrow[\rho_f]{} Y \times_X T^*X \xhookrightarrow[\varpi_f]{} T^*X$$

を用いた次の等式が成り立つ：

$$\operatorname{ch}\left(\int_f \mathcal{N}\right) = \varpi_f {\rho_f}^{-1}(\operatorname{ch} \mathcal{N}).$$

ここで $\mathcal{D}_Y$-加群 $\mathcal{N}$ の $f \colon Y = \{\, x_1 = \cdots = x_d = 0 \,\} \longrightarrow X$ による積分

$$\int_f \mathcal{N} \simeq f_*(\mathbb{C}_Y[\partial_1, \ldots, \partial_d] \otimes_{\mathbb{C}_Y} \mathcal{N}) \simeq \mathbb{C}_X[\partial_1, \ldots, \partial_d] \otimes_{\mathbb{C}_X} f_*\mathcal{N}$$

への $x_i \in \mathcal{D}_X (1 \leq i \leq d)$ の左からの作用は関係式 $x_i \partial_j^{m_i} = \partial_i^{m_i} x_j - \delta_{i,j} \cdot m_i \partial^{m_i - 1}$ より

$$x_i(\partial_1^{m_1} \cdots \partial_d^{m_d} \otimes f_* s) = -m_i(\partial_1^{m_1} \cdots \partial_i^{m_{i-1}} \cdots \partial_d^{m_d} \otimes f_* s) \qquad (s \in \mathcal{N})$$

により与えられる．

● **例 4.16**　$f\colon X \twoheadrightarrow Y$ を沈め込み (submersion) とし，そのファイバーの次元を d とする．このとき右 $\mathcal{D}_X$-加群 $\mathcal{D}_{Y\leftarrow X}$ は連接的であり，補題 3.2 と同様にしてその自由分解は次で与えられる：

$$0 \longrightarrow \Omega^0_{X/Y} \otimes_{\mathcal{O}_X} \mathcal{D}_X \longrightarrow \cdots \longrightarrow \Omega^d_{X/Y} \otimes_{\mathcal{O}_X} \mathcal{D}_X \longrightarrow \mathcal{D}_{Y\leftarrow X} \longrightarrow 0.$$

ここで $\Omega^0_{X/Y} = \mathcal{O}_X$，　$\Omega^1_{X/Y} = \Omega^1_X / f^{-1}\Omega^1_Y$，　$\Omega^i_{X/Y} = \wedge^i \Omega^1_{X/Y}$ $(2 \leq i \leq d)$ は写像 $f\colon X \longrightarrow Y$ に対する <u>**相対微分形式**</u> (relative differential form) の層である．したがって左 $\mathcal{D}_X$-加群 $\mathcal{M}$ に対する $\mathcal{D}_{Y\leftarrow X} \otimes^{\mathbf{L}}_{\mathcal{D}_X} \mathcal{M} \in \mathrm{D}^{\mathrm{b}}(f^{-1}\mathcal{D}_Y)$ は $\mathcal{M}$ の $f\colon X \longrightarrow Y$ に対する <u>**相対 de Rham 複体**</u> (relative de Rham complex)

$$\begin{aligned}
&\mathrm{DR}_{X/Y}(\mathcal{M}) \\
&:= \Big[0 \to \Omega^0_{X/Y} \otimes_{\mathcal{O}_X} \mathcal{M} \xrightarrow{\nabla_0} \Omega^1_{X/Y} \otimes_{\mathcal{O}_X} \mathcal{M} \xrightarrow{\nabla_1} \cdots \\
&\xrightarrow{\nabla_{d-1}} \Omega^d_{X/Y} \otimes_{\mathcal{O}_X} \mathcal{M} \to 0\Big]
\end{aligned}$$

（ここで $\Omega^i_{X/Y} \otimes_{\mathcal{O}_X} \mathcal{M}$ は $i-d$ 次にある）で実現される．これにより $\mathrm{D}^{\mathrm{b}}(\mathcal{D}_Y)$ における同型

$$\int_f \mathcal{M} \simeq \mathbf{R}f_*(\mathrm{DR}_{X/Y}(\mathcal{M}))$$

が得られた．

写像 $f\colon X \longrightarrow Y$ および $g\colon Y \longrightarrow Z$ に対して前と同様にして両側 $((g \circ f)^{-1}\mathcal{D}_Z, \mathcal{D}_X)$-加群としての同型

$$\mathcal{D}_{Z\leftarrow X} \simeq f^{-1}\mathcal{D}_{Z\leftarrow Y} \otimes_{f^{-1}\mathcal{D}_Y} \mathcal{D}_{Y\leftarrow X} \simeq f^{-1}\mathcal{D}_{Z\leftarrow Y} \otimes^{\mathbf{L}}_{f^{-1}\mathcal{D}_Y} \mathcal{D}_{Y\leftarrow X} \quad (4.1)$$

を示すことができる．これを用いて次の命題を示すことができる．

<u>**命題 4.17**</u>　上の状況でさらに写像 f は固有であるとする．このとき $\mathcal{M}_\bullet \in \mathrm{D}^{\mathrm{b}}(\mathcal{D}_X)$ に対して次の同型が存在する：

$$\int_g \left(\int_f \mathcal{M}_\bullet \right) \simeq \int_{g\circ f} \mathcal{M}_\bullet.$$

証明　$\mathcal{D}$-加群の積分の定義より

$$\int_g \left(\int_f \mathcal{M}_\bullet \right) = \mathbf{R} g_* \left(\mathcal{D}_{Z \leftarrow Y} \otimes^{\mathbf{L}}_{\mathcal{D}_Y} \mathbf{R} f_* (\mathcal{D}_{Y \leftarrow X} \otimes^{\mathbf{L}}_{\mathcal{D}_X} \mathcal{M}_\bullet) \right)$$

が成立する．ここで仮定より次の同型（層の順像についての射影公式 (projection formula)）が存在する：

$$\begin{aligned} &\mathcal{D}_{Z \leftarrow Y} \otimes^{\mathbf{L}}_{\mathcal{D}_Y} \mathbf{R} f_* (\mathcal{D}_{Y \leftarrow X} \otimes^{\mathbf{L}}_{\mathcal{D}_X} \mathcal{M}_\bullet) \\ &\qquad \simeq \mathbf{R} f_* \left(f^{-1} \mathcal{D}_{Z \leftarrow Y} \otimes^{\mathbf{L}}_{f^{-1}\mathcal{D}_Y} \mathcal{D}_{Y \leftarrow X} \otimes^{\mathbf{L}}_{\mathcal{D}_X} \mathcal{M}_\bullet \right). \end{aligned}$$

したがって (4.1) より所要の同型：

$$\int_g \left(\int_f \mathcal{M}_\bullet \right) \simeq \mathbf{R} g_* \mathbf{R} f_* (\mathcal{D}_{Z \leftarrow X} \otimes^{\mathbf{L}}_{\mathcal{D}_X} \mathcal{M}_\bullet) \simeq \int_{g \circ f} \mathcal{M}_\bullet$$

が得られる．■

$\mathcal{D}$-加群の逆像は関数の制限の満たす微分方程式であった．同様に $\mathcal{D}$-加群の積分は関数の積分の満たす微分方程式である．例えば次の結果が成り立つ．

定理 4.18　写像 $f\colon X \longrightarrow Y$ および $\mathcal{M}_\bullet \in \mathrm{D^b}(\mathcal{D}_X)$ に対して次の同型が成り立つ：

$$\mathbf{R} f_* (\mathrm{DR}_X(\mathcal{M}_\bullet)) \simeq \mathrm{DR}_Y \left(\int_f \mathcal{M}_\bullet \right).$$

証明　右 $\mathcal{D}_Y$-加群 Ω_Y の連接性より次の同型が存在する：

$$\begin{aligned} \mathrm{DR}_Y \left(\int_f \mathcal{M}_\bullet \right) &\simeq \Omega_Y \otimes^{\mathbf{L}}_{\mathcal{D}_Y} \mathbf{R} f_* (\mathcal{D}_{Y \leftarrow X} \otimes^{\mathbf{L}}_{\mathcal{D}_X} \mathcal{M}_\bullet) \\ &\xrightarrow{\sim} \mathbf{R} f_* (f^{-1} \Omega_Y \otimes^{\mathbf{L}}_{f^{-1}\mathcal{D}_Y} \mathcal{D}_{Y \leftarrow X} \otimes^{\mathbf{L}}_{\mathcal{D}_X} \mathcal{M}_\bullet). \end{aligned}$$

ここで両側 $(f^{-1}\mathcal{D}_Y, \mathcal{D}_X)$-加群としての同型

$$\mathcal{D}_{Y \leftarrow X} \simeq f^{-1} (\mathcal{D}_Y \otimes_{\mathcal{O}_Y} \Omega_Y^{\otimes -1}) \otimes_{f^{-1}\mathcal{O}_Y} \Omega_X$$

に注意すれば，右 $\mathcal{D}_X$-加群の同型

$$f^{-1}\Omega_Y \otimes^{\mathbf{L}}_{f^{-1}\mathcal{D}_Y} \mathcal{D}_{Y\leftarrow X} \simeq \Omega_X$$

が得られる．これより定理の主張が直ちに従う． ■

系 4.19 写像 $f\colon X \longrightarrow Y$ が固有であり $\mathcal{M}_\bullet \in \mathrm{D}^{\mathrm{b}}_{\mathrm{h}}(\mathcal{D}_X)$，$\int_f \mathcal{M}_\bullet \in \mathrm{D}^{\mathrm{b}}_{\mathrm{h}}(\mathcal{D}_Y)$ とする．このとき次の同型が成り立つ：

$$\mathbf{R}f_*(\mathrm{Sol}_X(\mathcal{M}_\bullet)[d_X]) \simeq \mathrm{Sol}_Y\left(\int_f \mathcal{M}_\bullet\right)[d_Y].$$

証明 仮定より $\mathrm{DR}_X(\mathcal{M}_\bullet) \in \mathrm{D}^{\mathrm{b}}_{\mathrm{c}}(X)$ および $\mathrm{DR}_Y(\int_f \mathcal{M}_\bullet) \in \mathrm{D}^{\mathrm{b}}_{\mathrm{c}}(Y)$ が成り立つ．したがって上の定理 4.18 の左辺と右辺に Verdier 双対函手 $\mathbf{D}_Y$ を施すことでそれぞれ

$$\begin{aligned}\mathbf{D}_Y(\mathbf{R}f_*(\mathrm{DR}_X(\mathcal{M}_\bullet))) &\simeq \mathbf{R}f_*\mathbf{D}_X(\mathrm{DR}_X(\mathcal{M}_\bullet))\\ &\simeq \mathbf{R}f_*(\mathrm{Sol}_X(\mathcal{M}_\bullet)[d_X])\end{aligned}$$

および

$$\mathbf{D}_Y(\mathrm{DR}_Y\left(\int_f \mathcal{M}_\bullet\right)) \simeq \mathrm{Sol}_Y\left(\int_f \mathcal{M}_\bullet\right)[d_Y]$$

が得られる． ■

特に $f\colon X \longrightarrow Y$ が射影射 (projective morphism) の場合は，柏原 [99] の結果により条件 $\mathcal{M}_\bullet \in \mathrm{D}^{\mathrm{b}}_{\mathrm{h}}(\mathcal{D}_X)$ より順像のホロノミー性 $\int_f \mathcal{M}_\bullet \in \mathrm{D}^{\mathrm{b}}_{\mathrm{h}}(\mathcal{D}_Y)$ が従う．また f より定まる写像

$$T^*X \underset{\rho_f}{\longleftarrow} X \times_Y T^*Y \underset{\varpi_f}{\longrightarrow} T^*Y$$

を用いた特性多様体の上からの評価

$$\mathrm{ch}\left(\int_f \mathcal{M}_\bullet\right) \subset \varpi_f {\rho_f}^{-1}(\mathrm{ch}\,\mathcal{M}_\bullet)$$

も成り立つ．$\mathcal{M}_\bullet \in \mathrm{D}^{\mathrm{b}}(\mathcal{D}_X)$ が<u>良い $\mathcal{D}$-加群</u> (good $\mathcal{D}$-module) の複体の場合にも同様の評価および順像の連接性が成り立つ（柏原 [108] を参照）．特にさらに $f\colon X \longrightarrow Y$ が沈め込み (submersion) で $\mathcal{M}_\bullet = \mathcal{O}_X$ の場合は，ρ_f の単射性より

$$\mathrm{ch}\left(H^j \int_f \mathcal{O}_X\right) \subset T^*_Y Y \qquad (j \in \mathbb{Z})$$

となり $H^j \int_f \mathcal{O}_X$ は Y 上の可積分接続である．さらに $\mathrm{Sol}_X(\mathcal{O}_X) \simeq \mathbb{C}_X$ より次の同型が得られる：

$$H^j \mathbf{R} f_*(\mathbb{C}_X) \simeq \mathrm{Sol}_Y\left(H^{d_X - d_Y - j} \int_f \mathcal{O}_X\right) \qquad (j \in \mathbb{Z}).$$

すなわち定数層の高次順像 $H^j \mathbf{R} f_*(\mathbb{C}_X)$ が可積分接続 $H^{d_X - d_Y - j} \int_f \mathcal{O}_X$ の正則関数解として表現できる．これにより局所系 $H^j \mathbf{R} f_*(\mathbb{C}_X)$ のモノドロミーなどを微分方程式を用いて詳しく調べることが可能になる．これらの $\mathcal{O}_X$ の積分 $H^j \int_f \mathcal{O}_X$ を <u>Gauss-Manin 接続</u> (Gauss-Manin connection) と呼ぶ．すなわちここで紹介した $\mathcal{D}$-加群の積分は，代数幾何学における Gauss-Manin 接続の概念を一般化したものであるということができる．

4.4 柏原の圏同値

以下柏原の圏同値 (Kashiwara equivalence) を紹介する．まず次の補題に注意する．

<u>補題 4.20</u> 閉埋め込み $f\colon Y \hookrightarrow X$ に対して，次の圏 $\mathrm{D}^{\mathrm{b}}(\mathcal{D}_Y \otimes_{\mathbb{C}} f^{-1}\mathcal{D}_X^{\mathrm{op}})$ における同型（すなわち両側 $(\mathcal{D}_Y, f^{-1}\mathcal{D}_X)$-加群としての同型）が存在する：

$$\mathbf{R}\mathcal{H}om_{f^{-1}\mathcal{D}_X}(\mathcal{D}_{X \hookleftarrow Y}, f^{-1}\mathcal{D}_X)[d_X - d_Y] \simeq \mathcal{D}_{Y \hookrightarrow X}.$$

特に $\mathcal{M}_\bullet \in \mathrm{D}^{\mathrm{b}}(\mathcal{D}_X)$ に対して同型

$$\mathbf{R}\mathcal{H}om_{f^{-1}\mathcal{D}_X}(\mathcal{D}_{X \hookleftarrow Y}, f^{-1}\mathcal{M}_\bullet) \simeq \mathbf{L} f^* \mathcal{M}_\bullet [d_Y - d_X]$$

が成り立つ．

定義 4.21 $f\colon Y \hookrightarrow X$ を閉埋め込みとする．このとき左完全函手

$$f^{\natural}\colon \mathrm{Mod}(\mathcal{D}_X) \longrightarrow \mathrm{Mod}(\mathcal{D}_Y)$$

を $f^{\natural}\mathcal{M} = \mathcal{H}om_{f^{-1}\mathcal{D}_X}(\mathcal{D}_{X\hookleftarrow Y}, f^{-1}\mathcal{M})$ で定義する．

次の基本定理は **柏原の圏同値** (Kashiwara equivalence) と呼ばれる．以下 $f\colon Y \hookrightarrow X$ は閉埋め込みとし，$Y \subset X$ の定義イデアルを $\mathcal{I} \subset \mathcal{O}_X$ と記す．$\mathcal{D}_X$-加群 $\mathcal{M} \in \mathrm{Mod}(\mathcal{D}_X)$ に対して

$$\Gamma_{[Y]}(\mathcal{M}) := \varinjlim_k \mathcal{H}om_{\mathcal{O}_X}(\mathcal{O}_X/\mathcal{I}^k, \mathcal{M}) \subset \Gamma_Y\mathcal{M}$$

とおく．このとき任意の切断 $s \in \Gamma_{[Y]}(\mathcal{M})$ に対してある $\phi \in \mathcal{I}^k$ $(k > 0)$ が存在して局所的に $\phi s = 0$ が成り立つ．等式 $\Gamma_{[Y]}(\mathcal{M}) = \mathcal{M}$ を満たす $\mathcal{D}_X$-加群のなす $\mathrm{Mod}(\mathcal{D}_X)$ の充満部分圏を $\mathrm{Mod}^Y(\mathcal{D}_X)$ で記す．同様に連接 $\mathcal{D}_X$-加群の圏 $\mathrm{Mod}_{\mathrm{coh}}(\mathcal{D}_X)$ の充満部分圏 $\mathrm{Mod}^Y_{\mathrm{coh}}(\mathcal{D}_X)$ を定める．このとき（連接 $\mathcal{D}_X$-加群の $\mathcal{O}_X$ 上の擬連接性より）$\mathrm{Mod}^Y_{\mathrm{coh}}(\mathcal{D}_X)$ は台が $Y \subset X$ に含まれる連接 $\mathcal{D}_X$-加群のなすアーベル圏である．

定理 4.22（柏原 [96]） 順像函手

$$\begin{array}{ccc} \int_f\colon \mathrm{Mod}(\mathcal{D}_Y) & \longrightarrow & \mathrm{Mod}^Y(\mathcal{D}_X) \\ \Psi & & \Psi \\ \mathcal{N} & \longmapsto & \int_f \mathcal{N} \end{array}$$

は圏同値を与える．またその逆函手 (quasi-inverse) は上で定義した函手 $f^{\natural}$ の $\mathrm{Mod}^Y(\mathcal{D}_X)$ への制限

$$f^{\natural}\colon \mathrm{Mod}^Y(\mathcal{D}_X) \longrightarrow \mathrm{Mod}(\mathcal{D}_Y)$$

で与えられる．さらにこれらは連接 $\mathcal{D}$-加群の圏の間の圏同値

$$\mathrm{Mod}_{\mathrm{coh}}(\mathcal{D}_Y) \underset{f^{\natural}}{\overset{\int_f}{\rightleftarrows}} \mathrm{Mod}^Y_{\mathrm{coh}}(\mathcal{D}_X)$$

を誘導する.

命題 4.23 $\mathcal{M} \in \mathrm{Mod}^Y(\mathcal{D}_X)$ とする. このとき任意の $j \neq 0$ に対して $H^j \mathbf{R}\mathcal{H}om_{f^{-1}\mathcal{D}_X}(\mathcal{D}_{X\leftarrow Y}, f^{-1}\mathcal{M}) \simeq 0$ が成り立つ.

以下上の定理 4.22 と命題 4.23 を同時に証明しよう.

証明 閉埋め込み $f\colon Y \hookrightarrow X, g\colon Z \hookrightarrow Y$ および $\mathcal{M} \in \mathrm{Mod}(\mathcal{D}_X)$ に対して, 補題 4.20 より次の同型が成り立つ:

$$\begin{aligned}&\mathbf{R}\mathcal{H}om_{(f\circ g)^{-1}\mathcal{D}_X}(\mathcal{D}_{X\leftarrow Z}, (f\circ g)^{-1}\mathcal{M})\\ &\qquad \simeq \mathbf{R}\mathcal{H}om_{g^{-1}\mathcal{D}_Y}(\mathcal{D}_{Y\leftarrow Z}, g^{-1}\mathbf{R}\mathcal{H}om_{f^{-1}\mathcal{D}_X}(\mathcal{D}_{X\leftarrow Y}, f^{-1}\mathcal{M})).\end{aligned}$$

また $f^\natural$ は函手

$$f^\natural\colon \mathrm{Mod}^Z(\mathcal{D}_X) \longrightarrow \mathrm{Mod}^Z(\mathcal{D}_Y)$$

を誘導する. 以上により, Y の X における余次元が 1 の場合に証明が帰着できる. 以下 Y は X の超曲面と仮定する. 問題は局所的なので, X のある局所座標 $x = (x_1, \ldots, x_n)$ を用いて $Y = \{x_1 = 0\}$ と表す. 簡単のため $x_1 = z, \partial_{x_1} = \partial, z\partial = x_1\partial_{x_1} = \theta$ と略記する. ($Y \subset X$ に台が含まれる) $\mathcal{D}_X$-加群 $\mathcal{M} \in \mathrm{Mod}^Y(\mathcal{D}_X)$ および $j \in \mathbb{Z}$ に対して, $\mathcal{M}$ の部分層 $\mathcal{M}_j \subset \mathcal{M}$ を次で定める:

$$\mathcal{M}_j = \{s \in \mathcal{M} \mid \theta s = js\} \subset \mathcal{M}$$

($\mathcal{M}_j$ は固有値 j に対する θ の固有空間). このとき関係式 $[\partial, z] = 1$ より $z\mathcal{M}_j \subset \mathcal{M}_{j+1}, \partial\mathcal{M}_j \subset \mathcal{M}_{j-1}$ が成り立つ. また $j \neq 0$ に対して θ は同型 $\theta = j\times\colon \mathcal{M}_j \xrightarrow{\sim} \mathcal{M}_j$ を引き起こす. よって $j \neq -1$ に対して

$$\partial z = \theta + 1\colon \mathcal{M}_j \longrightarrow \mathcal{M}_j$$

は同型である. 特に $j < -1$ のとき 2 つの層準同型

$$\mathcal{M}_j \xrightarrow{z} \mathcal{M}_{j+1}, \quad \mathcal{M}_{j+1} \xrightarrow{\partial} \mathcal{M}_j$$

はともに同型である．これらを用いて同型

$$\mathcal{M} \simeq \bigoplus_{j=1}^{\infty} \mathcal{M}_{-j} \left(\simeq \mathbb{C}_X[\partial] \otimes_{\mathbb{C}_X} \mathcal{M}_{-1} = \int_f f^{-1}\mathcal{M}_{-1} \right) \tag{4.2}$$

を示そう．ここで $\mathcal{M}$ は $\Gamma_{[Y]}(\mathcal{M}) = \mathcal{M}$ を満たすので，任意の切断 $s \in \mathcal{M}$ に対してある $k \geq 1$ が存在して $z^k s = 0$ が局所的に成り立つ．よって任意の $k \geq 1$ に対して包含写像

$$\mathrm{Ker}\left[\mathcal{M} \xrightarrow{z^k} \mathcal{M}\right] \subset \bigoplus_{j=1}^{k} \mathcal{M}_{-j}$$

を示せばよい．$k=1$ の場合は $zs = 0 \Longrightarrow \theta s = (\partial z - 1)s = -s$ よりこれは明らかである．$k > 1$ とし，$k-1$ までは主張が成立すると仮定しよう．このとき $z^k s = 0$ より特に $z^{k-1}(zs) = 0$ が成り立つので，帰納法の仮定により $zs \in \bigoplus_{j=1}^{k-1} \mathcal{M}_{-j}$ となる．したがって $\partial zs \in \bigoplus_{j=2}^{k} \mathcal{M}_{-j}$ であり，

$$\theta s + s = z\partial s + s = \partial zs \in \bigoplus_{j=2}^{k} \mathcal{M}_{-j} \tag{4.3}$$

が成り立つ．一方 $z^{k-1}(\theta s + ks) = z^k \partial s + kz^{k-1}s = \partial z^k s = 0$ が成り立つので，再び帰納法の仮定により

$$\theta s + ks \in \bigoplus_{j=1}^{k-1} \mathcal{M}_{-j} \tag{4.4}$$

となる．この (4.3) と (4.4) の差をとることで，$k - 1 \neq 0$ より $s \in \bigoplus_{j=1}^{k} \mathcal{M}_{-j}$ が得られた．よって (4.2) が示せた．また以上の計算および同型 $\mathcal{D}_{X \hookleftarrow Y} \simeq (\mathcal{D}_X / \mathcal{D}_X z)\big|_Y$ より，同型

$$\begin{aligned} f^\natural \mathcal{M} &= \mathcal{H}om_{f^{-1}\mathcal{D}_X}(\mathcal{D}_{X \hookleftarrow Y}, f^{-1}\mathcal{M}) \\ &\simeq \mathrm{Ker}\left[f^{-1}\mathcal{M} \xrightarrow{z} f^{-1}\mathcal{M}\right] \simeq f^{-1}\mathcal{M}_{-1} \end{aligned}$$

および消滅 $H^j\mathbf{R}\mathcal{H}om_{f^{-1}\mathcal{D}_X}(\mathcal{D}_{X\hookleftarrow Y}, f^{-1}\mathcal{M}) \simeq 0\ (j \neq 0)$ が得られる．特に $f^{-1}\mathcal{M}_{-1}$ は $\mathcal{D}_Y$-加群であり次の函手が得られる：

$$f^{\natural}\colon \mathrm{Mod}^Y(\mathcal{D}_X) \longrightarrow \mathrm{Mod}(\mathcal{D}_Y).$$

これまでの議論により $\mathcal{M} \in \mathrm{Mod}^Y(\mathcal{D}_X)$ に対して同型 $\int_f f^{\natural}\mathcal{M} \simeq \mathcal{M}$ が成り立つことがわかった．さらに函手 $f^{\natural}$ が $\mathcal{D}$ 上の連接性を保つことを示そう．$\mathcal{M} \in \mathrm{Mod}_{\mathrm{coh}}(\mathcal{D}_X)$ とする．このとき同型 $\mathcal{M} \simeq \mathbb{C}_X[\partial] \otimes_{\mathbb{C}_X} \mathcal{M}_{-1} = \int_f f^{\natural}\mathcal{M}$ より，$\mathcal{M}$ は部分層 $\mathcal{M}_{-1} \subset \mathcal{M}$ により $\mathcal{D}_X$-加群として生成される．よって局所的にはある有限個の切断 $s_1, \ldots, s_N \in \mathcal{M}_{-1}$ より $\mathcal{M}$ は生成される．これらは条件 $zs_i = 0$ を満たすので，連接 $\mathcal{D}_X$-加群の全射準同型

$$\Phi\colon \mathcal{M}' := \int_f \mathcal{D}_Y^{\oplus N} \twoheadrightarrow \int_f f^{\natural}\mathcal{M} \simeq \mathcal{M}$$

を得られる．この Φ の両辺の θ の固有値 -1 の固有空間部分をとることで，$\mathcal{D}_Y$-加群の全射準同型 $f^{\natural}\mathcal{M}' \simeq \mathcal{D}_Y^{\oplus N} \twoheadrightarrow f^{\natural}\mathcal{M}$ を得る．よって $f^{\natural}\mathcal{M}$ は $\mathcal{D}_Y$-加群として局所有限生成である．ここで $\mathcal{M}'' := \mathrm{Ker}\,\Phi$ も $\mathrm{Mod}^Y(\mathcal{D}_X)$ に含まれる連接 $\mathcal{D}_X$-加群なので，$f^{\natural}\mathcal{M}''$ も $\mathcal{D}_Y$-加群として局所有限生成である．連接 $\mathcal{D}_X$-加群の完全列

$$0 \longrightarrow \int_f f^{\natural}\mathcal{M}'' \longrightarrow \int_f f^{\natural}\mathcal{M}' \longrightarrow \int_f f^{\natural}\mathcal{M} \longrightarrow 0$$

における θ の固有値 -1 の固有空間部分をとることで，$\mathcal{D}_Y$-加群の完全列

$$0 \longrightarrow f^{\natural}\mathcal{M}'' \longrightarrow f^{\natural}\mathcal{M}' = \mathcal{D}_Y^{\oplus N} \longrightarrow f^{\natural}\mathcal{M} \longrightarrow 0$$

を得る．よって $f^{\natural}\mathcal{M} \simeq f^{-1}\mathcal{M}_{-1}$ は連接 $\mathcal{D}_Y$-加群である．また $\mathcal{N} \in \mathrm{Mod}(\mathcal{D}_Y)$ に対して同型

$$f^{\natural}\left(\int_f \mathcal{N}\right) = \mathcal{H}om_{f^{-1}\mathcal{D}_X}(\mathcal{D}_{X\hookleftarrow Y}, \mathbb{C}_Y[\partial] \otimes_{\mathbb{C}_Y} \mathcal{N}) \simeq \mathcal{N}$$

が成り立つことも，簡単な計算よりわかる．以上により所要の圏同値が得られた：

$$\mathrm{Mod}_{\mathrm{coh}}(\mathcal{D}_Y) \underset{f^{\natural}}{\overset{\int_f}{\rightleftarrows}} \mathrm{Mod}^Y_{\mathrm{coh}}(\mathcal{D}_X). \qquad \blacksquare$$

柏原の圏同値の証明の副産物として以下の閉埋め込み $f\colon Y \hookrightarrow X$ に対する <u>随伴公式</u> (adjunction formula) を得る．

定理 4.24　$f\colon Y \hookrightarrow X$ を閉埋め込みとする．このとき $\mathcal{N}_\bullet \in \mathrm{D^b}(\mathcal{D}_Y)$ および $\mathcal{M}_\bullet \in \mathrm{D^b}(\mathcal{D}_X)$ に対して次の同型が存在する：

$$\mathbf{R}\mathcal{H}om_{\mathcal{D}_X}(\textstyle\int_f \mathcal{N}_\bullet, \mathcal{M}_\bullet)[d_X] \simeq \mathbf{R}f_*\mathbf{R}\mathcal{H}om_{\mathcal{D}_Y}(\mathcal{N}_\bullet, \mathbf{L}f^*\mathcal{M}_\bullet)[d_Y],$$
$$\mathbf{R}\mathrm{Hom}_{\mathcal{D}_X}(\textstyle\int_f \mathcal{N}_\bullet, \mathcal{M}_\bullet)[d_X] \simeq \mathbf{R}\mathrm{Hom}_{\mathcal{D}_Y}(\mathcal{N}_\bullet, \mathbf{L}f^*\mathcal{M}_\bullet)[d_Y].$$

証明　第 2 の同型は第 1 の同型に大域切断函手 $\mathbf{R}\Gamma(X;*)$ を施すことで得られるので，第 1 の同型のみを示す．Y の X における余次元が 1 の場合に証明すれば十分である．よって $Y=\{z=0\}\subset X$ は超曲面とする．このとき次の同型が成り立つ：

$$\begin{aligned}\mathbf{R}\mathcal{H}om_{\mathcal{D}_X}\left(\int_f \mathcal{N}_\bullet, \mathcal{M}_\bullet\right) &\simeq \mathbf{R}\mathcal{H}om_{\mathcal{D}_X}(f_*(\mathcal{D}_{X\hookleftarrow Y}\otimes_{\mathcal{D}_Y}\mathcal{N}_\bullet), \mathcal{M}_\bullet)\\ &\simeq \mathbf{R}\mathcal{H}om_{\mathcal{D}_X}(f_*[(f^{-1}f_*\mathcal{D}_{X\hookleftarrow Y})\otimes_{f^{-1}f_*\mathcal{D}_Y}\mathcal{N}_\bullet], \mathcal{M}_\bullet)\\ &\simeq \mathbf{R}\mathcal{H}om_{\mathcal{D}_X}(f_*\mathcal{D}_{X\hookleftarrow Y}\otimes_{f_*\mathcal{D}_Y} f_*\mathcal{N}_\bullet, \mathcal{M}_\bullet)\\ &\simeq \mathbf{R}\mathcal{H}om_{f_*\mathcal{D}_Y}(f_*\mathcal{N}_\bullet, \mathbf{R}\mathcal{H}om_{\mathcal{D}_X}(\mathcal{D}_X/\mathcal{D}_X z, \mathcal{M}_\bullet)).\end{aligned}$$

ここで第 2 の同型で f が閉埋め込みであること，第 3 の同型で層の射影公式を用いた．さらに補題 4.20 および層の複体 $\mathbf{R}\mathcal{H}om_{\mathcal{D}_X}(\mathcal{D}_X/\mathcal{D}_X z, \mathcal{M}_\bullet)$ の台が超曲面 $Y=\{z=0\}\subset X$ に含まれることにより，同型

$$\begin{aligned}\mathbf{R}\mathcal{H}om_{\mathcal{D}_X}(\mathcal{D}_X/\mathcal{D}_X z, \mathcal{M}_\bullet) &\xrightarrow{\sim} f_*f^{-1}\mathbf{R}\mathcal{H}om_{\mathcal{D}_X}(\mathcal{D}_X/\mathcal{D}_X z, \mathcal{M}_\bullet)\\ &\simeq f_*\mathbf{R}\mathcal{H}om_{f^{-1}\mathcal{D}_X}(\mathcal{D}_{X\hookleftarrow Y}, f^{-1}\mathcal{M}) \simeq f_*(\mathbf{L}f^*\mathcal{M}_\bullet)[-1]\end{aligned}$$

が得られる．したがって次の同型が存在する：

$$\begin{aligned}&\mathbf{R}\mathcal{H}om_{\mathcal{D}_X}\left(\int_f \mathcal{N}_\bullet, \mathcal{M}_\bullet\right)[d_X]\\ &\qquad\simeq \mathbf{R}\mathcal{H}om_{f_*\mathcal{D}_Y}(f_*\mathcal{N}_\bullet, f_*(\mathbf{L}f^*\mathcal{M}_\bullet))[d_Y]\end{aligned}$$

$$\simeq f_* \mathbf{R}\mathcal{H}om_{f^{-1}f_*\mathcal{D}_Y}(f^{-1}f_*\mathcal{N}_\bullet, \mathbf{L}f^*\mathcal{M}_\bullet)[d_Y]$$

$$\simeq f_* \mathbf{R}\mathcal{H}om_{\mathcal{D}_Y}(\mathcal{N}_\bullet, \mathbf{L}f^*\mathcal{M}_\bullet)[d_Y]. \qquad \blacksquare$$

ここで紹介した随伴公式は，さらに一般の固有写像 $f\colon Y \longrightarrow X$ および良い $\mathcal{D}_Y$-加群 (good $\mathcal{D}_Y$-module) $\mathcal{N}_\bullet$ に対して成立する．詳細は柏原の著書 [108, 定理 4.33] などを参照されたい．$\mathrm{D^b}(\mathcal{D}_X)$ の対象 $\mathcal{M}_\bullet$ でそのすべてのコホモロジー層 $H^j\mathcal{M}_\bullet$ $(j \in \mathbb{Z})$ が $Y \subset X$ に台が含まれる連接 $\mathcal{D}_X$-加群となるものがなす $\mathrm{D^b}(\mathcal{D}_X)$ の充満部分圏を $\mathrm{D^b_{coh,Y}}(\mathcal{D}_X)$ と記す．このとき定理 4.22 および命題 4.23（の証明）により三角圏の函手 $f^\sharp\colon \mathrm{D^b_{coh,Y}}(\mathcal{D}_X) \longrightarrow \mathrm{D^b_{coh}}(\mathcal{D}_Y)$ を $\mathcal{M}_\bullet \in \mathrm{D^b_{coh,Y}}(\mathcal{D}_X)$ に対して

$$f^\sharp\mathcal{M}_\bullet := \mathbf{R}\mathcal{H}om_{f^{-1}\mathcal{D}_X}(\mathcal{D}_{X\leftarrow Y}, f^{-1}\mathcal{M}_\bullet) \in \mathrm{D^b_{coh}}(\mathcal{D}_Y)$$

により定めることができる．定理 4.24 と補題 4.20 より，$\mathcal{M}_\bullet \in \mathrm{D^b_{coh,Y}}(\mathcal{D}_X)$ および $\mathcal{N}_\bullet \in \mathrm{D^b_{coh}}(\mathcal{D}_Y)$ に対して同型

$$\mathrm{Hom}_{\mathrm{D^b_{coh,Y}}(\mathcal{D}_X)}\left(\int_f \mathcal{N}_\bullet, \mathcal{M}_\bullet\right) \simeq \mathrm{Hom}_{\mathrm{D^b_{coh}}(\mathcal{D}_Y)}\left(\mathcal{N}_\bullet, f^\sharp\mathcal{M}_\bullet\right)$$

が成り立つ．よって導来圏における次の射を得る：

$$\begin{cases} \int_f \left(f^\sharp\mathcal{M}_\bullet\right) \longrightarrow \mathcal{M}_\bullet, \\ \mathcal{N}_\bullet \longrightarrow f^\sharp\left(\int_f \mathcal{N}_\bullet\right). \end{cases} \tag{4.5}$$

定理 4.25 上の (4.5) における 2 つの射は同型であり，圏同値

$$\mathrm{D^b_{coh}}(\mathcal{D}_Y) \underset{f^\sharp}{\overset{\int_f}{\rightleftarrows}} \mathrm{D^b_{coh,Y}}(\mathcal{D}_X)$$

を引き起こす．

証明 $\mathcal{M}_\bullet$ および $\mathcal{N}_\bullet$ のコホモロジー的長さ (cohomological length) についての帰納法により，柏原の圏同値（定理 4.22）（の証明）に帰着できる． $\blacksquare$

第5章 ◇ 偏屈層

本章では偏屈層の基本事項を解説する．柏原の学位論文における構成可能性定理およびリーマン・ヒルベルト対応により，de Rham 函手 $\mathrm{DR}_X(*)\colon \mathrm{Mod}_{\mathrm{h}}(\mathcal{D}_X) \longrightarrow \mathrm{D}^{\mathrm{b}}_{\mathrm{c}}(X)$ による確定特異点型ホロノミー $\mathcal{D}_X$-加群の圏 $\mathrm{Mod}_{\mathrm{rh}}(\mathcal{D}_X) \subset \mathrm{Mod}_{\mathrm{h}}(\mathcal{D}_X)$ の像として導来圏 $\mathrm{D}^{\mathrm{b}}_{\mathrm{c}}(X)$ のある部分アーベル圏が得られる．これが Beilinson-Bernstein-Deligne [10] の定義した偏屈層の圏 $\mathrm{Perv}(\mathbb{C}_X)$ である．ここでは彼らの定義に従い，偏屈層を圏論的な方法を用いて導入する．

5.1 t-構造

三角圏 $\mathrm{D}^{\mathrm{b}}_{\mathrm{c}}(X)$ の中で目標とするアーベル圏 $\mathrm{Perv}(\mathbb{C}_X) \subset \mathrm{D}^{\mathrm{b}}_{\mathrm{c}}(X)$ を切り出すためには，次の t-構造が重要である．

定義 5.1 圏 $\mathcal{C}$ の部分圏 $\mathcal{C}'$ が<u>**厳密な充満部分圏**</u> (strictly full subcategory) であるとは，$\mathcal{C}'$ が $\mathcal{C}$ の充満部分圏であって $\mathcal{C}$ の対象で $\mathcal{C}'$ の対象と同型なものがすべて $\mathcal{C}'$ に含まれることである．

定義 5.2 $\mathbf{D}$ を三角圏とし $[1]\colon \mathbf{D} \xrightarrow{\sim} \mathbf{D}$ をそのシフト函手とする．また $\mathbf{D}^{\leqslant 0}, \mathbf{D}^{\geqslant 0} \subset \mathbf{D}$ を $\mathbf{D}$ のある厳密な充満部分圏とする．整数 $n \in \mathbb{Z}$ に対して $\mathbf{D}^{\leqslant n} = \mathbf{D}^{\leqslant 0}[-n], \mathbf{D}^{\geqslant n} = \mathbf{D}^{\geqslant 0}[-n] \subset \mathbf{D}$ とおく．このとき組 $(\mathbf{D}^{\leqslant 0}, \mathbf{D}^{\geqslant 0})$ が $\mathbf{D}$ の<u>**t-構造**</u> (t-structure) を定めるとは，次の3条件が成り立つことである：

(T1): $\mathbf{D}^{\leqslant -1} \subset \mathbf{D}^{\leqslant 0}, \quad \mathbf{D}^{\geqslant 1} \subset \mathbf{D}^{\geqslant 0}$.

(T2): $\mathrm{Hom}_{\mathbf{D}}(X, Y) = 0 \quad (X \in \mathbf{D}^{\leqslant 0}, Y \in \mathbf{D}^{\geqslant 1})$.

(T3): 任意の $X \in \mathbf{D}$ に対して特殊三角形 (distinguished triangle)

$$X_{\leqslant 0} \longrightarrow X \longrightarrow X_{\geqslant 1} \xrightarrow{+1} \qquad (X_{\leqslant 0} \in \mathbf{D}^{\leqslant 0}, X_{\geqslant 1} \in \mathbf{D}^{\geqslant 1})$$

が存在する.

● **例 5.3** $\mathcal{C}$ をアーベル圏として $\mathbf{D} = \mathrm{D}^{\mathrm{b}}(\mathcal{C})$ をその導来圏とする．このとき三角圏 $\mathbf{D}$ の厳密な充満部分圏 $\mathbf{D}^{\leqslant 0}, \mathbf{D}^{\geqslant 0} \subset \mathbf{D}$ を次で定める：

$$\mathbf{D}^{\leqslant 0} = \{\mathcal{F}_\bullet \in \mathbf{D} = \mathrm{D}^{\mathrm{b}}(\mathcal{C}) \mid H^j\mathcal{F}_\bullet = 0 \quad (j > 0)\},$$
$$\mathbf{D}^{\geqslant 0} = \{\mathcal{F}_\bullet \in \mathbf{D} = \mathrm{D}^{\mathrm{b}}(\mathcal{C}) \mid H^j\mathcal{F}_\bullet = 0 \quad (j < 0)\}.$$

条件 (T1) は明らかに成り立つ．条件 (T2) は次のようにしてチェックできる．$\mathcal{F}_\bullet \in \mathbf{D}^{\leqslant 0}$ および $\mathcal{G}_\bullet \in \mathbf{D}^{\geqslant 1}$ に対して $\phi \in \mathrm{Hom}_{\mathbf{D}}(\mathcal{F}_\bullet, \mathcal{G}_\bullet)$ とする．このとき切り落とし函手 (truncation functor) $\tau^{\leqslant 0}\colon \mathbf{D} \longrightarrow \mathbf{D}^{\leqslant 0}$ を用いて次の可換図式が得られる：

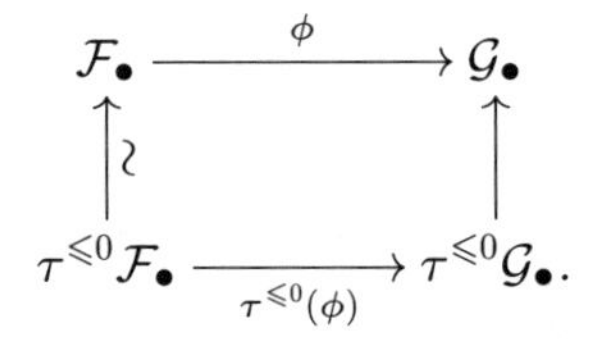

ここで $\tau^{\leqslant 0}\mathcal{F}_\bullet \xrightarrow{\sim} \mathcal{F}_\bullet$ は同型であり，$\tau^{\leqslant 0}\mathcal{G}_\bullet$ は圏 $\mathbf{D} = \mathrm{D}^{\mathrm{b}}(\mathcal{C})$ における零対象と同型である．したがって $\phi = 0$ すなわち $\mathrm{Hom}_{\mathbf{D}}(\mathcal{F}_\bullet, \mathcal{G}_\bullet) = 0$ が得られた．また条件 (T3) も，$\mathcal{F}_\bullet \in \mathbf{D} = \mathrm{D}^{\mathrm{b}}(\mathcal{C})$ に対して切り落とし函手 (truncation functor) を用いて定まる特殊三角形

$$\tau^{\leqslant 0}\mathcal{F}_\bullet \longrightarrow \mathcal{F}_\bullet \longrightarrow \tau^{\geqslant 1}\mathcal{F}_\bullet \xrightarrow{+1}$$

が存在することより直ちにチェックできる．よって組 $(\mathbf{D}^{\leqslant 0}, \mathbf{D}^{\geqslant 0})$ は $\mathbf{D} = \mathrm{D}^{\mathrm{b}}(\mathcal{C})$ の t-構造を定める．これを $\mathbf{D} = \mathrm{D}^{\mathrm{b}}(\mathcal{C})$ の **標準的 t-構造** (standard t-structure) と呼ぶ.

以後 $(\mathbf{D}^{\leqslant 0}, \mathbf{D}^{\geqslant 0})$ は三角圏 $\mathbf{D}$ の t-構造を定めるとする.

命題 5.4 自然な包含函手 (inclusion functor) $\iota\colon \mathbf{D}^{\leqslant n} \longrightarrow \mathbf{D}$ を考えよう．このとき函手 $\tau^{\leqslant n}\colon \mathbf{D} \longrightarrow \mathbf{D}^{\leqslant n}$ が存在して次の同型が成り立つ：

$$\mathrm{Hom}_{\mathbf{D}^{\leqslant n}}(Y, \tau^{\leqslant n}(X)) \simeq \mathrm{Hom}_{\mathbf{D}}(\iota(Y), X)$$

$(X \in \mathbf{D}, Y \in \mathbf{D}^{\leqslant n})$. すなわち $\tau^{\leqslant n}$ は ι の右随伴函手 (right adjoint functor) である.

証明 $X \in \mathbf{D}$ に対して, ある $Z \in \mathbf{D}^{\leqslant n}$ が存在して同型 $\mathrm{Hom}_{\mathbf{D}^{\leqslant n}}(Y, Z) \simeq \mathrm{Hom}_{\mathbf{D}}(\iota(Y), X)$ $(Y \in \mathbf{D}^{\leqslant n})$ が成り立つことを示そう. より正確には, 圏 $\mathbf{D}^{\leqslant n}$ からアーベル群の圏 $\mathcal{A}b$ への反変函手としての同型 $\mathrm{Hom}_{\mathbf{D}^{\leqslant n}}(*, Z) \simeq \mathrm{Hom}_{\mathbf{D}}(\iota(*), X)$ を示す. すなわち反変函手 $\mathrm{Hom}_{\mathbf{D}}(\iota(*), X) \colon (\mathbf{D}^{\leqslant n})^{\mathrm{op}} \longrightarrow \mathcal{A}b$ がある対象 $Z \in \mathbf{D}^{\leqslant n}$ により表現可能 (representable) であることを証明する. 三角圏 $\mathbf{D}$ のシフト函手により $n = 0$ と仮定してよい. $Y \in \mathbf{D}^{\leqslant 0}$ とする. このとき $X \in \mathbf{D}$ に対して条件 (T3) より定まる特殊三角形

$$X_{\leqslant 0} \longrightarrow X \longrightarrow X_{\geqslant 1} \xrightarrow{+1} \qquad (X_{\leqslant 0} \in \mathbf{D}^{\leqslant 0}, X_{\geqslant 1} \in \mathbf{D}^{\geqslant 1})$$

にコホモロジー的函手 (cohomological functor) $\mathrm{Hom}_{\mathbf{D}}(Y, *)$ を施すことで次の長完全列が得られる：

$$\cdots \longrightarrow \mathrm{Hom}_{\mathbf{D}}(Y, X_{\geqslant 1}[-1]) \longrightarrow \mathrm{Hom}_{\mathbf{D}}(Y, X_{\leqslant 0}) \longrightarrow$$
$$\mathrm{Hom}_{\mathbf{D}}(Y, X) \longrightarrow \mathrm{Hom}_{\mathbf{D}}(Y, X_{\geqslant 1}) \longrightarrow \cdots.$$

ここで条件 (T2) より $\mathrm{Hom}_{\mathbf{D}}(Y, X_{\geqslant 1}[-1]) = \mathrm{Hom}_{\mathbf{D}}(Y, X_{\geqslant 1}) = 0$ が成り立つので, ($Y \in \mathbf{D}^{\leqslant 0}$ について函手的な) 同型

$$\mathrm{Hom}_{\mathbf{D}^{\leqslant 0}}(Y, X_{\leqslant 0}) = \mathrm{Hom}_{\mathbf{D}}(Y, X_{\leqslant 0}) \xrightarrow{\sim} \mathrm{Hom}_{\mathbf{D}}(\iota(Y), X)$$

が得られた. よって $Z := X_{\leqslant 0} \in \mathbf{D}^{\leqslant 0}$ に対して所要の同型

$$\mathrm{Hom}_{\mathbf{D}^{\leqslant 0}}(Y, Z) \simeq \mathrm{Hom}_{\mathbf{D}}(\iota(Y), X) \qquad (Y \in \mathbf{D}^{\leqslant 0})$$

が成り立つ. 米田の補題 (河田 [128] などを参照) により, 対応 $X \longmapsto Z = X_{\leqslant 0}$ は函手 $\tau^{\leqslant 0} \colon \mathbf{D} \longrightarrow \mathbf{D}^{\leqslant 0}$ を定める. ■

同様に次の命題が成り立つ.

命題 5.5 自然な包含函手 $\iota' \colon \mathbf{D}^{\geqslant n} \longrightarrow \mathbf{D}$ を考えよう. このとき函手 $\tau^{\geqslant n} \colon \mathbf{D} \longrightarrow \mathbf{D}^{\geqslant n}$ が存在して次の同型が成り立つ：

$$\mathrm{Hom}_{\mathbf{D}^{\geqslant n}}(\tau^{\geqslant n}(X), Y) \simeq \mathrm{Hom}_{\mathbf{D}}(X, \iota'(Y))$$

$(X \in \mathbf{D}, Y \in \mathbf{D}^{\geqslant n})$．すなわち $\tau^{\geqslant n}$ は ι' の左随伴函手 (left adjoint functor) である．

右（左）随伴函手は存在すれば（函手の同型を除いて）一意的であることを注意しておこう．命題 5.4 と命題 5.5 より $X \in \mathbf{D}$ に対して規準的な射

$$\tau^{\leqslant n}X \longrightarrow X, \quad X \longrightarrow \tau^{\geqslant n}X$$

が得られる．命題 5.4 と命題 5.5 の証明より，これらの射は $\mathbf{D}$ における特殊三角形

$$\tau^{\leqslant n}X \longrightarrow X \longrightarrow \tau^{\geqslant n+1}X \xrightarrow{+1}$$

に埋め込まれる．また条件 (T3) における特殊三角形

$$X_{\leqslant 0} \longrightarrow X \longrightarrow X_{\geqslant 1} \xrightarrow{+1} \qquad (X_{\leqslant 0} \in \mathbf{D}^{\leqslant 0}, X_{\geqslant 1} \in \mathbf{D}^{\geqslant 1})$$

に対して同型 $X_{\leqslant 0} \simeq \tau^{\leqslant 0}X, X_{\geqslant 1} \simeq \tau^{\geqslant 1}X$ が成り立つことがわかる．特に $X_{\leqslant 0} \in \mathbf{D}^{\leqslant 0}$ および $X_{\geqslant 1} \in \mathbf{D}^{\geqslant 1}$ は $X \in \mathbf{D}$ より（同型を除いて）一意的に定まる．

補題 5.6 次の $X \in \mathbf{D}$ に対する条件は互いに同値である．

(1) $X \in \mathbf{D}^{\leqslant n} \quad (X \in \mathbf{D}^{\geqslant n})$.

(2) 規準的な射 $\tau^{\leqslant n}X \longrightarrow X \quad (X \longrightarrow \tau^{\geqslant n}X)$ は同型である．

(3) $\tau^{\geqslant n+1}X = 0 \quad (\tau^{\leqslant n-1}X = 0)$.

証明 (2) $\Longleftrightarrow$ (3) および (2) $\Longrightarrow$ (1) は明らかである．(1) $\Longrightarrow$ (2) を示そう．三角圏 $\mathbf{D}$ のシフト函手を用いることで，$n = 0$ と仮定してよい．$X \in \mathbf{D}^{\leqslant 0}$ とする．このとき自明な特殊三角形

$$X \xrightarrow{\mathrm{id}} X \longrightarrow 0 \xrightarrow{+1}$$

は条件 (T3) を満たすので，同型 $\tau^{\leqslant 0}X \simeq X$ が成り立つ．■

命題 5.7 三角圏 $\mathbf{D}$ における特殊三角形

$$X \longrightarrow Y \longrightarrow Z \xrightarrow{+1}$$

に対して次が成り立つ：

$$X, Z \in \mathbf{D}^{\leqslant n}\ (\in \mathbf{D}^{\geqslant n}) \Longrightarrow Y \in \mathbf{D}^{\leqslant n}\ (\in \mathbf{D}^{\geqslant n}).$$

証明 $n=0$ と仮定してよい．$X, Z \in \mathbf{D}^{\leqslant 0}$ と仮定する．補題 5.6 より $\tau^{\geqslant 1}Y = 0$ を示せばよい．完全列

$$\mathrm{Hom}_{\mathbf{D}}(Z, \tau^{\geqslant 1}Y) \longrightarrow \mathrm{Hom}_{\mathbf{D}}(Y, \tau^{\geqslant 1}Y) \longrightarrow \mathrm{Hom}_{\mathbf{D}}(X, \tau^{\geqslant 1}Y)$$

において両端の項は条件 (T2) より 0 である．したがって命題 5.5 より

$$\mathrm{Hom}_{\mathbf{D}}(\tau^{\geqslant 1}Y, \tau^{\geqslant 1}Y) = \mathrm{Hom}_{\mathbf{D}}(Y, \tau^{\geqslant 1}Y) = 0$$

すなわち $\tau^{\geqslant 1}Y = 0$ が得られる． ■

定義 5.8 三角圏 $\mathbf{D}$ の充満部分圏 $\mathcal{C} := \mathbf{D}^{\leqslant 0} \cap \mathbf{D}^{\geqslant 0}$ を t-構造 $(\mathbf{D}^{\leqslant 0}, \mathbf{D}^{\geqslant 0})$ の心臓 (heart) と呼ぶ．

以下 $\mathcal{C}$ がアーベル圏となることを示す．命題 5.7 より直ちに次が得られる．

系 5.9 三角圏 $\mathbf{D}$ における特殊三角形

$$X \longrightarrow Y \longrightarrow Z \xrightarrow{+1}$$

において $X, Z \in \mathcal{C}$ ならば $Y \in \mathcal{C}$ が成り立つ．

次の命題の証明は [89, Proposition 8.1.8] などを参照せよ．

命題 5.10 $a, b \in \mathbb{Z}$ に対して次が成り立つ：

(1) $b \geqslant a$ ならば $\tau^{\leqslant b} \circ \tau^{\leqslant a} \simeq \tau^{\leqslant a} \circ \tau^{\leqslant b} \simeq \tau^{\leqslant a}$ および $\tau^{\geqslant b} \circ \tau^{\geqslant a} \simeq \tau^{\geqslant a} \circ \tau^{\geqslant b} \simeq \tau^{\geqslant b}$ が成り立つ．

(2) $a > b$ ならば $\tau^{\leqslant b} \circ \tau^{\geqslant a} \simeq \tau^{\geqslant a} \circ \tau^{\leqslant b} \simeq 0$ である．

(3) $\tau^{\geqslant a} \circ \tau^{\leqslant b} \simeq \tau^{\leqslant b} \circ \tau^{\geqslant a}$.

この命題より加法圏の函手

$$\begin{array}{cccc} H^0: & \mathbf{D} & \longrightarrow & \mathcal{C} = \mathbf{D}^{\leqslant 0} \cap \mathbf{D}^{\geqslant 0} \\ & \Psi & & \Psi \\ & X & \longmapsto & H^0(X) := \tau^{\geqslant 0}\tau^{\leqslant 0}X = \tau^{\leqslant 0}\tau^{\geqslant 0}X \end{array}$$

が得られる．また整数 $n \in \mathbb{Z}$ および $X \in \mathbf{D}$ に対して

$$H^n(X) := H^0(X[n]) \simeq (\tau^{\geqslant n}\tau^{\leqslant n}X)[n] \in \mathcal{C}$$

とおく．

定理 5.11 心臓 $\mathcal{C} := \mathbf{D}^{\leqslant 0} \cap \mathbf{D}^{\geqslant 0}$ はアーベル圏である．

証明 この定理は Beilinson-Bernstein-Deligne [10] により得られた．ここでは柏原-Schapira [116, Proposition 10.1.11] および堀田-竹内-谷崎 [89, Theorem 8.1.9] における証明を紹介する．$X, Y \in \mathcal{C}$ に対して $X \oplus Y \in \mathcal{C}$ であることは，特殊三角形

$$X \longrightarrow X \oplus Y \longrightarrow Y \xrightarrow{+1}$$

に系 5.9 を適用することで直ちにわかる．これにより $\mathcal{C}$ が加法圏であることがわかった．$\mathcal{C}$ の射 $f\colon X \longrightarrow Y$ に対して $\operatorname{Ker} f, \operatorname{Coker} f$ が存在することを示そう．f を次の特殊三角形に埋入する：

$$X \longrightarrow Y \longrightarrow Z \xrightarrow{+1} .$$

このとき命題 5.7 より $Z \in \mathbf{D}^{\leqslant 0} \cap \mathbf{D}^{\geqslant -1}$ である．$\operatorname{Ker} f$ および $\operatorname{Coker} f$ が

$$\begin{cases} \operatorname{Ker} f = H^{-1}(Z) = \tau^{\leqslant 0}(Z[-1]), \\ \operatorname{Coker} f = H^0(Z) = \tau^{\geqslant 0}Z \end{cases}$$

で与えられることを示そう．$\mathcal{C}$ の対象 $W \in \mathcal{C}$ に対する完全列

$$\cdots \longrightarrow \operatorname{Hom}_{\mathbf{D}}(W, Z[-1]) \longrightarrow \operatorname{Hom}_{\mathbf{D}}(W, X) \longrightarrow \operatorname{Hom}_{\mathbf{D}}(W, Y) \longrightarrow \cdots,$$

$$\cdots \longrightarrow \operatorname{Hom}_{\mathbf{D}}(Z, W) \longrightarrow \operatorname{Hom}_{\mathbf{D}}(Y, W) \longrightarrow \operatorname{Hom}_{\mathbf{D}}(X, W) \longrightarrow \cdots$$

および命題 5.4 と命題 5.5 より，次の完全列が得られる：

$$0 \longrightarrow \mathrm{Hom}_{\mathbf{D}}(W, \tau^{\leqslant 0}(Z[-1])) \longrightarrow \mathrm{Hom}_{\mathbf{D}}(W, X) \longrightarrow \mathrm{Hom}_{\mathbf{D}}(W, Y),$$

$$0 \longrightarrow \mathrm{Hom}_{\mathbf{D}}(\tau^{\geqslant 0} Z, W) \longrightarrow \mathrm{Hom}_{\mathbf{D}}(Y, W) \longrightarrow \mathrm{Hom}_{\mathbf{D}}(X, W).$$

第 1 の完全列より $\mathrm{Ker}\, f = \tau^{\leqslant 0}(Z[-1])$ であることがわかる：

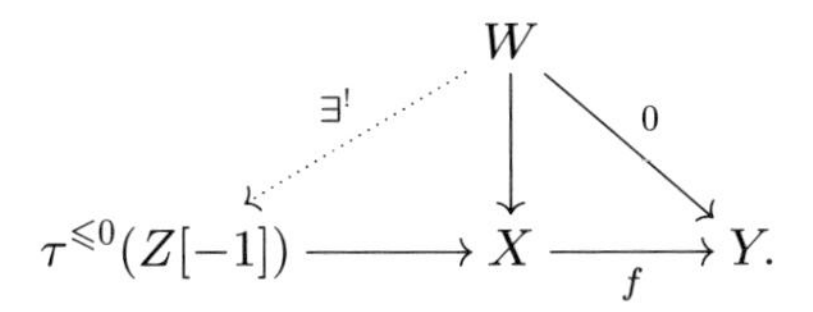

また第 2 の完全列より $\mathrm{Coker}\, f = \tau^{\geqslant 0} Z$ であることがわかる：

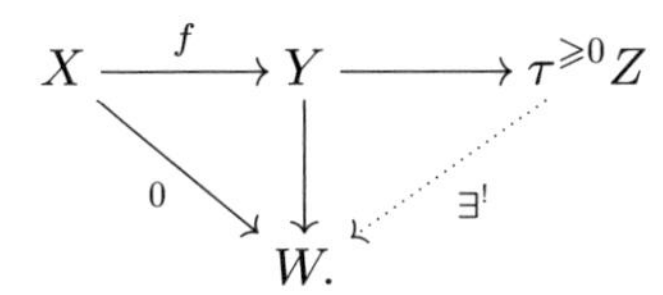

$\mathcal{C}$ がアーベル圏であることを示すには，あとは $\mathrm{Coim}\, f = \mathrm{Coker}(\mathrm{Ker}\, f \longrightarrow X)$ から $\mathrm{Im}\, f = \mathrm{Ker}(Y \longrightarrow \mathrm{Coker}\, f)$ への規準的な射

$$\begin{array}{ccccccc}
\mathrm{Ker}\, f & \longrightarrow & X & \xrightarrow{f} & Y & \longrightarrow & \mathrm{Coker}\, f \\
 & & \downarrow & \nearrow & \uparrow & & \\
 & & \mathrm{Coim}\, f & \dashrightarrow & \mathrm{Im}\, f & &
\end{array}$$

が同型であることを示せばよい．射 $Y \longrightarrow \mathrm{Coker}\, f$ を次の特殊三角形に埋入しよう：

$$I \longrightarrow Y \longrightarrow \mathrm{Coker}\, f \xrightarrow{+1} .$$

このとき命題 5.7 より $I \in \mathbf{D}^{\geqslant 0}$ が成り立つ．3 つの特殊三角形

$$\begin{cases}
Y \xrightarrow{\alpha} Z \longrightarrow X[1] \xrightarrow{+1}, \\
Y \xrightarrow{\beta\circ\alpha} \mathrm{Coker}\, f \longrightarrow I[1] \xrightarrow{+1}, \\
Z \xrightarrow{\beta} \mathrm{Coker}\, f \longrightarrow \mathrm{Ker}\, f[2] \xrightarrow{+1}
\end{cases}$$

に八面体公理を適用すると，次の特殊三角形が得られる：

$$\begin{cases} X[1] \longrightarrow I[1] \longrightarrow \mathrm{Ker}\, f[2] \xrightarrow{+1}, \\ \mathrm{Ker}\, f \longrightarrow X \longrightarrow I \xrightarrow{+1}. \end{cases}$$

よって命題 5.7 より $I \in \mathbf{D}^{\leqslant 0} \cap \mathbf{D}^{\geqslant 0} = \mathcal{C}$ が成り立つ．圏 $\mathcal{C}$ における Ker および Coker の定義より，所要の同型

$$\mathrm{Coim}\, f = \mathrm{Coker}(\mathrm{Ker}\, f \longrightarrow X) \simeq I \simeq \mathrm{Ker}(Y \longrightarrow \mathrm{Coker}\, f) = \mathrm{Im}\, f$$

が得られる． ■

命題 5.12 アーベル圏 $\mathcal{C}$ における完全列

$$0 \longrightarrow X \longrightarrow Y \longrightarrow Z \longrightarrow 0$$

は三角圏 $\mathbf{D}$ における特殊三角形

$$X \longrightarrow Y \longrightarrow Z \xrightarrow{+1}$$

を定める．

証明 射 $X \longrightarrow Y$ を f とおくと，$\mathrm{Ker}\, f = 0, \mathrm{Coker}\, f = Z$ となる．したがって $f\colon X \longrightarrow Y$ を特殊三角形

$$X \xrightarrow{f} Y \longrightarrow W \xrightarrow{+1}$$

へ埋入すると，定理 5.11 の証明より $W \in \mathbf{D}^{\leqslant 0} \cap \mathbf{D}^{\geqslant 0} = \mathcal{C}$ となり，同型 $W \simeq Z$ が成り立つ． ■

次の命題の証明は [89, Proposition 8.1.11] などを参照されたい（証明は八面体公理を用いる）．

命題 5.13 函手 $H^0\colon \mathbf{D} \longrightarrow \mathcal{C}$ は<u>コホモロジー的函手</u> (cohomological functor) である．すなわち $\mathbf{D}$ の特殊三角形

$$X \longrightarrow Y \longrightarrow Z \xrightarrow{+1}$$

に対して，アーベル圏$\mathcal{C}$の完全列

$$\cdots \longrightarrow H^{-1}(Z) \longrightarrow H^0(X) \longrightarrow H^0(Y) \longrightarrow H^0(Z) \longrightarrow H^1(X) \longrightarrow \cdots$$

が得られる．

以後$\mathbf{D}_i$ $(i=1,2)$はt-構造$(\mathbf{D}_i^{\leqslant 0}, \mathbf{D}_i^{\geqslant 0})$をもつ三角圏とし，$F\colon \mathbf{D}_1 \longrightarrow \mathbf{D}_2$は三角圏の函手とする．$\mathcal{C}_i = \mathbf{D}_i^{\leqslant 0} \cap \mathbf{D}_i^{\geqslant 0}$ $(i=1,2)$とおく．

定義 5.14 三角圏の函手$F\colon \mathbf{D}_1 \longrightarrow \mathbf{D}_2$が**左（右）t-完全** (left (right) t-exact) であるとは，条件$F(\mathbf{D}_1^{\geqslant 0}) \subset \mathbf{D}_2^{\geqslant 0}$ $(F(\mathbf{D}_1^{\leqslant 0}) \subset \mathbf{D}_2^{\leqslant 0})$を満たすことである．また$F$が左t-完全かつ右t-完全であるとき$F$は**t-完全** (t-exact) であるという．

アーベル圏の間の左完全函手から構成した右導来函手は，明らかに例5.3で考えた標準的なt-構造に関して左t-完全である．上の定義の意味をより良く理解するために函手${}^pF\colon \mathcal{C}_1 \longrightarrow \mathcal{C}_2$を3つの函手

$$\mathcal{C}_1 \underset{\iota}{\longrightarrow} \mathbf{D}_1 \underset{F}{\longrightarrow} \mathbf{D}_2 \underset{H^0}{\longrightarrow} \mathcal{C}_2$$

（$\iota\colon \mathcal{C}_1 \longrightarrow \mathbf{D}_1$は包含函手）の合成として定めよう．

命題 5.15 三角圏の函手$F\colon \mathbf{D}_1 \longrightarrow \mathbf{D}_2$は左（右） t-完全とする．このとき${}^pF\colon \mathcal{C}_1 \longrightarrow \mathcal{C}_2$はアーベル圏の間の左（右）完全函手である．

証明 ${}^pF$の左完全性のみを証明する．命題5.12よりアーベル圏$\mathcal{C}_1$の完全列

$$0 \longrightarrow X \longrightarrow Y \longrightarrow Z \longrightarrow 0$$

は三角圏$\mathbf{D}_1$の特殊三角形 (distinguished triangle)

$$X \longrightarrow Y \longrightarrow Z \xrightarrow{+1}$$

を定める．函手Fの左t-完全性より，これにFを施して得られる特殊三角形

$$F(X) \longrightarrow F(Y) \longrightarrow F(Z) \xrightarrow{+1}$$

に対して $F(X), F(Y), F(Z) \in \mathbf{D}_2^{\geqslant 0}$ が成り立つ．したがって命題 5.13 より
アーベル圏 $\mathcal{C}_2$ における長完全列

$$0 \longrightarrow H^0F(X) \longrightarrow H^0F(Y) \longrightarrow H^0F(Z)$$
$$\longrightarrow H^1F(X) \longrightarrow H^1F(Y) \longrightarrow H^1F(Z) \longrightarrow \cdots$$

が得られる．その最初の部分が求める左完全列

$$0 \longrightarrow {}^pF(X) \longrightarrow {}^pF(Y) \longrightarrow {}^pF(Z)$$

である． ■

また次の結果が成り立つ．

命題 5.16 三角圏の函手 $F\colon \mathbf{D}_1 \longrightarrow \mathbf{D}_2$ は左 t-完全とする．このとき同型

$$\tau^{\leqslant 0}(F(\tau^{\leqslant 0}X)) \simeq \tau^{\leqslant 0}F(X) \qquad (X \in \mathbf{D}_1)$$

が成り立つ．特に任意の $X \in \mathbf{D}_1^{\geqslant 0}$ に対して $\mathcal{C}_2$ における同型 ${}^pF(H^0(X)) \simeq H^0(F(X))$ が成り立つ．

証明 任意の $Y \in \mathbf{D}_2^{\leqslant 0}$ に対して同型

$$\mathrm{Hom}_{\mathbf{D}_2^{\leqslant 0}}(Y, \tau^{\leqslant 0}(F(\tau^{\leqslant 0}X))) \simeq \mathrm{Hom}_{\mathbf{D}_2^{\leqslant 0}}(Y, \tau^{\leqslant 0}(F(X)))$$

を示せば十分である．ここで命題 5.4 より次の同型が成り立つ：

$$\mathrm{Hom}_{\mathbf{D}_2^{\leqslant 0}}(Y, \tau^{\leqslant 0}(F(\tau^{\leqslant 0}X))) \simeq \mathrm{Hom}_{\mathbf{D}_2}(Y, F(\tau^{\leqslant 0}X)),$$
$$\mathrm{Hom}_{\mathbf{D}_2^{\leqslant 0}}(Y, \tau^{\leqslant 0}(F(X))) \simeq \mathrm{Hom}_{\mathbf{D}_2}(Y, F(X)).$$

したがって射 $\tau^{\leqslant 0}X \longrightarrow X$ より誘導される規準的な射

$$\mathrm{Hom}_{\mathbf{D}_2}(Y, F(\tau^{\leqslant 0}X)) \longrightarrow \mathrm{Hom}_{\mathbf{D}_2}(Y, F(X))$$

が同型であることを示せばよい．ここで特殊三角形

$$F(\tau^{\leqslant 0}X) \longrightarrow F(X) \longrightarrow F(\tau^{\geqslant 1}X) \xrightarrow{+1}$$

より得られる長完全列

$$\cdots \longrightarrow \mathrm{Hom}_{\mathbf{D}_2}(Y, F(\tau^{\geqslant 1}X)[-1]) \longrightarrow \mathrm{Hom}_{\mathbf{D}_2}(Y, F(\tau^{\leqslant 0}X))$$

$$\longrightarrow \mathrm{Hom}_{\mathbf{D}_2}(Y, F(X)) \longrightarrow \mathrm{Hom}_{\mathbf{D}_2}(Y, F(\tau^{\geqslant 1}X)) \longrightarrow \cdots$$

において，F の左 t-完全性および条件 (T2) より消滅

$$\mathrm{Hom}_{\mathbf{D}_2}(Y, F(\tau^{\geqslant 1}X)[-1]) = \mathrm{Hom}_{\mathbf{D}_2}(Y, F(\tau^{\geqslant 1}X)) = 0$$

が得られる．よって任意の $Y \in \mathbf{D}_2^{\leqslant 0}$ に対して所要の同型

$$\mathrm{Hom}_{\mathbf{D}_2}(Y, F(\tau^{\leqslant 0}X)) \xrightarrow{\sim} \mathrm{Hom}_{\mathbf{D}_2}(Y, F(X))$$

が成り立つ． ■

$F\colon \mathbf{D}_1 \longrightarrow \mathbf{D}_2$ が右 t-完全な場合の同様の結果も成り立つ．

命題 5.17 $\mathbf{D}_1', \mathbf{D}_2'$ はそれぞれ $\mathbf{D}_1, \mathbf{D}_2$ を充満部分圏として含む三角圏であり，$F\colon \mathbf{D}_1' \longrightarrow \mathbf{D}_2', G\colon \mathbf{D}_2' \longrightarrow \mathbf{D}_1'$ は三角圏の函手であるとする．函手 F は G の左随伴函手であると仮定する．

(1) $F(\mathbf{D}_1) \subset \mathbf{D}_2$ および $F(\mathbf{D}_1^{\leqslant 0}) \subset \mathbf{D}_2^{\leqslant d}$ がある整数 $d \in \mathbb{Z}$ に対して成り立つとする．このとき任意の対象 $Y \in \mathbf{D}_2^{\geqslant 0}$ であって条件 $G(Y) \in \mathbf{D}_1$ を満たすものに対して $G(Y) \in \mathbf{D}_1^{\geqslant -d}$ が成り立つ．

(2) $G(\mathbf{D}_2) \subset \mathbf{D}_1$ および $G(\mathbf{D}_2^{\geqslant 0}) \subset \mathbf{D}_1^{\geqslant -d}$ がある整数 $d \in \mathbb{Z}$ に対して成り立つとする．このとき任意の対象 $X \in \mathbf{D}_1^{\leqslant 0}$ であって条件 $F(X) \in \mathbf{D}_2$ を満たすものに対して $F(X) \in \mathbf{D}_2^{\leqslant d}$ が成り立つ．

証明 主張 (1) のみを示す．主張 (2) の証明も同様である．補題 5.6 より，任意の $Y \in \mathbf{D}_2^{\geqslant 0}$ であって条件 $G(Y) \in \mathbf{D}_1$ を満たすものに対して $\tau^{\leqslant -d-1}(G(Y)) = 0$ を示せばよい．そのためには任意の $X \in \mathbf{D}_1^{\leqslant -d-1}$ に対して消滅

$$\mathrm{Hom}_{\mathbf{D}_1^{\leqslant -d-1}}(X, \tau^{\leqslant -d-1}(G(Y))) = 0$$

が成り立つことを示せば十分である．ここで命題 5.4 より $X \in \mathbf{D}_1^{\leqslant -d-1}$ に対して次の同型が成り立つ：

$$\mathrm{Hom}_{\mathbf{D}_1^{\leqslant -d-1}}(X, \tau^{\leqslant -d-1}(G(Y)))$$

$$\simeq \mathrm{Hom}_{\mathbf{D}_1}(X, G(Y)) \simeq \mathrm{Hom}_{\mathbf{D}_2}(F(X), Y).$$

仮定より $F(X) \in \mathbf{D}_2^{\leqslant -1}$ が成り立つので，条件 (T2) および $Y \in \mathbf{D}_2^{\geqslant 0}$ より $\mathrm{Hom}_{\mathbf{D}_2}(F(X), Y) = 0$ となる． ■

系 5.18 三角圏の函手 $G\colon \mathbf{D}_2 \longrightarrow \mathbf{D}_1$ は $F\colon \mathbf{D}_1 \longrightarrow \mathbf{D}_2$ の右随伴函手であるとする．このとき F が右 t-完全であることと G が左 t-完全であることは同値である．

5.2 偏屈層とその性質

この節では複素解析空間もしくは複素数体上の代数多様体 X の上の（X の古典位相に対する）$\mathbb{C}_X$-加群の層とその導来圏のみを考える．もちろん $\mathrm{Mod}(\mathbb{C}_X)$ を $\mathrm{Mod}(\mathbb{Q}_X)$ で置き換えても同様の議論が成り立つ．$\mathrm{Mod}(\mathbb{C}_X)$ の層を考えるのは，X が複素多様体の場合のホロノミー $\mathcal{D}_X$-加群 $\mathcal{M}$ の解層 $\mathrm{Sol}_X(\mathcal{M})$ が $\mathrm{D^b}(X) = \mathrm{D^b}(\mathrm{Mod}(\mathbb{C}_X))$ の対象であるからである．$\mathrm{Mod}(\mathbb{Q}_X)$ の導来圏 $\mathrm{D^b}(\mathrm{Mod}(\mathbb{Q}_X))$ における偏屈層（$\mathbb{Q}$-偏屈層）は，斉藤盛彦による混合 Hodge 加群の理論において重要である．またここで紹介する偏屈層の理論は，Goresky-MacPherson [63] の用語で "middle perversity" と呼ばれる偏屈性 (perversity) と対応するものである．すべてのコホモロジー層が構成可能層となるような $\mathrm{D^b}(X)$ の対象からなる $\mathrm{D^b}(X)$ の充満部分圏を $\mathrm{D^b_c}(X)$ と記す．ここで X が代数多様体の場合は代数的な滑層分割と対応する構成可能層のみを考える．このとき Verdier 双対函手 $\mathbf{D}_X(*)\colon \mathrm{D^b_c}(X)^{\mathrm{op}} \xrightarrow{\sim} \mathrm{D^b_c}(X)$ は $\mathbf{D}_X \circ \mathbf{D}_X \simeq \mathrm{id}$ を満たし三角圏 $\mathrm{D^b_c}(X)$ の対合 (involution) を引き起こす．

定義 5.19 三角圏 $\mathrm{D^b_c}(X)$ の厳密な充満部分圏 ${}^p\mathrm{D}_c^{\leqslant 0}(X)$ および ${}^p\mathrm{D}_c^{\geqslant 0}(X)$ を次で定める ($\mathcal{F}_\bullet \in \mathrm{D^b_c}(X)$)：

(1) $\mathcal{F}_\bullet \in {}^p\mathrm{D}_c^{\leqslant 0}(X) \Longleftrightarrow \dim\{\mathrm{supp}\, H^j(\mathcal{F}_\bullet)\} \leq -j \quad (j \in \mathbb{Z})$,

(2) $\mathcal{F}_\bullet \in {}^p\mathrm{D}_c^{\geqslant 0}(X) \Longleftrightarrow \dim\{\mathrm{supp}\, H^j(\mathbf{D}_X\mathcal{F}_\bullet)\} \leq -j \quad (j \in \mathbb{Z})$.

このとき明らかに次が成り立つ：

$$\mathbf{D}_X({}^p\mathrm{D}_{\mathrm{c}}^{\leqslant 0}(X)) = {}^p\mathrm{D}_{\mathrm{c}}^{\geqslant 0}(X), \quad \mathbf{D}_X({}^p\mathrm{D}_{\mathrm{c}}^{\geqslant 0}(X)) = {}^p\mathrm{D}_{\mathrm{c}}^{\leqslant 0}(X).$$

すなわちVerdier双対函手 $\mathbf{D}_X(*)$ は充満部分圏 ${}^p\mathrm{D}_{\mathrm{c}}^{\leqslant 0}(X), {}^p\mathrm{D}_{\mathrm{c}}^{\geqslant 0}(X) \subset \mathrm{D}_{\mathrm{c}}^{\mathrm{b}}(X)$ を交換する．これより組 $({}^p\mathrm{D}_{\mathrm{c}}^{\leqslant 0}(X), {}^p\mathrm{D}_{\mathrm{c}}^{\geqslant 0}(X))$ が三角圏 $\mathrm{D}_{\mathrm{c}}^{\mathrm{b}}(X)$ のt-構造を定めることを証明しよう．X の局所閉部分集合 $S \subset X$ に対して，その包含写像を $i_S \colon S \hookrightarrow X$ と記す．

補題 5.20　任意の $\mathcal{F}_\bullet \in \mathrm{D}_{\mathrm{c}}^{\mathrm{b}}(X)$ および $j \in \mathbb{Z}$ に対して次が成り立つ：

$$\operatorname{supp} H^j(\mathbf{D}_X \mathcal{F}_\bullet) = \left\{ x \in X \;\middle|\; H^{-j}(i_{\{x\}}^! \mathcal{F}_\bullet) \neq 0 \right\}.$$

証明　X の各点 $x \in X$ に対して同型

$$(\mathbf{D}_X \mathcal{F}_\bullet)_x \simeq i_{\{x\}}^{-1} \mathbf{D}_X \mathcal{F}_\bullet \simeq \mathbf{D}_{\{x\}}(i_{\{x\}}^! \mathcal{F}_\bullet)$$

が成り立つ．したがってすべての $x \in X$ および $j \in \mathbb{Z}$ に対して同型

$$H^j(\mathbf{D}_X \mathcal{F}_\bullet)_x \simeq \left[H^{-j}(i_{\{x\}}^! \mathcal{F}_\bullet) \right]^*$$

が得られる．■

X を滑らかな複素多様体 M に（局所的に）埋め込み，M におけるWhitney滑層分割を用いることで，任意の構成可能層 $\mathcal{F}_\bullet \in \mathrm{D}_{\mathrm{c}}^{\mathrm{b}}(X)$ に対して次の $\mathcal{F}_\bullet$ に対する平滑条件 **(SC)** を満たす X の滑層分割 $X = \bigsqcup_{\alpha \in A} X_\alpha$ が存在する．

(SC) $\begin{cases} \text{すべての } \alpha \in A \text{ および } j \in \mathbb{Z} \text{ に対して，} H^j(i_{X_\alpha}^{-1} \mathcal{F}_\bullet) \text{ および} \\ H^j(i_{X_\alpha}^! \mathcal{F}_\bullet) \text{ は滑層 } X_\alpha \text{ 上の局所定数層である．} \end{cases}$

命題 5.21　$\mathcal{F}_\bullet \in \mathrm{D}_{\mathrm{c}}^{\mathrm{b}}(X)$ とし $X = \bigsqcup_{\alpha \in A} X_\alpha$ を X の滑層分割であって $\mathcal{F}_\bullet$ に対する上記の平滑条件 **(SC)** を満たすものとする．このとき次が成り立つ：

(1) $\mathcal{F}_\bullet \in {}^p\mathrm{D}_{\mathrm{c}}^{\leqslant 0}(X) \iff H^j(i_{X_\alpha}^{-1} \mathcal{F}_\bullet) \simeq 0 \quad (j > -d_{X_\alpha})$.

(2) $\mathcal{F}_\bullet \in {}^p\mathrm{D}_{\mathrm{c}}^{\geqslant 0}(X) \iff H^j(i_{X_\alpha}^! \mathcal{F}_\bullet) \simeq 0 \quad (j < -d_{X_\alpha})$.

証明　まず (1) を示す．仮定より条件 $\mathcal{F}_\bullet \in {}^p\mathrm{D}_{\mathrm{c}}^{\leqslant 0}(X)$ は明らかに次の条件と同値である：

$$H^j(i_{X_\alpha}^{-1}\mathcal{F}_\bullet) \neq 0 \Longrightarrow \dim X_\alpha = d_{X_\alpha} \leq -j.$$

対偶をとることで，これはさらに次と同値である：

$$d_{X_\alpha} > -j \ (\Longleftrightarrow j > -d_{X_\alpha}) \Longrightarrow H^j(i_{X_\alpha}^{-1}\mathcal{F}_\bullet) \simeq 0.$$

次に (2) を示そう．仮定より各滑層 $X_\alpha \subset X$ およびその上の点 $x \in X_\alpha$ に対して次の同型が成り立つ：

$$H^{k+2d_{X_\alpha}}(i_{\{x\}}^!\mathcal{F}_\bullet) \simeq H^k(i_{X_\alpha}^!\mathcal{F}_\bullet)_x \qquad (k \in \mathbb{Z}). \tag{5.1}$$

また仮定および同型 $i_{X_\alpha}^{-1}\mathbf{D}_X\mathcal{F}_\bullet \simeq \mathbf{D}_{X_\alpha}(i_{X_\alpha}^!\mathcal{F}_\bullet)$ より，すべての $\alpha \in A$ および $j \in \mathbb{Z}$ に対して $H^j(i_{X_\alpha}^{-1}\mathbf{D}_X\mathcal{F}_\bullet)$ は X_α 上の局所定数層である．これより条件 $\mathcal{F}_\bullet \in {}^p\mathrm{D}_{\mathrm{c}}^{\geqslant 0}(X) \Longleftrightarrow \mathbf{D}_X\mathcal{F}_\bullet \in {}^p\mathrm{D}_{\mathrm{c}}^{\leqslant 0}(X)$ は次の条件と同値である：

$$H^j(\mathbf{D}_X\mathcal{F}_\bullet)_x \simeq 0 \qquad (x \in X_\alpha, j > -d_{X_\alpha}).$$

補題 5.20 の証明および上の同型 (5.1) より，これはさらに次と同値である：

$$H^{-j}(i_{\{x\}}^!\mathcal{F}_\bullet) \simeq H^{-j-2d_{X_\alpha}}(i_{X_\alpha}^!\mathcal{F}_\bullet)_x \simeq 0 \qquad (x \in X_\alpha, j > -d_{X_\alpha}).$$

$l := -j - 2d_{X_\alpha}$ とおくことで，これは条件

$$l < -d_{X_\alpha} \Longrightarrow H^l(i_{X_\alpha}^!\mathcal{F}_\bullet) \simeq 0$$

と同値である．■

系 5.22　X は連結な複素多様体とし，$\mathcal{F}_\bullet \in \mathrm{D}_{\mathrm{c}}^{\mathrm{b}}(X)$ のすべてのコホモロジー層は X 上の局所定数層であるとする．このとき次が成り立つ：

(1)　$\mathcal{F}_\bullet \in {}^p\mathrm{D}_{\mathrm{c}}^{\leqslant 0}(X) \Longleftrightarrow H^j\mathcal{F}_\bullet \simeq 0 \quad (j > -d_X)$.

(2)　$\mathcal{F}_\bullet \in {}^p\mathrm{D}_{\mathrm{c}}^{\geqslant 0}(X) \Longleftrightarrow H^j\mathcal{F}_\bullet \simeq 0 \quad (j < -d_X)$.

定義 5.23 三角圏 $D^b_c(X)$ の充満部分圏 $\mathrm{Perv}(\mathbb{C}_X) \subset D^b_c(X)$ を次で定める：

$$\mathrm{Perv}(\mathbb{C}_X) = {}^p D_c^{\leqslant 0}(X) \cap {}^p D_c^{\geqslant 0}(X).$$

圏 $\mathrm{Perv}(\mathbb{C}_X)$ の対象 $\mathcal{F}_\bullet \in \mathrm{Perv}(\mathbb{C}_X)$ を X 上の**偏屈層** (perverse sheaf) と呼ぶ.

• 例 5.24 系 5.22 より，連結な複素多様体 X 上の局所系 $\mathcal{L}$ に対して，そのシフト $\mathcal{F}_\bullet = \mathcal{L}[d_X] \in D^b_c(X)$ は X 上の偏屈層である．逆に X 上の局所定数偏屈層はすべて上のようにして得られる．また $X = \mathbb{C}^n$ の部分多様体 $Y = \{ x_1 = \cdots = x_d = 0 \} \simeq \mathbb{C}^{n-d} \subset X$ に対して $\mathbb{C}_Y[d_Y] \in D^b_c(X)$ は X 上の偏屈層である.

• 例 5.25 $X = \mathbb{C}, U = \mathbb{C} \setminus \{0\} \subset X$ とし，$j\colon U \longrightarrow X$ を包含写像とする．このとき命題 5.21 を用いることで，任意の U 上の局所系 $\mathcal{L}$ に対して $\mathbf{R}j_*(\mathcal{L}[1]) \in D^b_c(X)$ は X 上の偏屈層であることがわかる．よって（Verdier 双対を考えることにより）$j_!(\mathcal{L}[1]) \in D^b_c(X)$ も X 上の偏屈層であることがわかる.

$\mathcal{F}_\bullet \in {}^p D_c^{\leqslant 0}(X)$ に対して明らかに $H^j \mathcal{F}_\bullet \simeq 0$ $(j > 0)$ が成り立つ．次の偏屈層の cohomological range についての結果は Beilinson-Bernstein-Deligne [10] によるものである（堀田-竹内-谷崎 [89] も参照).

命題 5.26（**Beilinson-Bernstein-Deligne**） $\mathcal{F}_\bullet \in {}^p D_c^{\geqslant 0}(X)$ に対して

$$s := \dim(\mathrm{supp}\,\mathcal{F}_\bullet) = \dim\left(\bigcup_{j \in \mathbb{Z}} \overline{\mathrm{supp}\, H^j \mathcal{F}_\bullet}\right)$$

とおく．このとき消滅

$$H^j \mathcal{F}_\bullet \simeq 0 \qquad (j < -s)$$

が成り立つ.

証明 堀田-竹内-谷崎 [89, Proposition 8.1.24] の証明を用いる．X の閉解析的部分集合 $S \subset X$ を

$$S = \operatorname{supp} \mathcal{F}_\bullet = \bigcup_{j \in \mathbb{Z}} \overline{\operatorname{supp} H^j \mathcal{F}_\bullet} \subset X$$

で定める．このとき $s = \dim S$ となる．また $X = \bigsqcup_{\alpha \in A} X_\alpha$ を X の Whitney 滑層分割であって $\mathcal{F}_\bullet$ に対する平滑条件 **(SC)** を満たすものとする．添え字集合 A のある部分集合 $B \subset A$ に対して $S = \bigsqcup_{\beta \in B} X_\beta$ が成り立つと仮定してよい．$\beta \in B$ に対して $S_\beta := X_\beta$ とおけば S の滑層分割 $S = \bigsqcup_{\beta \in B} S_\beta$ が得られる．その最大次元の滑層 S_β ($\dim S_\beta = \dim S = s$) に対して同型 $i_{S_\beta}^! \mathcal{F}_\bullet \simeq i_{S_\beta}^{-1} \mathcal{F}_\bullet$ が成り立つ．ここで S_β の近傍で $\mathcal{F}_\bullet$ の台 S が S_β に含まれることを用いた．よって命題 5.21 (2) より消滅

$$H^j \left(\mathcal{F}_\bullet |_{S_\beta} \right) \simeq 0 \qquad (j < -\dim S_\beta = -s)$$

が成り立つ．すなわち S の一般点では主張が成り立つ．S 内の各滑層 S_β に対して同様の消滅が成り立つことを，S_β の S における余次元 $\operatorname{codim} S_\beta$ についての帰納法で証明しよう．$\operatorname{codim} S_\beta = 0$ の場合はすでに示した．$\operatorname{codim} S_\beta > 0$ となる滑層 S_β に対して次の特殊三角形が存在する：

$$i_{S_\beta}^! \mathcal{F}_\bullet \longrightarrow \mathcal{F}_\bullet |_{S_\beta} \longrightarrow \mathbf{R}\Gamma_{S \setminus S_\beta}(\mathcal{F}_\bullet)|_{S_\beta} \xrightarrow{+1} .$$

これに命題 5.21 (2) および帰納法の仮定を適用することで所要の消滅

$$H^j \left(\mathcal{F}_\bullet |_{S_\beta} \right) \simeq 0 \qquad (j < -s)$$

が得られる．■

系 5.27 X 上の偏屈層 $\mathcal{F}_\bullet \in \operatorname{Perv}(\mathbb{C}_X)$ に対して $s = \dim (\operatorname{supp} \mathcal{F}_\bullet)$ とおく．このとき消滅

$$H^j \mathcal{F}_\bullet \simeq 0 \qquad (j \notin [-s, 0])$$

が成り立つ．

整数 $n \in \mathbb{Z}$ に対して

$${}^p\mathrm{D}_{\mathrm{c}}^{\leqslant n}(X) = {}^p\mathrm{D}_{\mathrm{c}}^{\leqslant 0}(X)[-n], \quad {}^p\mathrm{D}_{\mathrm{c}}^{\geqslant n}(X) = {}^p\mathrm{D}_{\mathrm{c}}^{\geqslant 0}(X)[-n]$$

とおく．また三角圏 $\mathrm{D}^{\mathrm{b}}_{\mathrm{c}}(X)$ の標準的な t-構造を $(\mathbf{D}^{\leqslant 0}, \mathbf{D}^{\geqslant 0})$ と記す（例 5.3 を参照）．このとき次が成り立つ．

命題 5.28　整数 $n, m \in \mathbb{Z}$ に対して $\mathcal{F}_\bullet \in {}^p\mathrm{D}^{\leqslant n}_{\mathrm{c}}(X), \mathcal{G}_\bullet \in {}^p\mathrm{D}^{\geqslant m}_{\mathrm{c}}(X)$ とする．このとき $\mathbf{R}\mathcal{H}om_{\mathbb{C}_X}(\mathcal{F}_\bullet, \mathcal{G}_\bullet) \in \mathbf{D}^{\geqslant m-n}$ すなわち消滅

$$H^j\mathbf{R}\mathcal{H}om_{\mathbb{C}_X}(\mathcal{F}_\bullet, \mathcal{G}_\bullet) \simeq 0 \qquad (j < m-n)$$

が成り立つ．

証明　以下の証明は柏原 [110, Lemma 5.6] によるものである．$X = \bigsqcup_{\alpha \in A} X_\alpha$ を X の Whitney 滑層分割であって $\mathcal{F}_\bullet$ および $\mathcal{G}_\bullet$ に対する平滑条件 **(SC)** を満たすものとする．このとき各滑層 X_α に対して同型

$$i^!_{X_\alpha}\mathbf{R}\mathcal{H}om_{\mathbb{C}_X}(\mathcal{F}_\bullet, \mathcal{G}_\bullet) \simeq \mathbf{R}\mathcal{H}om_{\mathbb{C}_{X_\alpha}}(i^{-1}_{X_\alpha}\mathcal{F}_\bullet, i^!_{X_\alpha}\mathcal{G}_\bullet)$$

が存在する．命題 5.21 よりさらに

$$H^j i^{-1}_{X_\alpha}\mathcal{F}_\bullet \simeq 0 \quad (j > n - d_{X_\alpha}), \quad H^j i^!_{X_\alpha}\mathcal{G}_\bullet \simeq 0 \quad (j < m - d_{X_\alpha})$$

が成り立つ．よって任意の $\alpha \in A$ に対して消滅

$$H^j\mathbf{R}\Gamma_{X_\alpha}\mathbf{R}\mathcal{H}om_{\mathbb{C}_X}(\mathcal{F}_\bullet, \mathcal{G}_\bullet) \simeq 0 \qquad (j < m-n) \tag{5.2}$$

が得られる．ここで函手の同型 $\mathbf{R}\Gamma_S(*) \simeq \mathbf{R}(i_S)_* i^!_S(*)$ を用いた．非負整数 $k \geq 0$ に対して

$$X_k = \bigsqcup_{\alpha:\ \dim X_\alpha \leq k} X_\alpha \subset X$$

とおく．これは X の閉解析的部分集合である．命題の証明を完成させるためには，すべての $k \geq 0$ に対して消滅

$$H^j\mathbf{R}\Gamma_{X_k}\mathbf{R}\mathcal{H}om_{\mathbb{C}_X}(\mathcal{F}_\bullet, \mathcal{G}_\bullet) \simeq 0 \qquad (j < m-n)$$

が成り立つことを k に関する帰納法で証明すればよい．$k = 0$ の場合は上の消滅 (5.2) より明らかである．また $k > 0$ の場合も，帰納法の仮定および局所閉

集合

$$X_k \setminus X_{k-1} = \bigsqcup_{\alpha:\ \dim X_\alpha = k} X_\alpha$$

に対する特殊三角形

$$\begin{aligned}
&\mathbf{R}\Gamma_{X_{k-1}} \mathbf{R}\mathcal{H}om_{\mathbb{C}_X}(\mathcal{F}_\bullet, \mathcal{G}_\bullet) \\
&\quad \longrightarrow \mathbf{R}\Gamma_{X_k} \mathbf{R}\mathcal{H}om_{\mathbb{C}_X}(\mathcal{F}_\bullet, \mathcal{G}_\bullet) \\
&\quad \longrightarrow \mathbf{R}\Gamma_{X_k \setminus X_{k-1}} \mathbf{R}\mathcal{H}om_{\mathbb{C}_X}(\mathcal{F}_\bullet, \mathcal{G}_\bullet) \\
&\quad \simeq \bigoplus_{\alpha:\dim X_\alpha = k} \mathbf{R}\Gamma_{X_\alpha} \mathbf{R}\mathcal{H}om_{\mathbb{C}_X}(\mathcal{F}_\bullet, \mathcal{G}_\bullet) \xrightarrow{+1}
\end{aligned}$$

より直ちに主張が従う． ■

定理 5.29　組 $({}^p\mathrm{D}_\mathrm{c}^{\leqslant 0}(X), {}^p\mathrm{D}_\mathrm{c}^{\geqslant 0}(X))$ は三角圏 $\mathrm{D}_\mathrm{c}^\mathrm{b}(X)$ の t-構造を定める．

証明　柏原-Schapira [116, Theorem 10.2.8] および堀田-竹内-谷崎 [89, Theorem 8.1.27] における証明を紹介する．条件 (T1) が成り立つのは明らかである．条件 (T2) は $\mathcal{F}_\bullet \in {}^p\mathrm{D}_\mathrm{c}^{\leqslant 0}(X), \mathcal{G}_\bullet \in {}^p\mathrm{D}_\mathrm{c}^{\geqslant 1}(X)$ に対して命題 5.28 より消滅

$$\begin{aligned}
&\mathrm{Hom}_{\mathrm{D}_\mathrm{c}^\mathrm{b}(X)}(\mathcal{F}_\bullet, \mathcal{G}_\bullet) \simeq H^0\mathbf{R}\mathrm{Hom}_{\mathbb{C}_X}(\mathcal{F}_\bullet, \mathcal{G}_\bullet) \\
&\quad \simeq H^0\mathbf{R}\Gamma(X; \mathbf{R}\mathcal{H}om_{\mathbb{C}_X}(\mathcal{F}_\bullet, \mathcal{G}_\bullet)) \\
&\quad \simeq \Gamma(X; H^0\mathbf{R}\mathcal{H}om_{\mathbb{C}_X}(\mathcal{F}_\bullet, \mathcal{G}_\bullet)) \simeq 0 \qquad \text{(命題 5.16 参照)}
\end{aligned}$$

が成り立つことから直ちに従う．条件 (T3) が成り立つことを示そう．$\mathcal{F}_\bullet \in \mathrm{D}_\mathrm{c}^\mathrm{b}(X)$ に対する平滑条件 **(SC)** を満たす X の Whitney 滑層分割 $X = \bigsqcup_{\alpha \in A} X_\alpha$ を 1 つとり固定する．非負整数 $k \geq 0$ に対して

$$X_k := \bigsqcup_{\alpha:\ \dim X_\alpha \leq k} X_\alpha \subset X$$

とおく．また $X_{-1} = \emptyset \subset X$ とおく．このとき $X \setminus X_k$ $(k = -1, 0, 1, \ldots)$ は X の開集合である．$k = -1, 0, 1, \ldots$ に対して次の主張 $(\mathbf{A}_k)$ を考えよう：

$$(\mathbf{A}_k)\begin{cases}\mathcal{F}'_\bullet \in {}^p\mathrm{D}_{\mathrm{c}}^{\leqslant 0}(X\setminus X_k)\text{ および }\mathcal{F}''_\bullet \in {}^p\mathrm{D}_{\mathrm{c}}^{\geqslant 1}(X\setminus X_k)\\ \text{および }\mathrm{D}_{\mathrm{c}}^{\mathrm{b}}(X\setminus X_k)\text{ における特殊三角形}\\ \qquad\qquad \mathcal{F}'_\bullet \longrightarrow \mathcal{F}_\bullet|_{X\setminus X_k} \longrightarrow \mathcal{F}''_\bullet \xrightarrow{+1}\\ \text{が存在して，任意の滑層 }X_\alpha \subset X\setminus X_k\text{ に対して }i_{X_\alpha}^{-1}\mathcal{F}'_\bullet\\ \text{および }i_{X_\alpha}^{-1}\mathcal{F}''_\bullet\text{ のすべてのコホモロジー層は局所定数層である.}\end{cases}$$

主張$(\mathbf{A}_{-1})$が条件(T3)である．すべての$k=-1,0,1,\ldots$に対して主張$(\mathbf{A}_k)$をkについての降下帰納法 (descending induction) で証明しよう．これは$k\gg 0$については自明である．主張$(\mathbf{A}_k)$が成り立つと仮定し，その中の特殊三角形

$$\mathcal{F}'_\bullet \longrightarrow \mathcal{F}_\bullet|_{X\setminus X_k} \longrightarrow \mathcal{F}''_\bullet \xrightarrow{+1}$$

を考えよう．また開埋め込み$j\colon X\setminus X_k \hookrightarrow X\setminus X_{k-1}$および閉埋め込み$i\colon X_k\setminus X_{k-1} \hookrightarrow X\setminus X_{k-1}$を考える．このとき次の射が存在する：

$$j_!\mathcal{F}'_\bullet \longrightarrow j_!(\mathcal{F}_\bullet|_{X\setminus X_k}) \simeq j_!j^!(\mathcal{F}_\bullet|_{X\setminus X_{k-1}}) \xrightarrow{\exists} \mathcal{F}_\bullet|_{X\setminus X_{k-1}}.$$

これらの合成射を次の特殊三角形へ埋入する：

$$j_!\mathcal{F}'_\bullet \longrightarrow \mathcal{F}_\bullet|_{X\setminus X_{k-1}} \longrightarrow \mathcal{G}_\bullet \xrightarrow{+1}. \tag{5.3}$$

さらに射

$$\tau^{\leqslant -k}i_!i^!\mathcal{G}_\bullet \longrightarrow i_!i^!\mathcal{G}_\bullet \longrightarrow \mathcal{G}_\bullet$$

の合成射を次の特殊三角形へ埋入する：

$$\tau^{\leqslant -k}i_!i^!\mathcal{G}_\bullet \longrightarrow \mathcal{G}_\bullet \longrightarrow \widetilde{\mathcal{F}}''_\bullet \xrightarrow{+1}. \tag{5.4}$$

最後に射

$$\mathcal{F}_\bullet|_{X\setminus X_{k-1}} \longrightarrow \mathcal{G}_\bullet \longrightarrow \widetilde{\mathcal{F}}''_\bullet$$

の合成射を次の特殊三角形に埋入する：

$$\widetilde{\mathcal{F}}'_\bullet \longrightarrow \mathcal{F}_\bullet|_{X\setminus X_{k-1}} \longrightarrow \widetilde{\mathcal{F}}''_\bullet \xrightarrow{+1}.$$

以上の構成より，$\widetilde{\mathcal{F}'_\bullet}, \widetilde{\mathcal{F}}''_\bullet \in \mathrm{D}^{\mathrm{b}}_{\mathrm{c}}(X \setminus X_{k-1})$ およびすべての滑層 $X_\alpha \subset X \setminus X_{k-1}$ に対して $i_{X_\alpha}^{-1}\widetilde{\mathcal{F}}'_\bullet, i_{X_\alpha}^{-1}\widetilde{\mathcal{F}}''_\bullet$ のすべてのコホモロジー層が局所定数層となるのは明らかである．また特殊三角形 (5.3) を開集合 $X \setminus X_k \subset X \setminus X_{k-1}$ へ制限することで $\mathcal{G}_\bullet|_{X\setminus X_k} \simeq \mathcal{F}''_\bullet$ がわかるので，同型

$$\widetilde{\mathcal{F}}'_\bullet|_{X\setminus X_k} \simeq \mathcal{F}'_\bullet, \qquad \widetilde{\mathcal{F}}''_\bullet|_{X\setminus X_k} \simeq \mathcal{F}''_\bullet$$

が成り立つ．$X_k \setminus X_{k-1}$ が純 k 次元の滑層の非交和 (disjoint union) であることにより，あとは次の2つの主張を示せばよい：

(i): $H^j(i^{-1}\widetilde{\mathcal{F}}'_\bullet) \simeq 0 \quad (j > -k)$.
(ii): $H^j(i^!\widetilde{\mathcal{F}}''_\bullet) \simeq 0 \quad (j < -k+1)$.

ここで主張 (ii) は上の特殊三角形 (5.4) に函手 $i^!$ を施して得られる特殊三角形

$$\tau^{\leqslant -k} i^! \mathcal{G}_\bullet \longrightarrow i^! \mathcal{G}_\bullet \longrightarrow i^! \widetilde{\mathcal{F}}''_\bullet \xrightarrow{+1}$$

（ここで函手 $i_!$ の完全性から導かれる同型 $i^!\tau^{\leqslant -k} i_! i^! \mathcal{G}_\bullet \simeq i^! i_! \tau^{\leqslant -k} i^! \mathcal{G}_\bullet \simeq \tau^{\leqslant -k} i^! \mathcal{G}_\bullet$ を用いた）から同型 $i^! \widetilde{\mathcal{F}}''_\bullet \simeq \tau^{\geqslant -k+1}\mathcal{G}_\bullet$ が得られることより直ちに従う．主張 (i) を示すために，3つの特殊三角形

$$\begin{cases} j_!\mathcal{F}'_\bullet \longrightarrow \mathcal{F}_\bullet|_{X\setminus X_{k-1}} \xrightarrow{\ \phi\ } \mathcal{G}_\bullet \xrightarrow{+1} \\ \widetilde{\mathcal{F}}'_\bullet \longrightarrow \mathcal{F}_\bullet|_{X\setminus X_{k-1}} \xrightarrow{\psi\circ\phi} \widetilde{\mathcal{F}}''_\bullet \xrightarrow{+1} \\ \tau^{\leqslant -k} i_! i^! \mathcal{G}_\bullet \longrightarrow \mathcal{G}_\bullet \xrightarrow{\ \psi\ } \widetilde{\mathcal{F}}''_\bullet \xrightarrow{+1} \end{cases}$$

に八面体公理を適用しよう．すると次の特殊三角形が得られる：

$$j_!\mathcal{F}'_\bullet \longrightarrow \widetilde{\mathcal{F}}'_\bullet \longrightarrow \tau^{\leqslant -k} i_! i^! \mathcal{G}_\bullet \xrightarrow{+1}.$$

これに函手 i^{-1} を施すことで得られる同型

$$i^{-1}\widetilde{\mathcal{F}}'_\bullet \simeq \tau^{\leqslant -k} i^! \mathcal{G}_\bullet$$

より主張 (i) が得られる． ■

定理 5.11 とあわせることで次の結論が得られる．

系 5.30　三角圏 $\mathrm{D}^{\mathrm{b}}_{\mathrm{c}}(X)$ の充満部分圏 $\mathrm{Perv}(\mathbb{C}_X) = {}^p\mathrm{D}^{\leqslant 0}_{\mathrm{c}}(X) \cap {}^p\mathrm{D}^{\geqslant 0}_{\mathrm{c}}(X)$ はアーベル圏である．

定義より偏屈性は局所的な性質である．すなわち $\mathcal{F}_\bullet \in \mathrm{D}^{\mathrm{b}}_{\mathrm{c}}(X)$ が X の開被覆 $X = \bigcup_{i \in I} U_i$ に対して $\mathcal{F}_\bullet|_{U_i} \in \mathrm{Perv}(\mathbb{C}_{U_i})$ ならば，$\mathcal{F}_\bullet \in \mathrm{Perv}(\mathbb{C}_X)$ である．三角圏 $\mathrm{D}^{\mathrm{b}}_{\mathrm{c}}(X)$ の **偏屈 t-構造** (perverse t-structure) $({}^p\mathrm{D}^{\leqslant 0}_{\mathrm{c}}(X), {}^p\mathrm{D}^{\geqslant 0}_{\mathrm{c}}(X))$ に付随した切り落とし函手 (truncation functor)

$$
{}^p\tau^{\leqslant 0} \colon \mathrm{D}^{\mathrm{b}}_{\mathrm{c}}(X) \longrightarrow {}^p\mathrm{D}^{\leqslant 0}_{\mathrm{c}}(X), \quad {}^p\tau^{\geqslant 0} \colon \mathrm{D}^{\mathrm{b}}_{\mathrm{c}}(X) \longrightarrow {}^p\mathrm{D}^{\geqslant 0}_{\mathrm{c}}(X)
$$

がこうして得られた．さらに整数 $n \in \mathbb{Z}$ に対して n 次の **偏屈コホモロジー群** (perverse cohomology group) をとる函手

$$
{}^pH^n \colon \mathrm{D}^{\mathrm{b}}_{\mathrm{c}}(X) \longrightarrow \mathrm{Perv}(\mathbb{C}_X)
$$

が ${}^pH^n(\mathcal{F}_\bullet) = {}^p\tau^{\leqslant 0} \circ {}^p\tau^{\geqslant 0}(\mathcal{F}_\bullet[n])$ で定義される．すると命題 5.13 より，三角圏 $\mathrm{D}^{\mathrm{b}}_{\mathrm{c}}(X)$ の特殊三角形

$$
\mathcal{F}'_\bullet \longrightarrow \mathcal{F}_\bullet \longrightarrow \mathcal{F}''_\bullet \xrightarrow{+1}
$$

に対してアーベル圏 $\mathrm{Perv}(\mathbb{C}_X)$ における偏屈コホモロジー群の長完全列

$$
\begin{aligned}
\cdots \longrightarrow {}^pH^{-1}(\mathcal{F}''_\bullet) \longrightarrow {}^pH^0(\mathcal{F}'_\bullet) \longrightarrow {}^pH^0(\mathcal{F}_\bullet) \\
\longrightarrow {}^pH^0(\mathcal{F}''_\bullet) \longrightarrow {}^pH^1(\mathcal{F}'_\bullet) \longrightarrow \cdots
\end{aligned}
$$

が得られる．偏屈層の圏は **スタック** (stack) としての性質を持つことが知られている（[116, Proposition 10.2.9] を参照）．すなわち X の開被覆 $X = \bigcup_{i \in I} U_i$ に対する偏屈層の族 $\mathcal{F}(i)_\bullet \in \mathrm{Perv}(\mathbb{C}_{U_i})$ $(i \in I)$ が貼り合わせの同型

$$
\phi_{ij} \colon \mathcal{F}(j)_\bullet|_{U_i \cap U_j} \simeq \mathcal{F}(i)_\bullet|_{U_i \cap U_j} \quad (i, j \in I)
$$

であって両立条件

$$
\left(\phi_{ij}|_{U_i \cap U_j \cap U_k}\right) \circ \left(\phi_{jk}|_{U_i \cap U_j \cap U_k}\right) = \left(\phi_{ik}|_{U_i \cap U_j \cap U_k}\right) \quad (i, j, k \in I)
$$

を満たすものを持つとき，ある大域的な偏屈層 $\mathcal{F}_\bullet \in \mathrm{Perv}(\mathbb{C}_X)$ が（同型を除いて）一意的に存在して同型

$$\mathcal{F}_\bullet\big|_{U_i} \simeq \mathcal{F}(i)_\bullet \qquad (i \in I)$$

が成り立つ．偏屈 t-構造 $({}^p\mathrm{D}_{\mathrm{c}}^{\leqslant 0}(X), {}^p\mathrm{D}_{\mathrm{c}}^{\geqslant 0}(X))$ の定義より次の結果が直ちに従う．

命題 5.31 Verdier 双対函手 $\mathbf{D}_X(*)\colon \mathrm{D}_{\mathrm{c}}^{\mathrm{b}}(X)^{\mathrm{op}} \xrightarrow{\sim} \mathrm{D}_{\mathrm{c}}^{\mathrm{b}}(X)$ は t-完全であり，アーベル圏の間の（射の向きをひっくり返す）反変的な完全函手

$$\mathbf{D}_X(*)\colon \mathrm{Perv}(\mathbb{C}_X)^{\mathrm{op}} \xrightarrow{\sim} \mathrm{Perv}(\mathbb{C}_X)$$

を誘導する．

次の補題の証明は容易である．各自証明を試みよ．

補題 5.32

(1) $\mathcal{F}_\bullet \in \mathrm{D}_{\mathrm{c}}^{\mathrm{b}}(X)$ に対して $\mathcal{F}_\bullet \simeq 0$ であることは，任意の $j \in \mathbb{Z}$ に対して ${}^pH^j\mathcal{F}_\bullet \simeq 0$ であることと同値である．

(2) 三角圏 $\mathrm{D}_{\mathrm{c}}^{\mathrm{b}}(X)$ の射 $\phi\colon \mathcal{F}_\bullet \longrightarrow \mathcal{G}_\bullet$ が同型であることは，任意の $j \in \mathbb{Z}$ に対して偏屈コホモロジー群の間に誘導される射

$$ {}^pH^j(\phi)\colon {}^pH^j\mathcal{F}_\bullet \longrightarrow {}^pH^j\mathcal{G}_\bullet$$

が同型であることと同値である．

(3) 整数 $n \in \mathbb{Z}$ および $\mathcal{F}_\bullet \in \mathrm{D}_{\mathrm{c}}^{\mathrm{b}}(X)$ に対して $\mathcal{F}_\bullet \in {}^p\mathrm{D}_{\mathrm{c}}^{\leqslant n}(X)$ $({}^p\mathrm{D}_{\mathrm{c}}^{\geqslant n}(X))$ であることは，任意の $j > n$ $(j < n)$ に対して ${}^pH^j\mathcal{F}_\bullet \simeq 0$ であることと同値である．

命題 5.33 $f\colon Y \longrightarrow X$ を複素解析空間の写像とし $d \in \mathbb{Z}$ とする．任意の点 $x \in X$ に対して条件 $\dim f^{-1}(x) \leq d$ が成り立つと仮定する．このとき次が成り立つ：

$$f^{-1}({}^p\mathrm{D}_{\mathrm{c}}^{\leqslant 0}(X)) \subset {}^p\mathrm{D}_{\mathrm{c}}^{\leqslant d}(Y), \quad f^{!}({}^p\mathrm{D}_{\mathrm{c}}^{\geqslant 0}(X)) \subset {}^p\mathrm{D}_{\mathrm{c}}^{\geqslant -d}(Y).$$

証明 $\mathcal{F}_\bullet \in {}^p\mathrm{D}_\mathrm{c}^{\leqslant 0}(X)$ とする．このとき次の不等式が成り立つ：

$$\begin{aligned}&\dim\{\operatorname{supp} H^j(f^{-1}\mathcal{F}_\bullet[d])\}\\&\qquad = \dim\{f^{-1}(\operatorname{supp} H^{j+d}\mathcal{F}_\bullet)\}\\&\qquad \leq \dim(\operatorname{supp} H^{j+d}\mathcal{F}_\bullet) + d \leq -(j+d) + d = -j.\end{aligned}$$

したがって $f^{-1}\mathcal{F}_\bullet[d] \in {}^p\mathrm{D}_\mathrm{c}^{\leqslant 0}(Y) \iff f^{-1}\mathcal{F}_\bullet \in {}^p\mathrm{D}_\mathrm{c}^{\leqslant d}(Y)$ が成り立つ．これで 1 番目の包含関係が示せた．2 番目の包含関係は，それから函手の等式 $f^! = \mathbf{D}_Y \circ f^{-1} \circ \mathbf{D}_X$（定理 3.22）を用いて直ちに導くことができる． ■

系 5.34 $S \subset X$ は X の局所閉解析的部分集合とする．このとき次が成り立つ．

(1) 逆像函手 $i_S^{-1}\colon \mathrm{D}_\mathrm{c}^\mathrm{b}(X) \longrightarrow \mathrm{D}_\mathrm{c}^\mathrm{b}(S)$ は偏屈 t-構造に関して右 t-完全である．

(2) ねじれ逆像函手 $i_S^!\colon \mathrm{D}_\mathrm{c}^\mathrm{b}(X) \longrightarrow \mathrm{D}_\mathrm{c}^\mathrm{b}(S)$ は偏屈 t-構造に関して左 t-完全である．

命題 5.33 と命題 5.17 を組み合わせることで直ちに次が得られる．

命題 5.35 命題 5.33 の状況の下で次が成り立つ：

(1) 任意の $\mathcal{G}_\bullet \in {}^p\mathrm{D}_\mathrm{c}^{\geqslant 0}(Y)$ で条件 $\mathbf{R}f_*\mathcal{G}_\bullet \in \mathrm{D}_\mathrm{c}^\mathrm{b}(X)$ を満たすものに対して，$\mathbf{R}f_*\mathcal{G}_\bullet \in {}^p\mathrm{D}_\mathrm{c}^{\geqslant -d}(X)$ が成り立つ．

(2) 任意の $\mathcal{G}_\bullet \in {}^p\mathrm{D}_\mathrm{c}^{\leqslant 0}(Y)$ で条件 $\mathbf{R}f_!\mathcal{G}_\bullet \in \mathrm{D}_\mathrm{c}^\mathrm{b}(X)$ を満たすものに対して，$\mathbf{R}f_!\mathcal{G}_\bullet \in {}^p\mathrm{D}_\mathrm{c}^{\leqslant d}(X)$ が成り立つ．

系 5.36 系 5.34 の状況の下で次が成り立つ：

(1) 任意の $\mathcal{G}_\bullet \in {}^p\mathrm{D}_\mathrm{c}^{\geqslant 0}(S)$ で条件 $\mathbf{R}(i_S)_*\mathcal{G}_\bullet \in \mathrm{D}_\mathrm{c}^\mathrm{b}(X)$ を満たすものに対して $\mathbf{R}(i_S)_*\mathcal{G}_\bullet \in {}^p\mathrm{D}_\mathrm{c}^{\geqslant 0}(X)$ が成り立つ．

(2) 任意の $\mathcal{G}_\bullet \in {}^p\mathrm{D}_\mathrm{c}^{\leqslant 0}(S)$ で条件 $(i_S)_!\mathcal{G}_\bullet \in \mathrm{D}_\mathrm{c}^\mathrm{b}(X)$ を満たすものに対して $(i_S)_!\mathcal{G}_\bullet \in {}^p\mathrm{D}_\mathrm{c}^{\leqslant 0}(X)$ が成り立つ．

$S \subset X$ が閉解析的部分集合のときは函手の同型 $(i_S)_! \simeq \mathbf{R}(i_S)_*$ が成り立つ

ので次の結果が得られる．

命題 5.37 $S \subset X$ は X の閉解析的部分集合とする．このとき順像函手 $(i_S)_! \simeq \mathbf{R}(i_S)_* \colon \mathrm{D}^{\mathrm{b}}_{\mathrm{c}}(S) \longrightarrow \mathrm{D}^{\mathrm{b}}_{\mathrm{c}}(X)$ は偏屈 t-構造に関して t-完全である．

X の閉解析的部分集合 $S \subset X$ を考えよう．$\mathrm{Perv}(\mathbb{C}_X)$ の対象 $\mathcal{F}_\bullet$ で $\mathrm{supp}\,\mathcal{F}_\bullet \subset S$ を満たすものたちのなす $\mathrm{Perv}(\mathbb{C}_X)$ の充満部分圏を $\mathrm{Perv}_S(\mathbb{C}_X)$ と記す．このとき命題 5.37（または命題 5.21）を用いて次を示すことができる．

定理 5.38 順像函手 $(i_S)_! \simeq \mathbf{R}(i_S)_* \colon \mathrm{D}^{\mathrm{b}}_{\mathrm{c}}(S) \longrightarrow \mathrm{D}^{\mathrm{b}}_{\mathrm{c}}(X)$ はアーベル圏の間の圏同値

$$\mathrm{Perv}(\mathbb{C}_S) \xrightarrow{\sim} \mathrm{Perv}_S(\mathbb{C}_X)$$

を誘導する．またその逆函手 (quasi-inverse) は逆像函手

$$\begin{array}{ccc} \mathrm{Perv}_S(\mathbb{C}_X) & \longrightarrow & \mathrm{Perv}(\mathbb{C}_S) \\ \Downarrow & & \Downarrow \\ \mathcal{F}_\bullet & \longmapsto & i_S^{-1}\mathcal{F}_\bullet \simeq i_S^!\mathcal{F}_\bullet \end{array}$$

で与えられる．

この結果は $\mathcal{D}$-加群に対する柏原の圏同値（定理 4.22）のトポロジカルな類似であると見なすことができる．指定された滑層分割に付随する偏屈層の圏はある種の箙 (quiver) の表現のなす圏と圏同値であることが多くの場合に示されている．この方面での研究では，特に Galligo-Granger-Maisonobe [56], Gelfand-MacPherson-Vilonen [60], Kapranov-Schechtman [95] などにより重要な結果が得られている．

第6章 ◇ 交叉コホモロジーの理論

よく知られているように滑らかな代数多様体 X ($d_X = \dim X$) についてはポアンカレ双対性

$$H^i(X;\mathbb{C}_X) \simeq \left[H_c^{2d_X-i}(X;\mathbb{C}_X)\right]^* \qquad (0 \le i \le 2d_X)$$

が成り立つ．したがってさらに X がコンパクトであれば非退化な双線形形式

$$H^i(X;\mathbb{C}_X) \times H^{2d_X-i}(X;\mathbb{C}_X) \longrightarrow \mathbb{C} \qquad (0 \le i \le 2d_X)$$

が存在する．特に X が射影的な場合は，この事実および Hodge-小平分解

$$H^i(X;\mathbb{C}_X) \simeq \bigoplus_{p+q=i} H^{p,q}(X)$$

により X のコホモロジー群に数多くの非常に美しい対称性が成り立つことが 20 世紀なかばまでに発見された．しかしながら X が特異点を持つ場合は $H^i(X;\mathbb{C}_X)$ にそのような対称性は成立しない．したがって特異点をもつ代数多様体のコホモロジーの理論は良い性質を期待できないと長らく信じられてきた．この困難を克服するために導入されたのが，Goresky-MacPherson [63] による交叉コホモロジーの理論である．本章では偏屈層の理論の応用としてこの画期的な理論の概要を紹介する．

6.1 極小拡張の理論

本章では以後簡単のため複素数体上の代数多様体およびその上の構成可能層のみを考える．ここで構成可能性の定義のために用いられる滑層分割 (stratification) の滑層 (stratum) はすべて Zariski 位相に関して局所閉集合であるもののみを用いている．これを<u>代数的構成可能層</u> (algebraic constructible sheaf) と呼ぶ．ただし層の切断を考える開集合は，古典位相に関するものすべてを考えている．なお複素解析空間の上でも同様の理論を展開することができ

るが，そのためには微妙な注意が必要である（堀田-竹内-谷崎 [89, 8.2.2節] を参照）．X を（既約な）代数多様体とし $U \subset X$ をその Zariski 開集合とする．以後 $Z = X \setminus U$ とおき，$j\colon U \longhookrightarrow X$ および $i\colon Z \hookrightarrow X$ を包含写像とする．X の滑層分割 $X = \bigsqcup_{\alpha \in A} X_\alpha$ が U 上の（代数的）構成可能層 $\mathcal{F}_\bullet \in \mathrm{D}^{\mathrm{b}}_{\mathrm{c}}(U)$ に<u>**適合している**</u>とは，ある部分集合 $B \subset A$ に対して $U = \bigsqcup_{\alpha \in B} X_\alpha$ が成り立ち任意の $\alpha \in B$ および $j \in \mathbb{Z}$ に対して $H^j \mathcal{F}_\bullet|_{X_\alpha}, H^j \mathbf{D}_U(\mathcal{F}_\bullet)|_{X_\alpha}$ が局所系であることとする．細分をとることにより，このような X の滑層分割はつねに存在する．U 上の偏屈層 $\mathcal{F}_\bullet \in \mathrm{Perv}(\mathbb{C}_U)$ と適合する X の Whitney 滑層分割 $X = \bigsqcup_{\alpha \in A} X_\alpha$ を考えることで，$j_! \mathcal{F}_\bullet$ および $\mathbf{R}j_* \mathcal{F}_\bullet$ が X 上の構成可能層であることがわかる．これらの 0 次の偏屈コホモロジー群 (perverse cohomology group) ${}^pH^0$ をとり，

$$
{}^p j_! \mathcal{F}_\bullet = {}^pH^0(j_! \mathcal{F}_\bullet), \quad {}^p j_* \mathcal{F}_\bullet = {}^pH^0(\mathbf{R}j_* \mathcal{F}_\bullet) \in \mathrm{Perv}(\mathbb{C}_X)
$$

とおく．このとき規準的な射 $j_! \mathcal{F}_\bullet \longrightarrow \mathbf{R}j_* \mathcal{F}_\bullet$ より X 上の偏屈層の射 ${}^p j_! \mathcal{F}_\bullet \longrightarrow {}^p j_* \mathcal{F}_\bullet$ が得られる．

定義 6.1 X 上の偏屈層 ${}^p j_{!*} \mathcal{F}_\bullet \in \mathrm{Perv}(\mathbb{C}_X)$ を

$$
{}^p j_{!*} \mathcal{F}_\bullet = \mathrm{Im}\left[{}^p j_! \mathcal{F}_\bullet \longrightarrow {}^p j_* \mathcal{F}_\bullet\right]
$$

により定義する．${}^p j_{!*} \mathcal{F}_\bullet$ を $\mathcal{F}_\bullet$ の <u>**極小拡張**</u> (minimal extension) と呼ぶ．

文献によっては，${}^p j_{!*} \mathcal{F}_\bullet$ を $\mathcal{F}_\bullet$ の DGM (Deligne-Goresky-MacPherson) 拡張と呼ぶこともある．この定義より，偏屈層の射 ${}^p j_! \mathcal{F}_\bullet \longrightarrow {}^p j_* \mathcal{F}_\bullet$ は

$$
{}^p j_! \mathcal{F}_\bullet \twoheadrightarrow {}^p j_{!*} \mathcal{F}_\bullet \hookrightarrow {}^p j_* \mathcal{F}_\bullet
$$

のように全射 (epimorphism) ${}^p j_! \mathcal{F}_\bullet \twoheadrightarrow {}^p j_{!*} \mathcal{F}_\bullet$ と単射 (monomorphism) ${}^p j_{!*} \mathcal{F}_\bullet \hookrightarrow {}^p j_* \mathcal{F}_\bullet$ の合成に分解する．次の命題は交叉コホモロジー複体の自己双対性の証明において本質的である．

<u>**命題 6.2**</u> U 上の偏屈層 $\mathcal{F}_\bullet \in \mathrm{Perv}(\mathbb{C}_U)$ に対して同型

$$
\mathbf{D}_X({}^p j_{!*} \mathcal{F}_\bullet) \simeq {}^p j_{!*}(\mathbf{D}_U \mathcal{F}_\bullet)
$$

が成り立つ.

証明 Verdier 双対函手 $\mathbf{D}_X$ の t-完全性より同型

$$\mathbf{D}_X({}^p j_! \mathcal{F}_\bullet) \simeq {}^p H^0 \mathbf{D}_X(j_! \mathcal{F}_\bullet) \simeq {}^p j_*(\mathbf{D}_U \mathcal{F}_\bullet),$$
$$\mathbf{D}_X({}^p j_* \mathcal{F}_\bullet) \simeq {}^p H^0 \mathbf{D}_X(\mathbf{R} j_* \mathcal{F}_\bullet) \simeq {}^p j_!(\mathbf{D}_U \mathcal{F}_\bullet)$$

が成り立つ. したがって X 上の偏屈層の射の列

$${}^p j_! \mathcal{F}_\bullet \longrightarrow\!\!\!\!\!\rightarrow {}^p j_{!*} \mathcal{F}_\bullet \hookrightarrow {}^p j_* \mathcal{F}_\bullet$$

に t-完全函手 $\mathbf{D}_X(*)$ を施すことで

$${}^p j_!(\mathbf{D}_U \mathcal{F}_\bullet) \longrightarrow\!\!\!\!\!\rightarrow \mathbf{D}_X({}^p j_{!*} \mathcal{F}_\bullet) \hookrightarrow {}^p j_*(\mathbf{D}_U \mathcal{F}_\bullet)$$

が得られる. これは同型 $\mathbf{D}_X({}^p j_{!*} \mathcal{F}_\bullet) \simeq {}^p j_{!*}(\mathbf{D}_U \mathcal{F}_\bullet)$ が成り立つことを意味する. ■

命題 6.3 $W \subset X$ を U を含む X の Zariski 開集合とし, $j' \colon U \hookrightarrow W$ および $j'' \colon W \hookrightarrow X$ を包含写像とする ($\Longrightarrow j = j'' \circ j'$). このとき $\mathcal{F}_\bullet \in \mathrm{Perv}(\mathbb{C}_U)$ に対して次が成り立つ:

(1) ${}^p j_! \mathcal{F}_\bullet \simeq {}^p j''_! {}^p j'_! \mathcal{F}_\bullet$, ${}^p j_* \mathcal{F}_\bullet \simeq {}^p j''_* {}^p j'_* \mathcal{F}_\bullet$.

(2) ${}^p j_{!*} \mathcal{F}_\bullet \simeq {}^p j''_{!*} {}^p j'_{!*} \mathcal{F}_\bullet$.

証明 (1) 2 番目の同型 ${}^p j_* \mathcal{F}_\bullet \simeq {}^p j''_* {}^p j'_* \mathcal{F}_\bullet$ のみを証明する. 1 番目の同型の証明も同様である. 函手 $\mathbf{R} j'_*$ および $\mathbf{R} j''_*$ は左 t-完全なので, 命題 5.16 より所要の同型

$${}^p j_* \mathcal{F}_\bullet = {}^p H^0(\mathbf{R} j''_* \mathbf{R} j'_* \mathcal{F}_\bullet)$$
$$\simeq {}^p H^0(\mathbf{R} j''_* {}^p H^0 \mathbf{R} j'_* \mathcal{F}_\bullet) = {}^p j''_* {}^p j'_* \mathcal{F}_\bullet$$

が得られる.

(2) 命題 5.35 より ${}^p j''_! \colon \mathrm{Perv}(\mathbb{C}_W) \longrightarrow \mathrm{Perv}(\mathbb{C}_X)$ は右完全函手であり, ${}^p j''_* \colon \mathrm{Perv}(\mathbb{C}_W) \longrightarrow \mathrm{Perv}(\mathbb{C}_X)$ は左完全函手である. これにより次の X 上の偏屈層の射の列を得る:

$${}^p j_! \mathcal{F}_\bullet = {}^p j''_! {}^p j'_! \mathcal{F}_\bullet \longrightarrow\!\!\!\!\!\rightarrow {}^p j''_! {}^p j'_{!*} \mathcal{F}_\bullet \longrightarrow\!\!\!\!\!\rightarrow {}^p j''_{!*} {}^p j'_{!*} \mathcal{F}_\bullet$$

$$\hookrightarrow {}^p j''_* {}^p j'_{!*} \mathcal{F}_\bullet \hookrightarrow {}^p j''_* {}^p j'_* \mathcal{F}_\bullet = {}^p j_* \mathcal{F}_\bullet.$$

これは同型 ${}^p j''_{!*} {}^p j'_{!*} \mathcal{F}_\bullet \simeq {}^p j_{!*} \mathcal{F}_\bullet$ が成り立つことを意味する. ■

偏屈層 $\mathcal{F}_\bullet \in \mathrm{Perv}(\mathbb{C}_U)$ の極小拡張 ${}^p j_{!*} \mathcal{F}_\bullet$ の次の特徴づけは大変有用である.

命題 6.4　偏屈層 $\mathcal{F}_\bullet \in \mathrm{Perv}(\mathbb{C}_U)$ の極小拡張 $\mathcal{G}_\bullet = {}^p j_{!*} \mathcal{F}_\bullet \in \mathrm{Perv}(\mathbb{C}_X)$ は次の3つの条件 (1)〜(3) を満たす（同型を除いて）唯一つの X 上の偏屈層である：

(1)　$\mathcal{G}_\bullet\big|_U \simeq \mathcal{F}_\bullet$,

(2)　$i^{-1}\mathcal{G}_\bullet \in {}^p\mathrm{D}_{\mathrm{c}}^{\leqslant -1}(Z)$,

(3)　$i^! \mathcal{G}_\bullet \in {}^p\mathrm{D}_{\mathrm{c}}^{\geqslant 1}(Z)$.

証明　以下の証明は [89, Proposition 8.2.5] によるものである. まず $\mathcal{F}_\bullet$ の極小拡張 $\mathcal{G}_\bullet = {}^p j_{!*} \mathcal{F}_\bullet$ が命題の条件 (1)〜(3) を満たすことを示そう. 条件 (1) は函手 $j^{-1} = j^!$ の t-完全性 (系 5.34) より次のように示せる：

$$\begin{aligned}\mathcal{G}_\bullet\big|_U &= j^{-1}\,\mathrm{Im}\left[{}^p j_! \mathcal{F}_\bullet \longrightarrow {}^p j_* \mathcal{F}_\bullet\right] \\ &= \mathrm{Im}\left[j^{-1}{}^p j_! \mathcal{F}_\bullet \longrightarrow j^{-1}{}^p j_* \mathcal{F}_\bullet\right] \simeq \mathrm{Im}\left[\mathcal{F}_\bullet \longrightarrow \mathcal{F}_\bullet\right] \simeq \mathcal{F}_\bullet.\end{aligned}$$

次に条件 (2) を示そう. 命題 5.13 を $\mathrm{D}_{\mathrm{c}}^{\mathrm{b}}(X)$ における特殊三角形

$$j_! j^{-1}\mathcal{G}_\bullet \longrightarrow \mathcal{G}_\bullet \longrightarrow i_* i^{-1}\mathcal{G}_\bullet \xrightarrow{+1}$$

に適用することで次の $\mathrm{Perv}(\mathbb{C}_X)$ における完全列が得られる：

$${}^pH^0(j_! j^{-1}\mathcal{G}_\bullet) \xrightarrow{\phi} \mathcal{G}_\bullet \longrightarrow {}^pH^0(i_* i^{-1}\mathcal{G}_\bullet) \longrightarrow {}^pH^1(j_! j^{-1}\mathcal{G}_\bullet).$$

ここで (1) より ${}^pH^0(j_! j^{-1}\mathcal{G}_\bullet) \simeq {}^pH^0(j_! \mathcal{F}_\bullet) = {}^p j_! \mathcal{F}_\bullet$ が成り立つ. よって上の射 ϕ は極小拡張 $\mathcal{G}_\bullet = {}^p j_{!*} \mathcal{F}_\bullet$ の定義に現れる全射 ${}^p j_! \mathcal{F}_\bullet \twoheadrightarrow {}^p j_{!*} \mathcal{F}_\bullet$ に他ならない. 一方函手 $j_!$ の右 t-完全性 (命題 5.35) より ${}^pH^1(j_! j^{-1}\mathcal{G}_\bullet) \simeq {}^pH^1(j_! \mathcal{F}_\bullet) \simeq 0$ が成り立つ. 以上により消滅 ${}^pH^0(i_* i^{-1}\mathcal{G}_\bullet) \simeq 0$ が得られた. 函手 $i_* = i_!$ の t-完全性より, これより $i_* {}^pH^0(i^{-1}\mathcal{G}_\bullet) \simeq 0$ すなわち ${}^pH^0(i^{-1}\mathcal{G}_\bullet) \simeq 0$ が従う ($i\colon Z \hookrightarrow X$ が閉埋め込みであることに注意せよ). 函手 i^{-1} の右 t-完全性よ

り $i^{-1}\mathcal{G}_\bullet \in {}^p\mathrm{D}_\mathrm{c}^{\leqslant 0}(Z)$ が成り立つこととあわせて，条件 (2):$i^{-1}\mathcal{G}_\bullet \in {}^p\mathrm{D}_\mathrm{c}^{\leqslant -1}(Z)$ が確かめられた．条件 (3) も $\mathrm{D}_\mathrm{c}^\mathrm{b}(X)$ における特殊三角形

$$i_*i^!\mathcal{G}_\bullet \longrightarrow \mathcal{G}_\bullet \longrightarrow \mathbf{R}j_*j^{-1}\mathcal{G}_\bullet \xrightarrow{+1}$$

を用いて同様にして示すことができる（各自試みよ）．最後に条件 (1)〜(3) を満たす X 上の偏屈層 $\mathcal{G}_\bullet \in \mathrm{Perv}(\mathbb{C}_X)$ が極小拡張 ${}^pj_{!*}\mathcal{F}_\bullet$ と同型であることを示そう．次の $\mathrm{D}_\mathrm{c}^\mathrm{b}(X)$ における射の列を考えよう：

$$j_!j^!\mathcal{G}_\bullet \simeq j_!\mathcal{F}_\bullet \longrightarrow \mathcal{G}_\bullet \longrightarrow \mathbf{R}j_*j^{-1}\mathcal{G}_\bullet \simeq \mathbf{R}j_*\mathcal{F}_\bullet.$$

これより X 上の偏屈層の射の列

$${}^pj_!\mathcal{F}_\bullet \longrightarrow \mathcal{G}_\bullet \longrightarrow {}^pj_*\mathcal{F}_\bullet$$

が得られる．よって射 ${}^pj_!\mathcal{F}_\bullet \longrightarrow \mathcal{G}_\bullet$ が全射 (epimorphism) であり射 $\mathcal{G}_\bullet \longrightarrow {}^pj_*\mathcal{F}_\bullet$ が単射 (monomorphism) であることを示せば十分である．射 ${}^pj_!\mathcal{F}_\bullet \longrightarrow \mathcal{G}_\bullet$ が全射であることを示そう．その余核 (cokernel) は Z に台を持つので，定理 5.38 よりある Z 上の偏屈層 $\mathcal{H}_\bullet \in \mathrm{Perv}(\mathbb{C}_Z)$ が存在して次の X 上の偏屈層の完全列が得られる：

$${}^pj_!\mathcal{F}_\bullet \longrightarrow \mathcal{G}_\bullet \longrightarrow i_*\mathcal{H}_\bullet \longrightarrow 0.$$

函手 i^{-1} は右 t-完全なので，これより Z 上の偏屈層の完全列

$${}^pH^0(i^{-1}\mathcal{G}_\bullet) \twoheadrightarrow {}^pH^0(i^{-1}i_*\mathcal{H}_\bullet) \simeq \mathcal{H}_\bullet \longrightarrow 0$$

を得る．ここで条件 (2) より ${}^pH^0(i^{-1}\mathcal{G}_\bullet) \simeq 0$ である．したがって $\mathcal{H}_\bullet \simeq 0$ すなわち射 ${}^pj_!\mathcal{F}_\bullet \longrightarrow \mathcal{G}_\bullet$ が全射 (epimorphism) であることが示せた．射 $\mathcal{G}_\bullet \longrightarrow {}^pj_*\mathcal{F}_\bullet$ が単射 (monomorphism) であることも同様にして示せる． ■

系 6.5 X は滑らかであると仮定する．このとき任意の X 上の局所系 $\mathcal{L}$ に対して X 上の偏屈層としての同型 $\mathcal{L}[d_X] \simeq {}^pj_{!*}(\mathcal{L}|_U[d_X])$ が成り立つ．

証明 命題 6.4 より条件 $i^{-1}\mathcal{L}[d_X] \in {}^p\mathrm{D}_c^{\leqslant -1}(Z)$ および $i^!\mathcal{L}[d_X] \in {}^p\mathrm{D}_c^{\geqslant 1}(Z)$ をチェックすればよい．最初の条件は $d_Z < d_X$ より明らかである．2番目の条件も $\mathcal{L}$ の双対局所系 $\mathcal{L}^* = \mathcal{H}om_{\mathbb{C}_X}(\mathcal{L}, \mathbb{C}_X)$ に対する同型

$$i^!\mathcal{L}[d_X] \simeq i^!\mathbf{D}_X\mathbf{D}_X(\mathcal{L}[d_X]) \simeq \mathbf{D}_Z i^{-1}(\mathcal{L}^*[d_X])$$

より明らかである． ■

6.2 交叉コホモロジー群の定義と基本的な性質

（既約な）代数多様体 X の特異点集合 $X_{\mathrm{sing}} \subset X$ の補集合 $X_{\mathrm{reg}} = X \setminus X_{\mathrm{sing}}$ を X の <u>正則部分</u> (regular part) と呼ぶ．X の規約性より X_{reg} は連結である．X_{reg} 上の局所系 $\mathcal{L}$ より定まる偏屈層 $\mathcal{L}[d_X] \in \mathrm{Perv}(\mathbb{C}_{X_{\mathrm{reg}}})$ の X 全体への極小拡張を具体的に記述する問題を考えよう．$\mathcal{L}[d_X] \in \mathrm{Perv}(\mathbb{C}_{X_{\mathrm{reg}}})$ と適合する X の Whitney 滑層分割 $X = \bigsqcup_{\alpha \in A} X_\alpha$ の唯一の開滑層 (open stratum) を U とおくと，明らかに $U \subset X_{\mathrm{reg}}$ が成り立つ．命題 6.3 と系 6.5 より $\mathcal{L}|_U[d_X] \in \mathrm{Perv}(\mathbb{C}_U)$ の極小拡張を計算すれば十分である．したがって以後 $\mathcal{L}$ は唯一つの開滑層 $U \subset X$ 上の局所系として議論する．$j\colon U \longrightarrow X$ を包含写像とする．このとき求める極小拡張 ${}^p j_{!*}(\mathcal{L}[d_X]) \in \mathrm{Perv}(\mathbb{C}_X)$ は Whitney 滑層分割 $X = \bigsqcup_{\alpha \in A} X_\alpha$ を用いて次のように記述することができる．各 $k \in \mathbb{Z}$ に対して

$$X_k = \bigsqcup_{\alpha\colon \dim X_\alpha \leq k} X_\alpha$$

とおくと X の Zariski 閉部分集合によるフィルター付け

$$X = X_{d_X} \supset X_{d_X - 1} \supset \cdots \supset X_1 \supset X_0 \supset X_{-1} = \emptyset$$

が得られる．また

$$U_k = X \setminus X_{k-1} = \bigsqcup_{\alpha\colon \dim X_\alpha \geq k} X_\alpha$$

とおくと，X の Zariski 開集合による増大列

$$U = U_{d_X} \underset{j_{d_X}}{\hookrightarrow} U_{d_X - 1} \underset{j_{d_X - 1}}{\hookrightarrow} \cdots \underset{j_2}{\hookrightarrow} U_1 \underset{j_1}{\hookrightarrow} U_0 = X$$

が得られる.

命題 6.6 次の X 上の同型が存在する：

$$ {}^{p}j_{!*}(\mathcal{L}[d_X]) \simeq (\tau^{\leqslant -1}\mathbf{R}j_{1*}) \circ \cdots \circ (\tau^{\leqslant -d_X}\mathbf{R}j_{d_X*})(\mathcal{L}[d_X]). $$

ここで $\tau^{\leqslant \bullet}$ は標準的な t-構造に関する切り落とし函手 (truncation functor) である.

証明 [89, Proposition 8.2.11] の証明を紹介する. U_k 上の偏屈層 $\mathcal{F}_\bullet \in \mathrm{Perv}(\mathbb{C}_{U_k})$ であって各滑層 $X_\alpha \subset U_k$ 上への制限のすべてのコホモロジー層が局所定数層となるものについて，その開埋め込み $j_k\colon U_k \hookrightarrow U_{k-1}$ による極小拡張 ${}^{p}j_{k!*}\mathcal{F}_\bullet \in \mathrm{Perv}(\mathbb{C}_{U_{k-1}})$ が同型

$$ {}^{p}j_{k!*}\mathcal{F}_\bullet \simeq \tau^{\leqslant -k}\mathbf{R}j_{k*}(\mathcal{F}_\bullet) $$

を満たすことを示せば十分である. そのためには $\mathcal{G}_\bullet = \tau^{\leqslant -k}\mathbf{R}j_{k*}(\mathcal{F}_\bullet) \in \mathrm{D}^{\mathrm{b}}_{\mathrm{c}}(U_{k-1})$ が命題 6.4 の条件 (1)〜(3) を満たすことをチェックすればよい. 命題 5.21 および U_k 内の滑層 X_α に対して $\dim X_k \geq k$ が成り立つことより $H^i\mathcal{F}_\bullet \simeq 0 (i > -k)$ となり，条件 (1)

$$ \mathcal{G}_\bullet\big|_U = \left[\tau^{\leqslant -k}\mathbf{R}j_{k*}(\mathcal{F}_\bullet)\right]\big|_{U_k} \simeq \mathcal{F}_\bullet $$

が成り立つ. 次に条件 (2) をチェックしよう.

$$ Z_{k-1} = U_{k-1} \setminus U_k = \bigsqcup_{\alpha\colon \dim X_\alpha = k-1} X_\alpha $$

とおき，$\iota\colon Z_{k-1} \hookrightarrow U_{k-1}$ を閉埋め込み写像とする. このとき $\iota^{-1}\mathcal{G}_\bullet \in \mathrm{D}^{\mathrm{b}}_{\mathrm{c}}(Z_{k-1})$ の Z_{k-1} 内の $k-1$ 次元の各滑層 $X_\alpha \subset Z_{k-1}$ 上への制限のすべてのコホモロジー層は局所定数層である. したがって命題 5.21 および $\mathcal{G}_\bullet$ の定義より条件 (2) :$\iota^{-1}\mathcal{G}_\bullet \in {}^{p}\mathrm{D}^{\leqslant -1}_{\mathrm{c}}(Z_{k-1})$ が成り立つ. 最後に条件 (3) をチェックしよう. 次の $\mathrm{D}^{\mathrm{b}}_{\mathrm{c}}(U_{k-1})$ における特殊三角形

$$ \mathcal{G}_\bullet = \tau^{\leqslant -k}\mathbf{R}j_{k*}\mathcal{F}_\bullet \hookrightarrow \mathbf{R}j_{k*}\mathcal{F}_\bullet \longrightarrow \tau^{\geqslant -k+1}\mathbf{R}j_{k*}\mathcal{F}_\bullet \xrightarrow{+1} $$

を考えよう．これに函手 $\iota^!$ を施すと，$\iota^! \mathbf{R} j_{k*} \mathcal{F}_\bullet \simeq 0$ より同型

$$\iota^! \mathcal{G}_\bullet \simeq \iota^! \{\tau^{\geqslant -k+1} \mathbf{R} j_{k*} \mathcal{F}_\bullet\}[-1]$$

が得られる．よって特に $H^i(\iota^! \mathcal{G}_\bullet) \simeq 0 (i \leq -k+1)$ が成り立つ．この消滅は Z_{k-1} 内のすべての $k-1$ 次元の滑層上で成り立つので，命題 5.21 より条件 (3) :$\iota^! \mathcal{G}_\bullet \in {}^p\mathrm{D}_{\mathrm{c}}^{\geqslant 1}(Z_{k-1})$ が成り立つ． ■

系 6.7　圏 $\mathrm{D}_{\mathrm{c}}^{\mathrm{b}}(X)$ における規準的な射

$$(j_* \mathcal{L})[d_X] \longrightarrow {}^p j_{!*}(\mathcal{L}[d_X])$$

が存在する．

証明　命題 6.6 より同型

$$\tau^{\leqslant -d_X} \{{}^p j_{!*}(\mathcal{L}[d_X])\} \simeq (j_{1*} \circ \cdots \circ j_{d_X *})(\mathcal{L})[d_X] \simeq (j_* \mathcal{L})[d_X]$$

が得られる．よって規準的な射

$$\tau^{\leqslant -d_X} \{{}^p j_{!*}(\mathcal{L}[d_X])\} \longrightarrow {}^p j_{!*}(\mathcal{L}[d_X])$$

より求める射が直ちに得られる． ■

定義 6.8　(既約な)代数多様体 X に対してその交叉コホモロジー複体 (intersection cohomology complex) $\mathrm{IC}_X \in \mathrm{Perv}(\mathbb{C}_X)$ を次で定める：

$$\mathrm{IC}_X = {}^p(j_{X_{\mathrm{reg}}})_{!*}(\mathbb{C}_{X_{\mathrm{reg}}}[d_X]).$$

ここで $j_{X_{\mathrm{reg}}} : X_{\mathrm{reg}} \hookrightarrow X$ は X の正則部分 X_{reg} の X への埋め込み写像である．

命題 6.2 より直ちに次の結果を得る．

命題 6.9　X 上の偏屈層としての同型 $\mathbf{D}_X(\mathrm{IC}_X) \simeq \mathrm{IC}_X$ が存在する．

交叉コホモロジー複体 IC_X の超コホモロジー (hypercohomology) 群をとることで以下の定義が得られる.

定義 6.10 (**Goresky-MacPherson [63]**)　(既約な) 代数多様体 X に対して

$$\begin{cases} IH^i(X) = H^i\mathbf{R}\Gamma(X;\mathrm{IC}_X[-d_X]), \\ IH_c^i(X) = H^i\mathbf{R}\Gamma_c(X;\mathrm{IC}_X[-d_X]) \end{cases}$$

$(i \in \mathbb{Z})$ とおく. $IH^i(X)$ を X の i 次の**交叉コホモロジー群** (intersection cohomology group), $IH_c^i(X)$ を X の i 次の**コンパクト台をもつ交叉コホモロジー群** (intersection cohomology group with compact support) と呼ぶ.

交叉コホモロジー群により, 特異点をもつ代数多様体に対しても次の一般化されたポアンカレ双対性を得ることができる.

定理 6.11 (**Goresky-MacPherson [63]**)　(既約な) 代数多様体 X に対して, $\mathbb{C}$-ベクトル空間の同型

$$IH^i(X) \simeq \left[IH_c^{2d_X-i}(X)\right]^* \quad (0 \le i \le 2d_X)$$

が成り立つ.

証明　pt を 1 点のみからなる代数多様体とし, $a_X\colon X \longrightarrow\!\!\!\!\rightarrow \mathrm{pt}$ を規準的な写像とする. このとき Poincaré-Verdier 双対性定理より次の $\mathrm{D^b(pt)} = \mathrm{D^b(Mod(\mathbb{C}))}$ における同型が存在する：

$$\begin{aligned} &\mathbf{R}\mathcal{H}om_{\mathbb{C}_{\mathrm{pt}}}(\mathbf{R}a_{X!}\mathrm{IC}_X, \mathbb{C}_{\mathrm{pt}}) \\ &\quad\simeq \mathbf{R}a_{X*}\mathbf{R}\mathcal{H}om_{\mathbb{C}_X}(\mathrm{IC}_X, a_X^!\mathbb{C}_{\mathrm{pt}}) \\ &\quad\simeq \mathbf{R}a_{X*}\mathbf{D}_X(\mathrm{IC}_X). \end{aligned}$$

命題 6.9 より $\mathbf{D}_X(\mathrm{IC}_X) \simeq \mathrm{IC}_X$ なので, これは同型

$$\left[\mathbf{R}\Gamma_c(X;\mathrm{IC}_X)\right]^* \simeq \mathbf{R}\Gamma(X;\mathrm{IC}_X)$$

を意味する．その両辺の $i-d$ 次のコホモロジー群をとることで所要の同型が得られる． ■

定義より明らかなように X が滑らかであれば $IH^i(X)$ は通常のコホモロジー群 $H^i(X)$ に等しい．また系 6.7 より直ちに次の結果を得る．

命題 6.12 次の規準的な射が存在する：

$$H^i(X) \longrightarrow IH^i(X) \quad (i \in \mathbb{Z}).$$

証明 系 6.7 より規準的な射

$$\mathbf{R}\Gamma(X;\mathbb{C}_X) \longrightarrow \mathbf{R}\Gamma(X;j_*\mathbb{C}_U) \longrightarrow \mathbf{R}\Gamma(X;\mathrm{IC}_X[-d_X])$$

が得られる． ■

X が孤立特異点をもつ場合は次の結果がある．

命題 6.13 X は孤立特異点をもつ射影的代数多様体とする．このとき次が成り立つ：

$$IH^i(X) = \begin{cases} H^i(X_{\mathrm{reg}}) & (0 \leq i < d_X) \\ \mathrm{Im}\left[H^{d_X}(X) \longrightarrow H^{d_X}(X_{\mathrm{reg}})\right] & (i = d_X) \\ H^i(X) & (d_X < i \leq 2d_X). \end{cases}$$

証明 [89, Proposition 8.2.19] の証明を紹介する．X の孤立特異点を $p_1, \ldots, p_k \in X$ とすると $X = X_{\mathrm{reg}} \bigsqcup (\bigsqcup_{i=1}^k \{p_i\})$ は X の Whitney 滑層分割である．したがって開埋め込み $j\colon X_{\mathrm{reg}} \hookrightarrow X$ に対して同型

$$\mathrm{IC}_X[-d_X] \simeq \tau^{\leqslant d_X - 1}(\mathbf{R}j_*\mathbb{C}_{X_{\mathrm{reg}}})$$

が成り立つ．これにより得られる特殊三角形

$$\mathrm{IC}_X[-d_X] \longrightarrow \mathbf{R}j_*\mathbb{C}_{X_{\mathrm{reg}}} \longrightarrow \tau^{\geqslant d_X}(\mathbf{R}j_*\mathbb{C}_{X_{\mathrm{reg}}}) \xrightarrow{+1}$$

に函手 $\mathbf{R}\Gamma(X;*)$ を施すことで同型

$$IH^i(X) = H^i(X; \mathrm{IC}_X[-d_X]) \xrightarrow{\sim} H^i(X_{\mathrm{reg}}) \quad (0 \le i < d_X)$$

および単射

$$IH^{d_X}(X) = H^{d_X}(X; \mathrm{IC}_X[-d_X]) \hookrightarrow H^{d_X}(X_{\mathrm{reg}})$$

が得られる．ここで系 6.7 より得られる規準的な射

$$\mathbb{C}_X \longrightarrow j_*\mathbb{C}_{X_{\mathrm{reg}}} \longrightarrow \mathrm{IC}_X[-d_X]$$

を次の特殊三角形に埋め込む：

$$\mathbb{C}_X \longrightarrow \mathrm{IC}_X[-d_X] \longrightarrow \mathcal{F}_\bullet \xrightarrow{+1} . \tag{6.1}$$

このとき $\mathrm{supp}\,\mathcal{F}_\bullet \subset \bigsqcup_{i=1}^k \{p_i\}$ なので $\mathcal{F}_\bullet$ は $H^i\mathcal{F}_\bullet = 0$ $(i > d_X)$ を満たす超高層ビル層 (skyscraper sheaf) である．よって

$$H^i(X; \mathcal{F}_\bullet) = 0 \quad (i \ge d_X)$$

が成り立つ．特殊三角形 (6.1) に函手 $\mathbf{R}\Gamma(X;*)$ を施すことで同型

$$H^i(X) \simeq H^i(X; \mathrm{IC}_X[-d_X]) = IH^i(X) \quad (d_X < i \le 2d_X)$$

および全射

$$H^{d_X}(X) \twoheadrightarrow H^{d_X}(X; \mathrm{IC}_X[-d_X]) = IH^{d_X}(X)$$

が得られる．したがって残りの主張は可換図式

$$\begin{array}{ccc} \mathbf{R}\Gamma(X;\mathbb{C}_X) & \longrightarrow & \mathbf{R}\Gamma(X;\mathrm{IC}_X[-d_X]) \\ & \searrow & \downarrow \\ & & \mathbf{R}\Gamma(X;\mathbf{R}j_*\mathbb{C}_{X_{\mathrm{reg}}}) \end{array}$$

より直ちに得られる． ■

定義 6.14　代数多様体 X が**有理的に滑らか** (rationally smooth) または**有理的ホモロジー多様体** (rational homology manifold) であるとは，X の各点 $x \in X$ に対して同型

$$H^i_{\{x\}}(X; \mathbb{C}_X) = \begin{cases} \mathbb{C} & (i = 2d_X) \\ 0 & (i \neq 2d_X) \end{cases}$$

が成り立つことである．

明らかに滑らかな代数多様体は有理的に滑らかである．特に有理的に滑らかな代数多様体はその既約成分の次元がすべて等しい，すなわち**純次元的** (pure-dimensional) である．いわゆる**軌道体** (orbifold) (佐竹 V-多様体) は滑らかではないが有理的に滑らかな多様体の典型例である．また Klein 型の商特異点をもつ代数曲面や，代数曲線のモジュライ空間も有理的に滑らかである．

命題 6.15　X は有理的に滑らかな代数多様体とする．このとき規準的な射 $\mathbb{C}_X \longrightarrow \mathrm{IC}_X[-d_X]$ は同型である．特に同型

$$H^i(X) \simeq IH^i(X) \quad (0 \leq i \leq 2d_X)$$

が成り立つ．

証明　系 6.7 より得られる規準的な射 $\mathbb{C}_X \longrightarrow \mathrm{IC}_X[-d_X]$ の Verdier 双対 $\mathbf{D}_X(*)$ をとることで射 $\mathrm{IC}_X[d_X] \longrightarrow \omega_X$ が得られる．よってこれらの合成により射

$$\mathbb{C}_X \longrightarrow \mathrm{IC}_X[-d_X] \longrightarrow \omega_X[-2d_X] \tag{6.2}$$

を得る．埋め込み射 $i_{\{x\}} \colon \{x\} \hookrightarrow X$ に対して同型

$$\begin{aligned} i^{-1}_{\{x\}}\omega_X[-2d_X] &= i^{-1}_{\{x\}}\mathbf{D}_X(\mathbb{C}_X)[-2d_X] \\ &\simeq \mathbf{D}_{\{x\}}(i^!_{\{x\}}\mathbb{C}_X[2d_X]) \\ &\simeq \mathbf{R}\mathrm{Hom}_{\mathbb{C}}(\mathbf{R}\Gamma_{\{x\}}(X; \mathbb{C}_X)[2d_X], \mathbb{C}) \end{aligned}$$

が成り立つ．したがって仮定により上の射 (6.2) は同型である：$\mathbb{C}_X \simeq \omega_X[-2d_X]$．ここで $\mathcal{F}_\bullet := \mathbb{C}_X[d_X] \simeq \omega_X[-d_X] \in \mathrm{D}^{\mathrm{b}}_{\mathrm{c}}(X)$ とおく．このとき同型 $\mathbf{D}_X(\mathcal{F}_\bullet) \simeq \mathcal{F}_\bullet$ が成り立つ．したがって命題 6.4 より $\mathcal{F}_\bullet$ は交叉コホモロジー複体 IC_X と同型であることが容易に確かめられる． ■

定義 6.16 X は既約な代数多様体として $U \neq \emptyset$ はその滑らかかつ（古典位相に関して）稠密な (Zariski) 開部分集合とする．さらに $j\colon U \hookrightarrow X$ を包含写像とする．このとき U の局所系 $\mathcal{L}$ に対して

$$\mathrm{IC}_X(\mathcal{L}) = {}^{p}j_{!*}(\mathcal{L}[d_X]) \in \mathrm{Perv}(\mathbb{C}_X)$$

とおく．これを X の ($\mathcal{L}$ による) **ねじれ交叉コホモロジー複体** (twisted intersection cohomology complex) と呼ぶ．

定義 6.17 $f\colon X \longrightarrow Y$ は既約な代数多様体の支配的 (dominant) な射とする．このとき f が **small** (**semismall**) であるとは，すべての $k \geq 1$ に対して条件

$$\mathrm{codim}_Y \{y \in Y \,|\, \dim f^{-1}(y) \geq k\} > 2k \quad (\geq 2k)$$

が成り立つことである．

支配的な射 $f\colon X \longrightarrow Y$ が semismall であれば，Y のある稠密な開集合 $U \subset Y$ が存在して $f|_{f^{-1}(U)}\colon f^{-1}(U) \longrightarrow U$ は有限射 (finite map) である．特に $d_X = d_Y$ が成り立つ．

命題 6.18 $f\colon X \longrightarrow Y$ は既約な代数多様体の固有かつ支配的な射とし，X は有理的に滑らかであると仮定する．このとき次が成り立つ．

(1) f が semismall であると仮定する．このとき順像層 $\mathbf{R}f_*(\mathbb{C}_X[d_X]) \simeq \mathbf{R}f_*(\mathrm{IC}_X) \in \mathrm{D}^{\mathrm{b}}_{\mathrm{c}}(Y)$ は Y 上の偏屈層である．

(2) f が small であると仮定する．このとき Y のある稠密な開集合 $U \subset Y$ 上で定義された局所系 $\mathcal{L}$ に対して同型 $\mathbf{R}f_*(\mathbb{C}_X[d_X]) \simeq \mathbf{R}f_*(\mathrm{IC}_X) \simeq \mathrm{IC}_Y(\mathcal{L})$ が成立する．

証明 (1) f は固有射なので函手の同型 $\mathbf{D}_Y \circ \mathbf{R}f_* \simeq \mathbf{R}f_* \circ \mathbf{D}_X$ が成り立つ．したがって条件 $\mathbf{R}f_*(\mathbb{C}_X[d_X]) \in {}^p\mathrm{D}_{\mathrm{c}}^{\leqslant 0}(Y)$ のみをチェックすればよい．しかしこれは $y \in Y$ に対する同型

$$H^i(\mathbf{R}f_*\mathbb{C}_X)_y \simeq H^i(f^{-1}(y);\mathbb{C}) \qquad (i \in \mathbb{Z})$$

および消滅

$$H^i(f^{-1}(y);\mathbb{C}) \simeq 0 \qquad (i > 2\dim f^{-1}(y))$$

より直ちに従う．

(2) 仮定より Y のある滑らかかつ稠密な開集合 $U \subset Y$ が存在して $f|_{f^{-1}(U)}\colon f^{-1}(U) \longrightarrow U$ は有限射であり，$\mathbf{R}f_*\mathbb{C}_X|_U \simeq f_*\mathbb{C}_X|_U$ は U 上の局所系となる．$Z = X \setminus U$ とおき $i\colon Z \hookrightarrow X$ を閉埋め込みとする．このとき命題 6.4 より条件

$$i^{-1}\mathbf{R}f_*(\mathbb{C}_X[d_X]) \in {}^p\mathrm{D}_{\mathrm{c}}^{\leqslant -1}(Z)$$

および

$$i^!\mathbf{R}f_*(\mathbb{C}_X[d_X]) \in {}^p\mathrm{D}_{\mathrm{c}}^{\geqslant 1}(Z)$$

をチェックすればよい．函手の同型 $\mathbf{D}_Y \circ \mathbf{R}f_* \simeq \mathbf{R}f_* \circ \mathbf{D}_X$ より第1の条件のみをチェックすればよい．これは (1) の証明と同様の議論により示せる． ■

系 6.19 X は既約な代数多様体とし $\pi\colon \widetilde{X} \longrightarrow X$ はその small な**特異点解消**とする．このとき同型

$$IH^i(X) \simeq H^i(\widetilde{X}) \qquad (i \in \mathbb{Z})$$

が成り立つ．

代数多様体の**正規化写像** (normalization map) についても同様の議論により次の結果が得られる．射影的な代数多様体 X の正規化写像 $\pi\colon \widetilde{X} \longrightarrow X$ は有限射であり同型 $\pi|_{\pi^{-1}(X_{\mathrm{reg}})}\colon \pi^{-1}(X_{\mathrm{reg}}) \xrightarrow{\sim} X_{\mathrm{reg}}$ を引き起こすことに注意せよ．特に π は small である．

命題 6.20　X は既約な射影的代数多様体であり，$\pi\colon \widetilde{X} \longrightarrow X$ はその正規化写像とする．このとき同型

$$\mathbf{R}\pi_*(\mathrm{IC}_{\widetilde{X}}) \simeq \mathrm{IC}_X$$

が成り立つ．特に次が成り立つ：

$$IH^i(X) \simeq IH^i(\widetilde{X}) \qquad (i \in \mathbb{Z}).$$

代数曲線 C の正規化 $\pi\colon \widetilde{C} \longrightarrow C$ において $\widetilde{C}$ は滑らかである．したがって同型 $IH^i(C) \simeq H^i(\widetilde{C})(i \in \mathbb{Z})$ が成り立つ．

第7章 ◇ 近接および消滅サイクルの理論とその応用

本章ではDeligneにより定義された層の近接および消滅サイクルの理論を紹介する．またそのミルナー束やミルナーモノドロミーとの関係も詳しく説明する．

7.1 層の近接および消滅サイクル

複素解析空間 X およびその上の定数でない正則関数 $f\colon X \longrightarrow \mathbb{C}$ を考える．すなわち X を含むある複素多様体 M とその上の正則関数 $\widetilde{f}\colon M \longrightarrow \mathbb{C}$ に対して $\widetilde{f}|_X \equiv f$ が成り立つとする．$X_0 = f^{-1}(0) \subsetneqq X$ とおく．また $i\colon X_0 = f^{-1}(0) \hookrightarrow X$ および $j\colon X \setminus X_0 \hookrightarrow X$ を包含写像とする．このとき $\mathbb{C}^* = \mathbb{C} \setminus \{0\}$ の普遍被覆空間 (universal covering space) の写像

$$
\begin{array}{ccccc}
\exp\colon \widetilde{\mathbb{C}^*} & \simeq & \mathbb{C} & \longrightarrow & \mathbb{C}^* \\
 & & \Psi & & \Psi \\
 & & t & \longmapsto & \exp t
\end{array}
$$

および写像 $f|_{X\setminus X_0}\colon X \setminus X_0 \longrightarrow \mathbb{C}^*$ のファイバー積 $\widetilde{X \setminus X_0}$ を含む次の可換図式を得る：

$$
\begin{array}{ccccccc}
 & & & & \widetilde{X \setminus X_0} & \longrightarrow & \widetilde{\mathbb{C}^*} \simeq \mathbb{C} \\
 & & & \swarrow^{j\circ\pi} & \downarrow \pi & \square & \downarrow \exp \\
X_0 = f^{-1}(0) & \overset{}{\underset{i}{\hookrightarrow}} & X & \underset{j}{\hookleftarrow} & X \setminus X_0 & \underset{f|_{X\setminus X_0}}{\longrightarrow} & \mathbb{C}^*
\end{array}
$$

(右の □ 部はデカルト図式 (Cartesian diagram))．

定義 7.1 (**Deligne [34]**) $\mathcal{F}_\bullet \in \mathrm{D^b}(X)$ の f による近接サイクル (nearby cycle) $\psi_f(\mathcal{F}_\bullet) \in \mathrm{D^b}(X_0)$ を次で定める：

$$\psi_f(\mathcal{F}_\bullet) = i^{-1}\mathbf{R}(j \circ \pi)_*(j \circ \pi)^{-1}\mathcal{F}_\bullet \in \mathrm{D^b}(X_0).$$

また $\mathcal{F}_\bullet$ の f による消滅サイクル (vanishing cycle) $\phi_f(\mathcal{F}_\bullet) \in \mathrm{D^b}(X_0)$ を次の特殊三角形により定める：

$$i^{-1}\mathcal{F}_\bullet \longrightarrow \psi_f(\mathcal{F}_\bullet) \longrightarrow \phi_f(\mathcal{F}_\bullet) \xrightarrow{+1}.$$

ここで射 $i^{-1}\mathcal{F}_\bullet \longrightarrow \psi_f(\mathcal{F}_\bullet)$ は函手の射 $\mathrm{id} \longrightarrow \mathbf{R}(j \circ \pi)_*(j \circ \pi)^{-1}$ より導かれる規準的なものである.

上の定義により 2 つの函手

$$\psi_f(*), \phi_f(*) \colon \mathrm{D^b}(X) \longrightarrow \mathrm{D^b}(X_0)$$

が得られた. これらをそれぞれ近接サイクル函手 (nearby cycle functor) および消滅サイクル函手 (vanishing cycle functor) と呼ぶ. $\mathbb{C}^*$ の普遍被覆空間 $\widetilde{\mathbb{C}^*} \simeq \mathbb{C}$ のデッキ変換 (deck transformation)

$$\widetilde{\mathbb{C}^*} \simeq \mathbb{C} \ni z \longmapsto z - 2\pi\sqrt{-1} \in \mathbb{C} \simeq \widetilde{\mathbb{C}^*}$$

は $X \setminus X_0$ の被覆空間

$$\pi \colon \widetilde{X \setminus X_0} \longrightarrow X \setminus X_0$$

上の自己同型 $T \colon \widetilde{X \setminus X_0} \xrightarrow{\sim} \widetilde{X \setminus X_0}$ を引き起こし, 次の可換図式が得られる：

$$\begin{array}{ccc} \widetilde{X \setminus X_0} & \xrightarrow[\sim]{T} & \widetilde{X \setminus X_0} \\ & {\scriptstyle\pi}\searrow \quad \swarrow{\scriptstyle\pi} & \\ & X \setminus X_0. & \end{array}$$

つまり $\widehat{\pi} := \pi \circ T$ に対して等式 $\widehat{\pi} = \pi$ が成り立つ. これにより函手の射

$$\mathbf{R}\pi_*\pi^{-1} \longrightarrow \mathbf{R}\pi_*\mathbf{R}T_*T^{-1}\pi^{-1} = \mathbf{R}\widehat{\pi}_*\widehat{\pi}^{-1} \simeq \mathbf{R}\pi_*\pi^{-1}$$

が得られる．したがって $\mathcal{F}_\bullet \in \mathrm{D^b}(X)$ に対して次の自己同型が存在する：

$$\begin{cases} \Psi_f(\mathcal{F}_\bullet)\colon \psi_f(\mathcal{F}_\bullet) \xrightarrow{\sim} \psi_f(\mathcal{F}_\bullet), \\ \Phi_f(\mathcal{F}_\bullet)\colon \phi_f(\mathcal{F}_\bullet) \xrightarrow{\sim} \phi_f(\mathcal{F}_\bullet). \end{cases}$$

これらをモノドロミー自己同型 (monodromy automorphism) と呼ぶ．

命題 7.2　$\rho\colon Y \longrightarrow X$ を複素解析空間の固有写像とし，$f\colon X \longrightarrow \mathbb{C}$ は X 上の定数でない正則関数とする．$g := f \circ \rho\colon Y \longrightarrow \mathbb{C}$ および

$$X_0 = f^{-1}(0) \subset X, \quad Y_0 = g^{-1}(0) = \rho^{-1}(X_0) \subset Y$$

とおき，ρ の $Y_0 \subset Y$ 上への制限 $\rho|_{Y_0}\colon Y_0 \longrightarrow X_0$ を考える．このとき $\mathcal{G}_\bullet \in \mathrm{D^b}(Y)$ に対して次の同型が存在する：

$$\begin{cases} \psi_f(\mathbf{R}\rho_*\mathcal{G}_\bullet) \simeq \mathbf{R}(\rho|_{Y_0})_*\psi_g(\mathcal{G}_\bullet), \\ \phi_f(\mathbf{R}\rho_*\mathcal{G}_\bullet) \simeq \mathbf{R}(\rho|_{Y_0})_*\phi_g(\mathcal{G}_\bullet). \end{cases}$$

証明　最初の同型のみを証明する．次の可換図式が存在する：

$$\begin{array}{ccccccc} Y_0 & \overset{i'}{\hookrightarrow} & Y & \overset{j'}{\hookleftarrow} & Y \setminus Y_0 & \overset{\pi'}{\longleftarrow} & \widetilde{Y \setminus Y_0} \\ {\scriptstyle \rho|_{Y_0}}\downarrow & \square & \downarrow{\scriptstyle \rho} & \square & \downarrow & \square & \downarrow{\scriptstyle \widetilde{\rho}} \\ X_0 & \underset{i}{\hookrightarrow} & X & \underset{j}{\hookleftarrow} & X \setminus X_0 & \underset{\pi}{\longleftarrow} & \widetilde{X \setminus X_0}. \end{array}$$

ここですべての $\square$ 部はデカルト図式 (Cartesian diagram) である．$k = j \circ \pi$ および $k' = j' \circ \pi'$ とおくと次のデカルト図式が得られる：

$$\begin{array}{ccc} Y & \overset{k'}{\longleftarrow} & \widetilde{Y \setminus Y_0} \\ {\scriptstyle \rho}\downarrow & \square & \downarrow{\scriptstyle \widetilde{\rho}} \\ X & \underset{k}{\longleftarrow} & \widetilde{X \setminus X_0}. \end{array}$$

これより所要の同型が次のように示せる：

$$\psi_f(\mathbf{R}\rho_*\mathcal{G}_\bullet) = i^{-1}\mathbf{R}k_*k^{-1}\mathbf{R}\rho_*\mathcal{G}_\bullet$$

$$\simeq i^{-1}\mathbf{R}k_*\mathbf{R}\widetilde{\rho}_*(k')^{-1}\mathcal{G}_\bullet \simeq i^{-1}\mathbf{R}\rho_*\mathbf{R}(k')_*(k')^{-1}\mathcal{G}_\bullet$$

$$\simeq \mathbf{R}(\rho|_{Y_0})_*(i')^{-1}\mathbf{R}(k')_*(k')^{-1}\mathcal{G}_\bullet = \mathbf{R}(\rho|_{Y_0})_*\psi_g(\mathcal{G}_\bullet).$$

残りの同型も容易に示せる（各自試みよ）. ■

補題 7.3 命題 7.2 の状況で $\mathcal{G}_\bullet \in \mathrm{D}^{\mathrm{b}}(Y)$ に対して次の可換図式が存在する：

$$\begin{array}{ccc}
\psi_f(\mathbf{R}\rho_*\mathcal{G}_\bullet) & \overset{\sim}{\text{———}} & \mathbf{R}(\rho|_{Y_0})_*\psi_g(\mathcal{G}_\bullet) \\
{\scriptstyle \Psi_f(\mathbf{R}\rho_*\mathcal{G}_\bullet)}\downarrow\wr & & \wr\downarrow{\scriptstyle \mathbf{R}(\rho|_{Y_0})_*(\Phi_g(\mathcal{G}_\bullet))} \\
\psi_f(\mathbf{R}\rho_*\mathcal{G}_\bullet) & \overset{\sim}{\text{———}} & \mathbf{R}(\rho|_{Y_0})_*\psi_g(\mathcal{G}_\bullet).
\end{array}$$

すなわち命題 7.2 の第 1 の同型はその両辺のモノドロミー自己同型と両立する. 消滅サイクル ϕ_f, ϕ_g についても同様の事実が成立する.

証明 命題 7.2 の証明中の記号を用いる. 被覆空間 $\pi\colon \widetilde{X\setminus X_0} \longrightarrow X\setminus X_0$ および $\pi'\colon \widetilde{Y\setminus Y_0} \longrightarrow Y\setminus Y_0$ 上の自己同型

$$T\colon \widetilde{X\setminus X_0} \xrightarrow{\sim} \widetilde{X\setminus X_0}, \quad T'\colon \widetilde{Y\setminus Y_0} \xrightarrow{\sim} \widetilde{Y\setminus Y_0}$$

を用いて $\widehat{k} = k\circ T\ (= k)$ および $\widehat{k'} = k'\circ T'\ (= k')$ とおく. このとき次の可換図式が得られる：

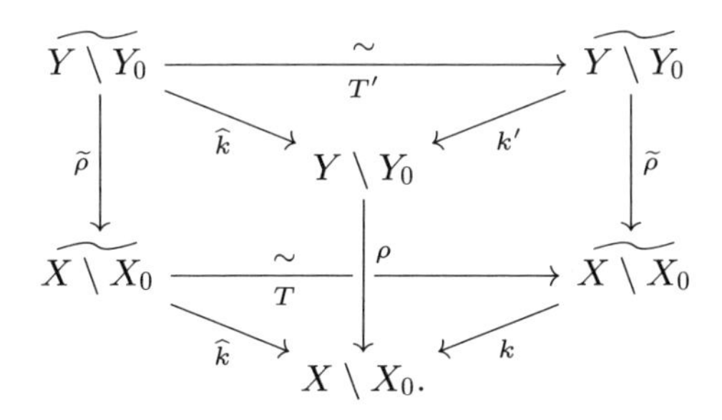

これにより主張は容易に示せる（各自試みよ）. ■

定理 7.4 X を複素解析空間とし, $f\colon X \longrightarrow \mathbb{C}$ は X 上の定数でない正則関数とする. このとき X 上の構成可能層 $\mathcal{F}_\bullet \in \mathrm{D}_{\mathrm{c}}^{\mathrm{b}}(X)$ に対して $\psi_f(\mathcal{F}_\bullet), \phi_f(\mathcal{F}_\bullet)$

は構成可能層である：$\psi_f(\mathcal{F}_\bullet), \phi_f(\mathcal{F}_\bullet) \in \mathrm{D}^{\mathrm{b}}_{\mathrm{c}}(X_0)$. すなわち次の函手が存在する：

$$\psi_f(\mathcal{F}_\bullet), \phi_f(\mathcal{F}_\bullet) \colon \mathrm{D}^{\mathrm{b}}_{\mathrm{c}}(X) \longrightarrow \mathrm{D}^{\mathrm{b}}_{\mathrm{c}}(X_0).$$

証明　近接サイクル $\psi_f(\mathcal{F}_\bullet) \in \mathrm{D}^{\mathrm{b}}(X_0)$ が構成可能であることを $\mathcal{F}_\bullet$ の台

$$S = \operatorname{supp} \mathcal{F}_\bullet = \overline{\bigcup_{j \in \mathbb{Z}} H^j \mathcal{F}_\bullet} \subset X$$

の次元に関する帰納法で証明しよう．まず $\dim S = 0$ の場合は函手 $\psi_f(*)$ の定義から明らかである．$\dim S > 0$ の場合を考えよう．命題 7.2 より $S = X$ と仮定して差し支えない．また $\psi_f(*)$ の定義より開埋め込み $j \colon X \setminus X_0 \hookrightarrow X$ に対して同型

$$\psi_f(\mathcal{F}_\bullet) \xrightarrow{\sim} \psi_f(\mathbf{R}j_* j^{-1} \mathcal{F}_\bullet)$$

が成り立つので, $\dim X_0 = \dim X - 1$ の場合のみを考えれば十分である．さらに $X = S$ は既約と仮定してよい．したがって X の超曲面 $W \subset X$ ($\dim W = \dim X - 1$) であって，次の 3 条件を満たすものが存在する：

(1)　$X_0 = f^{-1}(0) \subset W$,

(2)　$X \setminus W$ は滑らか,

(3)　$H^j \mathcal{F}_\bullet|_{X \setminus W}$ は $X \setminus W$ 上の局所系 ($j \in \mathbb{Z}$).

$\iota \colon X \setminus W \hookrightarrow X$ を開埋め込みとする．このとき次の特殊三角形が存在する：

$$\mathbf{R}\Gamma_W(\mathcal{F}_\bullet) \longrightarrow \mathcal{F}_\bullet \longrightarrow \mathbf{R}\iota_*(\mathcal{F}_\bullet|_{X \setminus W}) \xrightarrow{+1}.$$

$\dim \operatorname{supp} \mathbf{R}\Gamma_W(\mathcal{F}_\bullet) < \dim \operatorname{supp} \mathcal{F}_\bullet = \dim X$ なので，帰納法の仮定により $\psi_f(\mathbf{R}\Gamma_W(\mathcal{F}_\bullet)) \in \mathrm{D}^{\mathrm{b}}(X_0)$ は構成可能である．よって $\psi_f(\mathbf{R}\iota_*(\mathcal{F}_\bullet|_{X \setminus W})) \in \mathrm{D}^{\mathrm{b}}(X_0)$ が構成可能であることを示せばよい．<u>広中の特異点解消定理</u> (Hironaka's theorem on resolutions of singularities) により複素多様体 Y からの固有正則写像 $\rho \colon Y \twoheadrightarrow X$ であって $D = \rho^{-1}(W) \subset Y$ は<u>正規交叉因子</u> (normal crossing divisor) でありその外側での同型

$$\rho|_{Y \setminus D} \colon Y \setminus D \xrightarrow{\sim} X \setminus W$$

を引き起こすものが存在する．$\iota' \colon Y \setminus D \hookrightarrow Y$ を開埋め込みとし，

$$\mathcal{G}_\bullet = (\rho|_{Y \setminus D})^{-1}(\mathcal{F}_\bullet|_{X \setminus W}) \in \mathrm{D}^{\mathrm{b}}_{\mathrm{c}}(Y \setminus D)$$

とおく．このときすべての $j \in \mathbb{Z}$ に対して $H^j \mathcal{G}_\bullet$ は $Y \setminus D$ 上の局所系であり同型

$$\mathbf{R}\iota_*(\mathcal{F}_\bullet|_{X \setminus W}) \simeq \mathbf{R}\rho_*(\mathbf{R}\iota'_*\mathcal{G}_\bullet)$$

が成り立つ．$g \colon = f \circ \rho \colon Y \longrightarrow \mathbb{C}$ とおく．このとき命題 7.2 より次の同型が得られる：

$$\psi_f(\mathbf{R}\iota_*(\mathcal{F}_\bullet|_{X \setminus W})) \simeq \mathbf{R}(\rho|_{Y_0})_*\psi_g(\mathbf{R}\iota'_*\mathcal{G}_\bullet).$$

ここで $Y_0 = \rho^{-1}(X_0) \subset D$ は Y の正規交叉因子であり，$\rho|_{Y_0} \colon Y_0 \longrightarrow X_0$ は固有写像 ρ の Y_0 上への制限である．したがって $\psi_g(\mathbf{R}\iota'_*\mathcal{G}_\bullet) \in \mathrm{D}^{\mathrm{b}}(Y_0)$ が構成可能であることを示せば十分である．さらに $\mathcal{G}_\bullet$ のコホモロジー的長さ (cohomological length) についての帰納法により，$Y \setminus D$ 上の局所系 $\mathcal{L}$ に対して $\psi_g(\mathbf{R}\iota'_*\mathcal{L})$ が構成可能であることを示せばよい．点 $p \in Y_0 \subset D$ の近傍でこれを示そう．ある Y の局所座標 $y = (y_1, \ldots, y_n)$ $(n = \dim X = \dim Y)$ および整数 $1 \leq k \leq l \leq n, m_1, \ldots, m_k \in \mathbb{Z}_{>0}$ が存在して，$p = (0, \ldots, 0)$ かつ等式 $Y_0 = \{x_1 = \cdots = x_k = 0\} \subset D = \{x_1 = \cdots = x_l = 0\}$ および $g(y) = y_1^{m_1} \cdots y_k^{m_k}$ が点 p の近傍で成り立つ．さらに（$\mathcal{L}$ の階数に関する帰納法により）ある $\lambda_1, \ldots, \lambda_l \in \mathbb{C}$ に対して同型

$$\mathcal{L} \simeq \mathbb{C}_{Y \setminus D}\, y_1^{\lambda_1} \cdots y_l^{\lambda_l}$$

が成り立つ．ここで $(\mathbb{C}^*)^l$ の基本群が $\mathbb{Z}^l$ と同型であることを用いた．簡単のため $k = l$ の場合を扱う（$k < l$ の場合の議論も同様である）．関数 g および局所系 $\mathcal{L}$ をそれぞれ $\mathbb{C}^n_y$，$\Omega = (\mathbb{C}^*)^k \times \mathbb{C}^{n-k} \subset \mathbb{C}^n$ 上へ自然に延長し，$\widetilde{g} \colon \mathbb{C}^n \longrightarrow \mathbb{C}$ $(\widetilde{g}(y) = y_1^{m_1} \cdots y_k^{m_k})$ および

$$\widetilde{\mathcal{L}} = \mathbb{C}_\Omega\, y_1^{\lambda_1} \cdots y_k^{\lambda_k}$$

を得る．$\widetilde{\iota} \colon \Omega = (\mathbb{C}^*)^k \times \mathbb{C}^{n-k} \hookrightarrow \mathbb{C}^n$ を開埋め込みとする．次のデカルト図式を考えよう：

$$\begin{array}{ccc} \widetilde{\Omega} & \longrightarrow & \widetilde{\mathbb{C}^*} \simeq \mathbb{C} \\ {\scriptstyle \widetilde{\pi}}\downarrow & \square & \downarrow{\scriptstyle \exp} \\ \Omega & \underset{\widetilde{g}|_{\Omega}}{\longrightarrow} & \mathbb{C}^*. \end{array}$$

すなわち $\widetilde{\Omega}$ は写像 $\exp\colon \widetilde{\mathbb{C}^*} \simeq \mathbb{C} \longrightarrow \mathbb{C}$ および $\widetilde{g}\big|_{\Omega}\colon \Omega \longrightarrow \mathbb{C}^*$ のファイバー積とする．このとき柏原の非特性変形定理もしくは局所系係数のコホモロジー群のホモトピー不変性（服部 [78] などを参照）を用いて次の同型を示すことができる：

$$\psi_g(\mathbf{R}\iota'_*\mathcal{L})_p \simeq \mathbf{R}\Gamma(\Omega; \mathbf{R}\widetilde{\pi}_*\widetilde{\pi}^{-1}\widetilde{\mathcal{L}}) \simeq \mathbf{R}\Gamma(\widetilde{\Omega}; \widetilde{\pi}^{-1}\widetilde{\mathcal{L}}). \tag{7.1}$$

最大公約数 $d = \gcd(m_1, \ldots, m_k) > 0$ を用いて $m'_i = \frac{m_i}{d} > 0$ $(1 \leq i \leq k)$ とおく．こうして得られる $(m'_1, \ldots, m'_k)$ を第1行とするユニモジュラー行列

$$A = \Big(a_{ij} \Big)_{i,j=1}^{k} = \begin{pmatrix} m'_1 & m'_2 & \cdots & m'_k \\ * & * & \cdots & * \\ * & * & \ddots & * \\ * & * & \cdots & * \end{pmatrix} \in \mathrm{SL}_k(\mathbb{Z})$$

の成分 $a_{ij} \in \mathbb{Z}$ により $\Omega = (\mathbb{C}^*)^k \times \mathbb{C}^{n-k}$ の自己同型 $\Phi\colon \Omega \xrightarrow{\sim} \Omega$ を次で定める：

$$\begin{aligned} \Phi(y) &= z = (z_1, \ldots, z_k, z_{k+1}, \ldots, z_n) \\ &= (y_1^{a_{11}} \cdots y_k^{a_{1k}}, \ldots, y_1^{a_{k1}} \cdots y_k^{a_{kk}}, y_{k+1}, \ldots, y_n). \end{aligned}$$

よって $z = (z_1, z_n)$ を Ω の新しい座標とすることで $\widetilde{g}(z) = z_1^d$ となり，ファイバー積 $\widetilde{\Omega} \subset \Omega \times \mathbb{C}$ の次の具体表示が得られる：

$$\widetilde{\Omega} = \left\{ (z, t) \in \Omega \times \mathbb{C} \;\middle|\; z_1^d = \exp t \right\} \subset \Omega \times \mathbb{C}.$$

さらに直積への分解 $\Omega \times \mathbb{C} = \mathbb{C}^*_{z_1} \times (\mathbb{C}^*)^{k-1} \times \mathbb{C}^{n-k} \times \mathbb{C}$ および同型

$$\left\{ (z_1, t) \in \mathbb{C}^* \times \mathbb{C} \;\middle|\; z_1^d = \exp t \right\} \xrightarrow{\sim} \mathbb{C} \sqcup \cdots \sqcup \mathbb{C}$$

（ここで $\mathbb{C} \sqcup \cdots \sqcup \mathbb{C}$ は $\mathbb{C}$ の d 個の非交和 (disjoint union)）を用いることで $\widetilde{\Omega}$ の大域的な直積分解

$$\widetilde{\Omega} = (\mathbb{C} \sqcup \cdots \sqcup \mathbb{C}) \times (\mathbb{C}^*)^{k-1} \times \mathbb{C}^{n-k}$$

が得られる．複素平面 $\mathbb{C}$ の基本群は自明なので，$\widetilde{\Omega}$ 上の局所系 $\widetilde{\pi}^{-1}\widetilde{\mathcal{L}}$ の射影

$$q \colon \widetilde{\Omega} \longrightarrow\!\!\!\!\rightarrow \Omega_{\mathrm{red}} = (\mathbb{C}^*)^{k-1} \times \mathbb{C}^{n-k}$$

の各ファイバー $\mathbb{C} \sqcup \cdots \sqcup \mathbb{C}$ の各連結成分 $\mathbb{C}$ 上への制限は定数層と同型である．したがって，ある $\lambda_2', \ldots, \lambda_k' \in \mathbb{C}$ に対して同型

$$\mathbf{R}q_*(\widetilde{\pi}^{-1}\widetilde{\mathcal{L}}) \simeq \mathbb{C}_{\Omega_{\mathrm{red}}}\, z_2^{\lambda_2'} \cdots z_k^{\lambda_k'}$$

が成り立つ．これと同型 (7.1) より茎 $\psi_g(\mathbf{R}\,\iota_*'\mathcal{L})_p$ のすべてのコホモロジー群は $\mathbb{C}$ 上有限次元であることがわかる．さらに $\psi_g(\mathbf{R}\iota_*'\mathcal{L}) \in \mathrm{D^b}(Y_0)$ が Y 内の滑層 (stratum) $\{y_1 = \cdots = y_k = 0\}$ などの上で局所定数層のコホモロジー層をもつことも，上の議論よりわかる．こうして $\psi_f(\mathcal{F}_\bullet) \in \mathrm{D^b}(X_0)$ が構成可能であることが示された．消滅サイクル $\phi_f(\mathcal{F}_\bullet) \in \mathrm{D^b}(X_0)$ についても，その定義に現れる特殊三角形より構成可能性が直ちに従う． ■

7.2 ミルナー束とそのモノドロミーとの関係

前節で定義された層の近接および消滅サイクルはミルナー束と深い関係がある．以下の基本定理は Milnor [165] および Lê [140] により確立された．証明は例えば Massey [150, Proposition 1.3] などを参照.

定理 7.5 $X \subset \mathbb{C}^N$ を $\mathbb{C}^N$ の原点 $0 \in \mathbb{C}^N$ を含む複素解析的部分集合とし，$f \colon X \longrightarrow \mathbb{C}$ はその上の $f(0) = 0$ を満たす定数でない正則関数とする．このときある 2 つの正定数 $0 < \eta \ll \varepsilon \ll 1$ が存在して f の制限

$$X \cap B(0;\varepsilon) \cap f^{-1}(B(0;\eta)^*) \longrightarrow B(0;\eta)^* \subset \mathbb{C}^*$$

はファイバー束である．ここで $B(0;\eta)^* \subset \mathbb{C}^*$ および $B(0;\varepsilon) \subset \mathbb{C}^N$ はそれぞれ $\mathbb{C}^*$ 内の穴あき円板 (punctured disk) $\{z \in \mathbb{C} \mid 0 < |z| < \eta\}$ および $\mathbb{C}^N$ 内の原点 $0 \in \mathbb{C}^N$ を中心とする開球 $\left\{x = (x_1, \ldots, x_N) \in \mathbb{C}^N \mid |x| = \sqrt{\sum_{i=1}^N |x_i|^2} < \varepsilon\right\}$ である．

定義 7.6 定理 7.5 により定まるファイバー

$$F_0 = X \cap B(0;\varepsilon) \cap f^{-1}(z)$$

($z \in B(0;\eta)^*$ は1つの点) を f の原点 $0 \in f^{-1}(0) \subset X$ における Milnor-Lê **ファイバー** (Milnor-Lê fiber) または単に **ミルナーファイバー** (Milnor fiber) と呼ぶ．また穴あき円板 $B(0;\eta)^*$ を一周することでその ($\mathbb{C}$-係数の) コホモロジー群の同型

$$\Phi_{0,j} \colon H^j(F_0) \xrightarrow{\sim} H^j(F_0) \qquad (j \in \mathbb{Z})$$

が得られる．これらを f の原点 $0 \in f^{-1}(0) \subset X$ における Milnor-Lê **モノドロミー** (Milnor-Lê monodromy) または単に **ミルナーモノドロミー** (Milnor monodromy) と呼ぶ．

ミルナーモノドロミー $\Phi_{0,j}$ は，定理 7.5 の f の制限として得られる写像

$$X \cap B(0;\varepsilon) \cap f^{-1}(B(0;\eta)^*) \longrightarrow B(0;\eta)^*$$

による定数層の j 次の高次順像層のモノドロミーと理解することもできる．原点 $0 \in X_0 = f^{-1}(0) \subset X$ だけでなく $X_0 = f^{-1}(0)$ の任意の点 $x \in X_0$ における f のミルナーファイバー F_x およびそのモノドロミー $\Phi_{x,j}$ も同様に定義することができる．$X = \mathbb{C}^n$ でその超曲面 $X_0 = f^{-1}(0)$ が原点 $0 \in X_0$ で孤立特異点にもつ場合は，より強い次の結果が知られている．

定理 7.7 (**Milnor [165]**) $f \colon X = \mathbb{C}^n \longrightarrow \mathbb{C}$ $(n \geq 2)$ は $\mathbb{C}^n$ 上の $f(0) = 0$ を満たす定数でない正則関数とし，$X_0 = f^{-1}(0) \subset \mathbb{C}^n$ は原点 $0 \in X_0$ で孤立特異点にもつと仮定する．このとき f の原点 $0 \in X_0$ におけるミルナーファイ

バー F_0 は $n-1$ 次元球面 S^{n-1} のいくつかの <u>ブーケ</u> (bouquet) とホモトピー同値である：

$$F_0 \underset{\text{homot}}{\sim} S^{n-1} \vee \cdots \vee S^{n-1}.$$

特にそのコホモロジー群について次が成り立つ：

$$H^j(F_0) \simeq \begin{cases} \mathbb{C} & (j=0) \\ \mathbb{C}^\mu & (j=n-1) \\ 0 & (j \neq 0, n-1). \end{cases}$$

ここで $\mu > 0$ は上の <u>ブーケ分解</u> (bouquet decomposition) に現れる球面 S^{n-1} の個数である.

定理 7.7 のミルナーファイバーは $n-1$ 次元の複素多様体すなわち $2n-2$ 次元の実解析的多様体である. 上記のブーケ分解は，これが半分の $n-1$ 次元の位相空間 $S^{n-1} \vee \cdots \vee S^{n-1}$ にレトラクトされることを主張している. ミルナーはこの驚くべき事実を <u>モース理論</u> を用いて証明した. $X = \mathbb{C}^n$ であるがその超曲面 $X_0 = f^{-1}(0)$ が原点 $0 \in X_0$ を孤立特異点にもたない場合は，ミルナーファイバー F_0 のハンドル分解が Lê [139], Massey [151] などにより得られている. しかしながらそのような X_0 が非孤立特異点をもつ場合に F_0 のベッチ数を完全に決定するのは非常に難しい問題である. 今のところ，以下に述べる層の近接サイクルとの関係を用いて $\mathcal{D}$-加群の理論を適用することで部分的な情報が得られている.

定理 7.8 $X \subset \mathbb{C}^N$ を $\mathbb{C}^N$ の複素解析的部分集合とし，$f\colon X \longrightarrow \mathbb{C}$ はその上の定数でない正則関数とする. このとき $X_0 = f^{-1}(0) \subset X$ の任意の点 $x \in X_0$ に対して同型

$$H^j(F_x) \simeq \psi_f(\mathbb{C}_X)_x, \quad \widetilde{H}^j(F_x) \simeq \phi_f(\mathbb{C}_X)_x \qquad (j \in \mathbb{Z})$$

が存在する. ここで $\widetilde{H}^j(F_x)$ は F_x の j 次の <u>簡約コホモロジー群</u> (reduced cohomology group) を表す. さらにこれらの同型はその両辺のモノドロミーと

両立する．すなわち次の可換図式などが成り立つ：

$$\begin{array}{ccc} H^j(F_x) & \xrightarrow{\sim} & \psi_f(\mathbb{C}_X)_x \\ {\scriptstyle \Phi_{x,j}}\downarrow\wr & & \wr\downarrow{\scriptstyle \Psi_f(\mathbb{C}_X)_x} \\ H^j(F_x) & \xrightarrow{\sim} & \psi_f(\mathbb{C}_X)_x. \end{array}$$

証明 点 x は $\mathbb{C}^N$ の原点 $0 \in \mathbb{C}^N$ と仮定してよい．$Y = X \times \mathbb{C}_t$ とし，

$$\begin{array}{cccc} g\colon & X & \hookrightarrow & Y = X \times \mathbb{C}_t \\ & \uplus & & \uplus \\ & x & \longmapsto & (x,\, f(x)) \end{array}$$

を f による X のグラフ埋入とする．さらに X への射影 $Y = X \times \mathbb{C}_t \twoheadrightarrow X$ により f のグラフ $\Gamma_f = g(X) \subset Y$ と X を同一視する．このとき $0 < \eta \ll \varepsilon \ll 1$ に対して

$$\Gamma_f \cap (B(0;\varepsilon) \times \{t_0\}) \qquad (0 < |t_0| < \eta)$$

は f の $0 \in X_0 = f^{-1}(0)$ におけるミルナーファイバー F_0 と同一視される．一方，構成可能層 $g_*\mathbb{C}_X = \mathbb{C}_{\Gamma_f} \in \mathrm{D}^{\mathrm{b}}_{\mathrm{c}}(Y)$ および関数 $t\colon X \times \mathbb{C} \longrightarrow \mathbb{C}$ に命題 7.2 を適用することで次の同型が得られる：

$$\psi_t(\mathbb{C}_{\Gamma_f})_{(0,0)} \simeq \psi_{t\circ g}(\mathbb{C}_X)_0 = \psi_f(\mathbb{C}_X)_0.$$

したがってあとは $0 < \eta \ll \varepsilon \ll 1$ に対して同型

$$H^j\psi_t(\mathbb{C}_{\Gamma_f})_{(0,0)} \simeq H^j(\Gamma_f \cap (B(0,\varepsilon) \times \{t_0\})) \tag{7.2}$$

$(j \in \mathbb{Z}, 0 < |t_0| < \eta)$ を示せばよい．指数写像 $\exp\colon \widetilde{\mathbb{C}^*} \simeq \mathbb{C} \longrightarrow \mathbb{C}^*$ を穴あき円板上 $B(0;\eta)^* \subset \mathbb{C}^*$ 上へ制限することで被覆写像

$$\pi_0\colon \widetilde{B(0;\eta)}^* := \{z \in \mathbb{C} \mid \operatorname{Re} z < \log \eta\} \twoheadrightarrow B(0;\eta)^*$$

が得られる．これにより次の被覆写像を得る：

$$\pi = \mathrm{id} \times \pi_0\colon B(0;\varepsilon) \times \widetilde{B(0;\eta)}^* \twoheadrightarrow B(0;\varepsilon) \times B(0;\eta)^*.$$

すると近接サイクル $\psi_t(\mathbb{C}_{\Gamma_f})$ の定義より同型

$$H^j\psi_t(\mathbb{C}_{\Gamma_f})_{(0,0)} \simeq H^j(B(0;\varepsilon)\times \widetilde{B(0;\eta)^*};\pi^{-1}\mathbb{C}_{\Gamma_f}) \qquad (j\in\mathbb{Z})$$

が成り立つ．$q\colon B(0;\varepsilon)\times\widetilde{B(0;\eta)^*} \longrightarrow\!\!\!\!\rightarrow \widetilde{B(0;\eta)^*}$ を第2射影とする．このとき定理 7.5 より，それによる層 $\pi^{-1}\mathbb{C}_{\Gamma_f}\in \mathrm{D}^{\mathrm{b}}_{\mathrm{c}}(B(0;\varepsilon)\times\widetilde{B(0;\eta)^*})$ の高次順像層

$$H^j\mathbf{R}q_*(\pi^{-1}\mathbb{C}_{\Gamma_f}) \qquad (j\in\mathbb{Z})$$

たちはすべて $\widetilde{B(0;\eta)^*}$ 上の局所定数層である．$\widetilde{B(0;\eta)^*}$ は複素平面 $\mathbb{C}$ と同相なので，これらはさらに強く定数層である．したがって一点 $t_0\in B(0;\eta)^*$ に対してその指数写像 exp によるリフト $z_0\in\widetilde{B(0;\eta)^*}$ $(\exp z_0 = t_0)$ をとることで同型

$$\begin{aligned}\mathbf{R}\Gamma(\widetilde{B(0;\eta)^*};\mathbf{R}q_*(\pi^{-1}\mathbb{C}_{\Gamma_f})) &\simeq \mathbf{R}q_*(\pi^{-1}\mathbb{C}_{\Gamma_f})_{z_0}\\ &\simeq \mathbf{R}\Gamma(\Gamma_f\cap(B(0;\varepsilon)\times\{t_0\}))\end{aligned}$$

が得られる．所要の同型 (7.2) はこれより直ちに従う．近接サイクル $\psi_f(\mathbb{C}_X)$ のモノドロミーに関する残りの主張も上の議論をより精密にたどることで示される．消滅サイクル $\phi_f(\mathbb{C}_X)$ についての主張は，さらに Milnor [165] の**錐定理** (cone theorem) を用いれば示せる． ■

より一般に次が成り立つ．証明は Massey [150, Proposition 1.3] などを用いれば定理 7.8 と同様である．

定理 7.9 定理 7.8 の状況を考える．$\mathcal{F}_\bullet\in \mathrm{D}^{\mathrm{b}}_{\mathrm{c}}(X)$ を X 上の構成可能層とする．このとき $X_0=f^{-1}(0)\subset X$ の任意の点 $x\in X_0$ に対して同型

$$H^j(F_x;\mathcal{F}_\bullet)\simeq\psi_f(\mathcal{F}_\bullet)_x \qquad (j\in\mathbb{Z})$$

が存在する．

近接および消滅サイクル函手 $\psi_f(*),\phi_f(*)$ を -1 シフトして次の函手を定める：

$${}^p\psi_f(*)=\psi_f(*)[-1],\quad {}^p\phi_f(*)=\phi_f(*)[-1].$$

定理 7.10 定理 7.8 の状況を考える．$\mathcal{F}_\bullet \in \mathrm{Perv}(\mathbb{C}_X)$ を X 上の偏屈層とする．このとき ${}^p\psi_f(\mathcal{F}_\bullet), {}^p\phi_f(\mathcal{F}_\bullet) \in \mathrm{D}^{\mathrm{b}}_{\mathrm{c}}(X_0)$ も X_0 上の偏屈層である．

この定理はまず柏原 [103] により，偏屈層 $\mathcal{F}_\bullet$ とリーマン・ヒルベルト対応により対応する $\mathcal{D}$-加群の近接および消滅サイクルを構成することで得られた（詳しい証明は Mebkhout [164] などを参照）．後に $\mathcal{D}$-加群を用いないより直接的（あるいはより幾何学的）な証明が，柏原-Schapira [116, Corollary 10.3.13] などにより得られている．

● **例 7.11** 定理 7.7 の状況（$X = \mathbb{C}^n, X_0 = f^{-1}(0) \subset \mathbb{C}^n$ は原点 $0 \in X_0$ で孤立特異点にもつ）を考える．このとき定理 7.7 および定理 7.8 より，$X = \mathbb{C}^n$ 上の定数偏屈層 $\mathcal{F}_\bullet = \mathbb{C}_X[n]$ に対して同型

$$
{}^p\phi_f(\mathcal{F}_\bullet) = \phi_f(\mathbb{C}_X[n-1]) \simeq \mathbb{C}_{\{0\}} \in \mathrm{Perv}(X_0)
$$

が成り立つ．

この例（定理 7.7）を一般化するために，偏屈層 $\mathcal{F}_\bullet \in \mathrm{Perv}(\mathbb{C}_X)$ に対して ${}^p\phi_f(\mathcal{F}_\bullet) \in \mathrm{Perv}(\mathbb{C}_{X_0})$ の台を上から評価することを考えよう．$\mathcal{F}_\bullet \in \mathrm{Perv}(\mathbb{C}_X)$ に対して X の Whitney 滑層分割 (stratification) $\mathcal{S}\colon X = \bigsqcup_{\alpha \in A} X_\alpha$ であってすべての $j \in \mathbb{Z}$ および $\alpha \in A$ に対して $H^j\mathcal{F}_\bullet|_{X_\alpha}$ が局所系となるものをとる．関数 $f\colon X \longrightarrow \mathbb{C}$ のこの滑層分割 $\mathcal{S}$ に対する <u>**滑層化特異点集合**</u> (stratified singular set) $\mathrm{sing}_{\mathcal{S}}(f) \subset X$ を

$$
\mathrm{sing}_{\mathcal{S}}(f) = \bigsqcup_{\alpha \in A} \{ \mathrm{sing}(f|_{X_\alpha}) \} \subset X
$$

により定義する．ここで $\mathrm{sing}(f|_{X_\alpha}) \subset X_\alpha$ は $f|_{X_\alpha}\colon X_\alpha \longrightarrow \mathbb{C}$ の特異点集合である．$\mathcal{S}$ の Whitney 条件より $\mathrm{sing}_{\mathcal{S}}(f)$ は X の閉解析的部分集合である．<u>**Sard の定理**</u> により $X_0 = f^{-1}(0)$ の X におけるある管状近傍 U が存在して

$$
\mathrm{sing}_{\mathcal{S}}(f) \cap U \subset \mathrm{sing}_{\mathcal{S}}(f) \cap X_0
$$

が成り立つ．以下 $\mathrm{sing}_{\mathcal{S}}(f) \cap X_0$ のことを単に $\mathrm{sing}_{\mathcal{S}}(f)$ と略記する．次の補題は函手 ${}^p\phi_f(*)$ の定義より明らかであろう．

補題 7.12　包含関係 $\mathrm{supp}\,{}^p\phi_f(*) \subset \mathrm{sing}_{\mathcal{S}}(f)$ が成り立つ．

定理 7.13　上の状況の下で消滅

$$H^j\,{}^p\phi_f(\mathcal{F}_\bullet) \simeq 0 \qquad (j \notin [-\dim \mathrm{sing}_{\mathcal{S}}(f), 0])$$

が成り立つ．

証明　定理 7.10 より ${}^p\phi_f(\mathcal{F}_\bullet)$ は $\mathrm{sing}_{\mathcal{S}}(f)$ 上の偏屈層である．したがって補題 7.12 および系 5.27 より主張が直ちに得られる．■

系 7.14　$X \subset \mathbb{C}^N$ を $\mathbb{C}^N$ の n 次元 $(n \geq 2)$ の完全交叉 (complete intersection) かつ既約な複素解析的部分集合とし，$f\colon X \longrightarrow \mathbb{C}$ はその上の定数でない正則関数とする．さらに X のある Whitney 滑層分割 $\mathcal{S}\colon X = \bigsqcup_{\alpha \in A} X_\alpha$ に対して $\mathrm{sing}_{\mathcal{S}}(f) \cap f^{-1}(0)$ は 0 次元であると仮定する．このとき $X_0 = f^{-1}(0) \subset X$ の任意の点 $x \in X_0$ における f のミルナーファイバー F_x に対して次が成り立つ：

$$H^j(F_x) \simeq \begin{cases} \mathbb{C} & (j = 0) \\ \mathbb{C}^\mu & (j = n-1) \\ 0 & (j \neq 0, n-1). \end{cases}$$

ここで $\mu \geq 0$ はある整数である．

証明　Brylinski [24, p.15] の定理 (Dimca [39, Theorem 5.1.20] も参照) により $\mathcal{F}_\bullet = \mathbb{C}_X[n] \in \mathrm{D}^{\mathrm{b}}_{\mathrm{c}}(X)$ は X 上の偏屈層である．したがって定理 7.13 および仮定により $x \in X_0$ に対して消滅

$$H^j\,{}^p\phi_f(\mathcal{F}_\bullet)_x \simeq 0 \qquad (j \neq 0)$$

が得られる．また定理 7.8 より同型

$$H^j\,{}^p\phi_f(\mathcal{F}_\bullet)_x \simeq H^{j+n-1}\phi_f(\mathbb{C}_X)_x \simeq \widetilde{H}^{j+n-1}(F_x)$$

が成り立つ．■

Tibar [231] などにより，系 7.14 の状況で f のミルナーファイバー F_x ($x \in X_0 = f^{-1}(0)$) はさらに S^{n-1} のいくつかのブーケ $S^{n-1} \vee \cdots \vee S^{n-1}$ とホモトピー同値であることが示されている．すなわち定理 7.13 はこの幾何学的な事実の偏屈層への一般化であると考えることができる．

系 7.15 (加藤-松本 [123] の定理)　$f\colon X = \mathbb{C}^n \longrightarrow \mathbb{C}$ は $\mathbb{C}^n$ 上の条件 $f(0) = 0$ および $0 \in \operatorname{sing} f$ を満たす定数でない正則関数とし，$s = \dim(\operatorname{sing} f \cap f^{-1}(0)) \geq 0$ とおく．このとき f の原点 $0 \in X_0 = f^{-1}(0)$ におけるミルナーファイバー F_0 に対して消滅

$$\widetilde{H}^j(F_0) \simeq 0 \qquad (j \notin [n-1-s, n-1])$$

が成り立つ．

証明　X の自明な Whitney 滑層分割 $\mathcal{S}$ に対して $\operatorname{sing}_{\mathcal{S}}(f) = \operatorname{sing} f$ が成り立つ．したがって $X = \mathbb{C}^n$ 上の偏屈層 $\mathcal{F}_\bullet = \mathbb{C}_X[n]$ に定理 7.13 を適用することで主張が直ちに得られる． ■

定理 7.10 の証明（Mebkhout [164] などを参照）より次のより精密な結果が得られる．

定理 7.16　定理 7.10 の状況でさらにアーベル圏 $\mathrm{Perv}(\mathbb{C}_{X_0})$ における次の直和分解が成立する：

$$
\begin{aligned}
{}^p\psi_f(\mathcal{F}_\bullet) &\simeq \bigoplus_{\lambda \in \mathbb{C}} {}^p\psi_{f,\lambda}(\mathcal{F}_\bullet), \\
{}^p\phi_f(\mathcal{F}_\bullet) &\simeq \bigoplus_{\lambda \in \mathbb{C}} {}^p\phi_{f,\lambda}(\mathcal{F}_\bullet).
\end{aligned}
$$

ここで右辺は有限個の $\lambda \in \mathbb{C}$ についての直和であり，複素数 $\lambda \in \mathbb{C}$ に対して ${}^p\psi_{f,\lambda}(\mathcal{F}_\bullet), {}^p\phi_{f,\lambda}(\mathcal{F}_\bullet) \in \mathrm{Perv}(\mathbb{C}_{X_0})$ は $N \gg 0$ を用いてそれぞれ

$$
\begin{aligned}
{}^p\psi_{f,\lambda}(\mathcal{F}_\bullet) &= \mathrm{Ker}\left[(\Psi_f(\mathcal{F}_\bullet) - \lambda \mathrm{id})^N \colon {}^p\psi_f(\mathcal{F}_\bullet) \longrightarrow {}^p\psi_f(\mathcal{F}_\bullet)\right], \\
{}^p\phi_{f,\lambda}(\mathcal{F}_\bullet) &= \mathrm{Ker}\left[(\Phi_f(\mathcal{F}_\bullet) - \lambda \mathrm{id})^N \colon {}^p\phi_f(\mathcal{F}_\bullet) \longrightarrow {}^p\phi_f(\mathcal{F}_\bullet)\right]
\end{aligned}
$$

と定義される．

この定理 7.16 および定理 7.8 より直ちに次の結果を得る．

命題 7.17　定理 7.8 の状況でさらに $X = \mathbb{C}^n$ とする．このとき任意の点 $x \in X_0 = f^{-1}(0)$ および $\lambda \in \mathbb{C}$ に対して次の同型が成り立つ：

$$H^j(F_x)_\lambda \simeq H^{j-n+1}\, {}^p\psi_{f,\lambda}(\mathbb{C}_X[n])_x,$$
$$\widetilde{H}^j(F_x)_\lambda \simeq H^{j-n+1}\, {}^p\phi_{f,\lambda}(\mathbb{C}_X[n])_x$$

$(j \in \mathbb{Z})$．ここで $H^j(F_x)_\lambda \subset H^j(F_x), \widetilde{H}^j(F_x)_\lambda \subset \widetilde{H}^j(F_x)$ はそれぞれミルナーモノドロミー $\Phi_{x,j}$ についての固有値 λ の広義固有空間である．

系 7.18（Dimca-斉藤 [42]）　定理 7.8 の状況でさらに $X = \mathbb{C}^n$ および $0 \in X_0 = f^{-1}(0)$ が成り立つと仮定する．また $\mathbb{C}^n$ の超曲面 X_0 は原点 $0 \in \mathbb{C}^n$ の外で高々正規交叉 (normal crossing) の特異性のみを持つとする．すなわち任意の点 $x \in X_0 \setminus \{0\}$ の近傍である局所座標 $y = (y_1, \ldots, y_n)$ および $1 \leq k \leq n$ が存在して $f(y) = y_1 \cdots y_k$ が成り立つと仮定する．このとき任意の $\lambda \neq 1$ に対して消滅

$$H^j(F_0)_\lambda \simeq 0 \qquad (j \neq n-1)$$

が成り立つ．

証明　定理 7.4 の証明より，任意の $x \in X_0 \setminus \{0\}$ および $\lambda \neq 1$ に対して消滅

$$H^j(F_x)_\lambda \simeq 0 \qquad (j \in \mathbb{Z})$$

が成り立つ．すなわち $\lambda \neq 1$ に対する偏屈層 ${}^p\psi_{f,\lambda}(\mathbb{C}_X[n]) \in \mathrm{Perv}(\mathbb{C}_{X_0})$ の台は原点 $\{0\} \subset X_0$ に含まれる．よってあとは系 5.27 をこれに適用すればよい．■

系 7.18 より，原点 $0 \in X_0$ におけるミルナーモノドロミー $\Phi_{0,j}$ $(j \in \mathbb{Z})$ の固有値 1 以外の部分は最高次数 $j = n-1$ に集中していることがわかる．

7.3 モノドロミーゼータ関数の理論

ミルナーモノドロミーなどの幾何学的モノドロミーを研究するのに大変有効なモノドロミーゼータ関数の理論を紹介しよう．その最も古典的な場合は以下のように定義される．

定義 7.19 $f\colon X=\mathbb{C}^n \longrightarrow \mathbb{C}$ は $\mathbb{C}^n$ 上の定数でない正則関数とする．このとき f の点 $x \in X_0 = f^{-1}(0)$ における**モノドロミーゼータ関数** (monodromy zeta functon) $\zeta_{f,x}(t) \in \mathbb{C}(t)^*$ を次で定める：

$$\zeta_{f,x}(t) = \prod_{j\in\mathbb{Z}} \Big\{ \det\big(\mathrm{id} - t\Phi_{x,j}\big) \Big\}^{(-1)^j} \in \mathbb{C}(t)^*.$$

ここで $\mathbb{C}(t)^*$ は有理関数体 $\mathbb{C}(t)$ の乗法群を表す．

$n \geq 2$ の場合，複素超曲面 $X_0 = f^{-1}(0)$ が点 $x \in X_0$ を孤立特異点にもてば定理 7.7 より等式

$$\zeta_{f,x}(t) = (1-t)\cdot \Big\{ \det\big(\mathrm{id} - t\Phi_{x,n-1}\big) \Big\}^{(-1)^{n-1}}$$

が成り立つので，$\zeta_{f,x}(t)$ より最高次数のミルナーモノドロミー

$$\Phi_{x,n-1}\colon H^{n-1}(F_x) \xrightarrow{\sim} H^{n-1}(F_x)$$

の固有多項式を完全に決定することが可能である．定義 7.19 はさらに次のように一般化される．

定義 7.20 $X \subset \mathbb{C}^N$ は $\mathbb{C}^N$ の複素解析的部分集合とし，$f\colon X \longrightarrow \mathbb{C}$ はその上の定数でない正則関数とする．このとき X 上の構成可能層 $\mathcal{F}_\bullet \in \mathrm{D}^{\mathrm{b}}_{\mathrm{c}}(X)$ および f の点 $x \in X_0 = f^{-1}(0)$ におけるモノドロミーゼータ関数 $\zeta_{f,x}(\mathcal{F}_\bullet)(t) \in \mathbb{C}(t)^*$ を次で定める：

$$\zeta_{f,x}(\mathcal{F}_\bullet)(t) = \prod_{j\in\mathbb{Z}} \Big\{ \det\big(\mathrm{id} - tH^j\Psi_f(\mathcal{F}_\bullet)_x\big) \Big\}^{(-1)^j} \in \mathbb{C}(t)^*.$$

ここで

$$H^j\Psi_f(\mathcal{F}_\bullet)_x \colon H^j\psi_f(\mathcal{F}_\bullet)_x \xrightarrow{\sim} H^j\psi_f(\mathcal{F}_\bullet)_x$$

は $\psi_f(\mathcal{F}_\bullet)$ のモノドロミー自己同型 $\Psi_f(\mathcal{F}_\bullet)$ により引き起こされる茎の同型である．

近接サイクル $\psi_f(\mathcal{F}_\bullet)$ の構成可能性（定理 7.4）より，対応

$$X_0 \ni x \longmapsto \zeta_{f,x}(\mathcal{F}_\bullet)(t) \in \mathbb{C}(t)^*$$

は以下の意味で X_0 上の群 $\mathbb{C}(t)^*$ に値をとる構成可能関数を定める．

定義 7.21　G をアーベル群とし，X は複素解析空間とする．このとき X 上の G に値をとる関数 $\psi\colon X \longrightarrow G$ が **構成可能関数** (constructible function) であるとは，X のある滑層分割 $X = \bigsqcup_{\alpha\in A} X_\alpha$ が存在して任意の $\alpha \in A$ に対して $\psi|_{X_\alpha}$ が定数関数であることである．X 上の G に値をとる構成可能関数全体のなすアーベル群を $\mathrm{CF}_G(X)$ と記す．

コンパクト台をもつ構成可能関数 $\psi\colon X \longrightarrow G$ $(\psi \in \mathrm{CF}_G(X))$ に対して，ψ がその各滑層上定数となる X の滑層分割 $X = \bigsqcup_{\alpha\in A} X_\alpha$ をとり，

$$\int_X \psi := \sum_{\alpha\in A} \chi_c(X_\alpha)\cdot\psi(x_\alpha) \in G$$

とおく．ここで $\chi_c(*)$ はコンパクト台をもつオイラー標数であり，$x_\alpha \in X_\alpha$ は滑層 X_α の代表点である．この値 $\int_X \psi \in G$ は X の滑層分割のとり方によらないことが容易にわかる．複素多様体 X_α に対するポアンカレ双対性

$$\left[H^i(X_\alpha)\right]^* \simeq H_c^{2d_{X_\alpha}-i}(X_\alpha) \qquad (i \in \mathbb{Z})$$

より等式 $\chi_c(X_\alpha) = \chi(X_\alpha)$ が成り立つことをここで用いた．$\int_X \psi \in G$ を ψ の X 上での **オイラー積分** (Euler integral) または **位相積分** (topological integral) と呼ぶ．

定義 7.22 Gをアーベル群とし，$f\colon X \longrightarrow Y$は複素解析空間の固有写像とする．このとき$X$上の$G$に値をとる構成可能関数$\psi \in \mathrm{CF}_G(X)$の$f$による積分$\int_f \psi \in \mathrm{CF}_G(Y)$を次で定める：

$$\left(\int_f \psi\right)(y) := \int_{f^{-1}(y)} \psi \in G \qquad (y \in Y).$$

定義7.20より$\mathcal{F}_\bullet \in \mathrm{D}^{\mathrm{b}}_{\mathrm{c}}(X)$および$f\colon X \longrightarrow \mathbb{C}$に対して定まる$X_0 = f^{-1}(0)$上の乗法群$\mathbb{C}(t)^*$に値をとる構成可能関数を$\zeta_f(\mathcal{F}_\bullet) \in \mathrm{CF}_{\mathbb{C}(t)^*}(X_0)$と記す．このとき特殊三角形

$$\mathcal{F}'_\bullet \longrightarrow \mathcal{F}_\bullet \longrightarrow \mathcal{F}''_\bullet \xrightarrow{+1}$$

に対して，等式$\zeta_f(\mathcal{F}_\bullet) = \zeta_f(\mathcal{F}'_\bullet) \cdot \zeta_f(\mathcal{F}''_\bullet)$が成り立つ．加法群$\mathbb{Z}$に値をとる構成可能関数はさらに次のように構成可能層と関係している．まず三角圏$\mathrm{D}^{\mathrm{b}}_{\mathrm{c}}(X)$の対象により生成される自由アーベル群を考え，その中で

$$[\mathcal{F}_\bullet] - [\mathcal{F}'_\bullet] - [\mathcal{F}''_\bullet]$$

（$\mathcal{F}'_\bullet \longrightarrow \mathcal{F}_\bullet \longrightarrow \mathcal{F}''_\bullet \xrightarrow{+1}$は特殊三角形）で生成される部分群で割ることで得られる商群を$K(\mathrm{D}^{\mathrm{b}}_{\mathrm{c}}(X))$と記す．これを三角圏$\mathrm{D}^{\mathrm{b}}_{\mathrm{c}}(X)$の**グロタンディーク群** (Grothendieck group) と呼ぶ．このとき定義により特殊三角形$\mathcal{F}'_\bullet \longrightarrow \mathcal{F}_\bullet \longrightarrow \mathcal{F}''_\bullet \xrightarrow{+1}$に対してアーベル群$K(\mathrm{D}^{\mathrm{b}}_{\mathrm{c}}(X))$における等式$[\mathcal{F}_\bullet] = [\mathcal{F}'_\bullet] + [\mathcal{F}''_\bullet]$が成り立つ．構成可能層$\mathcal{F}_\bullet \in \mathrm{D}^{\mathrm{b}}_{\mathrm{c}}(X)$に対して$\mathbb{Z}$に値をとる構成可能関数$\chi_X(\mathcal{F}_\bullet) \in \mathrm{CF}_{\mathbb{Z}}(X)$を次で定める：

$$X \ni x \longmapsto \chi_X(\mathcal{F}_\bullet)(x) = \chi_x(\mathcal{F}_\bullet) = \sum_{j \in \mathbb{Z}} (-1)^j \dim H^j(\mathcal{F}_\bullet)_x \in \mathbb{Z}.$$

これはアーベル群の準同型

$$\chi_X\colon K(\mathrm{D}^{\mathrm{b}}_{\mathrm{c}}(X)) \longrightarrow \mathrm{CF}_{\mathbb{Z}}(X)$$

を引き起こす．さらに複素解析空間の固有写像$f\colon X \longrightarrow Y$に対して次の可換図式が存在する：

$$\begin{array}{ccc} K(\mathrm{D}^{\mathrm{b}}_{\mathrm{c}}(X)) & \xrightarrow{\chi_X} & \mathrm{CF}_{\mathbb{Z}}(X) \\ {\scriptstyle \mathbf{R}f_*}\downarrow & & \downarrow{\scriptstyle \int_f} \\ K(\mathrm{D}^{\mathrm{b}}_{\mathrm{c}}(Y)) & \xrightarrow[\chi_Y]{} & \mathrm{CF}_{\mathbb{Z}}(Y). \end{array}$$

ここで左の射は導来函手 $\mathbf{R}f_*\colon \mathrm{D}^{\mathrm{b}}(X) \longrightarrow \mathrm{D}^{\mathrm{b}}(Y)$ より自然に誘導されるアーベル群の準同型である.

定理 7.23 (**Dimca [39, Section 6.1]** などを参照) $\rho\colon Y \longrightarrow X$ を複素解析空間の固有写像とし, $f\colon X \longrightarrow \mathbb{C}$ は X 上の定数でない正則関数とする. $g := f\circ\rho\colon Y \longrightarrow \mathbb{C}$ および $X_0 := f^{-1}(0) \subset X$, $Y_0 := g^{-1}(0) = \rho^{-1}(X_0) \subset Y$ とおき, ρ の $Y_0 \subset Y$ への制限 $\rho|_{Y_0}\colon Y_0 \longrightarrow X_0$ を考える. このとき $\mathcal{G}_\bullet \in \mathrm{D}^{\mathrm{b}}_{\mathrm{c}}(Y)$ に対して乗法的アーベル群 $\mathrm{CF}_{\mathbb{C}(t)^*}(X_0)$ における等式

$$\zeta_f(\mathbf{R}\rho_*\mathcal{G}_\bullet) = \int_{\rho|_{Y_0}} \zeta_g(\mathcal{G}_\bullet)$$

が成り立つ. すなわち次の可換図式が成り立つ:

$$\begin{array}{ccc} K(\mathrm{D}^{\mathrm{b}}_{\mathrm{c}}(Y)) & \xrightarrow{\zeta_g(*)} & \mathrm{CF}_{\mathbb{C}(t)^*}(Y_0) \\ {\scriptstyle \mathbf{R}\rho_*}\downarrow & & \downarrow{\scriptstyle \int_{\rho|_{Y_0}}} \\ K(\mathrm{D}^{\mathrm{b}}_{\mathrm{c}}(X)) & \xrightarrow[\zeta_f(*)]{} & \mathrm{CF}_{\mathbb{C}(t)^*}(X_0). \end{array}$$

証明 まず $\mathcal{F}_\bullet \in \mathrm{D}^{\mathrm{b}}_{\mathrm{c}}(X)$ に対して新しい構成可能関数 $\widetilde{\zeta}_f(\mathcal{F}_\bullet) \in \mathrm{CF}_{\mathbb{C}(t)^*}(X_0)$ を次で定める:

$$X_0 \ni x \longmapsto \widetilde{\zeta}_{f,x}(\mathcal{F}_\bullet)(t) = \prod_{j\in\mathbb{Z}} \left\{\det(t\cdot\mathrm{id} - H^j\Psi_f(\mathcal{F}_\bullet)_x)\right\}^{(-1)^j} \in \mathbb{C}(t)^*.$$

このとき明らかに次の等式が成り立つ:

$$\zeta_{f,x}(\mathcal{F}_\bullet)(t) = t^{\chi_x(\psi_f(\mathcal{F}_\bullet))} \cdot \widetilde{\zeta}_{f,x}(\mathcal{F}_\bullet)\left(\frac{1}{t}\right). \tag{7.3}$$

また特殊三角形 $\mathcal{F}'_\bullet \longrightarrow \mathcal{F}_\bullet \longrightarrow \mathcal{F}''_\bullet \xrightarrow{+1}$ に対して，等式

$$\widetilde{\zeta}_{f,x}(\mathcal{F}_\bullet)(t) = \widetilde{\zeta}_{f,x}(\mathcal{F}'_\bullet)(t) \cdot \widetilde{\zeta}_{f,x}(\mathcal{F}''_\bullet)(t)$$

が成り立つ．三角圏 $\mathrm{D}^{\mathrm{b}}_{\mathrm{c}}(Y)$ における t-構造 $({}^p\mathrm{D}^{\leqslant 0}_{\mathrm{c}}(Y), {}^p\mathrm{D}^{\geqslant 0}_{\mathrm{c}}(Y))$ に関する特殊三角形

$${}^p\tau^{\leqslant i}\mathcal{G}_\bullet \longrightarrow \mathcal{G}_\bullet \longrightarrow {}^p\tau^{\geqslant i+1}\mathcal{G}_\bullet \xrightarrow{+1} \qquad (i \in \mathbb{Z})$$

により，$\mathcal{G}_\bullet \in \mathrm{Perv}(\mathbb{C}_Y)$ と仮定してよい．このとき定理 7.16 より直和分解

$$\psi_g(\mathcal{G}_\bullet) \simeq \bigoplus_{\lambda \in \mathbb{C}} \psi_{g,\lambda}(\mathcal{G}_\bullet)$$

が成り立つ．よって命題 7.2 より $\psi_f(\mathbf{R}\rho_*\mathcal{G}_\bullet) \in \mathrm{D}^{\mathrm{b}}_{\mathrm{c}}(X_0)$ の直和分解（広義固有空間分解）

$$\psi_f(\mathbf{R}\rho_*\mathcal{G}_\bullet) \simeq \bigoplus_{\lambda \in \mathbb{C}} \mathbf{R}(\rho|_{Y_0})_*\psi_{g,\lambda}(\mathcal{G}_\bullet)$$

が得られる．これより点 $x \in X_0$ および $\lambda \in \mathbb{C}$ に対して有理関数 $\widetilde{\zeta}_{f,x}(\mathbf{R}\rho_*\mathcal{G}_\bullet)(t) \in \mathbb{C}(t)^*$ における因子 $t-\lambda$ の重複度は

$$\int_{\rho^{-1}(x)} \chi_{Y_0}(\psi_{g,\lambda}(\mathcal{G}_\bullet)) \in \mathbb{Z}$$

と等しいことがわかる．これは乗法群 $\mathrm{CF}_{\mathbb{C}(t)^*}(X_0)$ における等式

$$\widetilde{\zeta}_f(\mathbf{R}\rho_*\mathcal{G}_\bullet) = \int_{\rho|_{Y_0}} \widetilde{\zeta}_g(\mathcal{G}_\bullet)$$

を意味する．さらに同型 $\psi_f(\mathbf{R}\rho_*\mathcal{G}_\bullet) \simeq \mathbf{R}(\rho|_{Y_0})_*\psi_g(\mathcal{G}_\bullet)$ より得られる加法群 $\mathrm{CF}_{\mathbb{Z}}(X_0)$ における等式

$$\chi_{X_0}(\psi_f(\mathbf{R}\rho_*\mathcal{G}_\bullet)) = \int_{\rho|_{Y_0}} \chi_{Y_0}(\psi_g(\mathcal{G}_\bullet))$$

（$\int_{\rho|_{Y_0}} : \mathrm{CF}_{\mathbb{Z}}(Y_0) \longrightarrow \mathrm{CF}_{\mathbb{Z}}(X_0)$）および (7.3) より所要の等式

$$\zeta_f(\mathbf{R}\rho_*\mathcal{G}_\bullet) = \int_{\rho|_{Y_0}} \zeta_g(\mathcal{G}_\bullet)$$

を示すことができる． ■

系 7.24　定理 7.23 の状況を考える．さらに $\mathcal{G}_\bullet \in \mathrm{D}_{\mathrm{c}}^{\mathrm{b}}(Y)$ および $x \in X_0 = f^{-1}(0)$ に対して $Z = \rho^{-1}(x) \subset Y$ の滑層分割 $Z = \bigsqcup_{\alpha \in A} Z_\alpha$ であって，任意の $\alpha \in A$ に対して $\zeta_g(\mathcal{G}_\bullet)|_{Z_\alpha}$ が定数関数であるものをとる．このとき次の等式が成立する：

$$\zeta_{f,x}(\mathbf{R}\rho_* \mathcal{G}_\bullet)(t) = \prod_{\alpha \in A} \{\zeta_{g,y_\alpha}(\mathcal{G}_\bullet)(t)\}^{\chi(Z_\alpha)}.$$

ここで $y_\alpha \in Z_\alpha$ は Z_α の代表点である．

この系および広中の特異点解消定理より，構成可能層のモノドロミーゼータ関数を多くの場合に具体的に計算することができる．定数層 $\mathbb{C}_X$ の場合は，これは A'Campo [1] の結果である．すなわち定理 7.23 は A'Campo の定理の構成可能層への一般化である．

第 8 章 ◇ $\mathcal{D}$-加群の指数定理

本章ではホロノミー $\mathcal{D}$-加群の解層複体のオイラー・ポアンカレ指数についての柏原の指数定理を紹介する.

3 章ではホロノミー $\mathcal{D}_X$-加群 $\mathcal{M}$ に対して $\mathrm{Sol}_X(\mathcal{M})[d_X]$ および $\mathrm{DR}_X(\mathcal{M})$ が偏屈層, 特に構成可能層であることを示した. これにより, もしさらに X がコンパクトな複素多様体であれば $\mathcal{F}_\bullet = \mathrm{Sol}_X(\mathcal{M})[d_X]$ (または $\mathrm{DR}_X(\mathcal{M})$) の超コホモロジー群の有限次元性

$$\dim H^j(X;\mathcal{F}_\bullet) < +\infty \qquad (j \in \mathbb{Z})$$

が成り立つ. 残念ながらこれらの個々の超コホモロジー群の次元を決定するのは大変難しい. その代わりここではそれらの交代和

$$\chi(X;\mathcal{F}_\bullet) = \sum_{j\in\mathbb{Z}} (-1)^j \dim H^j(X;\mathcal{F}_\bullet) \in \mathbb{Z}$$

を $\mathcal{M}$ の特性サイクル $\mathrm{CC}\,\mathcal{M}$ を用いて記述する柏原の指数定理を紹介しよう. ここで $\chi(X;\mathcal{F}_\bullet) \in \mathbb{Z}$ を構成可能層 $\mathcal{F}_\bullet \in \mathrm{D}^{\mathrm{b}}_{\mathrm{c}}(X)$ の**大域オイラー・ポアンカレ指数** (global Euler-Poincaré index) と呼ぶ. この柏原による結果を契機として, $\mathcal{D}$-加群の指数定理はのちに大きな発展をとげた. 最近の進展については [105], [116], [119], [204] などを参照されたい.

8.1 準備

ここではまず簡単のため X はコンパクトな複素多様体であると仮定し, X 上の構成可能層 $\mathcal{F}_\bullet \in \mathrm{D}^{\mathrm{b}}_{\mathrm{c}}(X)$ の大域オイラー・ポアンカレ指数 $\chi(X;\mathcal{F}_\bullet) \in \mathbb{Z}$ が X の各点における $\mathcal{F}_\bullet$ のデータより定まる構成可能関数 $\chi_X(\mathcal{F}_\bullet) \in \mathrm{CF}_{\mathbb{Z}}(X)$

を用いて記述できることを思い出そう．すなわち7章で導入した位相積分

$$\int_X : \mathrm{CF}_{\mathbb{Z}}(X) \longrightarrow \mathrm{CF}_{\mathbb{Z}}(\mathrm{pt}) \simeq \mathbb{Z}$$

を用いれば，次の等式が成り立つ：

$$\chi(X; \mathcal{F}_\bullet) = \chi(\mathbf{R}\Gamma(X; \mathcal{F}_\bullet)) = \int_X \chi_X(\mathcal{F}_\bullet).$$

この事実の（$\mathcal{F}_\bullet$ に適合した X の滑層分割 $X = \bigsqcup_{\alpha \in A} X_\alpha$ を用いる）証明を考えれば，X がコンパクトでなく，さらに X をその古典位相に関する開集合でとりかえた場合でも，（X についての劣解析性 (subanalyticity) などの適当な条件の下で）同様の事実が成立するのは明らかである．以後この一般化を用いる．以上により，構成可能層 $\mathcal{F}_\bullet \in \mathrm{D}^{\mathrm{b}}_{\mathrm{c}}(X)$ に適合した X の滑層分割 $X = \bigsqcup_{\alpha \in A} X_\alpha$（$X_\alpha$ は連結）に対して等式

$$\chi(X; \mathcal{F}_\bullet) = \sum_{\alpha \in A} \chi_{x_\alpha}(\mathcal{F}_\bullet) \cdot \chi(X_\alpha)$$

が成り立つ．ここで $x_\alpha \in X_\alpha$ は滑層 X_α の代表点であり，複素多様体 X_α に対して等式 $\chi_c(X_\alpha) = \chi(X_\alpha)$ が成り立つことを用いた．よって大域オイラー・ポアンカレ指数 $\chi(X; \mathcal{F}_\bullet)$ の計算は局所オイラー・ポアンカレ指数 $\chi_x(\mathcal{F}_\bullet)$ $(x \in X)$ の計算に帰着できた．

8.2 偏屈層の特性サイクル

1章ではホロノミー $\mathcal{D}_X$-加群 $\mathcal{M}$ に対してその良いフィルター付けを用いて特性サイクル $\mathrm{CC}\,\mathcal{M}$ を定義した．ここではリーマン・ヒルベルト対応によりそれと対応する偏屈層 $\mathcal{F}_\bullet = \mathrm{Sol}_X(\mathcal{M})[d_X] \in \mathrm{Perv}(\mathbb{C}_X)$ を用いて同じものを全く別の方法で定義しよう．柏原-Schapira [116] による次の概念を用いる．

定義 8.1 $\mathcal{C}_0$ を三角圏として $T = (*)[1] \colon \mathcal{C}_0 \xrightarrow{\sim} \mathcal{C}_0$ をそのシフト函手とする．このとき $\mathcal{C}_0$ の対象の族 $\mathcal{N}$ が <u>零システム</u> (null system) であるとは次の3条件を満たすことをいう：

(1) $0 \in \mathcal{N}$.

(2) $\mathcal{X} \in \mathcal{N} \Longleftrightarrow \mathcal{X}[1] \in \mathcal{N}$.

(3) $\mathcal{C}_0$ の特殊三角形 $\mathcal{X} \longrightarrow \mathcal{Y} \longrightarrow \mathcal{Z} \longrightarrow \mathcal{X}[1]$ に対して $\mathcal{X}, \mathcal{Y} \in \mathcal{N}$ であれば $\mathcal{Z} \in \mathcal{N}$ である.

三角圏 $\mathcal{C}_0$ $(T = (*)[1] \colon \mathcal{C}_0 \xrightarrow{\sim} \mathcal{C}_0)$ の零システム $\mathcal{N}$ より $\mathcal{C}_0$ の射の族 $\mathcal{S}(\mathcal{N})$ を次のように定める：

$$(\mathcal{X} \underset{\phi}{\longrightarrow} \mathcal{Y}) \in \mathcal{S}(\mathcal{N})$$

$$\Longleftrightarrow \quad \phi \text{ はある特殊三角形 } \mathcal{X} \underset{\phi}{\longrightarrow} \mathcal{Y} \longrightarrow \mathcal{Z} \longrightarrow \mathcal{X}[1]$$

$$\text{であって } \mathcal{Z} \in \mathcal{N} \text{ を満たすものに埋め込める.}$$

このとき $\mathcal{S}(\mathcal{N})$ は三角圏 $\mathcal{C}_0$ の乗法的システム (multiplicative system) となり, $\mathcal{C}_0$ の $\mathcal{S}(\mathcal{N})$ による局所化 $(\mathcal{C}_0)_{\mathcal{N}} := (\mathcal{C}_0)_{\mathcal{S}(\mathcal{N})}$ が定義される (柏原-Schapira [116, Proposition 1.6.7] を参照). 以上の構成を複素多様体 X より定まる三角圏 $\mathcal{C}_0 = \mathrm{D}^{\mathrm{b}}(X)$ に適用しよう. 余接束 T^*X の 1 点 $p \in T^*X$ に対して $\mathrm{D}^{\mathrm{b}}(X)$ の零システム $\mathcal{N}(p)$ が

$$\mathcal{N}(p) = \{\mathcal{F}_\bullet \in \mathrm{D}^{\mathrm{b}}(X) \mid p \notin \mathrm{SS}(\mathcal{F}_\bullet)\}$$

により定まる. これにより $\mathcal{C}_0 = \mathrm{D}^{\mathrm{b}}(X)$ を局所化して得られる圏 $(\mathcal{C}_0)_{\mathcal{N}(p)}$ を $\mathrm{D}^{\mathrm{b}}(X;p)$ と記す. さて $\mathcal{M}$ をホロノミー $\mathcal{D}_X$-加群とし, $X = \bigsqcup_{\alpha \in A} X_\alpha$ を X の Whitney 滑層分割であって条件 $\mathrm{ch}\,\mathcal{M} \subset \bigsqcup_{\alpha \in A} T^*_{X_\alpha}X$ を満たすものとする. このとき定理 3.29 の証明よりこの滑層分割は偏屈層 $\mathrm{Sol}_X(\mathcal{M})[d_X] \in \mathrm{Perv}(\mathbb{C}_X)$ と適合している.

定理 8.2 (**柏原-Schapira [115, Theorem 9.5.2]**) $\mathcal{F}_\bullet \in \mathrm{Perv}(\mathbb{C}_X)$ を X 上の偏屈層とし, $X = \bigsqcup_{\alpha \in A} X_\alpha$ を X の Whitney 滑層分割であって条件 $\mathrm{SS}(\mathcal{F}_\bullet) \subset \bigsqcup_{\alpha \in A} T^*_{X_\alpha}X$ を満たすものとする. このとき各 $\alpha \in A$ に対してある非負整数 $m_\alpha \geq 0$ が存在して, すべての点

$$p \in T^*_{X_\alpha} X \setminus \left(\bigcup_{\beta \neq \alpha} \overline{T^*_{X_\beta} X} \right)$$

に対して圏 $\mathrm{D}^{\mathrm{b}}(X; p)$ における同型 $\mathcal{F}_\bullet \simeq \mathbb{C}_{X_\alpha}^{\oplus m_\alpha}[d_{X_\alpha}]$ が成り立つ.

この定理にあらわれる $m_\alpha \geq 0$ を偏屈層 $\mathcal{F}_\bullet$ のラグランジュ部分代数多様体 $V_\alpha = \overline{T^*_{X_\alpha} X} \subset T^*X$ に沿う **重複度** (multiplicity) と呼ぶ. ホロノミー $\mathcal{D}_X$-加群 $\mathcal{M}$ に対応する偏屈層 $\mathcal{F}_\bullet = \mathrm{Sol}_X(\mathcal{M})[d_X] \in \mathrm{Perv}(\mathbb{C}_X)$ の場合にこれが1章で定めた重複度 $\mathrm{mult}_{V_\alpha} \mathcal{M}$ と等しいことは次のようにして示せる. ここではその概略のみを述べる. まず $Y = X_\alpha$ とおき, X の局所座標 $x = (x_1, \ldots, x_n)$ を用いて $Y = \{x_1 = \cdots = x_d = 0\}$ ($d = \mathrm{codim}_X Y = d_X - d_Y$) と表示する. また $\mathcal{E}^{\mathbb{R}}_X$ を T^*X 上の **正則マイクロ微分作用素** (holomorphic microdifferential operator) の (非可換) 環の層とする. 射影 $\pi \colon T^*X \longrightarrow X$ より定まる $\pi^{-1}\mathcal{D}_X$ は $\mathcal{E}^{\mathbb{R}}_X$ の部分環の層となる. このとき柏原 [102, Theorem 3.2.1] によればすべての点

$$p \in T^*_Y X \setminus \left(\bigcup_{\beta \neq \alpha} \overline{T^*_{X_\beta} X} \right) \subset T^*_Y X$$

に対して, その近傍で $\mathcal{E}^{\mathbb{R}}_X$-加群としての同型

$$\mathcal{E}^{\mathbb{R}}_X \otimes_{\pi^{-1}\mathcal{D}_X} \pi^{-1}\mathcal{M} \simeq \left(\mathcal{E}^{\mathbb{R}}_X \Big/ \sum_{i=1}^{d} \mathcal{E}^{\mathbb{R}}_X x_i + \sum_{i=d+1}^{n} \mathcal{E}^{\mathbb{R}}_X \partial_i \right)^{\oplus \mathrm{mult}_{V_\alpha} \mathcal{M}}$$

が成り立つ. さらに Y に沿う **超局所化函手** (microlocalization functor) ([116] などを参照)

$$\mu_Y(*) \colon \mathrm{D}^{\mathrm{b}}(X) \longrightarrow \mathrm{D}^{\mathrm{b}}(T^*_Y X)$$

に対して $H^j \mu_Y(\mathcal{O}_X) \simeq 0$ ($j \neq d = \mathrm{codim}_X Y$) が成り立ち, $\mathcal{C}^{\mathbb{R}}_{Y|X} = H^d \mu_Y(\mathcal{O}_X)$ は左 $\mathcal{E}^{\mathbb{R}}_X$-加群として次の構造を持つ：

$$\mathcal{C}^{\mathbb{R}}_{Y|X} \simeq \mathcal{E}^{\mathbb{R}}_X \Big/ \sum_{i=1}^{d} \mathcal{E}^{\mathbb{R}}_X x_i + \sum_{i=d+1}^{n} \mathcal{E}^{\mathbb{R}}_X \partial_i$$

$$\simeq \mathcal{E}_X^{\mathbb{R}} \otimes_{\pi^{-1}\mathcal{D}_X} \pi^{-1}\mathcal{B}_{Y|X}$$

(佐藤-河合-柏原 [112] を参照). $\mathcal{C}_{Y|X}^{\mathbb{R}}$ を **正則マイクロ関数** (holomorphic microfunction) の層と呼ぶ. 以上により上記の点 $p \in T_Y^*X$ の近傍における次の同型が得られる：

$$\begin{aligned}\mu_Y(\mathcal{F}_\bullet) &\simeq \mathbf{R}\mathcal{H}om_{\pi^{-1}\mathcal{D}_X}(\pi^{-1}\mathcal{M}, \mathcal{C}_{Y|X}^{\mathbb{R}})[d_X - d] \\ &\simeq \mathbf{R}\mathcal{H}om_{\mathcal{E}_X^{\mathbb{R}}}(\mathcal{E}_X^{\mathbb{R}} \otimes_{\pi^{-1}\mathcal{D}_X} \pi^{-1}\mathcal{M}, \mathcal{C}_{Y|X}^{\mathbb{R}})[d_Y] \\ &\simeq \mathbf{R}\mathcal{H}om_{\pi^{-1}\mathcal{D}_X}(\pi^{-1}\mathcal{B}_{Y|X}^{\oplus \mathrm{mult}_{V_\alpha}\mathcal{M}}, \mathcal{C}_{Y|X}^{\mathbb{R}})[d_Y] \\ &\simeq \mu_Y(\mathbf{R}\mathcal{H}om_{\mathcal{D}_X}(\mathcal{B}_{Y|X}^{\oplus \mathrm{mult}_{V_\alpha}\mathcal{M}}, \mathcal{O}_X))[d + d_Y] \\ &\simeq \mu_Y(\mathbb{C}_Y^{\oplus \mathrm{mult}_{V_\alpha}\mathcal{M}})[d_Y] \simeq (\mathbb{C}_{T_Y^*X}[d_Y])^{\oplus \mathrm{mult}_{V_\alpha}\mathcal{M}}.\end{aligned}$$

一方圏 $\mathrm{D^b}(X;p)$ における同型 $\mathcal{F}_\bullet \simeq \mathbb{C}_Y^{\oplus m_\alpha}[d_Y]$ より, 点 $p \in T_Y^*X$ の近傍における同型

$$\mu_Y(\mathcal{F}_\bullet) \simeq \mu_Y(\mathbb{C}_Y^{\oplus m_\alpha}[d_Y]) \simeq (\mathbb{C}_{T_Y^*X}[d_Y])^{\oplus m_\alpha}$$

が成り立つ. ここで柏原-Schapira [116, Corollary 5.4.10 (i)] を用いた. よって等式 $\mathrm{mult}_{V_\alpha}\mathcal{M} = m_\alpha$ が示せた. 偏屈層 $\mathcal{F}_\bullet \in \mathrm{Perv}(\mathbb{C}_X)$ の重複度は次の Ginzburg [61] の定理により消滅サイクル函手を用いて計算することができる (Dimca [39, Proposition 4.3.20] も参照).

定理 8.3 (**Ginzburg [61]**) $Y = X_\alpha$ の X における余次元は 1 以上であると仮定する. また上記の点 $p \in T_Y^*X$ に対して $x_\alpha = \pi(p) \in Y = X_\alpha$ とおく. さらに点 x_α の X における近傍上の正則関数 f であって条件 $f(x_\alpha) = 0, df(x_\alpha) = p \in T_Y^*X$ を満たし, その $Y = X_\alpha$ への制限 $f|_Y$ は点 $x_\alpha \in Y$ において **非退化臨界点** (non-degenerate critical point) を持つものをとる. すなわち $Y = X_\alpha$ の局所座標 $y = (y_1, \ldots, y_{d_Y})$ であって $x_\alpha = 0$ かつ $f|_Y(y) = y_1^2 + \cdots + y_{d_Y}^2$ を満たすものが存在すると仮定する (モースの補題). このとき偏屈消滅サイクル函手 ${}^p\phi_f(*) = \phi(*)[-1] \colon \mathrm{D^b}(X) \longrightarrow \mathrm{D^b}(f^{-1}(0))$ に対して同型

$$H^j\left({}^p\phi_f(\mathcal{F}_\bullet)\right)_{x_\alpha} \simeq \begin{cases} \mathbb{C}^{\oplus m_\alpha} & (j=0) \\ 0 & (j \neq 0) \end{cases}$$

が成り立つ.

証明 $p \in T^*_Y X \setminus T^*_X X$ より $df(x_\alpha) \neq 0$ であり，複素超曲面 $f^{-1}(0) \subset X$ は点 x_α の近傍で滑らかであることに注意せよ．よって柏原-Schapira [116, Proposition 8.6.3] および圏 $\mathrm{D^b}(X;p)$ における同型 $\mathcal{F}_\bullet \simeq \mathbb{C}_Y^{\oplus m_\alpha}[d_Y]$ より次の同型が得られる：

$${}^p\phi_f(\mathcal{F}_\bullet)_{x_\alpha} \simeq {}^p\phi_f(\mathbb{C}_Y^{\oplus m_\alpha}[d_Y])_{x_\alpha} \simeq {}^p\phi_{f|_Y}(\mathbb{C}_Y^{\oplus m_\alpha}[d_Y])_{x_\alpha}.$$

ここで最後の同型において命題 7.2 を用いた．よってあとは $Y = X_\alpha$ 内の複素超曲面 $(f|_Y)^{-1}(0) \subset Y$ が点 x_α において孤立特異点を持ちそのミルナー数が 1 であることに注意すればよい． ■

8.3 オイラー障害

以下 X は複素多様体とし，$Y \subset X$ はその複素解析的部分集合とする．連結な滑層 X_α からなる X の Whitney 滑層分割 $X = \bigsqcup_{\alpha \in A} X_\alpha$ であって，ある部分集合 $B \subset A$ に対して $Y = \bigsqcup_{\beta \in B} X_\beta$ となるものを 1 つとり固定する．これを Y に適合した X の Whitney 滑層分割と呼ぶ．このとき添え字 $\beta \in B$ に対して $Y_\beta = X_\beta$ とおくことで Y の滑層分割 $Y = \bigsqcup_{\beta \in B} Y_\beta$ が得られる．Y 上の構成可能関数 $\mathrm{Eu}_Y \in \mathrm{CF}_{\mathbb{Z}}(Y) \subset \mathrm{CF}_{\mathbb{Z}}(X)$ であって各滑層 Y_β $(\beta \in B)$ 上定数であるものを $\mathrm{codim}_Y Y_\beta = \dim Y - \dim Y_\beta$ について帰納的に次のように定義する（$y_\beta \in Y_\beta$ は Y_β の代表点）：

(1): $\mathrm{codim}_Y Y_\beta = 0$ ならば $\mathrm{Eu}_Y(y_\beta) = 1$ とおく．

(2): ある $k \geq 0$ に対して $\mathrm{codim}_Y Y_\beta \leq k$ を満たすすべての滑層 Y_β 上での Eu_Y の値 $\mathrm{Eu}_Y(y_\beta) \in \mathbb{Z}$ がすでに定まったとする．このとき $\mathrm{codim}_Y Y_{\beta_0} = k+1$ となる滑層 Y_{β_0} 上での Eu_Y の値を次の式で定

める：

$$\mathrm{Eu}_Y(y_{\beta_0}) = \sum_{\beta \neq \beta_0} \mathrm{Eu}_Y(y_\beta) \cdot \chi(U \cap Y_\beta).$$

ここで X の開集合 $U \subset X$ は点 $y_{\beta_0} \in Y_{\beta_0}$ を中心とする十分小さい開球 $B(y_{\beta_0}; \varepsilon) \subset X$ $(0 < \varepsilon \ll 1)$ およびその点の近傍上での実数値実解析関数 ψ であって条件

$$\psi|_{Y_{\beta_0}} \equiv 0, \quad d\psi(y_{\beta_0}) \in T^*_{Y_{\beta_0}} X \setminus \left(\bigcup_{\alpha \neq \beta_0} \overline{T^*_{X_\alpha} X} \right)$$

（同一視 $T^*(X_{\mathbb{R}}) \simeq (T^*X)_{\mathbb{R}}$ を用いた）

を満たすものを用いて

$$U = B(y_{\beta_0}; \varepsilon) \cap \{\psi < 0\}$$

と定めた．このとき U はある十分小さい開半球である．

集合 $T^*_{Y_{\beta_0}} X \setminus (\bigcup_{\alpha \neq \beta_0} \overline{T^*_{X_\alpha} X}) \subset T^*_{Y_{\beta_0}} X$ における点 y_{β_0} のファイバーが連結であることと，上記の条件を満たす実解析関数 ψ に対して実超曲面 $\psi^{-1}(0) \subset X$ が滑層 X_α $(\alpha \neq \beta_0)$ たちと横断的に交わることより，上の定義が ψ のとり方によらないことがわかる．さらに次が成り立つ．

補題 8.4 構成可能関数 $\mathrm{Eu}_Y \in \mathrm{CF}_{\mathbb{Z}}(Y)$ は Y に適合した X の Whitney 滑層分割 $X = \bigsqcup_{\alpha \in A} X_\alpha$ のとり方によらない．

証明 2 つのそのような滑層分割 $X = \bigsqcup_{\alpha \in A} X_\alpha$ および $X = \bigsqcup_{\alpha' \in A'} X_{\alpha'}$ を考える．これらの共通の細分を考えることにより，後者は前者の細分であると仮定してよい．すると滑層 $X_{\alpha'}$ $(\alpha' \in A')$ の余次元についての帰納法により，8.1 節で説明した大域オイラー・ポアンカレ指数の加法性を用いて 2 つの Eu_Y がすべての滑層 $X_{\alpha'} \subset Y$ 上で等しいことが示せる． ■

上の補題の証明により，Y の正則部分 Y_{reg} に対して $\mathrm{Eu}_Y|_{Y_{\mathrm{reg}}} \equiv 1$ が成り立つことがわかる．

定義 8.5 (柏原 [97], [102]) 補題 8.4 により Y に適合した X の Whitney 滑層分割のとり方によらず定まる構成可能関数 $\mathrm{Eu}_Y \in \mathrm{CF}_{\mathbb{Z}}(Y)$ を Y の **オイラー障害** (Euler obstruction) と呼ぶ.

オイラー障害は, 特異代数多様体の特性類の研究において MacPherson [142] により柏原 [97], [102] とは独立に同じものが定義された.

● **例 8.6** $Y \subset X = \mathbb{C}^n$ $(n \geq 3)$ は点 $p \in Y$ を孤立特異点に持つ $X = \mathbb{C}^n$ の複素超曲面とする. このとき p を通る $X = \mathbb{C}^n$ 内のアフィン超平面 $H \simeq \mathbb{C}^{n-1}$ であって条件

$$\overline{T^*_{Y_{\mathrm{reg}}} X} \cap (T^*_H X)_p \subset (T^*_X X)_p$$

を満たすものに対して等式

$$\mathrm{Eu}_Y(p) = 1 + (-1)^n \mu_{Y \cap H}$$

が成り立つ. ここで $\mu_{Y \cap H} > 0$ は点 $p \in Y \cap H$ を孤立特異点に持つ複素超曲面 $Y \cap H \subset H$ の p におけるミルナー数である (柏原 [102, pp. 125–126] を参照).

$Y \subset X$ が非孤立特異点を持つ場合にオイラー障害 $\mathrm{Eu}_Y \in \mathrm{CF}_{\mathbb{Z}}(Y)$ を計算することは一般には難しい問題である. しかしながら松井-竹内 [154] において正規とは限らない一般のトーリック多様体のオイラー障害の組み合わせ論的な公式が得られた. さらにそれを用いて Gelfand-Kapranov-Zelevinsky [59] の定義した A-判別式 (多様体) の次元と次数を求める公式が得られた.

8.4 柏原の指数定理

以上の準備の下, 以下の **柏原の指数定理** (Kashiwara's index theorem) を説明しよう.

定理 8.7 (柏原 [97], [102]) ホロノミー $\mathcal{D}_X$-加群 $\mathcal{M}$ に対して連結な滑層

X_α からなる X の Whitney 滑層分割 $\bigsqcup_{\alpha\in A} X_\alpha$ であって条件

$$\operatorname{ch}\mathcal{M} \subset \bigsqcup_{\alpha\in A} T^*_{X_\alpha}X$$

を満たすものをとる．さらに $\mathcal{M}$ のラグランジュ部分代数多様体 $V_\alpha = \overline{T^*_{X_\alpha}X} \subset T^*X$ に沿う重複度を $m_\alpha \geq 0$ と記す．このとき $\mathcal{M}$ と対応する偏屈層 $\mathcal{F}_\bullet = \mathrm{Sol}_X(\mathcal{M})[d_X] \in \mathrm{Perv}(\mathbb{C}_X)$ に対して次の $\mathrm{CF}_\mathbb{Z}(X)$ における等式が成り立つ：

$$\chi_X(\mathcal{F}_\bullet) = \sum_{\alpha\in A} (-1)^{d_{X_\alpha}} m_\alpha \cdot \mathrm{Eu}_{\overline{X_\alpha}}.$$

証明　各滑層 $X_\alpha \subset X$ に対してその代表点 $x_\alpha \in X_\alpha$ をとり，等式

$$\chi_{x_\alpha}(\mathcal{F}_\bullet) = \sum_{X_\alpha \subset \overline{X_\beta}} (-1)^{d_{X_\beta}} m_\beta \cdot \mathrm{Eu}_{\overline{X_\beta}}(x_\alpha)$$

を示せばよい．以下これを X_α の X における余次元に関する帰納法により証明する．余次元 0 の場合は明らかである．点 x_α の X における近傍上で定義された実数値実解析関数 ψ であって条件

$$\psi|_{X_\alpha} \equiv 0, \quad d\psi(x_\alpha) \in T^*_{X_\alpha}X \setminus \left(\bigcup_{\beta\neq\alpha} \overline{T^*_{X_\beta}X} \right)$$

を満たすものにより定まる X の閉半空間 $\{\psi \geq 0\}$ を Z と記す．このとき点 $p = d\psi(x_\alpha) \in T^*X$ における局所化により得られる圏 $\mathrm{D^b}(X;p)$ での同型 $\mathcal{F}_\bullet \simeq \mathbb{C}_{X_\alpha}^{\oplus m_\alpha}[d_{X_\alpha}]$ より次の同型が成り立つ：

$$[\mathbf{R}\Gamma_Z(\mathcal{F}_\bullet)]_{x_\alpha} \simeq \left[\mathbf{R}\Gamma_Z(\mathbb{C}_{X_\alpha}^{\oplus m_\alpha}[d_{X_\alpha}])\right]_{x_\alpha} \simeq \mathbb{C}^{\oplus m_\alpha}[d_{X_\alpha}].$$

これにより x_α を中心とする十分小さい開球 $B(x_\alpha;\varepsilon) \subset X$ $(0 < \varepsilon \ll 1)$ をとり $U = B(x_\alpha;\varepsilon) \cap \{\psi < 0\}$ とおくことで次の等式が得られる：

$$\chi_{x_\alpha}(\mathcal{F}_\bullet) = (-1)^{d_{X_\alpha}} m_\alpha + \chi(U;\mathcal{F}_\bullet)$$

$$
\begin{aligned}
&= (-1)^{d_{X_\alpha}} m_\alpha + \sum_{X_\alpha \subset \partial X_\beta} \left\{ \sum_{X_\beta \subset \overline{X_\gamma}} (-1)^{d_{X_\gamma}} m_\gamma \cdot \mathrm{Eu}_{\overline{X_\gamma}}(x_\beta) \right\} \cdot \chi(U \cap X_\beta) \\
&= (-1)^{d_{X_\alpha}} m_\alpha \cdot \mathrm{Eu}_{\overline{X_\alpha}}(x_\alpha) \\
&\quad + \sum_{X_\alpha \subset \partial X_\gamma} (-1)^{d_{X_\gamma}} m_\gamma \cdot \left\{ \sum_{X_\beta \subset \overline{X_\gamma}} \mathrm{Eu}_{\overline{X_\gamma}}(x_\beta) \cdot \chi(U \cap X_\beta) \right\} \\
&= \sum_{X_\alpha \subset \overline{X_\gamma}} (-1)^{d_{X_\gamma}} m_\gamma \cdot \mathrm{Eu}_{\overline{X_\gamma}}(x_\alpha).
\end{aligned}
$$

ここで第2の等式で8.1節で説明した大域オイラー・ポアンカレ指数の加法性および帰納法の仮定を用いた．また最後の等式は$\overline{X_\gamma}$のオイラー障害$\mathrm{Eu}_{\overline{X_\gamma}}$の定義より得られる． ■

余接束T^*X内の既約かつ錐的 (conic) なラグランジュ部分代数多様体の生成する自由アーベル群を$\mathrm{L}(T^*X)$と記す．このとき上の柏原の指数定理の証明より次の結果が得られる．

命題 8.8　次のアーベル群の同型が成り立つ：

$$
\begin{array}{ccc}
\mathrm{L}(T^*X) & \xrightarrow{\sim} & \mathrm{CF}_{\mathbb{Z}}(X) \\
\cup & & \cup \\
\overline{T^*_{Y_{\mathrm{reg}}} X} & \longmapsto & (-1)^{d_Y} \mathrm{Eu}_Y .
\end{array}
$$

ここで$Y \subset X$はXの既約な部分代数多様体である．

この命題の同型によりホロノミー$\mathcal{D}_X$-加群の特性サイクル$\mathrm{CC}\,\mathcal{M} \in \mathrm{L}(T^*X)$は構成可能関数$\chi_X(\mathcal{F}_\bullet) \in \mathrm{CF}_{\mathbb{Z}}(X)$ ($\mathcal{F}_\bullet = \mathrm{Sol}_X(\mathcal{M})[d_X] \in \mathrm{Perv}(\mathbb{C}_X)$)と対応することに注意せよ．MacPherson [142] らによる特異代数多様体の特性類，いわゆるChern-Schwartz-MacPherson類の理論においてはこの対応が本質的な役割を果たす．実際Sabbah [188] およびKennedy [131] はホロノミー$\mathcal{D}$-加群の特性サイクルの順像に関する函手性からChern-Schwartz-MacPherson類の函手性を証明した (Schürmann [212] も参照)．特異代数多様体の特性類の理論の最近の進展については，特にBrasselet-Schürmann-與倉 [22], Parusinski-

Pragacz [183] などを参照せよ．また Dubson [44] および柏原 [105] により大域オイラー・ポアンカレ指数を T^*X 内の交点数として表す公式

$$\chi(X;\mathcal{F}_\bullet) = [\mathrm{CC}\,\mathcal{F}_\bullet]\cdot[T^*_X X]$$

が得られている．ここで $\mathcal{F}_\bullet$ は実解析的多様体 X の上の劣解析的 (subanalytic) な滑層分割と対応する **実構成可能層** ($\mathbb{R}$-constructible sheaf) であり，その特性サイクル $\mathrm{CC}\,\mathcal{F}_\bullet$ は上で説明したものとは符号が異なる（詳細は柏原-Schapira [116, Chapter 9] を参照）．特に $\mathcal{F}_\bullet$ が定数層 $\mathbb{C}_X$ の場合，この公式は古典的なポアンカレ・ホップの定理と一致している．これらの指数定理はさらに Elliptic pair (Schapira-Schneiders [204]) や Lefschetz 型（Guillermou [72], [74]，松井-竹内 [153]，池-松井-竹内 [92] などを参照）などにも一般化されている．また実構成可能層の特性サイクルの理論は，特に表現論や特異点理論などに重要な応用がある（Schmid-Vilonen [205], [207], Schürmann [211] などを参照）．

第9章 ◇ 代数的 $\mathcal{D}$-加群の理論の概要

本章では Borel et al. [19] や堀田-竹内-谷崎 [89] などに詳しく解説されている代数的 $\mathcal{D}$-加群の理論の概要を述べる．代数的 $\mathcal{D}$-加群は解析的 $\mathcal{D}$-加群より狭いクラスをなすが，その一般理論は解析的 $\mathcal{D}$-加群の場合より簡単である．例えば堀田-竹内-谷崎 [89] においては代数幾何におけるスキーム理論の知識を仮定することで，その前半の百数十ページだけで様々な重要な基本定理，特にリーマン・ヒルベルト対応の証明が与えられている．これは代数的な場合，ホロノミー $\mathcal{D}$-加群の函手性についての証明がワイル代数の議論に帰着されること，ホロノミー $\mathcal{D}$-加群の組成列における組成因子がすべて既約な可積分接続の極小拡張となることなどの事実に基づく．特に後者により，正則ホロノミー $\mathcal{D}$-加群に対するリーマン・ヒルベルト対応の証明は，Deligne [32] による正則な可積分接続に対するリーマン・ヒルベルト対応に帰着される．詳しい証明は Borel et al. [19] や堀田-竹内-谷崎 [89] などを参照されたい．

9.1 代数的 $\mathcal{D}$-加群

以下 X を複素数体 $\mathbb{C}$ 上の代数多様体とし，$\mathcal{O}_X$ をその **構造層** (structure sheaf) とする（Hartshorne [77] などを参照）．すなわち X の各点に対してそのアフィン開近傍 $U = \mathrm{Specm}(A)$（A は $\mathbb{C}$ 上有限生成な代数）が存在するとする．このとき $\mathcal{O}_X$-加群の層 $\mathcal{M}$ が **準連接的** (quasi-coherent) であるとは，$\mathcal{M}$ の各アフィン開集合 $U = \mathrm{Specm}(A) \subset X$ 上への制限 $\mathcal{M}|_U$ がある A-加群 M の **局所化** (localization) として得られる U 上の層 $\widetilde{M}$ と $\mathcal{O}_U$-加群として同型であることをいう．この M としてさらに A-加群として有限生成なものがとれるとき，$\mathcal{M}$ は **連接的** (coherent) であるという．これらはアーベル圏をなす．準連接的（連接的）な $\mathcal{O}_X$-加群のなすアーベル圏を $\mathrm{Mod}_{\mathrm{qc}}(\mathcal{O}_X)$ ($\mathrm{Mod}_{\mathrm{coh}}(\mathcal{O}_X)$) と記す．このとき，さらに X がアフィン代数多様体 $\mathrm{Specm}(A)$ である場合は次の圏同値が存在する：

$$\begin{array}{ccc} \mathrm{Mod}(A) & \xrightarrow{\sim} & \mathrm{Mod}_{\mathrm{qc}}(\mathcal{O}_X) \\ \uplus & & \uplus \\ M & \longmapsto & \widetilde{M}. \end{array}$$

ここで逆対応は$\mathcal{M} \longmapsto \Gamma(X;\mathcal{M})$により与えられる．さらにこの圏同値において充満部分圏$\mathrm{Mod}_{\mathrm{coh}}(\mathcal{O}_X) \subset \mathrm{Mod}_{\mathrm{qc}}(\mathcal{O}_X)$は有限生成$A$-加群のなすアーベル圏$\mathrm{Mod}_{\mathrm{f}}(A) \subset \mathrm{Mod}(A)$と対応する．以後$\mathcal{D}$-加群を考えるために$X$は滑らかであると仮定しよう．このとき解析的$\mathcal{D}$-加群の場合と同様に$X$上の正則ベクトル場（層$\mathcal{O}_X$の$\mathbb{C}$-微分 (derivation)）のなす層$\Theta_X = \mathrm{Der}_{\mathbb{C}_X}(\mathcal{O}_X) \subset \mathcal{E}nd_{\mathbb{C}_X}(\mathcal{O}_X)$を用いて非可換環の層$\mathcal{D}_X$が

$$\mathcal{D}_X := \{\mathcal{O}_X \text{ と } \Theta_X \text{ により生成される } \mathcal{E}nd_{\mathbb{C}_X}(\mathcal{O}_X) \text{ の部分環}\}$$

と定まる．Xのアフィン開集合上の<u>正則パラメーター系</u> (regular parameter system) $x = (x_1, \ldots, x_n)$ $(n = \dim X, x_i \in \mathcal{O}_X)$を用いれば，$\mathcal{D}_X$の切断$P$は局所的に

$$P = \sum_{\alpha \in \mathbb{Z}_+^n} a_\alpha(x)\partial_x^\alpha \quad (a_\alpha(x) \in \mathcal{O}_X)$$

と表示される．すなわち$\mathcal{D}_X$は$\mathcal{O}_X$上局所自由，特に準連接的である．解析的な場合と同様にして，環の層$\mathcal{D}_X$がネーター的 (Noetherian) 特に連接的であることが示せる．よってその各点$x \in X$における茎$\mathcal{D}_{X,x}$は左および右ネーター環である．さらに同様の事実がXのアフィン開集合$U = \mathrm{Specm}(A) \subset X$に対する環$\mathcal{D}_X(U)$について成り立つ．解析的な場合との主要な違いとして次のD-アフィン性がある．（左）$\mathcal{D}_X$-加群であって$\mathcal{O}_X$-加群として準連接的であるもののなすアーベル圏を$\mathrm{Mod}_{\mathrm{qc}}(\mathcal{D}_X)$と記す．

定義 9.1　滑らかな代数多様体Xが<u>D-アフィン</u> (D-affine) であるとは，次の2つの条件を満たすことである：

(1)　大域切断函手

$$\Gamma(X;*)\colon \mathrm{Mod}_{\mathrm{qc}}(\mathcal{D}_X) \longrightarrow \mathrm{Mod}(\Gamma(X;\mathcal{D}_X))$$

は完全である．

(2) $\mathcal{M} \in \mathrm{Mod}_{\mathrm{qc}}(\mathcal{D}_X)$ が $\Gamma(X;\mathcal{M}) = 0$ を満たせば $\mathcal{M} \simeq 0$ である.

よく知られているように X がアフィン代数多様体であればこの 2 条件は満たされる．アフィンではないが D-アフィンである X の例として，複素射影空間 $\mathbb{P}^n$ や半単純代数群の **旗多様体** (flag manifold) がある（堀田-竹内-谷崎 [89, Chapter 11] などを参照）．特に後者が D-アフィンであることが Beilinson-Bernstein および Brylinski-柏原による Kazhdan-Lusztig 予想の解決の鍵となった.

定理 9.2 滑らかな代数多様体 X は D-アフィンであると仮定する．このとき次が成り立つ：

(1) 任意の $\mathcal{M} \in \mathrm{Mod}_{\mathrm{qc}}(\mathcal{D}_X)$ は **大域切断で生成される** (generated by global sections)．すなわち $\mathcal{D}_X$-加群の層の準同型

$$\Phi\colon \mathcal{D}_X \otimes_{\Gamma(X;\mathcal{D}_X)_X} \Gamma(X;\mathcal{M})_X \longrightarrow \mathcal{M}$$

（$\Gamma(X;\mathcal{M})_X$ は $\Gamma(X;\mathcal{M})$ を茎に持つ X 上の定数層）は全射である.

(2) 大域切断函手

$$\Gamma(X;*)\colon \mathrm{Mod}_{\mathrm{qc}}(\mathcal{D}_X) \xrightarrow{F} \mathrm{Mod}(\Gamma(X;\mathcal{D}_X))$$

は圏同値を引き起こす．さらにこの圏同値により連接 $\mathcal{D}_X$-加群の圏 $\mathrm{Mod}_{\mathrm{coh}}(\mathcal{D}_X)$ は有限生成加群の圏 $\mathrm{Mod}_{\mathrm{f}}(\Gamma(X;\mathcal{D}_X))$ と対応する.

証明 (1) $\mathcal{M}' := \mathrm{Im}\,\Phi \subset \mathcal{M}$ とおく．すると仮定より短完全列

$$0 \longrightarrow \Gamma(X;\mathcal{M}') \longrightarrow \Gamma(X;\mathcal{M}) \longrightarrow \Gamma(X;\mathcal{M}/\mathcal{M}') \longrightarrow 0$$

が得られるが，$\mathcal{M}'$ の定義より準同型 $\Gamma(X;\mathcal{M}') \longrightarrow \Gamma(X;\mathcal{M})$ は同型である. よって $\Gamma(X;\mathcal{M}/\mathcal{M}') = 0$ すなわち $\mathcal{M}/\mathcal{M}' \simeq 0$ が得られる.

(2) 函手

$$\begin{array}{ccc} \mathrm{Mod}(\Gamma(X;\mathcal{D}_X)) & \xrightarrow{\quad G \quad} & \mathrm{Mod}_{\mathrm{qc}}(\mathcal{D}_X) \\ \Psi & & \Psi \\ M & \longmapsto & \mathcal{D}_X \otimes_{\Gamma(X;\mathcal{D}_X)_X} M_X \end{array}$$

がFの逆函手 (quasi-inverse) を与えることを示せばよい．1点集合 pt への射 $a = a_X \colon X \longrightarrow \mathrm{pt}$ を考えよう．このとき $a_*\mathcal{D}_X \simeq \Gamma(X;\mathcal{D}_X), a^{-1}a_*\mathcal{D}_X \simeq \Gamma(X;\mathcal{D}_X)_X$ であり，$M \in \mathrm{Mod}(\Gamma(X;\mathcal{D}_X))$ および $\mathcal{N} \in \mathrm{Mod}_{\mathrm{qc}}(\mathcal{D}_X)$ に対して次の同型が成り立つ：

$$\mathrm{Hom}_{\mathcal{D}_X}(\mathcal{D}_X \otimes_{\Gamma(X;\mathcal{D}_X)_X} M_X, \mathcal{N}) \simeq \mathrm{Hom}_{a^{-1}a_*\mathcal{D}_X}(a^{-1}M, \mathcal{H}om_{\mathcal{D}_X}(\mathcal{D}_X, \mathcal{N}))$$

$$\simeq \mathrm{Hom}_{a_*\mathcal{D}_X}(M, a_*\mathcal{N}) \simeq \mathrm{Hom}_{\Gamma(X;\mathcal{D}_X)}(M, \Gamma(X;\mathcal{N})).$$

すなわち函手GはFの左随伴函手 (left adjoint functor) である．これより次の2つの規準的な射が得られる：

$$\alpha_{\mathcal{M}} \colon \mathcal{D}_X \otimes_{\Gamma(X;\mathcal{D}_X)_X} \Gamma(X;\mathcal{M})_X \longrightarrow \mathcal{M} \quad (\mathcal{M} \in \mathrm{Mod}_{\mathrm{qc}}(\mathcal{D}_X)),$$
$$\beta_M \colon M \longrightarrow \Gamma(X;\mathcal{D}_X \otimes_{\Gamma(X;\mathcal{D}_X)_X} M_X) \quad (M \in \mathrm{Mod}(\Gamma(X;\mathcal{D}_X))).$$

これらが同型であることを示せばよい．

まず $M \in \mathrm{Mod}(\Gamma(X;\mathcal{D}_X))$ に対して完全列

$$\Gamma(X;\mathcal{D}_X)^{\oplus I} \longrightarrow \Gamma(X;\mathcal{D}_X)^{\oplus J} \longrightarrow M \longrightarrow 0$$

を1つとる．するとXはD-アフィンなので函手 $\Gamma(X;\mathcal{D}_X \otimes_{\Gamma(X;\mathcal{D}_X)_X} (*)_X)$ は右完全となり，次の行がすべて完全な可換図式が得られる：

$$\begin{array}{ccccccc}
\Gamma(X;\mathcal{D}_X)^{\oplus I} & \longrightarrow & \Gamma(X;\mathcal{D}_X)^{\oplus J} & \longrightarrow & M & \longrightarrow & 0 \\
\| & & \| & & \downarrow{\scriptstyle \beta_M} & & \\
\Gamma(X;\mathcal{D}_X)^{\oplus I} & \longrightarrow & \Gamma(X;\mathcal{D}_X)^{\oplus J} & \longrightarrow & \Gamma(X;\mathcal{D}_X \otimes_{\Gamma(X;\mathcal{D}_X)_X} M_X) & \longrightarrow & 0.
\end{array}$$

よって5項補題より β_M も同型である．

次に $\mathcal{M} \in \mathrm{Mod}_{\mathrm{qc}}(\mathcal{D}_X)$ に対して $\alpha_{\mathcal{M}}$ が同型であることを示そう．まず (1) より $\alpha_{\mathcal{M}}$ は全射である．したがってある $\mathcal{K} \in \mathrm{Mod}_{\mathrm{qc}}(\mathcal{D}_X)$ に対して次の完全列が得られる：

$$0 \longrightarrow \mathcal{K} \longrightarrow \mathcal{D}_X \otimes_{\Gamma(X;\mathcal{D}_X)_X} \Gamma(X;\mathcal{M})_X \underset{\alpha_{\mathcal{M}}}{\longrightarrow} \mathcal{M} \longrightarrow 0$$

これに完全函手$\Gamma(X;*)$を施すことで完全列

$$0 \longrightarrow \Gamma(X;\mathcal{K}) \longrightarrow \Gamma(X;\mathcal{M}) \xrightarrow{\sim} \Gamma(X;\mathcal{M}) \longrightarrow 0$$

を得る．ここで$\beta_{\Gamma(X;\mathcal{M})}$が同型であることを用いた．これより$\Gamma(X;\mathcal{K}) = 0$すなわち$\mathcal{K} \simeq 0$が得られる．よって$\alpha_{\mathcal{M}}$は同型である．以上で函手$F$が圏同値を引き起こすことが示せた．

残りの主張を示そう．まずXのアフィン開集合$U = \mathrm{Specm}(A) \subset X$に対して$\mathcal{D}_X(U)$がネーター環であることより，$\mathcal{M} \in \mathrm{Mod}_{\mathrm{qc}}(\mathcal{D}_X)$が$\mathcal{D}_X$-加群として局所有限生成であることと連接的であることは同値である．これより$\mathrm{Mod}_{\mathrm{f}}(\Gamma(X;\mathcal{D}_X))$に対する$\mathcal{D}_X$-加群$G(M) = \mathcal{D}_X \otimes_{\Gamma(X;\mathcal{D}_X)_X} M_X \in \mathrm{Mod}_{\mathrm{qc}}(\mathcal{D}_X)$は$\mathcal{D}_X$上（大域的に）有限生成すなわち連接的である．逆に$\mathcal{M} \in \mathrm{Mod}_{\mathrm{coh}}(\mathcal{D}_X)$とする．このとき$\mathcal{M}$は$\mathcal{D}_X$上局所有限生成であるが，(1)よりその生成元である$\mathcal{M}$の局所切断たちはすべて$\mathcal{M}$の大域切断すなわち$\Gamma(X;\mathcal{M})$の元であるとしてよい．スキームXは準コンパクト (quasi-compact) なのでXはそのような有限個のアフィン開集合で覆われる．これよりある有限な$0 \leq m < +\infty$に対して$\mathcal{D}_X$-加群の全射準同型$\mathcal{D}_X^{\oplus m} \twoheadrightarrow \mathcal{M}$が得られる．大域切断をとることにより全射準同型

$$\Gamma(X;\mathcal{D}_X)^{\oplus m} \twoheadrightarrow \Gamma(X;\mathcal{M})$$

を得る．すなわち$F(\mathcal{M}) = \Gamma(X;\mathcal{M}) \in \mathrm{Mod}_{\mathrm{f}}(\Gamma(X;\mathcal{D}_X))$である． ■

この定理より例えば$X = \mathbb{C}^n$に対して，代数的な連接$\mathcal{D}_X$-加群をワイル代数 (Weyl algebra) $D_n := \Gamma(\mathbb{C}^n;\mathcal{D}_{\mathbb{C}^n}) \simeq \bigoplus_{\alpha,\beta\in\mathbb{Z}_+^n} \mathbb{C}x^\alpha\partial^\beta$上の有限生成加群と自然に同一視して扱うことができる．特に$\mathbb{C}^n$上の代数的$\mathcal{D}$-加群の様々な演算を計算機で計算することができる（大阿久 [178], [180], 齋藤-Sturmfels-高山 [198], JST CREST 日比チーム [94] などを参照）．解析的$\mathcal{D}$-加群の場合と同様にして，代数的$\mathcal{D}$-加群の場合も可積分接続，$\mathcal{D}$-加群の逆像，順像，双対，テンソル積，特性多様体，ホロノミー$\mathcal{D}$-加群などが定義される．また柏原の圏同値（定理 4.22）や非特性写像による逆像により連接性が保たれること（定理 2.6）などの基本的な性質が解析的な場合と全く同様に成立する．ただし函

手SolやDRを考えるためには，（滑らかな）代数多様体Xの下にある（古典位相を持つ）複素多様体X^{an}の上に降りる必要がある．すなわち環付き空間の射$\iota = \iota_X : (X^{\mathrm{an}}, \mathcal{O}_{X^{\mathrm{an}}}) \longrightarrow (X, \mathcal{O}_X)$の環の層の準同型$\iota^{-1}\mathcal{O}_X \longrightarrow \mathcal{O}_{X^{\mathrm{an}}}$およびそれから誘導される$\iota^{-1}\mathcal{D}_X \longrightarrow \mathcal{D}_{X^{\mathrm{an}}}$を用いて，代数的な連接$\mathcal{D}_X$-加群$\mathcal{M} \in \mathrm{Mod}_{\mathrm{coh}}(\mathcal{D}_X)$の<u>**解析化**</u> (analytification) $\mathcal{M}^{\mathrm{an}} \in \mathrm{Mod}_{\mathrm{coh}}(\mathcal{D}_{X^{\mathrm{an}}})$を

$$\mathcal{M}^{\mathrm{an}} = \mathcal{D}_{X^{\mathrm{an}}} \otimes_{\iota^{-1}\mathcal{D}_X} \iota^{-1}\mathcal{M} \simeq \mathcal{O}_{X^{\mathrm{an}}} \otimes_{\iota^{-1}\mathcal{O}_X} \iota^{-1}\mathcal{M}$$

により定める．これは$\mathcal{O}_{X^{\mathrm{an}}}$の$\iota^{-1}\mathcal{O}_X$上の平坦性より完全函手を定める．そして

$$\begin{cases} \mathrm{Sol}_X(\mathcal{M}) = \mathrm{Sol}_{X^{\mathrm{an}}}(\mathcal{M}^{\mathrm{an}}) = \mathbf{R}\mathcal{H}om_{\mathcal{D}_{X^{\mathrm{an}}}}(\mathcal{M}^{\mathrm{an}}, \mathcal{O}_{X^{\mathrm{an}}}), \\ \mathrm{DR}_X(\mathcal{M}) = \mathrm{DR}_{X^{\mathrm{an}}}(\mathcal{M}^{\mathrm{an}}) = \Omega_X \otimes^{\mathbf{L}}_{\mathcal{D}_{X^{\mathrm{an}}}} \mathcal{M}^{\mathrm{an}} \end{cases}$$

とおく．これらは$\mathcal{D}_X$-加群の複体すなわち$\mathrm{D}^{\mathrm{b}}_{\mathrm{coh}}(\mathcal{D}_X) \subset \mathrm{D}^{\mathrm{b}}(\mathrm{Mod}_{\mathrm{qc}}(\mathcal{D}_X))$の対象$\mathcal{M}_\bullet$に対しても全く同様に定義される．このように$X$から$X^{\mathrm{an}}$上へ降りてくる必要は，$X$の構造層$\mathcal{O}_X$がせいぜい有理関数しか含まず連接$\mathcal{D}_X$-加群の超越的な解を含まないという困難から生ずる．すなわちリーマン・ヒルベルト対応のような$\mathcal{M}$の解から$\mathcal{M}$を復元する問題を解くためには，代数的な解$\mathbf{R}\mathcal{H}om_{\mathcal{D}_X}(\mathcal{M}, \mathcal{O}_X), \Omega_X \otimes^{\mathbf{L}}_{\mathcal{D}_X} \mathcal{M} \in \mathrm{D}^{\mathrm{b}}(X) = \mathrm{D}^{\mathrm{b}}(\mathbb{C}_X)$では不十分であり，解析的な解$\mathbf{R}\mathcal{H}om_{\mathcal{D}_{X^{\mathrm{an}}}}(\mathcal{M}^{\mathrm{an}}, \mathcal{O}_{X^{\mathrm{an}}}), \Omega_{X^{\mathrm{an}}} \otimes^{\mathbf{L}}_{\mathcal{D}_{X^{\mathrm{an}}}} \mathcal{M}^{\mathrm{an}} \in \mathrm{D}^{\mathrm{b}}(X^{\mathrm{an}}) = \mathrm{D}^{\mathrm{b}}(\mathbb{C}_{X^{\mathrm{an}}})$を考える必要がある．代数的$\mathcal{D}$-加群の場合の特別な操作として，滑らかな代数多様体の間の射$f : X \longrightarrow Y$による<u>**ねじれ逆像**</u> (twisted inverse image)：

$$f^\dagger = \mathbf{L}f^*[\dim X - \dim Y] :$$

$$\begin{array}{ccc} \mathrm{D}^{\mathrm{b}}(\mathcal{D}_Y) & \longrightarrow & \mathrm{D}^{\mathrm{b}}(\mathcal{D}_X) \\ \Psi & & \Psi \\ \mathcal{M}_\bullet & \longmapsto & \mathcal{D}_{X\to Y} \otimes^{\mathbf{L}}_{f^{-1}\mathcal{D}_Y} f^{-1}\mathcal{M}_\bullet[\dim X - \dim Y] \end{array}$$

がある．これはリーマン・ヒルベルト対応によりde Rhan函手DRを介することで，fの下にある複素多様体の射$f^{\mathrm{an}} : X^{\mathrm{an}} \longrightarrow Y^{\mathrm{an}}$による構成可能層のねじれ逆像$(f^{\mathrm{an}})^! : \mathrm{D}^{\mathrm{b}}_{\mathrm{c}}(Y^{\mathrm{an}}) \longrightarrow \mathrm{D}^{\mathrm{b}}_{\mathrm{c}}(X^{\mathrm{an}})$と対応する（後述）．

9.2 代数的ホロノミー $\mathcal{D}$-加群

X を滑らかな代数多様体とし，ホロノミー $\mathcal{D}_X$-加群のなす $\mathrm{Mod}_{\mathrm{coh}}(\mathcal{D}_X) \subset \mathrm{Mod}_{\mathrm{qc}}(\mathcal{D}_X)$ の充満部分圏を $\mathrm{Mod}_{\mathrm{h}}(\mathcal{D}_X)$ と記す．また解析的 $\mathcal{D}$-加群の場合と同様に，$\mathrm{D}^{\mathrm{b}}_{\mathrm{coh}}(\mathcal{D}_X)$ の充満部分圏 $\mathrm{D}^{\mathrm{b}}_{\mathrm{h}}(\mathcal{D}_X)$ を定める．代数的ホロノミー $\mathcal{D}_X$-加群 $\mathcal{M} \in \mathrm{Mod}_{\mathrm{h}}(\mathcal{D}_X)$ はその特性サイクルを考えることにより，有限の長さを持つ組成列

$$\mathcal{M} = \mathcal{M}_0 \supsetneqq \mathcal{M}_1 \supsetneqq \cdots \supsetneqq \mathcal{M}_r \supsetneqq \mathcal{M}_{r+1} = 0$$

($\mathcal{M}_i/\mathcal{M}_{i+1}$ は既約なホロノミー $\mathcal{D}$-加群) を持つことが, 解析的な場合の系 1.53 と同様にして示せる．これらの既約な $\mathcal{D}_X$-加群 $\mathcal{M}_i/\mathcal{M}_{i+1}$ $(0 \leq i \leq r)$ は一体何であろうか？ その答えが以下に説明する既約な可積分接続の極小拡張である．まず滑らかな代数多様体の間の射 $f\colon X \longrightarrow Y$ による順像

$$\begin{array}{cccc} \int_f\colon & \mathrm{D}^{\mathrm{b}}(\mathrm{Mod}_{\mathrm{qc}}(\mathcal{D}_X)) & \longrightarrow & \mathrm{D}^{\mathrm{b}}(\mathrm{Mod}_{\mathrm{qc}}(\mathcal{D}_Y)) \\ & \Cup & & \Cup \\ & \mathcal{M}_\bullet & \longmapsto & \mathbf{R}f_*(\mathcal{D}_{Y\leftarrow X} \otimes^{\mathbf{L}}_{\mathcal{D}_X} \mathcal{M}_\bullet) \end{array}$$

がホロノミー性を保つことすなわち $\mathrm{D}^{\mathrm{b}}_{\mathrm{h}}(\mathcal{D}_X)$ の対象を $\mathrm{D}^{\mathrm{b}}_{\mathrm{h}}(\mathcal{D}_Y)$ の対象に移すことがワイル代数の議論に帰着することで示せる（堀田-竹内-谷崎 [89, Theorem 3.2.3] などを参照）．ここで重要な点は，固有とは限らない一般の f に対する順像 $\int_f$ がホロノミー性を保つことである．これは解析的 $\mathcal{D}$-加群の場合期待することができない．また代数的 $\mathcal{D}$-加群の逆像，ねじれ逆像，双対，テンソル積などもホロノミー性を保つ．これにより射 $f\colon X \longrightarrow Y$ による<u>**固有順像**</u> (proper direct image) を

$$\int_{f!} := \mathbb{D}_Y \int_f \mathbb{D}_X \colon \mathrm{D}^{\mathrm{b}}_{\mathrm{h}}(\mathcal{D}_X) \longrightarrow \mathrm{D}^{\mathrm{b}}_{\mathrm{h}}(\mathcal{D}_Y)$$

で定義することが示せる．さらに $\mathcal{M}_\bullet \in \mathrm{D}^{\mathrm{b}}_{\mathrm{h}}(\mathcal{D}_X)$ に対して規準的な射

$$\int_{f!} \mathcal{M}_\bullet \longrightarrow \int_f \mathcal{M}_\bullet$$

が存在することが示せる．これはfが固有ならば同型である．さてXを滑らかな代数多様体とし，$Y \subset X$をその（滑らかとは限らない）既約な部分代数多様体とする．さらにYの正則部分 (regular part) $Y_{\mathrm{reg}} = Y \setminus Y_{\mathrm{sing}}$のZariski開集合$U \neq \emptyset$であって埋め込み$j\colon U \hookrightarrow X$がアフィン射となるものをとる．このとき$\mathcal{D}_{X \leftarrow U}$が右$\mathcal{D}_U$加群として平坦なことを用いて，任意の$\mathcal{M} \in \mathrm{Mod}_{\mathrm{h}}(\mathcal{D}_U)$に対して消滅

$$H^i \int_j \mathcal{M} \simeq 0 \quad (i \neq 0)$$

が示せる．さらに双対$\mathbb{D}_U$ ($\mathbb{D}_X$)が$\mathrm{Mod}_{\mathrm{h}}(\mathcal{D}_U)$ ($\mathrm{Mod}_{\mathrm{h}}(\mathcal{D}_X)$)を保つことより，同様の消滅が固有順像$\int_{j!} \mathcal{M}$についても成り立つ．よってホロノミー$\mathcal{D}_X$-加群の射$\int_{j!} \mathcal{M} \longrightarrow \int_j \mathcal{M}$が得られた．これより定まるホロノミー$\mathcal{D}_X$-加群

$$\mathcal{L}(Y;\mathcal{M}) := \mathrm{Im}\left[\int_{j!} \mathcal{M} \longrightarrow \int_j \mathcal{M}\right] \in \mathrm{Mod}_{\mathrm{h}}(\mathcal{D}_X)$$

を$\mathcal{M} \in \mathrm{Mod}_{\mathrm{h}}(\mathcal{D}_U)$の**極小拡張** (minimal extension) とよぶ．

定理 9.3 すべての既約なホロノミー$\mathcal{D}_X$-加群は，上のようなある$Y \subset X, U \subset Y_{\mathrm{reg}}$に対するある既約な可積分接続$\mathcal{N} \in \mathrm{Mod}_{\mathrm{h}}(\mathcal{D}_U)$の極小拡張$\mathcal{L}(Y;\mathcal{N})$と同型である．

この基本定理の証明は，堀田-竹内-谷崎 [89, Theorem 3.4.2 (ii)] などを参照されたい．以上により任意のホロノミー$\mathcal{D}_X$-加群は極小拡張からなる組成因子を持つことがわかった．この事実は代数的$\mathcal{D}$-加群に対するリーマン・ヒルベルト対応の証明において基本的な役割を果たす．可積分接続$\mathcal{N} \in \mathrm{Mod}_{\mathrm{h}}(\mathcal{D}_U)$の双対接続$\mathcal{N}^* \simeq \mathbb{D}_U(\mathcal{N}) \in \mathrm{Mod}_{\mathrm{h}}(\mathcal{D}_U)$に対して同型

$$\mathbb{D}_X(\mathcal{L}(Y;\mathcal{N})) \simeq \mathcal{L}(Y;\mathcal{N}^*)$$

が成り立つ（堀田-竹内-谷崎 [89, Proposition 3.4.3] などを参照）．特に$\mathcal{O}_U \in \mathrm{Mod}_{\mathrm{h}}(\mathcal{D}_U)$の極小拡張$\mathcal{L}(Y;\mathcal{O}_U)$は次のように$Y$の交叉コホモロジー複体

$IC_Y = IC_{Y^{\mathrm{an}}} \in \mathrm{D}^{\mathrm{b}}(Y^{\mathrm{an}})$ と対応する．$i\colon Y^{\mathrm{an}} \hookrightarrow X^{\mathrm{an}}$ を解析空間の閉埋め込み写像とする．このとき $\mathrm{D}^{\mathrm{b}}(X^{\mathrm{an}})$ における同型

$$\mathrm{DR}_X(\mathcal{L}(Y;\mathcal{O}_U)) \simeq i_* IC_Y$$

が成り立つ．ここまで本書を読み進めてきた読者にとって，代数的$\mathcal{D}$-加群の極小拡張がリーマン・ヒルベルト対応の理論（後述）により偏屈層のそれより着想を得たことは明らかであろう．これはBernsteinの未発表のノート [14] によるアイデアである．

9.3 代数的$\mathcal{D}$-加群に対するリーマン・ヒルベルト対応

代数的な場合もホロノミー$\mathcal{D}_X$-加群 $\mathrm{Mod}_{\mathrm{h}}(\mathcal{D}_X)$ に対してその解析化 $\mathcal{M}^{\mathrm{an}}$ はホロノミーになるので，$\mathrm{Sol}_X(\mathcal{M}), \mathrm{DR}_X(\mathcal{M}) \in \mathrm{D}^{\mathrm{b}}(X^{\mathrm{an}})$ は構成可能となる（定理 3.29）．これらは（X^{an} の代数的滑層分割と対応する）**代数的構成可能層** (algebraic constructible sheaf) のなす $\mathrm{D}^{\mathrm{b}}_{\mathrm{c}}(X^{\mathrm{an}})$ の充満部分圏 $\mathrm{D}^{\mathrm{b}}_{\mathrm{c}}(X) \subset \mathrm{D}^{\mathrm{b}}_{\mathrm{c}}(X^{\mathrm{an}})$ の対象となる．しかしながら，これらより得られる函手

$$\mathrm{DR}_X(*)\colon \mathrm{D}^{\mathrm{b}}_{\mathrm{h}}(\mathcal{D}_X) \longrightarrow \mathrm{D}^{\mathrm{b}}_{\mathrm{c}}(X)$$

などは圏同値とはならない．圏同値を得るためには，$\mathcal{M}_\bullet \in \mathrm{D}^{\mathrm{b}}_{\mathrm{h}}(\mathcal{D}_X)$ にさらに正則性（確定特異点型）の条件を課す必要がある．その定義はかなり複雑なのでここでは概略を示すに限る（詳細は堀田-竹内-谷崎 [89, Chapters 5 and 6] などを参照）．まず古典的な常微分方程式の確定特異点の理論を用いて，穴のあいたリーマン面 $Y = C \setminus \{p_1, \dots, p_k\}$（$C$ はコンパクト）の上の代数的な可積分接続の正則性が定義される．次に一般の滑らかな代数多様体 X の上の可積分接続 $\mathcal{N}$ が **正則** (regular) であることを，任意の穴のあいたリーマン面 Y から X への射 $i\colon Y \longrightarrow X$ による $\mathcal{N}$ の逆像が正則であることとして定める．こうして X 上の代数的な正則可積分接続のなすアーベル圏 $\mathrm{Conn}^{\mathrm{reg}}(X) \subset \mathrm{Mod}_{\mathrm{h}}(\mathcal{D}_X)$ が得られ，それについて次の Deligne [32] によるリーマン・ヒルベルト対応が成り立つ．

定理 9.4　**(Deligne [32])** 解析化の水平切断をとって得られる函手

$$\begin{array}{ccc} \mathrm{Conn}^{\mathrm{reg}}(X) & \longrightarrow & \mathrm{Loc}(X^{\mathrm{an}}) \\ \Cup & & \Cup \\ \mathcal{N} = (\mathcal{N}, \nabla) & \longmapsto & \mathrm{Ker}\left[\mathcal{N}^{\mathrm{an}} \xrightarrow{\nabla^{\mathrm{an}}} \Omega^1_{X^{\mathrm{an}}} \otimes_{\mathcal{O}_{X^{\mathrm{an}}}} \mathcal{N}^{\mathrm{an}}\right] \end{array}$$

は圏同値を引き起こす.

定義 9.5　ホロノミー$\mathcal{D}_X$-加群$\mathcal{M} \in \mathrm{Mod}_{\mathrm{h}}(\mathcal{D}_X)$が<u>正則</u> (regular) であるとは，そのすべての組成因子が正則な可積分接続の極小拡張であることである.

Jordan-Hölderの定理により，この定義は$\mathcal{M}$の組成列のとり方によらない. 正則なホロノミー$\mathcal{D}_X$-加群のなす$\mathrm{Mod}_{\mathrm{h}}(\mathcal{D}_X)$の充満部分圏を$\mathrm{Mod}_{\mathrm{rh}}(\mathcal{D}_X)$と記す. 同様にして$\mathrm{D}^{\mathrm{b}}_{\mathrm{h}}(\mathcal{D}_X)$の充満部分圏$\mathrm{D}^{\mathrm{b}}_{\mathrm{rh}}(\mathcal{D}_X)$を定める. 代数的$\mathcal{D}$-加群の順像，固有順像，逆像，ねじれ逆像，双対，テンソル積などはすべてこの正則性を保つ. したがって新しい逆像函手

$$f^{\star} := \mathbb{D}_X f^{\dagger} \mathbb{D}_Y : \mathrm{D}^{\mathrm{b}}_{\mathrm{rh}}(\mathcal{D}_Y) \longrightarrow \mathrm{D}^{\mathrm{b}}_{\mathrm{rh}}(\mathcal{D}_X)$$

（$f\colon X \longrightarrow Y$は滑らかな代数多様体の間の射）が定義される. 次の<u>リーマン・ヒルベルト対応</u> (Riemann-Hilbert correspondence) が代数的$\mathcal{D}$-加群の理論の最も重要な結果である.

定理 9.6　de Rham函手

$$\begin{array}{rcl} \mathrm{DR}_X(*)\colon \mathrm{D}^{\mathrm{b}}_{\mathrm{rh}}(\mathcal{D}_X) & \longrightarrow & \mathrm{D}^{\mathrm{b}}_{\mathrm{c}}(X) \\ \Cup & & \Cup \\ \mathcal{M}_\bullet & \longmapsto & \mathrm{DR}_X(\mathcal{M}_\bullet) \end{array}$$

は圏同値を引き起こす. またこの圏同値により充満部分圏$\mathrm{Mod}_{\mathrm{rh}}(\mathcal{D}_X) \subset \mathrm{D}^{\mathrm{b}}_{\mathrm{rh}}(\mathcal{D}_X)$は（$X^{\mathrm{an}}$の代数的滑層分割と対応する）<u>**代数的偏屈層**</u> (algebraic perverse sheaf) のなすアーベル圏$\mathrm{Perv}(\mathbb{C}_X) \subset \mathrm{Perv}(\mathbb{C}_{X^{\mathrm{an}}})$と対応する.

さらに函手 $\mathrm{Sol}_X(*)\colon \mathrm{D}^{\mathrm{b}}_{\mathrm{h}}(\mathcal{D}_X)^{\mathrm{op}} \longrightarrow \mathrm{D}^{\mathrm{b}}_{\mathrm{c}}(X)$ も反変的な圏同値を引き起こす．また滑らかな代数多様体の間の射 $f\colon X \longrightarrow Y$ に対して次の函手の同型（自然同値）が成り立つ：

$$\begin{aligned}
\mathrm{DR}_Y \circ \int_f &\simeq \mathbf{R}f^{\mathrm{an}}_* \circ \mathrm{DR}_X \colon \mathrm{D}^{\mathrm{b}}_{\mathrm{rh}}(\mathcal{D}_X) \longrightarrow \mathrm{D}^{\mathrm{b}}_{\mathrm{c}}(Y),\\
\mathrm{DR}_Y \circ \int_{f!} &\simeq \mathbf{R}f^{\mathrm{an}}_! \circ \mathrm{DR}_X \colon \mathrm{D}^{\mathrm{b}}_{\mathrm{rh}}(\mathcal{D}_X) \longrightarrow \mathrm{D}^{\mathrm{b}}_{\mathrm{c}}(Y),\\
\mathrm{DR}_X \circ f^{\dagger} &\simeq (f^{\mathrm{an}})^! \circ \mathrm{DR}_Y \colon \mathrm{D}^{\mathrm{b}}_{\mathrm{rh}}(\mathcal{D}_Y) \longrightarrow \mathrm{D}^{\mathrm{b}}_{\mathrm{c}}(X),\\
\mathrm{DR}_X \circ f^{\star} &\simeq (f^{\mathrm{an}})^{-1} \circ \mathrm{DR}_Y \colon \mathrm{D}^{\mathrm{b}}_{\mathrm{rh}}(\mathcal{D}_Y) \longrightarrow \mathrm{D}^{\mathrm{b}}_{\mathrm{c}}(X).
\end{aligned}$$

そしてホロノミー $\mathcal{D}_X$-加群の双対 $\mathbb{D}_X(*)$ は圏 $\mathrm{D}^{\mathrm{b}}_{\mathrm{c}}(X)$ における Verdier 双対函手 $\mathbf{D}_X(*)$ と対応する：

$$\mathbf{D}_X(\mathrm{DR}_X(\mathcal{M}_\bullet)) \simeq \mathrm{DR}_X(\mathbb{D}_X(\mathcal{M}_\bullet)) \quad (\mathcal{M}_\bullet \in \mathrm{D}^{\mathrm{b}}_{\mathrm{h}}(\mathcal{D}_X))$$

（この同型は $\mathcal{M}_\bullet$ の正則性の仮定なしで成立する）．

第10章 ◇ 混合 Hodge 加群の理論の概要

本章では斉藤盛彦 [193], [194] による混合 Hodge 加群の理論の概要を述べる．この理論は Deligne [33] の混合 Hodge 構造の理論を層もしくはその導来圏にまで様々な函手性が成り立つよう究極のレベルまで拡張したものであり，現代数学において多くの画期的な応用を持つ．例えば $\mathbb{C}$ 上固有すなわち古典位相に関してコンパクトな“特異点を持つ”代数多様体の交叉コホモロジー群が純重み (pure weight) を持ち Hodge 分解が成り立つことが，混合 Hodge 加群の理論の系として直ちに得られる．これは滑らかな射影的代数多様体の通常のコホモロジー群についての Hodge-小平分解の特異点付きのより一般の場合への拡張であり，その美しい対称性をめぐって現在でも多くの研究が世界中で進められている．混合 Hodge 加群はその定義そのものが非常に込み入っているため，ここではその性質を紹介するにとどめる．より詳しい解説は原論文 [193]，[194] の他，斉藤 [196]，堀田-竹内-谷崎 [89, Section 8.3]，Schnell [209] などを参照されたい．

10.1 Hodge 構造と混合 Hodge 構造

まず古典的な Hodge 構造とその Deligne [33] による拡張である混合 Hodge 構造の定義を復習しよう．体 k 上の有限次元ベクトル空間 V の部分空間の族 $F = \{F^pV\}_{p\in\mathbb{Z}}$ が **減少するフィルター付け** (decreasing filtration) であるとは，$F^{p+1}V \subset F^pV$ $(p \in \mathbb{Z})$ であり，ある十分大きな $p \gg 0$ に対して等式 $F^pV = \{0\} \subset V$ および $F^{-p}V = V$ が成り立つことである．同様に V の **増大するフィルター付け** (increasing filtration) $W = \{W_pV\}_{p\in\mathbb{Z}}$ が定まる．整数 $m \in \mathbb{Z}$ に対してこれらのシフト $F[m] = \{(F[m])^pV\}_{p\in\mathbb{Z}}$ および $W[m] = \{(W[m])_pV\}_{p\in\mathbb{Z}}$ がそれぞれ

$$(F[m])^pV = F^{p+m}V, \quad (W[m])_pV = W_{p-m}V$$

により定義される．減少するフィルター付けと増大するフィルター付けの場合

で添え字のずれが逆方向であることに注意せよ.

さて X を滑らかな射影的代数多様体（より一般には滑らかなコンパクト Kähler 多様体）とする. このとき Hodge および小平邦彦による調和積分の理論により, X のコホモロジー群 $H^n(X;\mathbb{C})$ $(0 \le n \le 2\dim X)$ は Hodge-小平分解 (Hodge-Kodaira decomposition) ：

$$H^n(X;\mathbb{C}) = \bigoplus_{p+q=n} H^{p,q} \qquad (\overline{H^{p,q}} = H^{q,p})$$

を持つ. ここで $H^{p,q}$ は $H^n(X;\mathbb{C})$ の $\mathbb{C}$-部分ベクトル空間であり, $\overline{}$ は $H^n(X;\mathbb{C})$ の実部 $H^n(X;\mathbb{R}) \subset H^n(X;\mathbb{C}) = \mathbb{C} \otimes_{\mathbb{R}} H^n(X;\mathbb{R})$ に関する複素共役を表す. ここで $H = H^n(X;\mathbb{Q})$, $H_{\mathbb{C}} = H^n(X;\mathbb{C}) = \mathbb{C} \otimes_{\mathbb{Q}} H$ とおく. また $\mathbb{C}$ 上の有限次元ベクトル空間 $H_{\mathbb{C}}$ の減少するフィルター付け $F = \{F^p H_{\mathbb{C}}\}_{p \in \mathbb{Z}}$ を $F^p H_{\mathbb{C}} = \bigoplus_{i \ge p} H^{i,n-i} \subset H_{\mathbb{C}}$ により定める. これを $H_{\mathbb{C}}$ の Hodge フィルター付け (Hodge filtration) と呼ぶ. このとき Hodge-小平分解により, すべての $p \in \mathbb{Z}$ に対して等式

$$H_{\mathbb{C}} = H^n(X;\mathbb{C}) = F^p H_{\mathbb{C}} \oplus \overline{F^{n-p+1} H_{\mathbb{C}}}$$

が成り立つ. また $H_{\mathbb{C}}$ の (p,q)-部分 $H^{p,q} \subset H_{\mathbb{C}}$ は

$$H^{p,q} = F^p H_{\mathbb{C}} \cap \overline{F^q H_{\mathbb{C}}} \qquad (p+q=n) \tag{10.1}$$

により Hodge フィルター付けから復元することができる. 以上の結果を抽象化することにより次の概念を得る.

定義 10.1 H を $\mathbb{Q}$ 上の有限次元ベクトル空間とし, $F = \{F^p H_{\mathbb{C}}\}_{p \in \mathbb{Z}}$ をその複素化 $H_{\mathbb{C}} = \mathbb{C} \otimes_{\mathbb{Q}} H$ の減少するフィルター付けとする. このとき組 (H, F) が重み n (weight n) の（$\mathbb{Q}$ 上の）Hodge 構造 (Hodge structure) であるとは, すべての $p \in \mathbb{Z}$ に対して等式

$$H_{\mathbb{C}} = F^p H_{\mathbb{C}} \oplus \overline{F^{n-p+1} H_{\mathbb{C}}}$$

が成り立つことである. ここで $\overline{}$ は $H_{\mathbb{C}}$ の実部 $H_{\mathbb{R}} = \mathbb{R} \otimes_{\mathbb{Q}} H \subset H_{\mathbb{C}}$ に関する複素共役である.

2つの重みnのHodge構造$(H,F),(H',F)$の間の**Hodge構造の射** (morphism of Hodge structures) とは$\mathbb{Q}$-線型写像$\phi: H \longrightarrow H'$であってその複素化$\phi_{\mathbb{C}}: H_{\mathbb{C}} \longrightarrow H'_{\mathbb{C}}$が条件

$$\phi_{\mathbb{C}}(F^p H_{\mathbb{C}}) \subset F^p H'_{\mathbb{C}} \qquad (p \in \mathbb{Z})$$

をみたすことである．$\phi_{\mathbb{C}}$は$H_{\mathbb{C}}$の(p,q)-部分を$H'_{\mathbb{C}}$の(p,q)-部分へ移すことが式(10.1)よりわかる．よって$\phi_{\mathbb{C}}$はHodgeフィルター付けに関して厳密 (strict)：

$$\phi_{\mathbb{C}}(F^p H_{\mathbb{C}}) = \phi_{\mathbb{C}}(H_{\mathbb{C}}) \cap F^p H'_{\mathbb{C}} \qquad (p \in \mathbb{Z})$$

である．これより重みnのHodge構造とその間のHodge構造の射はアーベル圏$\mathrm{SH}(n)$を定めることがわかる．

定義 10.2 重みnのHodge構造$(H,F) \in \mathrm{SH}(n)$が**偏極可能** (polarizable) であるとは，$H_{\mathbb{C}}$上に双線型形式Sが存在して次の条件をみたすことである：

(1) nが偶数（奇数）であれば，Sは対称（反対称）である．

(2) $S(H^{p,n-p}, H^{p',n-p'}) = 0 \qquad (p+p' \neq n)$.

(3) $(\sqrt{-1})^{n-2p} S(v,\bar{v}) > 0 \qquad (v \in H^{p,n-p}, v \neq 0)$.

重みnの**偏極可能なHodge構造** (polarizable Hodge structure) とその間のHodge構造の射のなす加法圏はアーベル圏となる．こうして得られる$\mathrm{SH}(n)$の充満部分アーベル圏を$\mathrm{SH}(n)^p$と記す．滑らかな射影的代数多様体$X \subset \mathbb{P}^N$に対しては，複素射影空間$\mathbb{P}^N$上のFubini-Study計量のXへの制限より得られるKähler形式により上で述べたHodge分解が得られるのであった（[237]などを参照）．では代数多様体が滑らかでない（すなわち特異点をもつ）あるいはコンパクトでない場合はどのようになるであろうか？ Deligneは[33]においてこの問いに答えるために以下に定義する混合Hodge構造の理論を建設し，一般の代数多様体のコホモロジー群に混合Hodge構造が入ることを証明した．

定義 10.3 Hを$\mathbb{Q}$上の有限次元ベクトル空間とし，$F = \{F^p H_{\mathbb{C}}\}_{p \in \mathbb{Z}}$

をその複素化 $H_{\mathbb{C}} = \mathbb{C} \otimes_{\mathbb{Q}} H$ の減少するフィルター付けとする．さらに $W = \{W_n H\}_{n \in \mathbb{Z}}$ を H の増大するフィルター付けとする．このとき3つ組 (H, F, W) が<u>混合 Hodge 構造</u> (mixed Hodge structure) であるとは，すべての $n \in \mathbb{Z}$ に対して $\mathbb{Q}$ 上のベクトル空間 $\mathrm{gr}_n^W H = W_n H / W_{n-1} H$ およびその複素化 $\mathbb{C} \otimes_{\mathbb{Q}} \mathrm{gr}_n^W H \simeq (W_n H)_{\mathbb{C}} / (W_{n-1} H)_{\mathbb{C}}$ 上の減少するフィルター付け

$$F^p\left(\frac{(W_n H)_{\mathbb{C}}}{(W_{n-1} H)_{\mathbb{C}}}\right) = \frac{\{(W_n H)_{\mathbb{C}} \cap F^p H_{\mathbb{C}}\} + (W_{n-1} H)_{\mathbb{C}}}{(W_{n-1} H)_{\mathbb{C}}} \qquad (p \in \mathbb{Z})$$

の組が重み n の Hodge 構造となることである．

2つのフィルター付け F および W をともに保つという条件により，混合 Hodge 構造の間の射を自然に定めることができる．群論における Zassenhaus の補題により，これらは F および W に対して厳密 (strict) である (El Zein [47] などを参照)．こうして混合 Hodge 加群のなすアーベル圏 SHM が得られる．Deligne により一般の代数多様体のコホモロジー群に混合 Hodge 構造が入ることが証明されたが，さらに彼は代数多様体の射 $f\colon Y \longrightarrow X$ が引き起こすコホモロジー群の間の準同型

$$H^j(f)\colon H^j(X; \mathbb{Q}) \longrightarrow H^j(Y; \mathbb{Q}) \qquad (j \in \mathbb{Z})$$

が混合 Hodge 構造の射を引き起こすことを示した．混合 Hodge 構造 $\nu = (H, F, W) \in \mathrm{SHM}$ が<u>混合重み</u> (mixed weight) $\leq n$ $(\geq n)$ を持つとは，$\mathrm{gr}_i^W H = 0$ が $i > n$ $(i < n)$ に対して成り立つことである．また $\nu = (H, F, W) \in \mathrm{SHM}$ が<u>純重み</u> (pure weight) n を持つとは $\mathrm{gr}_i^W H = 0$ が $i \neq n$ に対して成り立つことである．これらのなす SHM の部分圏は SH(n) と自然に同一視される．また整数 $m \in \mathbb{Z}$ により $\nu = (H, F, W) \in \mathrm{SHM}$ のフィルター付けを m だけシフトして得られる $\nu(m) := (H, F[m], W[-2m])$ もまた混合 Hodge 構造になることが容易に確かめられる．これを ν の <u>Tate ひねり</u> (Tate twist) と呼ぶ．$\nu \in \mathrm{SHM}$ が純重み n を持つならば，$\nu(m)$ は純重み $n - 2m$ を持つことがわかる．以上の Hodge 構造および混合 Hodge 構造の概念は次のように局所自由層の場合へ一般化できる．X を滑らかな代数多様体

とし，$f\colon Y \longrightarrow X$ をその上の滑らかな射影的代数多様体の族とする．このとき高次順像層 $\mathcal{L} = H^n\mathbf{R}f_*\mathbb{Q}_Y$ は $\mathbb{Q}_X$ 上の局所自由層であり，その複素化 $\mathcal{L}_\mathbb{C} = \mathbb{C}_X \otimes_{\mathbb{Q}_X} \mathcal{L} \simeq H^n\mathbf{R}f_*\mathbb{C}_Y$ は X 上のある Gauss-Manin 接続 $(\mathcal{M}, \nabla)$ の水平切断のなす層 $\mathrm{Ker}[\mathcal{M} \xrightarrow{\nabla} \Omega_X^1 \otimes_{\mathcal{O}_X} \mathcal{M}]$ と同型である（4.3 節の最後を参照）．よって同型 $\mathcal{M} \simeq \mathcal{O}_X \otimes_{\mathbb{C}_X} \mathcal{L}_\mathbb{C} \simeq \mathcal{O}_X \otimes_{\mathbb{Q}_X} \mathcal{L}$ が成り立つ．X の各点に対する同型 $\mathcal{L}_x \simeq H^n(f^{-1}(x); \mathbb{Q})$ および $(\mathcal{L}_\mathbb{C})_x \simeq H^n(f^{-1}(x); \mathbb{C})$ により，局所系 $\mathcal{L}_\mathbb{C}$ には $H^j(f^{-1}(x); \mathbb{C})$ の Hodge フィルター付けより定まる（その部分局所系による）減少するフィルター付けが定まる．これは $\mathcal{M} \simeq \mathcal{O}_X \otimes_{\mathbb{C}_X} \mathcal{L}_\mathbb{C}$ の（局所自由 $\mathcal{O}_X$-加群の部分層による）減少するフィルター付け $\{F^p\mathcal{M}\}_{p\in\mathbb{Z}}$ を定める．さらに Griffiths により条件

$$\Theta_X \cdot F^p\mathcal{M} \subset F^{p-1}\mathcal{M} \qquad (p \in \mathbb{Z})$$

が成り立つことが示されている．これを <u>Griffiths **横断性**</u> (Griffiths transversality) と呼ぶ．以上の組 $(\mathcal{M}, F)$ のみたす性質を抽象化することにより，（$\mathbb{Q}_X$ 上の局所自由層と対応する）X 上の重み n の <u>Hodge **構造の変動**</u> (variation of Hodge structures) とその間の射が自然に定義できる．これによりアーベル圏 $\mathrm{VSH}(X, n)$ が得られる．同様に <u>**偏極可能な** Hodge **構造の変動**</u> (variation of polarizable Hodge structures) のなすアーベル圏 $\mathrm{VSH}(X, n)^p$ および <u>**混合** Hodge **構造の変動**</u> (variation of mixed Hodge structures) のなすアーベル圏 $\mathrm{VSHM}(X)$ が定義できる．

10.2 Hodge 加群と混合 Hodge 加群

前節では Hodge および混合 Hodge 構造の理論が局所自由層（可積分接続）に一般化されることを概観した．斉藤盛彦 [193],[194] による Hodge および混合 Hodge 加群の理論は，これらを正則ホロノミー $\mathcal{D}$-加群のレベルにまで拡張したものであり，導来圏における様々な有用な函手性が成り立つ．この画期的な理論を紹介するため，まず局所自由層 $\mathcal{M}$ の場合の Hodge フィルター付け $F = \{F^p\mathcal{M}\}_{p\in\mathbb{Z}}$ の新しい解釈を与える．$\mathcal{M}$ の増大するフィルター付け $F = \{F_p\mathcal{M}\}_{p\in\mathbb{Z}}$ を

$$F_p\mathcal{M} = F^{-p}\mathcal{M} \subset \mathcal{M} \qquad (p \in \mathbb{Z})$$

により定義する（添え字 p を下付きにし，簡単のため同じ記号 F を用いた）．このとき Griffiths 横断性の条件は

$$\Theta_X \cdot F_p\mathcal{M} \subset F_{p+1} \qquad (p \in \mathbb{Z})$$

となる．したがって $\mathcal{M}$ をより一般の正則ホロノミー $\mathcal{D}$-加群にとりかえた場合の Hodge フィルター付け F としては，その良いフィルター付けを考えればよい．以下 X を滑らかな代数多様体とし，正則ホロノミー $\mathcal{D}$-加群 $\mathcal{M} \in \mathrm{Mod}_{\mathrm{rh}}(\mathcal{D}_X)$ およびその良いフィルター付け F の組 $(\mathcal{M}, F)$ のなす圏を $\mathrm{MF}_{\mathrm{rh}}(\mathcal{D}_X)$ と記す．さらに $(\mathcal{M}, F) \in \mathrm{MF}_{\mathrm{rh}}(\mathcal{D}_X)$ および X^{an} 上の $\mathbb{Q}$-偏屈層 $\mathcal{F}_\bullet \in \mathrm{Perv}(\mathbb{Q}_X)$ より得られる 3 つ組 $(\mathcal{M}, F, \mathcal{F}_\bullet)$ であって条件 $\mathrm{DR}_X(\mathcal{M}) \simeq \mathbb{C}_X \otimes_{\mathbb{Q}_X} \mathcal{F}_\bullet$ をみたすもののなす圏を $\mathrm{MF}_{\mathrm{rh}}(\mathcal{D}_X, \mathbb{Q})$ と記す．そして $(\mathcal{M}, F, \mathcal{F}_\bullet) \in \mathrm{MF}_{\mathrm{rh}}(\mathcal{D}_X, \mathbb{Q})$ およびその圏 $\mathrm{MF}_{\mathrm{rh}}(\mathcal{D}_X, \mathbb{Q})$ における増大するフィルター付け W より得られる 4 つ組 $(\mathcal{M}, F, \mathcal{F}_\bullet, W)$ のなす圏を $\mathrm{MF}_{\mathrm{rh}}W(\mathcal{D}_X, \mathbb{Q})$ と記す．これらはアーベル圏になるとは限らないが加法圏となる．まず斉藤盛彦は [193] において $\mathrm{MF}_{\mathrm{rh}}(\mathcal{D}_X, \mathbb{Q})$ の充満部分圏として重み n の **Hodge 加群** (Hodge module) のなすアーベル圏 $\mathrm{MH}(X, n)$ を定めた．さらにその中で **偏極可能な Hodge 加群** (polarizable Hodge module) のなす部分アーベル圏 $\mathrm{MH}(X, n)^p$ を定義した．続いて論文 [194] において，彼は $\mathrm{MF}_{\mathrm{rh}}W(\mathcal{D}_X, \mathbb{Q})$ の部分圏として **混合 Hodge 加群** (mixed Hodge module) のなすアーベル圏 $\mathrm{MHM}(X)$ を定義した．これらの圏は長大な公理系をみたすある非自明な圏として定まるが，ここではその正確な定義を述べるのをあきらめ，その代わりどのような対象が含まれるのかを説明しよう．まず函手

$$\begin{array}{cccc} \Phi_X^n \colon & \mathrm{VSH}(X, n) & \longrightarrow & \mathrm{MF}_{\mathrm{rh}}(\mathcal{D}_X, \mathbb{Q}) \\ & \cup & & \cup \\ & (\mathcal{M}, F) & \longmapsto & (\mathcal{M}, F, \mathcal{L}[\dim X]) \end{array}$$

（$\mathcal{L}$ は $\mathrm{DR}_X(\mathcal{M}) \simeq \mathbb{C}_X \otimes_{\mathbb{Q}_X} (\mathcal{L}[\dim X])$ をみたす $\mathbb{Q}_X$ 上の局所自由層）に対して

$$\Phi_X^n(\mathrm{VSH}(X, n)^p) \subset \mathrm{MH}(X, n + \dim X)^p$$

が成り立つ．これにより特に定数Hodge加群

$$\mathbb{Q}_X^H[\mathrm{dim}X] = (\mathcal{O}_X, F, \mathbb{Q}_X[\mathrm{dim}X]) \in \mathrm{MH}(X, \mathrm{dim}X)^p$$

$(\mathrm{gr}_F^i = 0\ (i \neq 0))$ が定まる．また $\nu = (\mathcal{M}, F, \mathcal{F}_\bullet) \in \mathrm{MF}_{\mathrm{rh}}(\mathcal{D}_X, \mathbb{Q})$ の Tate ひねりを

$$\nu(m) = (\mathcal{M} \otimes_{\mathbb{Q}} \mathbb{Q}(m), F[m], \mathcal{F}_\bullet \otimes_{\mathbb{Q}} \mathbb{Q}(m))$$

により定める．ここで $\mathbb{Q}(m) = (2\pi\sqrt{-1})^m\mathbb{Q} \subset \mathbb{C}$ であり，Hodge フィルター付け F のシフト $F[m]$ はそれを減少するフィルター付けとしてみても増大するフィルター付けとしてみても結局は同じものが得られることに注意せよ．すると $\nu \in \mathrm{MH}(X, n)$ $(\mathrm{MH}(X, n)^p)$ に対して $\nu(m) \in \mathrm{MH}(X, n-2m)$ $(\mathrm{MH}(X, n-2m)^p)$ が成り立つ．また混合 Hodge 加群 $\nu = (\mathcal{M}, F, \mathcal{F}_\bullet, W) \in \mathrm{MHM}(X)$ に対して

$$\mathrm{gr}_n^W \nu = \mathrm{gr}_n^W(\mathcal{M}, F, \mathcal{F}_\bullet) \in \mathrm{MH}(X, n)^p \qquad (n \in \mathbb{Z})$$

が成り立つ．さらにその Tate ひねりを

$$\nu(m) = (\mathcal{M} \otimes_{\mathbb{Q}} \mathbb{Q}(m), F[m], \mathcal{F}_\bullet \otimes_{\mathbb{Q}} \mathbb{Q}(m), W[-2m])$$

により定めれば，これも再び MHM(X) の対象，すなわち混合 Hodge 加群となる．Tate ひねり $(*)(m)$ は純重み n のものを純重み $n-2m$ のものに移す．さらに函手

$$\begin{array}{ccc} \Phi_X\colon \mathrm{VSHM}(X) & \longrightarrow & \mathrm{MF}_{\mathrm{rh}}\mathrm{W}(\mathcal{D}_X, \mathbb{Q}) \\ \Uparrow & & \Uparrow \\ (\mathcal{M}, F, W) & \longmapsto & (\mathcal{M}, F, \mathcal{L}[\mathrm{dim}X], W) \end{array}$$

$(\mathrm{DR}_X(\mathcal{M}) \simeq \mathbb{C}_X \otimes_{\mathbb{Q}_X} (\mathcal{L}[\mathrm{dim}X]))$ に対して，$\mathcal{N} \in \mathrm{VSHM}(X)$ が $\Phi_X(\mathcal{N}) \in \mathrm{MHM}(X)$ となるための必要十分条件は $\mathcal{N}$ が柏原 [106] の意味で<u>許容的</u> (admissible) であることである．圏 $\mathrm{MHM}(X)$ のすべての射は２つのフィルター付け F および W に関して厳密 (strict) である．混合 Hodge 加群の複体 $\nu_\bullet \in \mathrm{D^b}(\mathrm{MHM}(X))$ が混合重み $\leq n$ $(\geq n)$ を持つとは，すべての $j \in \mathbb{Z}$ および $i > j+n$ $(i < j+n)$ に対して $\mathrm{gr}_i^W(H^j\nu_\bullet) = 0$ が成り立つことである．また $\nu_\bullet \in \mathrm{D^b}(\mathrm{MHM}(X))$ が純重み n を持つとは，すべての $j \in \mathbb{Z}$ および

$i \neq j+n$ に対して $\mathrm{gr}_i^W(H^j\nu_\bullet)=0$ が成り立つことである．例えば定数Hodge加群 $\mathbb{Q}_X^H[\dim X] \in \mathrm{MH}(X, \dim X)^p \subset \mathrm{MHM}(X)$ は純重み $\dim X$ を持つ．また $\nu_\bullet \in \mathrm{D^b}(\mathrm{MHM}(X))$ が純重み n を持てば，その混合Hodge加群の複体としてのシフト $\nu_\bullet[m] \in \mathrm{D^b}(\mathrm{MHM}(X))$ は純重み $n+m$ を持つことも明らかである．$\mathbb{Q}$ 偏屈層の部分のみをとりだす函手

$$\begin{array}{ccc} \mathrm{rat}\colon \mathrm{MHM}(X) & \longrightarrow & \mathrm{Perv}(\mathbb{Q}_X) \\ \Psi & & \Psi \\ (\mathcal{M}, F, \mathcal{F}_\bullet, W) & \longmapsto & \mathcal{F}_\bullet \end{array}$$

は函手

$$\mathrm{rat}\colon \mathrm{D^b}(\mathrm{MHM}(X)) \longrightarrow \mathrm{D^b}(\mathrm{Perv}(\mathbb{Q}_X)) \simeq \mathrm{D^b_c}(\mathbb{Q}_X)$$

を引き起こす．ここでBeilinson-Bernstein-Deligne [10] およびBeilinson [8] による圏同値 $\mathrm{D^b}(\mathrm{Perv}(\mathbb{Q}_X)) \simeq \mathrm{D^b_c}(\mathbb{Q}_X)$ を用いた．これらと自然な可換性をみたすように斉藤盛彦は [194] において導来函手

$$\mathbb{D}_X\colon \mathrm{MHM}(X)^{\mathrm{op}} \longrightarrow \mathrm{MHM}(X),$$

$$f_\star, f_!\colon \mathrm{D^b}(\mathrm{MHM}(X)) \longrightarrow \mathrm{D^b}(\mathrm{MHM}(Y)),$$

$$f^\star, f^!\colon \mathrm{D^b}(\mathrm{MHM}(Y)) \longrightarrow \mathrm{D^b}(\mathrm{MHM}(X))$$

（$f\colon X \longrightarrow Y$ は滑らかな代数多様体の射）などを構成した．これらは混合Hodge加群の複体の下にある正則ホロノミー $\mathcal{D}$-加群の複体の双対，順像および逆像などの操作とそれぞれ対応している．次の結果が重要である．

定理 10.4 （斉藤 **[194]**） $f\colon X \longrightarrow Y$ は滑らかな代数多様体の射とする．

(1) $\nu_\bullet \in \mathrm{D^b}(\mathrm{MHM}(X))$ が混合重み $\leq n$ $(\geq n)$ を持てば，$\mathbb{D}_X(\nu_\bullet)$ は混合重み $\geq -n$ $(\leq -n)$ を持つ．

(2) $\nu_\bullet \in \mathrm{D^b}(\mathrm{MHM}(X))$ が混合重み $\geq n$ $(\leq n)$ を持てば，$f_\star\nu_\bullet$ $(f_!\nu_\bullet)$ は混合重み $\geq n$ $(\leq n)$ を持つ．

(3) $\nu_\bullet \in \mathrm{D^b}(\mathrm{MHM}(Y))$ が混合重み $\leq n$ $(\geq n)$ を持てば，$f^\star\nu_\bullet$ $(f^!\nu_\bullet)$ は混合重み $\leq n$ $(\geq n)$ を持つ．

以上の結果を交叉コホモロジー群へ応用しよう．Z を滑らかな代数多様体とし，$X \subset Z$ をその既約な部分代数多様体とする．X の正則部分 (regular part) $X_{\mathrm{reg}} = X \setminus X_{\mathrm{sing}}$ の Zariski 開集合 $U \neq \emptyset$ であって埋め込み $j\colon U \hookrightarrow Z$ がアフィン射となるものをとる．また $i\colon X^{\mathrm{an}} \hookrightarrow Z^{\mathrm{an}}$ を複素解析空間の閉埋め込み写像とする．このとき X の交叉コホモロジー複体 $\mathrm{IC}_X \in \mathrm{D}^{\mathrm{b}}_{\mathrm{c}}(X^{\mathrm{an}})$ の Z への $i_*(\mathrm{IC}_X) \in \mathrm{D}^{\mathrm{b}}_{\mathrm{c}}(Z^{\mathrm{an}})$ とリーマン・ヒルベルト対応で対応する正則ホロノミー $\mathcal{D}_Z$-加群は

$$\mathrm{Im}\Big[\int_{j_!} \mathcal{O}_U \longrightarrow \int_j \mathcal{O}_U\Big] \in \mathrm{Mod}_{\mathrm{rh}}(\mathcal{D}_Z)$$

で与えられる．この構成を混合 Hodge 加群のレベルで再実行すれば，定理 10.4 の (2) より混合 Hodge 加群

$$\mathrm{IC}_X^H = \mathrm{Im}\Big[j_!(\mathbb{Q}_U^H[\mathrm{dim}X]) \longrightarrow j_\star(\mathbb{Q}_U^H[\mathrm{dim}X])\Big] \in \mathrm{MHM}(Z)$$

は純重み $\mathrm{dim}X$ を持つ．（堀田-竹内-谷崎 [89, Theorem 3.4.2 (iii)] によりこれは U のとり方によらない）．定理 10.4 の (1) によりその双対 $\mathbb{D}_X(\mathrm{IC}_X^H) \in \mathrm{MHM}(Z)$ は純重み $-\mathrm{dim}X$ を持つが，実はさらに同型

$$\mathbb{D}_X(\mathrm{IC}_X^H) \simeq \mathrm{IC}_X^H(\mathrm{dim}X)$$

が成り立つことが知られている．また同型

$$\mathbb{C}_{Z^{\mathrm{an}}} \otimes_{\mathbb{Q}_{Z^{\mathrm{an}}}} \mathrm{rat}(\mathrm{IC}_X^H) \simeq i_*(\mathrm{IC}_X)$$

が成り立つ．ここでさらに Z は $\mathbb{C}$ 上固有であると仮定する．このとき一点集合 pt への固有写像 $a_Z\colon Z \longrightarrow \mathrm{pt}$ に定理 10.4 の (2) を適用すれば，複体

$$(a_Z)_! \mathrm{IC}_X^H \xrightarrow{\sim} (a_Z)_\star \mathrm{IC}_X^H \in \mathrm{D}^{\mathrm{b}}(\mathrm{MHM}(\mathrm{pt}))$$

は純重み $\mathrm{dim}X$ を持つことがわかる．この複体を $-\mathrm{dim}X$ だけシフトすることにより，これはすべての $j \in \mathbb{Z}$ に対して交叉コホモロジー群

$$\mathrm{IH}^j(X) \simeq H^j\mathbf{R}\Gamma(Z^{\mathrm{an}}, i_*(\mathrm{IC}_X[-\mathrm{dim}X]))$$

に重み j の Hodge 構造が入ることを意味することがわかる．こうして特異点を持つ一般の射影的代数多様体 X に対する Hodge-小平分解の劇的な一般化

$$\mathrm{IH}^j(X) = \bigoplus_{p+q=j} \mathrm{IH}^{p,q}(X)$$

が得られた．

第11章 ◇ トーリック多様体の交叉コホモロジーとその応用

本章では混合 Hodge 加群を用いてトーリック多様体の交叉コホモロジー群の次元の明示公式の証明を与える．この公式は当初（証明なしに）Bernstein，Khovanskii および MacPherson により発見され，Denef-Loeser [36] および Fieseler [51] により独立に証明が与えられた．Denef-Loeser による証明は，エタールコホモロジーの理論におけるエタール偏屈層へのフロベニウス射の作用によるウェイトを用いるものである．また Fieseler は同じ公式を同変交叉コホモロジー群の局所化を用いて証明した．ここでは Denef-Loeser の議論をそのまま混合 Hodge 加群の言葉に翻訳し，（エタールコホモロジーとの比較定理を用いない）複素数体上での直接的な証明を与える．トーリック多様体の交叉コホモロジー群は，トーリック多様体を定義する多面体の様々な次元の面の組み合わせ論的な構造により完全に決定される（Fieseler [51] の序文でも指摘されているように，この事実は通常のコホモロジー群については成立しない）．これにより交叉コホモロジー群は，Stanley [217] による g-予想の単純多面体に対する解決を一般の多面体へ拡張する問題（未解決）などの多面体の組み合わせ論的幾何学の研究において基本的な道具となっている．この分野の最近の進展については Kirwan [133] などを参照せよ．

11.1 準備

ここでは主定理の証明に必要ないくつかの技術的な結果を準備しよう．まず一点集合 pt の上の混合 Hodge 加群の有界複体 $M_\bullet \in \mathrm{D^b}(\mathrm{MHM}(\mathrm{pt}))$ に対して Laurent 多項式 $P(M_\bullet)(w) \in \mathbb{Z}[w^{\pm}]$ を次で定める：

$$P(M_\bullet)(w) := \sum_{k\in\mathbb{Z}} \left\{ \sum_{j\in\mathbb{Z}} (-1)^j \dim \mathrm{Gr}_k^W H^j(M_\bullet) \right\} w^k.$$

これを複体 $M_\bullet$ の<u>仮想ポアンカレ多項式</u> (virtual Poincaré polynomial) と呼ぶ．導来圏 $\mathrm{D^b}(\mathrm{MHM(pt)})$ における特殊三角形

$$M'_\bullet \longrightarrow M_\bullet \longrightarrow M''_\bullet \xrightarrow{+1}$$

に対して加法性

$$P(M_\bullet)(w) = P(M'_\bullet)(w) + P(M''_\bullet)(w)$$

が成り立つ．例えば

$$P(\mathbf{R}\Gamma_c(\mathbb{C}^*;\mathbb{Q}^H_{\mathbb{C}^*})(w) = P(\mathbf{R}\Gamma_c(\mathbb{C};\mathbb{Q}^H_{\mathbb{C}}))(w) - P(\mathbf{R}\Gamma(\{0\};\mathbb{Q}^H_{\{0\}}))(w) = w^2-1$$

がこれより従う．また $M_\bullet, N_\bullet \in \mathrm{D^b}(\mathrm{MHM(pt)})$ に対してテンソル積の乗法性

$$P(M_\bullet \otimes_{\mathbb{C}} N_\bullet)(w) = P(M_\bullet)(w) \times P(N_\bullet)(w)$$

が成り立つ．よって Künneth 公式より $T=(\mathbb{C}^*)^n$ に対して等式

$$P(\mathbf{R}\Gamma_c(T;\mathbb{Q}^H_T))(w) = (w^2-1)^n$$

が得られる．仮想ポアンカレ多項式を交叉コホモロジー群に適用しよう．複素数体 $\mathbb{C}$ 上の代数多様体 X の交叉コホモロジー複体 $\mathrm{IC}^H_X \in \mathrm{D^b}(\mathrm{MHM}(X))$ の Verdier 双対 $\mathbf{D}_X(\mathrm{IC}^H_X)$ に対して同型

$$\mathbf{D}_X(\mathrm{IC}^H_X) \simeq \mathrm{IC}^H_X(\dim X)$$

が成り立つことを思い出そう．ここで $(\dim X)$ はウェイトを $2\dim X$ だけ下げる Tate ひねり (Tate twist) である．$n=\dim X$ とおく．このとき同型 $\mathbf{D}_X(\mathrm{IC}^H_X(n)) \simeq \mathbf{D}_X(\mathrm{IC}^H_X)(-n) \simeq \mathrm{IC}^H_X$ および

$$H^j(X;\mathrm{IC}^H_X) \simeq \mathrm{Hom}_{\mathbb{C}}(H^{-j}_c(X;\mathrm{IC}^H_X(n)),\mathbb{C}) \qquad (j\in\mathbb{Z})$$

が成り立つ．これより次の等式が得られる：

$$\dim \mathrm{Gr}^W_k H^j(X;\mathrm{IC}^H_X) = \dim \mathrm{Gr}^W_{2n-k} H^{-j}_c(X;\mathrm{IC}^H_X) \qquad (k,j\in\mathbb{Z}).$$

これは仮想ポアンカレ多項式についての等式

$$P(\mathbf{R}\Gamma(X;\mathrm{IC}_X^H))(w) = w^{2n}P(\mathbf{R}\Gamma_c(X;\mathrm{IC}_X^H))(w^{-1}) \tag{11.1}$$

を意味する．次の補題は例えばある $a_1,\dots,a_m \in \mathbb{Z}_{>0}$ に対する乗法群 $\mathbb{C}^* = \mathbb{C}\setminus\{0\}$ の $\mathbb{C}^m$ への作用

$$\begin{array}{ccc} \mathbb{C}^* \times \mathbb{C}^m & \longrightarrow & \mathbb{C}^m \\ \Psi & & \Psi \\ (\lambda,(x_1,\dots,x_m)) & \longmapsto & (\lambda^{a_1}x_1, \lambda^{a_2}x_2,\dots,\lambda^{a_m}x_m) \end{array}$$

により不変な部分代数多様体 $X \subset \mathbb{C}^m$ などに適用可能である（作用 $\mathbb{C}^*\times X \longrightarrow X$ を写像 $\mathbb{C}\times X \longrightarrow X$ へ自然に拡張すればよい）．

補題 11.1　X を代数多様体とし，その1点 $b \in X$ に対して $X_0 = X\setminus\{b\}$ とおく．また代数多様体の射 $f\colon \mathbb{C}\times X \longrightarrow X$ に対して次が成り立つと仮定する：

(1)　$f^{-1}(b) = (\{0\}\times X)\cup(\mathbb{C}\times\{b\})$,

(2)　写像 $\widetilde{f_0}\colon \mathbb{C}^*\times X_0 \longrightarrow \mathbb{C}^*\times X_0,\ (\lambda,x)\longmapsto(\lambda,f(t,x))$ は同型である．

このとき次の同型が成り立つ：

$$H^j(X;\mathrm{IC}_X^H) \simeq H^j(\mathrm{IC}_X^H)_b.$$

証明　開埋め込み $\iota\colon X_0 = X\setminus\{b\} \hookrightarrow X$ に対して消滅

$$H^j(X;\iota_!\mathrm{IC}_{X_0}^H) \simeq 0 \qquad (j\in\mathbb{Z})$$

を示せばよい．条件 (2) より閉埋め込み $\theta\colon X \hookrightarrow \mathbb{C}\times X, x\longmapsto(1,x)$ に対して合成写像 $f\circ\theta\colon X \longrightarrow X$ は同型である．また次の可換図式が存在する：

$$\begin{array}{ccc} H^j(X;\iota_!\mathrm{IC}_{X_0}^H) & \xrightarrow{\sim} & H^j(X;(f\circ\theta)^{-1}\iota_!\mathrm{IC}_{X_0}^H) \\ & \searrow \quad \nearrow & \\ & H^j(\mathbb{C}\times X; f^{-1}\iota_!\mathrm{IC}_{X_0}^H) & \end{array} \qquad (j\in\mathbb{Z}).$$

この図式の水平射が同型であることより，あとは消滅

$$H^j(\mathbb{C}\times X; f^{-1}\iota_!\mathrm{IC}^H_{X_0})\simeq 0 \qquad (j\in\mathbb{Z})$$

を示せば十分である．条件 (1) より複体 $f^{-1}\iota_!\mathrm{IC}^H_{X_0}$ の茎は $\mathbb{C}^*\times X_0$ の外の各点で 0 である．また射影 $\pi\colon \mathbb{C}^*\times X_0 \longrightarrow X_0$ に対して次の同型が成り立つ：

$$\begin{aligned}(f^{-1}\iota_!\mathrm{IC}^H_{X_0})|_{\mathbb{C}^*\times X_0} &\simeq (\iota\circ\pi\circ\widetilde{f_0})^{-1}\iota_!\mathrm{IC}^H_{X_0}\simeq \widetilde{f_0}^{-1}\pi^{-1}\mathrm{IC}^H_{X_0}\\ &\simeq \widetilde{f_0}^{-1}\mathrm{IC}^H_{\mathbb{C}^*\times X_0}[-1]\simeq \mathrm{IC}^H_{\mathbb{C}^*\times X_0}[-1]\simeq \mathbb{Q}^H_{\mathbb{C}^*}\boxtimes \mathrm{IC}^H_{X_0}.\end{aligned}$$

ここで第 4 番目の同型で条件 (2) を用いた．以上により，開埋め込み $i\colon \mathbb{C}^*\hookrightarrow \mathbb{C}$ に対して同型

$$f^{-1}\iota_!\mathrm{IC}^H_{X_0}\simeq (i_!\mathbb{Q}^H_{\mathbb{C}^*})\boxtimes(\iota_!\mathrm{IC}^H_{X_0})$$

が成り立つ．よって主張はよく知られた消滅

$$H^j(\mathbb{C}; i_!\mathbb{Q}^H_{\mathbb{C}^*})\simeq 0 \qquad (j\in\mathbb{Z})$$

および Künneth 公式より直ちに得られる． ■

11.2 トーリック多様体の交叉コホモロジー

以下 $M\simeq\mathbb{Z}^n$ は $\mathbb{Z}$-格子とし，$N\simeq\mathbb{Z}^n$ はその双対格子 $\mathrm{Hom}_{\mathbb{Z}}(M,\mathbb{Z})$ とする．格子 M より得られる実ベクトル空間 $\mathbb{R}\otimes_{\mathbb{Z}} M\simeq\mathbb{R}^n$ を $M_{\mathbb{R}}$ と記し，$C\subset M_{\mathbb{R}}$ はその中の n 次元の有理的かつ強凸な多面錐 (polyhedral cone) とする（これらおよび以後用いるトーリック幾何の用語については Fulton [54]，小田 [181] などを参照）．そして n 次元のアフィントーリック多様体 $U(C)$ を次で定める：

$$U(C)=\mathrm{Specm}(\mathbb{C}[C\cap M]).$$

このとき $U(C)$ は代数的トーラス $T=\mathrm{Specm}(\mathbb{C}[M])\simeq(\mathbb{C}^*)^n$ の自然な作用を持ち，その軌道は錐 C の面 $\Gamma\prec C$ と一対一に対応する．面 $\Gamma\prec C$ と対応する T-軌道を $T(\Gamma)$ $(\simeq(\mathbb{C}^*)^{\dim\Gamma})\subset U(C)$ と記す．特に C の頂点 $0\in C$

に対する T-軌道 $\simeq$ pt は $U(C)$ の T-作用のただ1つの固定点であり，これを $0 \in U(C)$ と略記する．また C 自身と対応する T-軌道 $T(C) \simeq (\mathbb{C}^*)^n$ は T と同型である．混合 Hodge 加群の一般論より $\mathrm{IC}^H_{U(C)} \in \mathrm{D^b}(\mathrm{MHM}(U(C)))$ は純重み n を持つ．したがって定理 10.4 より，その $0 \in U(C)$ における茎 $(\mathrm{IC}^H_{U(C)})_0 \in \mathrm{D^b}(\mathrm{MHM}(\mathrm{pt}))$ は混合重み $\leq n$ を持つ．実はこれが純重み n を持つことをまず証明しよう．Laurent 多項式 $P(w) = \sum_{k\in\mathbb{Z}} c_k w^k \in \mathbb{Z}[w^{\pm}]$ の j 次以下への切り落とし (truncation) を次で定める：

$$\mathrm{trunc}_{\leq j}(P(w)) = \sum_{k\leq j} c_k w^k \in \mathbb{Z}[w^{\pm}].$$

補題 11.2

(1)　任意の $j \in \mathbb{Z}$ に対して次の同型が成り立つ：

$$H^j(U(C); \mathrm{IC}^H_{U(C)}) \xrightarrow{\sim} H^j(\mathrm{IC}^H_{U(C)})_0.$$

(2)　任意の $j < 0$ に対して次の同型が成り立つ：

$$H^j(\mathrm{IC}^H_{U(C)})_0 \simeq H^j(U(C) \setminus \{0\}; \mathrm{IC}^H_{U(C)}).$$

(3)　任意の $n \geq 1$ に対して仮想ポアンカレ多項式についての等式

$$P((\mathrm{IC}^H_{U(C)})_0)(w) = \mathrm{trunc}_{\leq n-1}\left\{P(\mathbf{R}\Gamma(U(C) \setminus \{0\}; \mathrm{IC}^H_{U(C)}))(w)\right\}$$

が成り立つ．

証明　半群 $C \cap M$ の生成元 $b_1, \ldots, b_m \neq 0$ をとる．このとき $\mathbb{C}$-代数の全射準同型

$$\mathbb{C}[x_1, \ldots, x_m] \twoheadrightarrow \mathbb{C}[C \cap M], \quad x_i \longmapsto b_i \qquad (1 \leq i \leq m)$$

が得られる．これは $U(C) = \mathrm{Specm}(\mathbb{C}[C \cap M])$ が $\mathbb{C}^m$ の閉部分代数多様体であることを意味する．この埋め込み $\iota\colon U(C) \hookrightarrow \mathbb{C}^m$ を $U(C)$ 内の最大次元の T-軌道 $T(C) \simeq (\mathbb{C}^*)^n \simeq T$ へ制限すると，より具体的に

$$T \ni t = (t_1, \ldots, t_n) \longmapsto (t^{b_1}, \ldots, t^{b_m}) \in \mathbb{C}^m$$

と表示することができる．さて M の双対格子 N より得られる実ベクトル空間 $N_{\mathbb{R}} = \mathbb{R} \otimes_{\mathbb{Z}} N \simeq \mathbb{R}^n$ 内の C の双対錐 $C^\vee \subset N_{\mathbb{R}}$ の内部 $\mathrm{Int}(C^\vee)$ より 1 つの整数ベクトル $u \in \mathrm{Int}(C^\vee) \cap N$ を選び

$$a_i := \langle b_i, u \rangle \in \mathbb{Z}_{>0} \qquad (1 \leq i \leq m)$$

とおく．そして乗法群の $\mathbb{C}^*$ の $\mathbb{C}^m$ への作用を

$$\begin{array}{ccc} \mathbb{C}^* \times \mathbb{C}^m & \longrightarrow & \mathbb{C}^m \\ \Psi & & \Psi \\ (\lambda, (x_1, \ldots, x_m)) & \longmapsto & (\lambda^{a_1} x_1, \lambda^{a_2} x_2, \ldots, \lambda^{a_m} x_m) \end{array}$$

により定める．このとき $U(C) = \overline{\iota(T)} \subset \mathbb{C}^m$ はこの作用により不変であり，補題 11.1 の条件を満たす．よって (1) が示された．次に (2) を示そう．交叉コホモロジー複体 $\mathrm{IC}^H_{U(C)}$ の構成より $H^j(\mathrm{IC}^H_{U(C)})_0 \simeq 0$ $(j \geq 0)$ が成り立つ．これより同型

$$H^j_c(U(C); \mathrm{IC}^H_{U(C)}) \simeq H^j_c(U(C) \setminus \{0\}; \mathrm{IC}^H_{U(C)}) \qquad (j > 0)$$

が得られる．交叉コホモロジー群に対するポアンカレ双対定理より，これは (2) の同型を意味する．最後に (3) を証明しよう．混合 Hodge 加群の一般論（定理 10.4）より，(2) の同型の左辺（右辺）は混合重み $\leq n$ $(\geq n)$ を持つ．したがって $j < 0$ については

$$H^j(\mathrm{IC}^H_{U(C)})_0 \simeq H^j(U(C) \setminus \{0\}; \mathrm{IC}^H_{U(C)})$$

は純重み $j+n$ を持つ．また $j \geq 0$ に対して $H^j(U(C) \setminus \{0\}; \mathrm{IC}^H_{U(C)})$ は混合重み $\geq j+n \geq n$ を持つ．これより (3) が直ちに従う． ■

上の補題の証明より次の重要な結果が得られる．

定理 11.3 トーリック多様体 $U(C)$ の交叉コホモロジー複体 $\mathrm{IC}^H_{U(C)}$ の各点 $p \in U(C)$ における茎 $(\mathrm{IC}^H_{U(C)})_p \in \mathrm{D^b}(\mathrm{MHM}(\mathrm{pt}))$ は純重み $n = \dim U(C)$ を持つ．

証明 補題 11.2 の証明より $p=0\in U(C)$ の場合はすでに示されている．よって $p\in T(\Gamma)$ $(\Gamma\prec C, \dim\Gamma\geq 1)$ の場合を考えれば十分である．錐 C の面 $\Gamma\prec C$ $(\dim\Gamma\geq 1)$ に対して（n 次元の）錐 $\mathrm{cone}_C\,\Gamma\subset M_{\mathbb{R}}\simeq\mathbb{R}^n$ を次で定義する：

$$\mathrm{cone}_C\,\Gamma := \{v-v' \mid v\in C, v'\in\Gamma\}\subset M_{\mathbb{R}}.$$

さらに $M_{\mathbb{R}}$ 内の有理的なアフィン部分空間 $L\simeq\mathbb{R}^{n-\dim\Gamma}$ であって Γ と格子 M の 1 点 $(=L\cap\Gamma\cap M)$ で横断的に交わるのものをとり，

$$\mathrm{cone}_C^{\circ}\,\Gamma := \mathrm{cone}_C\,\Gamma\cap L\subset M_{\mathbb{R}}$$

とおく．これは L 内の格子 $L\cap M\simeq\mathbb{Z}^{n-\dim\Gamma}$（交点 $L\cap\Gamma\cap M$ をその原点とみなす）に関して有理的かつ強凸な多面錐となる．こうして $n-\dim\Gamma$ 次元のアフィントーリック多様体 $U(\mathrm{cone}_C^{\circ}\,\Gamma)$ が定まる．さらに L を条件 $\{L\cap M\}\oplus\{\mathrm{Aff}(\Gamma)\cap M\}$ を満たすようにとれば，トーリック多様体の一般理論（Fulton [54] などを参照）より T-軌道 $T(\Gamma)\subset U(C)$ の近傍であって直積代数多様体 $T(\Gamma)\times U(\mathrm{cone}_C^{\circ}\,\Gamma)$ と同型なものが存在する．交叉コホモロジー複体 $\mathrm{IC}_{U(C)}^{H}$ の構成を考えれば，この近傍上で明らかに同型

$$\mathrm{IC}_{U(C)}^{H}\simeq(\mathbb{Q}_{T(\Gamma)}^{H}[\dim\Gamma])\boxtimes\mathrm{IC}_{U(\mathrm{cone}_C^{\circ}\,\Gamma)}^{H} \tag{11.2}$$

が成り立つ．これより T-軌道 $T(\Gamma)\simeq(\mathbb{C}^*)^{\dim\Gamma}$ の各点 p における茎に対する同型

$$(\mathrm{IC}_{U(C)}^{H})_p\simeq(\mathrm{IC}_{U(\mathrm{cone}_C^{\circ}\,\Gamma)}^{H})_0[\dim\Gamma]$$

が得られる．よって $(\mathrm{IC}_{U(C)}^{H})_p\in D^{\mathrm{b}}(\mathrm{MHM}(\mathrm{pt}))$ は純重み $\dim U(\mathrm{cone}_C^{\circ}\,\Gamma)+\dim\Gamma=n$ を持つ． ■

交叉コホモロジー複体の茎について同様の純性 (purity) は旗多様体内の Schubert 多様体についても成り立つ（Kazhdan-Lusztig [127] またはその解説である堀田-竹内-谷崎 [89, Proposition 13.2.9] などを参照）．次に $M_{\mathbb{R}}\simeq\mathbb{R}^n$ 内の $M_{\mathbb{Q}}\simeq\mathbb{Q}\otimes_{\mathbb{Z}}M\subset M_{\mathbb{R}}$ に頂点を持つ n 次元多面体 $\Delta\subset M_{\mathbb{R}}$ に対してもトーリック多様体を定義しよう．$M_{\mathbb{R}}$ の双対空間 $N_{\mathbb{R}}=\mathbb{R}\otimes_{\mathbb{Z}}N$ 内の Δ の双対

扇 (dual fan) を Σ_Δ とし，それより定まる n 次元の $\mathbb{C}$ 上固有（すなわち古典位相に関してコンパクト）なトーリック多様体を X_Δ と記す．トーリック幾何でよく知られているように，X_Δ は射影的である．以下，その交叉コホモロジー群 $\mathrm{IH}^j(X_\Delta) = H^j(X_\Delta; \mathrm{IC}^H_{X_\Delta}[-n])$ の次元公式を紹介しよう．そのために $M_\mathbb{R} \simeq \mathbb{R}^n$ 内の n 次元の有理的かつ強凸な多面錐 C に対して，$M_\mathbb{R} \simeq \mathbb{R}^n$ の原点を通らない有理的なアフィン超平面 $H \subset M_\mathbb{R}$ であって C のすべての 1 次元の面と交わるものをとり，

$$\Delta(C) := C \cap H \subset H \simeq \mathbb{R}^{n-1}$$

とおく．これは H 内の格子 $H \cap M \simeq \mathbb{Z}^{n-1}$ に関して有理的な $n-1$ 次元の多面体である．よって Δ の場合と同様にして，$\Delta(C)$ より $n-1$ 次元のトーリック多様体 $X_{\Delta(C)}$ が定まる．以下の議論より $X_{\Delta(C)}$ の交叉コホモロジー群の次元は H のとり方によらないことがわかる．また Δ の面 $F \prec \Delta$ に対しても $n - \dim F$ 次元の錐 $\mathrm{cone}^\circ_\Delta F$ を前と同様に定義する．以上の準備の下 $C, \Delta \subset M_\mathbb{R} \simeq \mathbb{R}^n$ $(n \geq 0)$ に対して 2 つの多項式 $\alpha(C)(w), \beta(\Delta)(w) \in \mathbb{Z}[w]$ を，以下のように $n = \dim C = \dim \Delta$ について帰納的に定義する：

(a) $\alpha(C)(w) = \mathrm{trunc}_{\leq \dim C - 1}\{(1-w^2)\cdot\beta(\Delta(C))(w)\}$ $(\dim C > 0)$,

(b) $\beta(\Delta)(w) = \sum_{F \prec \Delta}(w^2-1)^{\dim F}\cdot\alpha(\mathrm{cone}^\circ_\Delta F)(w)$ $(\dim \Delta \geq 0)$,

(c) $\alpha(\{0\}) = \beta(\mathrm{pt}) \equiv 1$.

これらの多項式は w についての偶数次の項のみを含み，C や Δ の面たちの組み合わせ論的構造のみに依存することが直ちにわかる．また錐 C が単体的 (simplicial) ならば，帰納法より $\alpha(C) \equiv 1$ であることが示せる．

定理 11.4

(1) 錐 $C \subset M_\mathbb{R} \simeq \mathbb{R}^n$ に対して $\dim C = n$ であれば，等式

$$\dim H^j(\mathrm{IC}^H_{U(C)}[-n])_0 = \alpha(C) \text{ の } w^j \text{ の係数} \qquad (j \in \mathbb{Z})$$

が成り立つ．

(2) 多面体 $\Delta \subset M_\mathbb{R} \simeq \mathbb{R}^n$ に対して $\dim \Delta = n$ であれば，等式

$$\dim \mathrm{IH}^j(X_\Delta) = \beta(\Delta) \text{ の } w^j \text{ の係数} \qquad (j \in \mathbb{Z})$$

が成り立つ.

証明 定理 11.3 より茎 $(\mathrm{IC}_{U(C)}^H[-n])_0$ は純重み 0 を持つ. よって仮想ポアンカレ多項式に対する等式

$$P((\mathrm{IC}_{U(C)}^H[-n])_0)(w) = \sum_{j \in \mathbb{Z}} (-1)^j \dim H^j(\mathrm{IC}_{U(C)}^H[-n])_0 w^j$$

が成り立つ. 多項式 $\alpha(C)(w)$ が w についての偶数次の項のみを含むことより, (1) を示すためには等式

$$P((\mathrm{IC}_{U(C)}^H[-n])_0)(w) = \alpha(C)(w)$$

すなわち

$$P((\mathrm{IC}_{U(C)}^H)_0)(w) = (-1)^n \alpha(C)(w) \tag{11.3}$$

を示せば十分である. また交叉コホモロジー群の一般理論により, 複体 $\mathbf{R}\Gamma(X_\Delta; \mathrm{IC}_{X_\Delta}^H[-n])$ も純重み 0 を持つ. したがって上と同様に, (2) を示すためには等式

$$P(\mathbf{R}\Gamma(X_\Delta; \mathrm{IC}_{X_\Delta}^H))(w) = (-1)^n \beta(\Delta)(w) \tag{11.4}$$

を示せば十分である. 以下等式 (11.3) および (11.4) を $n = \dim C = \dim \Delta$ についての帰納法により同時に証明する. すなわち $\dim C = \dim \Delta \leq n-1$ まではこれらが証明できたとして, $\dim C = \dim \Delta = n$ の場合を証明しよう. まず仮想ポアンカレ多項式の加法性を $U(C)$ の T-軌道分解 $U(C) = \bigsqcup_{\Gamma \prec C} T(\Gamma)$ に適用することにより次の等式を得る:

$$\begin{aligned}
&P(\mathbf{R}\Gamma_c(U(C) \setminus \{0\}; \mathrm{IC}_{U(C)}^H))(w) \\
&\quad = \sum_{\Gamma \neq \{0\}} P(\mathbf{R}\Gamma_c(T(\Gamma); \mathrm{IC}_{U(C)}^H))(w) \\
&\quad = \sum_{\Gamma \neq \{0\}} P(\mathbf{R}\Gamma_c(T(\Gamma); \mathbb{Q}_{T(\Gamma)}^H[\dim \Gamma]))(w) \cdot P((\mathrm{IC}_{U(\mathrm{cone}_C^\circ \Gamma)}^H)_0)(w)
\end{aligned}$$

$$=(-1)^n \sum_{\Gamma \neq \{0\}} (w^2-1)^{\dim \Gamma} \cdot \alpha(\mathrm{cone}_C^\circ \Gamma)(w).$$

ここで同型 (11.2), $P(\mathbf{R}\Gamma_c(T(\Gamma); \mathbb{Q}^H_{T(\Gamma)}))(w) = (w^2-1)^{\dim \Gamma}$ および錐 $\mathrm{cone}_C^\circ \Gamma$ についての帰納法の仮定を用いた．多面体 $\Delta(C)$ および $P(\Delta(C))(w)$ の定義より，この式は

$$(-1)^n (w^2-1) \cdot \beta(\Delta(C))(w)$$

と等しい．一方，帰納法の仮定より等式

$$P(\mathbf{R}\Gamma(X_{\Delta(C)}; \mathrm{IC}^H_{X_{\Delta(C)}}))(w) = (-1)^{n-1}\beta(\Delta(C))(w)$$

が成り立つ．トーリック多様体 $X_{\Delta(C)}$ は $\mathbb{C}$ 上固有なので，等式 (11.1) よりこれは

$$\beta(\Delta(C))(w) = w^{2(n-1)}\beta(\Delta(C))(w^{-1})$$

を意味する．よって等式 (11.1) を再び用いることにより等式

$$\begin{aligned}
&P(\mathbf{R}\Gamma(U(C) \setminus \{0\}; \mathrm{IC}^H_{U(C)}))(w) \\
&\quad = w^{2n} P(\mathbf{R}\Gamma_c(U(C) \setminus \{0\}; \mathrm{IC}^H_{U(C)}))(w^{-1}) \\
&\quad = (-1)^n w^{2n} (w^{-2}-1) \cdot \beta(\Delta(C))(w^{-1}) \\
&\quad = (-1)^n (1-w^2) \cdot \beta(\Delta(C))(w)
\end{aligned}$$

を得る．補題 11.2(3) より求める (11.3) が直ちに得られる．次に (11.4) を証明しよう．多面体 Δ の面 $F \prec \Delta$ に対応する X_Δ の T-軌道を $T^F \simeq (\mathbb{C}^*)^{\dim F}$ と記す．すると X_Δ の T-軌道分解 $X_\Delta = \bigsqcup_{F \prec \Delta} T^F$ が得られる．また各 T-軌道 T^F の近傍で同型

$$\mathrm{IC}^H_{X_\Delta} \simeq (\mathbb{Q}^H_{T^F}[\dim F]) \boxtimes \mathrm{IC}^H_{U(\mathrm{cone}^\circ_\Delta F)}$$

が成り立つ．よって求める (11.4) が次のようにして示される：

$$P(\mathbf{R}\Gamma(X_\Delta; \mathrm{IC}^H_{X_\Delta}))(w)$$

$$
\begin{aligned}
&= \sum_{F \prec \Delta} P(\mathbf{R}\Gamma_c(T^F; \mathrm{IC}^H_{X_\Delta}))(w) \\
&= \sum_{F \prec \Delta} (-1)^{\dim F}(w^2-1)^{\dim F} \cdot P((\mathrm{IC}^H_{U(\mathrm{cone}^\circ_\Delta F)})_0)(w) \\
&=(-1)^n \sum_{F \prec \Delta} (w^2-1)^{\dim F} \cdot \alpha(\mathrm{cone}^\circ_\Delta F)(w) \\
&=(-1)^n \beta(\Delta)(w).
\end{aligned}
$$

ここで第2番目の等式では混合 Hodge 加群の導来圏における射影公式 (projection formula) および $P(\mathbf{R}\Gamma_c(T^F; \mathbb{Q}^H_{T^F}))(w) = (w^2-1)^{\dim F}$ であることを用いた．また第3番目の等式では帰納法の仮定を用いた． ■

この定理より特に X_Δ の交叉コホモロジー群の次元は多面体 Δ の面の組み合わせ論的な構造のみに依存することがわかる．

定義 11.5 n 次元の多面体 Δ が単純 (simple) であるとは，Δ の各頂点を含む Δ の1次元の面が丁度 n 個あることである．

この定義よりすべての2次元多面体は単純である．また Δ が単純であることと，その双対扇が単体的な錐よりなることは同値である．トーリック多様体の一般理論でよく知られているように，この場合トーリック多様体 X_Δ は高々軌道体 (orbifold) の特異性を持つ（Fulton [54] などを参照）．すなわち X_Δ は有理的ホモロジー多様体である．特に X_Δ の交叉コホモロジー群は通常のコホモロジー群と一致し，次のポアンカレ多項式の公式が得られる：

$$
\begin{aligned}
&\sum_{j \in \mathbb{Z}} \dim H^j(X_\Delta; \mathbb{C}_{X_\Delta}) \cdot w^j = \sum_{j \in \mathbb{Z}} \dim \mathrm{IH}^j(X_\Delta) \cdot w^j \\
&= \beta(\Delta)(w) = \sum_{F \prec \Delta} (w^2-1)^{\dim F}.
\end{aligned}
$$

この特別な場合のより初等的な証明については，Fulton [54, Section 4.5] などを参照せよ．以上の結果では $\alpha(C)(w)$ と $\beta(\Delta)(w)$ を $n = \dim C = \dim \Delta$ について帰納的に $n = 0, 1, 2, \ldots$ と順々に計算しなくてはならないのでやや不便だと感じるかもしれない．この計算を簡略化する方法を解説しよう．ある多項式 $g(t), h(t) \in \mathbb{Z}[t]$ を用いて $\alpha(C)(w) = g(w^2)$ および $\beta(\Delta)(w) = h(w^2)$ と書くことができる．この $g(t), h(t) \in \mathbb{Z}[t]$ を特徴付ける性質を抽象化しよう．有限半順序集合 (poset) S であって最小元 $\hat{0}$ および最大元 $\hat{1}$ を持つものを考える．S の元の組 $x \leq y$ に対して $[x, y] = \{z \in S \mid x \leq z \leq y\} \subset S$ と書ける S の部分集合を **区間** (interval) と呼ぶ．またすべての $x \in S$ に対して区間 $[\hat{0}, x]$ 内のすべての極大鎖 (maximal chain) が同じ長さ $\rho(x) \geq 0$ を持つと仮定する（$\rho(\hat{0}) = 0$ とおく）．この関数 $\rho\colon S \longrightarrow \mathbb{Z}_+$ を S の **ランク関数** (rank function) と呼ぶ．また $\rho(\hat{1})$ を S の **ランク** (rank) と呼ぶ．

定義 11.6　上の半順序集合 S が **オイラー的** (Eulerian) であるとは，すべての区間 $[x, y]$ $(x < y)$ 内に奇数ランクの元と偶数ランクの元を同数含むことである．

● 例 11.7

(1)　n 次元の強凸な多面錐 $C \subset \mathbb{R}^n$ に対してその（空でない）面全体のなす集合 $S = \{\Gamma \prec C \mid \Gamma \neq \emptyset\}$ は $\Gamma \leq \Gamma' \underset{\text{Def}}{\Longleftrightarrow} \Gamma \prec \Gamma'$ より定まる順序 $\leq$ に関してオイラー的な半順序集合になる．またこの場合 $\hat{0} = (C\text{ の頂点})\, 0 \in \mathbb{R}^n, \hat{1} = C$ となり，S のランクは $n = \dim C$ である．

(2)　n 次元の多面体 $\Delta \subset \mathbb{R}^n$ に対してその（空集合 $\emptyset$ を含む）面全体のなす集合 $S = \{F \prec \Delta \mid F \neq \emptyset\} \sqcup \{\emptyset\}$ も同様にオイラー的な半順序集合となる．この場合 $\hat{0} = \emptyset$, $\hat{1} = \Delta$ となり，Δ の面 $F \prec \Delta$ に対して $\rho(F) = \dim F + 1$ となる．特に S のランクは $n + 1 = \dim \Delta + 1$ となる．

オイラー的な半順序集合 S の任意の区間 $[x, y] \subset S$ も再びオイラー的な半順序集合になる．

定義 11.8　(**Stanley [218]**)　S をランク d のオイラー的な半順序集合と

する．このとき2つの多項式 $g(S;t)$, $h(S;t) \in \mathbb{Z}[t]$ を S のランクについて帰納的に以下のように定義する：

(a) $g(S;t) = \mathrm{trunc}_{\leq \frac{d-1}{2}}\{(1-t)\cdot h(S;t)\} \qquad (d>0)$,

(b) $h(S;t) = \sum_{\hat{0}<x\leq\hat{1}}(t-1)^{\rho(x)-1}\cdot g([x,\hat{1}];t) \qquad (d>0)$,

(c) $g(S;t) = h(S;t) \equiv 1 \qquad (d=0)$.

この定義より $g(S;t)$ の次数は $\lfloor \frac{d-1}{2} \rfloor$ 以下であることに注意せよ．上で考えた n 次元の C, $\Delta \subset M_{\mathbb{R}} \simeq \mathbb{R}^n$ に対して例 11.7 の (1), (2) のようにオイラー的な半順序集合 S_C, S_Δ ($\mathrm{rank}\, S_C = n$, $\mathrm{rank}\, S_\Delta = n+1$) をそれぞれ定義すれば，明らかに等式

$$\alpha(C)(w) = g(S_C; w^2), \quad \beta(\Delta)(w) = h(S_\Delta; w^2)$$

が成り立つ．トーリック多様体 X_Δ の交叉コホモロジーについてのポアンカレ双対性より得られる等式

$$\beta(\Delta)(w) = w^{2n}\cdot\beta(\Delta)(w^{-1})$$

は一般のオイラー的な半順序集合 S に次のように拡張できる．

定理 11.9 (**Stanley [218]**) S をランク $d \geq 1$ のオイラー的な半順序集合とする．このとき次の等式が成立する：

$$h(S;t) = t^{d-1}h(S;t^{-1}).$$

この定理の証明は Stanley [218, Theorem 2.4] を参照せよ．

命題 11.10 (**Batylev-Borisov [7, Proposition 2.6]**) S をランク $d \geq 0$ のオイラー的な半順序集合とする．このとき次の等式が成り立つ：

$$t^d \cdot g(S;t^{-1}) = \sum_{\hat{0}\leq x\leq\hat{1}} (t-1)^{\rho(x)}\cdot g([x,\hat{1}];t).$$

証明 $d=0$ の場合は明らかであるので $d>0$ とする．このとき多項式 $g(S;t)$ の次数は $\lfloor \frac{d-1}{2} \rfloor$ 以下である．またその定義より $(1-t)\cdot h(S;t)$ の下の方の次数の部分は $g(S;t)$ と一致する．さらに定理 11.9 における $h(S;t)$ の係数の対称性を用いることで，$(1-t)\cdot h(S;t)$ の上の方の次数の部分は $-t^d \cdot g(S;t^{-1})$ と一致することがわかる．よって次の等式が成り立つ：

$$(1-t)\cdot h(S;t) = g(S;t) - t^d \cdot g(S;t^{-1}).$$

あとはこれに $h(S;t)$ の定義式を代入すればよい． ■

多項式 $g(S;t)$ の次数が $\lfloor \frac{d-1}{2} \rfloor$ $(d=\operatorname{rank} S)$ 以下であることを用いれば，この命題より $g(S;t)$ を $d=\operatorname{rank} S$ について帰納的に計算することができる．すなわち $g(S;t)$ は命題 11.10 の等式をみたす $\lfloor \frac{d-1}{2} \rfloor$ 次以下の多項式として一意的に特徴付けられる．こうして g 多項式は h 多項式を用いることなく直接求めることができることがわかった．10 章の最後に述べたように n 次元の多面体 $\Delta \subset M_{\mathbb{R}} \simeq \mathbb{R}^n$ に対する $\mathbb{C}$ 上固有なトーリック多様体 X_Δ の交叉コホモロジー群 $\mathrm{IH}^j(X_\Delta)$ は純重み j を持ち，Hodge 分解

$$\mathrm{IH}^j(X_\Delta) = \bigoplus_{p+q=j} \mathrm{IH}^{p,q}(X_\Delta)$$

が成り立つ．この交叉コホモロジー群に対する Hodge 数 $\dim \mathrm{IH}^{p,q}(X_\Delta)$ を求めるため，多項式

$$E_{\mathrm{int}}(X_\Delta;u,v) = \sum_{p,q} (-1)^{p+q} \dim \mathrm{IH}^{p,q}(X_\Delta)\cdot u^p v^q \in \mathbb{Z}[u,v]$$

を考えよう．有界な複体 $M_\bullet \in D^{\mathrm{b}}(\mathrm{MHM}(\mathrm{pt}))$ に対して 2 変数の Laurent 多項式 $E(M_\bullet)(u,v) \in \mathbb{Z}[u,v]$ を次で定める：

$$E(M_\bullet)(u,v) = \sum_{p,q} \left\{ \sum_{j\in\mathbb{Z}} (-1)^j \dim\,(H^j M_\bullet)^{p,q} \right\} u^p v^q.$$

ここで $(H^j M_\bullet)^{p,q}$ は混合 Hodge 構造 $H^j M_\bullet$ の (p,q)-部分である．これを $M_\bullet$ の <u>**混合 Hodge 多項式**</u> (mixed Hodge polynomial) または <u>Hodge-Deligne **多項式**</u>

(Hodge-Deligne polynomial) と呼ぶ（文献によっては単に E-多項式と呼ぶこともある）．これは仮想ポアンカレ多項式と同様の加法性および乗法性をみたす．よって定理 11.4 の証明を形式的になぞることにより次の結果が得られる．

定理 11.11　次の等式が成り立つ：

$$E_{\mathrm{int}}(X_\Delta; u.v) = \sum_{F \prec \Delta} (uv-1)^{\dim F} \cdot g(S_{\mathrm{cone}^\circ_\Delta F}; uv).$$

また n 次元の多面錐 $C \subset M_\mathbb{R} \simeq \mathbb{R}^n$ に対する茎 $(\mathrm{IC}^H_{U(C)}[-n])_0 \in \mathrm{D^b}(\mathrm{MHM}(\mathrm{pt}))$（定理 11.3 よりこれは純重み 0 を持つ）について次の等式が成り立つ：

$$\sum_{j \geq 0} \left\{ \sum_{p+q=j} (-1)^j \dim H^j(\mathrm{IC}^H_{U(C)}[-n])_0^{p,q} \cdot u^p v^q \right\}$$
$$= g(S_C; uv) = \mathrm{trunc}_{\leq n-1} \left\{ (1-uv) \cdot h(S_{\Delta(C)}; uv) \right\}.$$

ここで $\mathrm{trunc}_{\leq n-1}(*)$ は u, v についての総次数 (total degree) による多項式の切り落とし (truncation) である．

11.3　トーリック超曲面への応用

前節までの結果を非退化なトーリック超曲面へ応用しよう．代数的トーラス $T = (\mathbb{C}^*)^n$ 上の Laurent 多項式 $f(x) = \sum_{v \in M} a_v x^v$ $(a_v \in \mathbb{C})$ であってそのニュートン多面体 $\Delta \subset M_\mathbb{R} = \mathbb{R} \otimes_\mathbb{Z} M$ が n 次元であるものを考えよう．ここではトーリック多様体 X_Δ 自身ではなく，その中でトーリック超曲面 $Z_\Delta = f^{-1}(0) \subset T$ の閉包をとって得られる超曲面 $Y_\Delta = \overline{Z_\Delta} \subset X_\Delta$ の交叉コホモロジー群の次元やその Hodge 数を記述する公式を与える．

定義 11.12　複素超曲面 $Z_\Delta \subset T$ が<u>非退化</u> (non-degenerate) であるとは，Δ の任意の面 $F \prec \Delta$ に対して $f(x)$ の F-部分 $f_F(x) = \sum_{v \in F \cap M} a_v x^v$ より定まる複素超曲面 $(f_F)^{-1}(0) \subset T$ が滑らかかつ被約 (reduced) であることで

ある.

以後 $Z_\Delta \subset T$ は非退化であると仮定しよう．このとき $Y_\Delta = \overline{Z_\Delta} \subset X_\Delta$ および X_Δ 内の任意の T-軌道 $T^F \simeq (\mathbb{C}^*)^{\dim F}$ $(F \prec \Delta)$ に対して $Y_\Delta^F = Y_\Delta \cap T^F$ は T^F 内の滑らかな超曲面である．特に Y_Δ^F の各点 y に対して次の同型が成り立つ：

$$(\mathrm{IC}^H_{X_\Delta}[-n])_y \simeq (\mathrm{IC}^H_{Y_\Delta}[-(n-1)])_y.$$

したがって定理 11.3 より右辺は純重み 0 を持ち，$n - \dim F$ 次元の錐 $\mathrm{cone}^\circ_\Delta F$ に対するランク $n - \dim F$ の半順序集合 $S_{\mathrm{cone}^\circ_\Delta F}$ を半順序集合 S_Δ 内の区間 $[F, \Delta]$ と同一視することで次の等式が得られる：

$$\sum_{j \geq 0} \left\{ \sum_{p+q=j} (-1)^j \dim H^j(\mathrm{IC}^H_{Y_\Delta}[-(n-1)])_y^{p,q} \cdot u^p v^q \right\} = g([F, \Delta]; uv).$$

代数多様体 X に対してそのコンパクト台のコホモロジー群 $H^j_c(X; \mathbb{C})$ には Deligne [33] により定義された混合 Hodge 構造が入る．それを用いて X の <u>**混合 Hodge 多項式**</u> (mixed Hodge polynomial) $E(X; u, v) \in \mathbb{Z}[u, v]$ を次で決める：

$$\begin{aligned} E(X; u, v) &= E(\mathbf{R}\Gamma_c(X; \mathbb{Q}^H_X); u, v) \\ &= \sum_{p,q \in \mathbb{Z}} \left\{ \sum_{j \in \mathbb{Z}} (-1)^j \dim H^j_c(X; \mathbb{C})^{p,q} \right\} \cdot u^p v^q. \end{aligned}$$

混合 Hodge 多項式は自然な加法性をみたす．これより例えば $E(\mathbb{C}^*; u, v) = E(\mathbb{C}; u, v) - E(\{0\}; u, v) = uv - 1$ が従う．よって Künneth 公式より $T = (\mathbb{C}^*)^n$ に対して $E(T; u, v) = (uv-1)^n$ が成り立つ．実は T がアフィン代数多様体であることから消滅

$$H^j_c(T; \mathbb{C}) \simeq \left[H^{2n-j}(T; \mathbb{C}) \right]^* \simeq 0 \qquad (j < n = \dim T)$$

が得られる．また $j \geq n$ に対してはより精密な結果

$$\dim H_c^j(T;\mathbb{C})^{p,q} = \begin{cases} (-1)^j \begin{pmatrix} n \\ j-n \end{pmatrix} & (p=q=j-n) \\ 0 & (\text{それ以外の場合}) \end{cases}$$

が成り立つ．混合 Hodge 加群の導来圏における射影公式により次の等式が得られる．

$$\begin{aligned} E_{\mathrm{int}}(Y_\Delta;u,v) &\left(:= \sum_{p,q} (-1)^{p+q} \dim \mathrm{IH}^{p,q}(Y_\Delta) \cdot u^p v^q \right) \\ &= \sum_{F \prec \Delta, \dim F \geq 1} E(Y_\Delta^F;u,v) \cdot g([F,\Delta];uv). \end{aligned} \tag{11.5}$$

我々の目標は $E_{\mathrm{int}}(Y_\Delta;u,v)$ の明示的な公式を与えることである．そのために Batylev-Borisov [7] の方法を用いる（Katz-Stapledon [125, Section 5.4] なども参照）．まず交叉コホモロジー群に対する弱 Lefschetz 定理 (weak Lefschetz theorem)（その証明には Danilov-Khovanskii [28] の議論を交叉コホモロジー複体にあてはめればよい）により，$0 \leq j < n-1 = \dim Y_\Delta$ ($j = n-1 = \dim Y_\Delta$) に対して自然な制限写像

$$\mathrm{IH}^j(X_\Delta) \longrightarrow \mathrm{IH}^j(Y_\Delta)$$

は同型（単射）である．よって $n-1 = \dim Y_\Delta < j \leq 2n-2 = 2\dim Y_\Delta$ ($j = n-1 = \dim Y_\Delta$) に対して Gysin 射 (Gysin map)

$$\mathrm{IH}^j(Y_\Delta) \simeq \mathrm{IH}_c^j(Y_\Delta) \longrightarrow \mathrm{IH}_c^{j+2}(X_\Delta) \simeq \mathrm{IH}^{j+2}(X_\Delta)$$

は同型（全射）である．Gysin 射はポアンカレ双対性と制限を用いて定義され (p,q)-部分を $(p+1,q+1)$-部分に移すことに注意せよ．すなわち Y_Δ の交叉コホモロジー群の大部分は X_Δ のものと（シフトを除いて）等しい．異なるのは Gysin 射の核として定義される原始的交叉コホモロジー (primitive intersection cohomology)：

$$\mathrm{IH}_{\mathrm{prim}}^{n-1}(Y_\Delta) = \mathrm{Ker}\left[\mathrm{IH}^{n-1}(Y_\Delta) \longrightarrow \mathrm{IH}^{n+1}(X_\Delta) \right]$$

の部分のみである．これは純重み $n-1$ を持つ．よって $E_{\mathrm{int}}(Y_\Delta; u, v)$ の中で $\mathrm{IH}^{n-1}_{\mathrm{prim}}(Y_\Delta)$ からの寄与を除いたものとして次の 2 変数多項式を考えよう：

$$E_{\mathrm{int,Lef}}(Y_\Delta; u, v) = \sum_{j=0}^{n-1} \left\{ \sum_{p+q=j} (-1)^j \dim \mathrm{IH}^{p,q}(X_\Delta) \cdot u^p v^q \right\} + \sum_{j=n}^{2n-2} \left\{ \sum_{p+q=j} (-1)^j \dim \mathrm{IH}^{p+1,q+1}(X_\Delta) \cdot u^p v^q \right\}.$$

すると定理 11.11 により，ある $n-1$ 次以下の 1 変数多項式 $E_{\mathrm{int,Lef}}(\Delta; t) \in \mathbb{Z}[t]$ が存在して $E_{\mathrm{int,Lef}}(Y_\Delta; u, v) = E_{\mathrm{int,Lef}}(\Delta; uv)$ と書ける．さらに Y_Δ の交叉コホモロジー群に対するポアンカレ双対性より，次の等式が成り立つ：

(i) $E_{\mathrm{int,Lef}}(\Delta; t) = t^{n-1} E_{\mathrm{int,Lef}}(\Delta, t^{-1})$,

(ii) $\mathrm{trunc}_{\leq \frac{n-1}{2}} \{E_{\mathrm{int,Lef}}(\Delta; t)\} = \mathrm{trunc}_{\leq \frac{n-1}{2}} \{h(S_\Delta; t)\}$.

半順序集合 $S_\Delta = [\emptyset, \Delta]$ 上の g 多項式と h 多項式に関する初等的な計算により，これより等式

$$E_{\mathrm{int,Lef}}(\Delta; t) = \frac{t^n g([\emptyset, \Delta]; t^{-1}) - g([\emptyset, \Delta]; t)}{t-1}$$

が示せる（証明は Batylev-Borisov [7, Proposition 3.20] を参照せよ）．以上の議論より，ある（非負整数の係数を持つ）1 変数 Laurent 多項式 $\psi(\Delta; t) \in \mathbb{Z}[t^{\pm}]$ が存在して次の等式が成り立つ：

$$uvE_{\mathrm{int}}(Y_\Delta; u, v) = uvE_{\mathrm{int,Lef}}(\Delta; uv) + (-1)^{\dim \Delta + 1} \psi(\Delta; uv^{-1}) \cdot v^{\dim \Delta + 1} \tag{11.6}$$

($\dim \Delta = n$)．この ψ が何者であるかを解明しよう．そのためには次の Stanley [219] により発見された g 多項式の性質が必要である．半順序集合 S に対してその順序をすべて逆にすることで得られる半順序集合を S^* と記す．

定理 11.13 (**Stanley [219, Corollary 8.3]**) オイラー的な半順序集合 S が正のランクを持つとし，$\rho : S \longrightarrow \mathbb{Z}_+$ をそのランク関数とする．このとき次

の等式が成り立つ：

$$\sum_{x\in S}(-1)^{\rho(x)}g([\hat{0},x];t)g([x,\hat{1}]^*;t)=\sum_{x\in S}(-1)^{\rho(x)}g([\hat{0},x]^*;t)g([x,\hat{1}];t)=0.$$

Danilov-Khovanskii [28] によれば, 格子多面体 (lattice polytope) $\Delta\subset\mathbb{R}^{\dim\Delta}$ に対して，ある（非負整数の係数を持つ）多項式 $h^*(\Delta;t)\in\mathbb{Z}[t]$ が存在して次の等式が成り立つ：

$$\sum_{k\geq 0}\#(k\Delta\cap\mathbb{Z}^{\dim\Delta})\cdot t^k=\frac{h^*(\Delta;t)}{(1-t)^{\dim\Delta+1}}.$$

これは $\dim\Delta$ 次以下の多項式である．さらに

$$l^*(\Delta;t)=\sum_{F\prec\Delta}(-1)^{\dim\Delta-\dim F}h^*(F;t)\cdot g([F,\Delta];t)$$

とおく．上に述べた $\psi(\Delta;t)$ は実は多項式であり $l^*(\Delta;t)$ と等しいことを証明しよう．まず

$$h^*(\Delta;u,v)=\sum_{F\prec\Delta}l^*(F;uv^{-1})\cdot v^{\dim F+1}\cdot g([F,\Delta]^*;t)$$

とおく．このとき定理 11.13 より等式 $h^*(\Delta;u,1)=h^*(\Delta;u)$ が直ちに示せる．さらに次が成り立つ．

命題 11.14 格子多面体 $\Delta\subset\mathbb{R}^{\dim\Delta}$ に対して非退化な超曲面 $Z_\Delta\subset(\mathbb{C}^*)^{\dim\Delta}$ およびその閉包 $Y_\Delta=\overline{Z_\Delta}\subset X_\Delta$ についての次の 2 つの主張を考える：

$(\mathrm{A})_\Delta$ ：$uvE(Z_\Delta;u,v)=(uv-1)^{\dim\Delta}+(-1)^{\dim\Delta+1}h^*(\Delta;u,v)$,

$(\mathrm{A})'_\Delta$ ：$uvE_{\mathrm{int}}(Y_\Delta;u,v)=uvE_{\mathrm{int,Lef}}(\Delta;uv)+(-1)^{\dim\Delta+1}l^*(\Delta;uv^{-1})\cdot v^{\dim\Delta+1}$.

このときすべての Δ に対して主張 $(\mathrm{A})_\Delta$ が成り立つこととすべての Δ に対して主張 $(\mathrm{A})'_\Delta$ が成り立つことは同値である．

証明 式 (11.5)，命題 11.10，定理 11.13 および $E_{\mathrm{int,Lef}}(\Delta;t)$ の定義より

$$\sum_{F\prec\Delta,F\neq\emptyset}\{\text{主張}(\mathrm{A})_F\text{の等式}\}\cdot g([F,\Delta];uv)=\{\text{主張}(\mathrm{A})'_\Delta\text{の等式}\}$$

となる．この計算はやや複雑だが初等的ではあるので読者に任せよう．よって主張 $(\mathrm{A})_\Delta$ たちより主張 $(\mathrm{A})'_\Delta$ たちが従う．同様に

$$\sum_{F \prec \Delta, F \neq \emptyset} \left\{ \text{主張}\,(\mathrm{A})'_F\,\text{の等式} \right\} \cdot (-1)^{\dim \Delta - \dim F} g([F, \Delta]^*; uv)$$

$$= \left\{ \text{主張}\,(\mathrm{A})_\Delta\,\text{の等式} \right\}$$

を示すことで，主張 $(\mathrm{A})'_\Delta$ たちより主張 $(\mathrm{A})_\Delta$ たちが従うこともわかる． ■

さらにこれを $v = 1$ に特殊化した次の命題も成り立つ．

命題 11.15 命題 11.14 の状況で次の2つの主張を考える：

$[\mathrm{A}]_\Delta$: $uE(Z_\Delta; u, 1) = (u-1)^{\dim \Delta} + (-1)^{\dim \Delta + 1} h^*(\Delta; u)$,

$[\mathrm{A}]'_\Delta$: $uE_{\mathrm{int}}(Y_\Delta; u, 1) = uE_{\mathrm{int,Lef}}(\Delta; u) + (-1)^{\dim \Delta + 1} l^*(\Delta; u)$.

このときすべての Δ に対して主張 $[\mathrm{A}]_\Delta$ が成り立つこととすべての Δ に対して $[\mathrm{A}]'_\Delta$ が成り立つことは同値である．

等式 (11.6) の形より主張 $(\mathrm{A})'_\Delta$ とそれを $v = 1$ に特殊化した主張 $[\mathrm{A}]'_\Delta$ は同値である．また Danilov-Khovanskii は [28] において対数的微分形式の理論を用いることで主張 $[\mathrm{A}]_\Delta$ たちを証明した．したがってすべての Δ に対して主張 $(\mathrm{A})_\Delta$ と $(\mathrm{A})'_\Delta$ が成り立つ．以上により次の結果が得られた．

定理 11.16 n 次元の格子多面体 $\Delta \subset M_{\mathbb{R}} \simeq \mathbb{R}^n$ に対して次の等式が成り立つ：

$$uvE(Z_\Delta; u, v) = (uv-1)^n + (-1)^{n+1} h^*(\Delta; u, v),$$

$$uvE_{\mathrm{int}}(Y_\Delta; u, v) = uvE_{\mathrm{int,Lef}}(\Delta; uv) + (-1)^{n+1} l^*(\Delta; uv^{-1}) \cdot v^{n+1}.$$

この定理は最初ミラー対称性の研究において Borisov-Mavlyutov [21] により得られた．ここで述べたより見通しの良い証明は Stapledon [220] および Katz-Stapledon [125] によるものである．トーリック超曲面 $Z_\Delta \subset T = (\mathbb{C}^*)^n$ はアフィン代数多様体なので特に消滅

$$H_c^j(Z_\Delta; \mathbb{C}) \simeq \left[H^{2(n-1)-j}(Z_\Delta; \mathbb{C}) \right]^* \simeq 0 \qquad (j < n-1 = \dim Z_\Delta)$$

が成り立つ．また Danilov-Khovanskii [28] における弱 Lefschetz の定理より $j > n-1 = \dim Z_\Delta$ に対して Gysin 射

$$H_c^j(Z_\Delta;\mathbb{C}) \longrightarrow H_c^{j+2}(T;\mathbb{C})$$

は同型である．さらにこれが (p,q) 部分を $(p+1,q+1)$ 部分へ移すことより，$j > n-1 = \dim Z_\Delta$ に対して $H_c^j(Z_\Delta;\mathbb{C})$ の混合 Hodge 数は $H_c^{j+2}(T;\mathbb{C})$ のそれとシフトを除いて等しい．よって定理 11.16 より残りの $H_c^{n-1}(Z_\Delta;\mathbb{C})$ の混合 Hodge 数についても明示的な公式が得られる．Danilov-Khovanskii [28] の結果はこれらを求めるアルゴリズムであったが，交叉コホモロジーの理論を用いることによりさらに closed formula が得られたことになる．また Y_Δ の交叉コホモロジー群 $\mathrm{IH}^j(Y_\Delta)$ が純重み j を持つことより，定理 11.16 において $u=v=w$ とおくことで次の結果を得る．

系 11.17 定理 11.16 の状況で次の等式が成り立つ：

$$\sum_{j\geq 0}(-1)^j \dim \mathrm{IH}^j(Y_\Delta)\cdot w^j = E_{\mathrm{int,Lef}}(\Delta;w^2) + (-1)^{n+1} l^*(\Delta;1)w^{n-1}.$$

第12章 ◇ 多項式写像の無限遠点におけるモノドロミー

この章ではこの本で説明してきた様々な理論を用いて Libgober-Sperber[141], 松井-竹内 [156], [158], Stapledon [220] などにより得られた多項式写像の無限遠点におけるモノドロミーの公式を紹介する．特に松井-竹内 [158] および Raibaut [185] により独立に導入された“無限遠点におけるモチヴィックミルナーファイバー”という新しい概念を用いて無限遠点におけるモノドロミーのジョルダン標準型を決定した論文 [158] および [220] の結果について解説する．

12.1 無限遠点におけるモノドロミーの固有値

複素数係数の n 変数多項式 $f(x) \in \mathbb{C}[x_1, x_2, \ldots, x_n]$ $(n \geq 2)$ より定まる多項式写像 $f\colon \mathbb{C}^n \longrightarrow \mathbb{C}$ を考えよう．このとき有限部分集合 $B \subset \mathbb{C}$ が存在して f の制限

$$\mathbb{C}^n \setminus f^{-1}(B) \longrightarrow \mathbb{C} \setminus B$$

が C^∞-ファイバー束になることはよく知られている．このような条件を満たす最小の部分集合 B を B_f と記す．B_f の点を f の <u>分岐点</u> (bifurcation point) と呼ぶ．また B_f を f の <u>分岐点集合</u> (bifurcation set) と呼ぶ．分岐点集合 B_f は f の臨界値集合 $f(\mathrm{sing} f) \subset \mathbb{C}$ の他に，f の無限遠点における特異性より生じる分岐点を含んでいる．そのため B_f を決定する問題は長年の未解決問題である．ここで条件 $B_f \subset \{t \in \mathbb{C} \mid |t| < R\}$ を満たす十分大きな $R \gg 0$ をとり，$C_R = \{t \in \mathbb{C} \mid |t| = R\} \subset \mathbb{C}$ とおく．さらにファイバー束 $\mathbb{C}^n \setminus f^{-1}(B_f) \longrightarrow \mathbb{C} \setminus B_f$ の円周 $C_R \subset \mathbb{C} \setminus B_f$ 上への制限を考える．すると円周 C_R を一周することで f の一般ファイバー $f^{-1}(R)$ $(R \gg 0)$ の自己同型 $\Phi_f^\infty\colon f^{-1}(R) \xrightarrow{\sim} f^{-1}(R)$ およびそれにより誘導されるコホモロジー群の同型

$$\Phi_j^\infty \colon H^j(f^{-1}(R);\mathbb{C}) \xrightarrow{\sim} H^j(f^{-1}(R);\mathbb{C}) \qquad (j=0,1,2,\dots)$$

が得られる．これらを f の <u>無限遠点におけるモノドロミー</u> (monodromy at infinity) と呼ぶ．基本文献 Broughton [23] および Siersma-Tibar [216] などの登場以降，多項式写像のモノドロミーは多くの数学者により研究された．これは Milnor [165] により定義された多項式の局所モノドロミーの大域版であり，これまでに得られた結果は局所的な場合の先行結果と驚くほど類似している．無限遠点におけるモノドロミー Φ_j^∞ $(j=0,1,2,\dots)$ の研究においても，局所モノドロミーの場合の孤立特異点という条件に対応する，次のような良い条件を仮定するのが普通である．

定義 12.1 (**Kouchnirenko [134]**)　$f\colon \mathbb{C}^n \longrightarrow \mathbb{C}$ が <u>無限遠点において従順</u> (tame at infinity) であるとは，写像

$$\begin{array}{rccc} \partial f\colon & \mathbb{C}^n & \longrightarrow & \mathbb{C}^n \\ & \Psi & & \Psi \\ & x & \longmapsto & (\partial_1 f(x),\dots,\partial_n f(x)) \end{array}$$

のある原点 $0\in\mathbb{C}^n$ の近傍 $B(0;\varepsilon)\subset\mathbb{C}^n$ $(\varepsilon>0)$ 上への制限 $(\partial f)^{-1}B(0;\varepsilon)\longrightarrow B(0;\varepsilon)$ が固有写像となることである．

次のブーケ分解についての結果は基本的である．

定理 12.2 (**Broughton [23]**)　f は無限遠点において従順であると仮定する．このとき f の一般ファイバー $f^{-1}(c)$ $(c\in\mathbb{C}\setminus B_f)$ は有限個の $n-1$ 次元球面のブーケ $S^{n-1}\vee\cdots\vee S^{n-1}$ とホモトピー同値である．特に同型

$$H^j(f^{-1}(c);\mathbb{C})\simeq\begin{cases}\mathbb{C} & (j=0)\\ \mathbb{C}^\mu & (j=n-1)\\ 0 & (j\neq 0,n-1)\end{cases}$$

が成り立つ．ここで μ は上のブーケ分解にあらわれる球面 S^{n-1} の個数である．

この定理により, f が無限遠点において従順な場合は Φ_{n-1}^{∞} のみが非自明でありその固有値を求めるためには, 次の f の<u>無限遠点におけるモノドロミーゼータ関数</u> (monodromy zeta function at infinity) を計算すればよい：

$$\zeta_f^{\infty}(t) = \prod_{j=0}^{\infty} \det(\mathrm{id} - t\Phi_j^{\infty})^{(-1)^j} \in \mathbb{C}(t)^*.$$

これについては多くの研究があるが, ここでは $\zeta_f^{\infty}(t)$ を f のニュートン多面体を用いて表す Libgober-Sperber [141] の公式を紹介しよう.

定義 12.3 f のニュートン多面体を $\mathrm{NP}(f) \subset \mathbb{R}_+^n$ と記す. このとき $\{0\} \cup \mathrm{NP}(f)$ の $\mathbb{R}_+^n$ における凸包 $\Gamma_\infty(f)$ を f の<u>無限遠点におけるニュートン多面体</u> (Newton polyhedron at infinity) と呼ぶ. また $\Gamma_\infty(f)$ が $\mathbb{R}^n$ の各座標軸の正の部分と交わるとき f は<u>コンビニエント</u> (convenient) であるという

定義 12.4 $f(x) = \sum_{v \in \mathbb{Z}_+^n} a_v x^v \ (a_v \in \mathbb{C})$ とする. このとき f が<u>無限遠点において非退化</u> (non-degenerate at infinity) であるとは, 条件 $0 \notin \gamma$ を満たす $\Gamma_\infty(f)$ のすべての面 γ に対して $(\mathbb{C}^*)^n$ 内の複素超曲面 $\{x \in (\mathbb{C}^*)^n \mid f_\gamma(x) = 0\}$ が滑らかかつ被約 (reduced) であることである. ここで f の<u>γ-部分</u> (γ-part) $f_\gamma \in \mathbb{C}[x_1, \ldots, x_n]$ を $f_\gamma(x) = \sum_{v \in \gamma \cap \mathbb{Z}_+^n} a_v x^v$ により定めた.

Broughton [23] は f がコンビニエントかつ無限遠点において非退化であれば無限遠点において従順であることを示した. 部分集合 $S \subset \{1, 2, \ldots, n\}$ に対して

$$\mathbb{R}^S = \{v = (v_1, \ldots, v_n) \in \mathbb{R}^n \mid v_i = 0 \ (i \notin S)\} \simeq \mathbb{R}^{|S|}$$

および $\Gamma_\infty^S(f) = \Gamma_\infty(f) \cap \mathbb{R}^S \subset \mathbb{R}_+^S = \mathbb{R}_+^n \cap \mathbb{R}^S$ とおく. 空でない各部分集合 $S \subset \{1, 2, \ldots, n\}$ に対して原点 $0 \in \mathbb{R}^S$ を含まない $\Gamma_\infty^S(f)$ の $|S| - 1$ 次元の面を $\gamma_1^S, \gamma_2^S, \ldots, \gamma_{n(S)}^S \prec \Gamma_\infty^S(f)$ とする. ベクトル空間 $\mathbb{R}^S$ 内の格子 $\mathbb{Z}^S = \mathbb{Z}^n \cap \mathbb{R}^S \simeq \mathbb{Z}^{|S|}$ の双対格子 $\mathrm{Hom}_{\mathbb{Z}}(\mathbb{Z}^S, \mathbb{Z})$ を $(\mathbb{Z}^S)^*$ と記す. このとき $\gamma_i^S \subset \mathbb{R}^S$ の生成するアフィン部分空間 $\mathrm{Aff}(\gamma_i^S) (\simeq \mathbb{R}^{|S|-1}) \subset \mathbb{R}^S$ と直交する

$(\mathbb{Z}^S)^*$ の原始ベクトル (primitive vector) $\nu_i^S(\neq 0) \in (\mathbb{Z}^S)^*$ を用いて，面 γ_i^S の原点 $0 \in \mathbb{R}_+^S$ からの **格子距離** (lattice distance) $d_i^S > 0$ を ν_i^S の γ_i^S 上での値の絶対値と定める．また $|S|-1$ 次元の多面体 $\gamma_i^S \subset \mathrm{Aff}(\gamma_i^S) \simeq \mathbb{R}^{|S|-1}$ の格子 $\mathbb{Z}^n \cap \mathrm{Aff}(\gamma_i^S) \simeq \mathbb{Z}^{|S|-1}$ に関する **正規化体積** (normalized volume) $\mathrm{Vol}_{\mathbb{Z}}(\gamma_i^S) \in \mathbb{Z}_{>0}$ を $(|S|-1)! \times \mathrm{Vol}(\gamma_i^S)$ と定める．ここで $\mathrm{Vol}(\gamma_i^S) \in \mathbb{Q}_{>0}$ は γ_i^S の（格子 $\mathbb{Z}^n \cap \mathrm{Aff}(\gamma_i^S)$ に関する）通常の $|S|-1$ 次元体積である．次の結果は最初 Libgober-Sperber [141] により f がコンビニエントの場合に証明された．ここではこの条件を外した松井-竹内 [156] および竹内-Tibar [227] の結果とその概略を述べる．

定理 12.5　f は無限遠点において非退化であると仮定する．このとき f の無限遠点におけるモノドロミーゼータ関数 $\zeta_f^\infty(t) \in \mathbb{C}(t)^*$ は次の式で与えられる：

$$\zeta_f^\infty(t) = \prod_{S \neq \emptyset} \left\{ \prod_{i=1}^{n(S)} (1 - t^{d_i^S})^{(-1)^{|S|-1}\mathrm{Vol}_{\mathbb{Z}}(\gamma_i^S)} \right\}.$$

無限遠点において非退化という条件は $\Gamma_\infty(f)$ を固定した場合ほとんどの f に対して成り立つ弱い条件であることに注意せよ．この定理の証明には以下の結果が必要である．

補題 12.6　(A'Campo [1]) $X = \mathbb{C}^n$ の原点 $0 \in \mathbb{C}^n$ の近傍における局所座標を $x = (x_1, \ldots, x_n)$ とする．このとき次が成り立つ．

(1)　$f(x) = x_1^m$ $(m \in \mathbb{Z}_{>0})$ に対して $\zeta_{f,0}(\mathbb{C}_X)(t) = 1 - t^m$ が成り立つ．

(2)　$k \geq 2$ にたいして $f(x) = x_1^{m_1} x_2^{m_2} \cdots x_k^{m_k}$ $(m_1, m_2, \ldots, m_k \in \mathbb{Z}_{>0})$ とする．このとき $\zeta_{f,0}(\mathbb{C}_X)(t) \equiv 1$ が成り立つ．

主張 (1) は明らかである．主張 (2) は定理 7.4 の証明と同様にして代数的トーラスの座標変換で $f(x) = x_1^d$ $(d = \gcd(m_1, m_2, \ldots, m_k) > 0)$ の場合に帰着できる．詳細は岡 [182, Example (3.7)] などを参照せよ．なお，この補題の構成可能層への一般化が松井-竹内 [155, Section 5] において与えられている．

次の結果はBernstein-Khovanskii-Kouchnirenkoの定理の特別な場合である．

定理 12.7 $g(x) \in \mathbb{C}[x_1^{\pm}, x_2^{\pm}, \dots, x_n^{\pm}]$ を非退化なLaurent多項式とし，$\Delta = NP(g) \subset \mathbb{R}^n$ をそのニュートン多面体とする．このとき g より定まる複素超曲面 $Z = \{x \in (\mathbb{C}^*)^n \mid g(x) = 0\} \subset (\mathbb{C}^*)^n$ のオイラー標数 $\chi(z)$ は $(-1)^{n-1}\mathrm{Vol}_{\mathbb{Z}}(\Delta) \in \mathbb{Z}$ により与えられる．ここで $\mathrm{Vol}_{\mathbb{Z}}(\Delta) \in \mathbb{Z}_+$ は多面体 $\Delta \subset \mathbb{R}^n$ の格子 $\mathbb{Z}^n$ に関する"n 次元の"正規化体積 $n! \times \mathrm{Vol}(\Delta)$ である．

この定理において $\dim\Delta < n$ の場合は $\mathrm{Vol}_{\mathbb{Z}}(\Delta) = 0$ であるが，これは代数的トーラス $T = (\mathbb{C}^*)^n$ の座標変換により

$$Z \simeq Z' \times (\mathbb{C}^*)^{n-\dim\Delta} \qquad (Z' \text{ はある代数多様体})$$

となる場合と対応している．このとき $n - \dim\Delta > 0$ およびKünneth公式により $\chi(Z) = 0$ が成り立つ．さて以上の準備の下，定理 12.5を証明しよう．部分集合 $S \subset \{1, 2, \dots, n\}$ に対して $\mathbb{C}^n$ の部分集合 $T_S \simeq (\mathbb{C}^*)^{|S|}$ を次で定義する：

$$T_S = \{x = (x_1, \dots, x_n) \in \mathbb{C}^n \mid x_i = 0 \ (i \notin S), x_i \neq 0 \ (i \in S)\}.$$

このとき $\mathbb{C}^n = \bigsqcup_{S \subset \{1,2,\dots,n\}} T_S$ が成り立つ．写像 $f\colon \mathbb{C}^n \longrightarrow \mathbb{C}$ の $T_S \subset \mathbb{C}^n$ への制限を $f|_{T_S}\colon T_S \longrightarrow \mathbb{C}$ と記す．また $j\colon \mathbb{C} \hookrightarrow \mathbb{C} \sqcup \{\infty\} = \mathbb{P}^1$ を $\mathbb{C}$ のコンパクト化とし，射影直線 $\mathbb{P}^1$ の無限遠点 $\infty \in \mathbb{P}^1$ の近傍における局所座標 h であって $h^{-1}(0) = \{\infty\}$ となるものをとる．このとき f の一般ファイバー $f^{-1}(R)$ $(R \gg 0)$ のポアンカレ双対性を用いて

$$\zeta_f^{\infty}(t) = \zeta_{h,\infty}(j_!\mathbf{R}f_!\mathbb{C}_{\mathbb{C}^n})(t)$$

が容易に示せる．さらに $\mathbb{C}^n$ の分割 $\mathbb{C}^n = \bigsqcup_{S \subset \{1,2,\dots,n\}} T_S$ によりその右辺は積

$$\prod_{S \neq \emptyset} \zeta_{h,\infty}(j_!\mathbf{R}(f|_{T_S})_!\mathbb{C}_{T_S})(t)$$

と等しい（$S = \emptyset$ の場合は $T_S = \{0\} \subset \mathbb{C}^n$ であり，$f|_{T_S}$ は定値写像）．したがって各 $S \neq \emptyset$ に対して等式

$$\zeta_{h,\infty}(j_!\mathbf{R}(f|_{T_S})_!\mathbb{C}_{T_S})(t) = \prod_{i=1}^{n(S)} (1 - t^{d_i^S})^{(-1)^{|S|-1}\mathrm{Vol}_{\mathbb{Z}}(\gamma_i^S)}$$

を示せばよい．特に $S = \{1, 2, \ldots, n\}$ で $T_S = T = (\mathbb{C}^*)^n$ の場合を示せば十分である．このときもし $\dim\Gamma_\infty^S(f) = \Gamma_\infty(f) < n$ であれば $T = (\mathbb{C}^*)^n$ の座標変換により $f|_T$ の一般ファイバー $(f|_T)^{-1}(R) \subset T$ $(R \gg 0)$ は直積分解

$$(f|_T)^{-1}(R) \simeq Y \times (\mathbb{C}^*)^{n-\dim\Gamma_\infty(f)} \quad (Y \text{ はある代数多様体})$$

を持つので Künneth 公式により $\chi_c((f|_T)^{-1}(R)) = 0$ であり等式

$$\zeta_{h,\infty}(j_!\mathbf{R}(f|_T)_!\mathbb{C}_T)(t) \equiv 1$$

が成り立つ．よって $\dim\Gamma_\infty(f) = n$ と仮定して差し支えない．ベクトル空間 $\mathbb{R}^n$ およびその中の格子 $\mathbb{Z}^n$ の組 $(\mathbb{R}^n, \mathbb{Z}^n)$ の双対 $((\mathbb{R}^n)^*, (\mathbb{Z}^n)^*)$ を考えよう．このとき双対ベクトル $u \in (\mathbb{R}^n)^* \simeq \mathbb{R}^n$ の $\Gamma_\infty(f)$ における支持面 (supporting face) $\gamma_u \prec \Gamma_\infty(f)$ を次で定義する：

$$\gamma_u = \left\{ v \in \Gamma_\infty(f) \mid \langle u, v \rangle = \min_{w \in \Gamma_\infty(f)} \langle u, w \rangle \right\}.$$

すると $\Gamma_\infty(f)$ の各面 $\gamma \prec \Gamma_\infty(f)$ に対して

$$\sigma(\gamma) = \overline{\{u \in (\mathbb{R}^n)^* \mid \gamma_u = \gamma\}} \subset (\mathbb{R}^n)^*$$

は $((\mathbb{R}^n)^*, (\mathbb{Z}^n)^*)$ 内の $n - \dim\gamma$ 次元の有理的かつ強凸な閉多面錐となる．これらの集まり $\Sigma_0 = \{\sigma(\gamma)\}_{\gamma \prec \Gamma_\infty(f)}$ は $((\mathbb{R}^n)^*, (\mathbb{Z}^n)^*)$ 内の完備な扇 (complete fan) となる．これらを多面体 $\Gamma_\infty(f) \subset \mathbb{R}^n$ の双対扇 (dual fan) と呼ぶ．双対扇 Σ_0 の滑らかな細分 Σ をとり，それに対する滑らかかつ完備なトーリック多様体を X_Σ と記す．このとき X_Σ は $T = (\mathbb{C}^*)^n$ のコンパクト化であり，自然な T-作用を持つ．扇 Σ の錐 $\sigma \in \Sigma$ に対する T-軌道を $T_\sigma (\simeq (\mathbb{C}^*)^{n-\dim\sigma}) \subset X_\Sigma$ と記す．こうして X_Σ の T-軌道分解 $X_\Sigma = \bigsqcup_{\sigma \in \Sigma} T_\sigma$ が得られた．錐 $\sigma \in \Sigma$ はその相対内部 rel.int(σ) のベクトル u の $\Gamma_\infty(f)$ における支持面 γ_u が条件 $0 \notin \gamma_u$ を満たすとき無限遠点にある錐 (cone at infinity) と呼ばれる．これ

らのなすΣの部分集合をΣ'と記す．扇Σ内の1次元の無限遠点にある錐を$\rho_1, \rho_2, \ldots, \rho_l \in \Sigma$とし，$\rho_j$と対応する$T$-因子 (T-divisor) $\overline{T_{\rho_j}} \subset X_\Sigma$を$D_j$と記す．このとき関数$f|_T \colon T \longrightarrow \mathbb{C}$の$X_\Sigma$への有理関数としての延長$(f|_T)^\sim$は$D_j$に沿って極を持ち，その重複度$m_j > 0$は$\mathrm{rel.int}(\rho_j)$上の（唯一の）原始ベクトル$u_j \in (\mathbb{Z}^n)^* \setminus \{0\}$を用いて式

$$m_j = - \min_{w \in \Gamma_\infty(f)} \langle u_j, w \rangle$$

により与えられる．さらに有理関数$(f|_T)^\sim$の極はX_Σの正規交叉因子

$$D_1 \cup \cdots \cup D_l = \bigsqcup_{\sigma \in \Sigma'} T_\sigma \subset X_\Sigma$$

と一致する．またfの無限遠点における非退化性より，X_Σ内の超曲面$\overline{(f|_T)^{-1}(0)} \subset X_\Sigma$は$T$-軌道$T_\sigma$ $(\sigma \in \Sigma')$たちと横断的に交わる．これより特に$\overline{(f|_T)^{-1}(0)}$は正規交叉因子$D_1 \cup \cdots \cup D_l$の近傍で滑らかであることがわかる．さらに$T$-軌道$T_{\rho_j} \simeq (\mathbb{C}^*)^{n-1}$内の滑らかな超曲面$\overline{(f|_T)^{-1}(0)} \cap T_{\rho_j}$は$f$の$\gamma_{u_j}$-部分$f_{\gamma_{u_j}}$より自然に定まる$T_{\rho_j}$上のローラン多項式の零点集合と一致する．よって有理関数$(f|_T)^\sim$はX_Σの部分集合

$$\overline{(f|_T)^{-1}(0)} \cap (D_1 \cup \cdots \cup D_l) = \bigcup_{j=1}^{l} \overline{(f|_T)^{-1}(0)} \cap D_j$$

に不確定点を持つことがわかった．まず滑らかな因子$D_1 \subset X_\Sigma$に対してX_Σ内の余次元2の複素部分多様体$\overline{(f|_T)^{-1}(0)} \cap D_1$に沿った爆裂 (blow up) の列をとることにより有理関数$(f|_T)^\sim$のD_1上の不確定性を解消することができる（詳細は松井-竹内 [156, Section 3] を参照）．この操作を$D_2, D_3, \ldots, D_l$の固有変換 (proper transform) に順次適用することですべての不確定性を解消することができ，次の正則写像の可換図式が得られる：

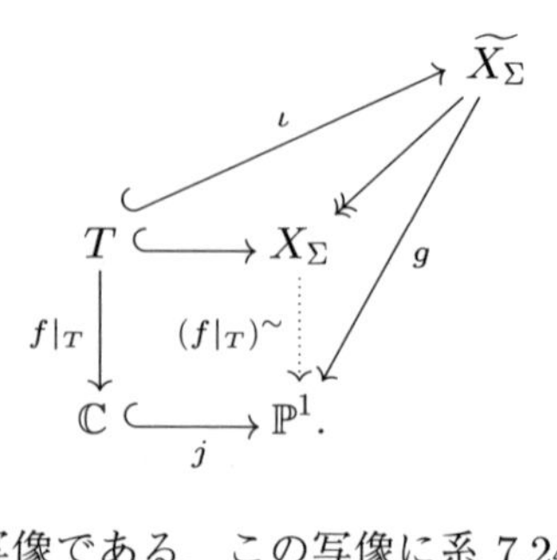

このとき g は固有正則写像である．この写像に系 7.24 を適用すれば次の等式が得られる：

$$\zeta_{h,\infty}(j_! \mathbf{R}(f|_T)_! \mathbb{C}_T)(t) = \zeta_{h,\infty}(\mathbf{R}g_* \iota_! \mathbb{C}_T)(t) = \int_{(h\circ g)^{-1}(0)} \zeta_{h\circ g}(\iota_! \mathbb{C}_T)(t).$$

ここで $\int_{(h\circ g)^{-1}(0)}$ は集合 $(h\circ g)^{-1}(0) = g^{-1}(\infty) \subset \widetilde{X_\Sigma}$ 上での乗法群 $\mathbb{C}(t)^*$ に値をとる構成可能関数の位相積分である．$\mathbb{C}^* = \mathbb{C} \setminus \{0\}$ のオイラー標数が 0 であることと補題 12.6 より，集合 $(h\circ g)^{-1}(0) = g^{-1}(\infty) \subset X_\Sigma$ の中で爆裂 $\widetilde{X_\Sigma} \longrightarrow\!\!\!\!\!\rightarrow X_\Sigma$ の例外因子の合併部分の上での位相積分の結果は 1 であり無視してよい．また $S = \{1, 2, \ldots, n\}$ に対して $n(S) = k$ とおき，$\gamma_i^S = \gamma_i, d_i^S = d_i$ $(1 \leq i \leq n(S) = k)$ と略記しよう．このとき各 $1 \leq i \leq n(S) = k$ に対してある $1 \leq j(i) \leq l$ がただ 1 つ存在して，面 $\gamma_i \prec \Gamma_\infty(f)$ は錐 $\rho_{j(i)} \in \Sigma$ と対応する．補題 12.6 の (2) および定理 12.7 のすぐ下の注意により，結局 $(h\circ g)^{-1}(0) = g^{-1}(\infty)$ の部分集合

$$\bigsqcup_{1\leq i\leq k} (T_{\rho_{j(i)}} \setminus \overline{(f|_T)^{-1}(0)})$$

上の構成可能函数 $\zeta_{h\circ g}(\iota_! \mathbb{C}_T) \in \mathrm{CF}_{\mathbb{C}(t)^*}(g^{-1}(\infty))$ の位相積分を計算すればよいことがわかる．以上により等式 $d_i = m_{j(i)}, \gamma_i = \gamma_{u_{j(i)}}$ $(1 \leq i \leq n(S) = k)$，補題 12.6 の (1) および定理 12.7 より所要の等式

$$\zeta_{h,\infty}(j_! \mathbf{R}(f|_T)_! \mathbb{C}_T)(t) = \prod_{1\leq i\leq n(S)=k} (1 - t^{d_i})^{-(-1)^{n-2}\mathrm{Vol}_{\mathbb{Z}}(\gamma_i)}$$

が直ちに得られる．これで定理 12.5 の証明が完成した．松井-竹内 [156, Section 5] ではさらに $\mathbb{C}^n$ 内の完全交叉代数多様体 $W \subset \mathbb{C}^n$ 上の多項式の無限

遠点におけるモノドロミーについて定理 12.5 の一般化が得られている．定理 12.5 において f が無限遠点において非退化だがコンビニエントでない場合は，定理 12.2 における $f^{-1}(R)$ $(R \gg 0)$ のコホモロジー群の集中は期待できない．しかしながら竹内-Tibar [227] では，$\Gamma_\infty(f)$ より定まるある有限部分集合 $A_f \subset \mathbb{C}$ を定義し，無限遠点におけるモノドロミー Φ_j^∞ の固有値 $\lambda \notin A_f$ に対する広義固有空間 (generalized eigenspace)

$$H^j(f^{-1}(R);\mathbb{C})_\lambda \subset H^j(f^{-1}(R);\mathbb{C}) \qquad (R \gg 0)$$

について $n-1$ 次への集中

$$H^j(f^{-1}(R);\mathbb{C})_\lambda \simeq 0 \qquad (j \neq n-1)$$

が成り立つことを示した．この結果を定理 12.5 と組み合わせることで，$\lambda \notin A_f$ であれば固有値 λ に対する $\Phi_{n-1}^\infty : H^{n-1}(f^{-1}(R);\mathbb{C}) \xrightarrow{\sim} H^{n-1}(f^{-1}(R);\mathbb{C})$ $(R \gg 0)$ の固有多項式を完全に決定することができる．

12.2 Denef-Loeser の理論

前節までの議論で無限遠点におけるモノドロミーの固有値については，ほぼ満足のいく一般的な解答が得られた．さらに進んでそのジョルダン標準型を求めるためには，定数層の近接サイクルとして得られる偏屈層のより高次の上部構造すなわち混合 Hodge 加群としての近接サイクルを詳しく調べる必要がある．この節ではそのために必要な Denef-Loeser の論文 [37] で得られた結果を紹介する．論文 [37] はモチヴィッククンマー層や Chow モチーフの言葉で書かれているので，その後の [38] や [71] などのモチヴィックグロタンディーク環 $\mathcal{M}_{\mathbb{C}}^{\hat{\mu}}$ を用いた記述と一見異なっているようにみえる．そこでここでは論文 [37] の結果や証明を $\mathcal{M}_{\mathbb{C}}^{\hat{\mu}}$ を用いてより最新のスタイルに合わせた形で紹介しよう．まず複素数体 $\mathbb{C}$ 上定義された代数多様体の圏を $\mathrm{Var}_{\mathbb{C}}$ で表し，$X \in \mathrm{Var}_{\mathbb{C}}$ の同型類 $[X]$ により生成される自由アーベル群を関係式 $[X] = [X \setminus Y] + [Y]$（$Y$ は X の Zariski 閉集合）で割って得られる群を $K_0(\mathrm{Var}_{\mathbb{C}})$ と記す．これは代数多様体の直積により環になり，代数多様体の**モチヴィックグロタンディーク環** (motivic Grothendieck ring) と呼ばれる．この定義を群作用付きの場合に拡張する．G を有限群とする．群 G の代数多様体への（代数的な）作用はその各軌道が1つのアフィン開集合に含まれることを**良い作用** (good action) であるという．群 G の良い作用を持つ代数多様体 X の同型類 $[X]$ により生成される自由アーベル群を関係式 $[X]=[X\setminus Y]+[Y]$（Y は X の G-不変な Zariski 閉集合）およびやや技術的な別の関係式で割って得られる環を $K_0^G(\mathrm{Var}_{\mathbb{C}})$ と記す．正整数 $d>0$ に対して1の d 乗根のなす巡回群 $\mu_d=\{t\in\mathbb{C}\mid t^d=1\}\simeq\mathbb{Z}/\mathbb{Z}d$ およびその生成元 $\zeta_d=\exp(2\pi\sqrt{-1}/d)\in\mu_d$ を考えよう．これらは準同型の族

$$\mu_{rd}\longrightarrow\mu_d \qquad (t\longmapsto t^r)$$

により射影系をなし，射影極限 $\hat{\mu}=\varprojlim_d \mu_d$ が定義される．代数多様体への群 $\hat{\mu}$ の作用が良い作用であるとは，それがある μ_d の良い作用から誘導されていることをいう．上と同様にして群 $\hat{\mu}$ の**良い作用を持つモチヴィックグロタンディーク環** $K_0^{\hat{\mu}}(\mathrm{Var}_{\mathbb{C}})$ が定義できる．これは環準同型 $K_0^{\mu_d}(\mathrm{Var}_{\mathbb{C}})\longrightarrow K_0^{\mu_{rd}}(\mathrm{Var}_{\mathbb{C}})$ による帰納極限と一致する．群 $\hat{\mu}$ の自明な作用付きのアフィン直線 $\mathbb{C}$ の定める $K_0^{\hat{\mu}}(\mathrm{Var}_{\mathbb{C}})$ の元 $\mathbb{L}=[\mathbb{C}]$ を**レフシェッツモチーフ** (Lefschetz motive) と呼ぶ．そして環 $K_0^{\hat{\mu}}(\mathrm{Var}_{\mathbb{C}})$ を $\mathbb{L}$ が逆元を持つように局所化して得られる環を $\mathcal{M}_{\mathbb{C}}^{\hat{\mu}}$ と記す．以下 Z は n 次元の完備とは限らない滑らかな代数多様体とし，$g\colon Z\longrightarrow\mathbb{C}$ はその上の regular function であって $E:=g^{-1}(0)\subset Z$ が Z の正規交叉因子となっているものとする．さらに E の既約因子 $E_1,E_2,\ldots,E_k$ は滑らかであると仮定しよう．関数 g の E_i に沿う零点の重複度を $m_i>0$ とする．このとき空でない部分集合 $I\subset\{1,2,\ldots,k\}$ に対して滑らかな多様体

$$E_I=\bigcap_{i\in I}E_i,\quad E_i^{\circ}=E_I\setminus\bigcup_{i\notin I}E_i$$

および正整数 $m_I=\gcd(m_i)_{i\in I}>0$ が定まる．これらの E_I° の不分岐 Galois 被覆 $\widetilde{E_I^{\circ}}\longrightarrow E_I^{\circ}$ が以下のようにして構成できる．Z のアフィン開集合 W であって，その上の regular function $g_{1,W},g_{2,W}\colon W\longrightarrow\mathbb{C}$ による g の分解

$$g = g_{1,W}(g_{2,W})^{m_I} \qquad (g_{1,W} \text{ は } W \text{ 上決して零にならない})$$

が存在するものを考える．多様体 E_I° はこのような W たちで被覆される．したがって多様体

$$\{(t,z) \in \mathbb{C}^* \times (E_I^\circ \cap W) \mid t^{m_I} = (g_{1,W})^{-1}(z)\}$$

を自然に貼り合わせることで，E_I° の m_I 重の被覆空間 $\widetilde{E_I^\circ}$ が構成できる．さらに巡回群 $\mu_{m_I} = \{t \in \mathbb{C} \mid t^{m_I} = 1\} \simeq \mathbb{Z}/\mathbb{Z}m_I$ がその生成元 $\zeta_{m_I} = \exp(2\pi\sqrt{-1}/m_I) \in \mu_{m_I}$ に $\widetilde{E_I^\circ}$ の自己同型 $(t,z) \mapsto (\zeta_{m_I} \cdot t, z)$ を対応させることにより $\widetilde{E_I^\circ}$ に作用する．こうして得られる $\hat{\mu}$ の良い作用を持つモチヴィックグロタンディーク環 $\mathcal{M}_{\mathbb{C}}^{\hat{\mu}}$ の元を $[\widetilde{E_I^\circ}]$ と記す．さらに

$$\mathcal{S}_g = \sum_{I \neq \emptyset} (1-\mathbb{L})^{|I|-1} \cdot [\widetilde{E_I^\circ}] \in \mathcal{M}_{\mathbb{C}}^{\hat{\mu}}$$

とおく．$\mathcal{S}_g \in \mathcal{M}_{\mathbb{C}}^{\hat{\mu}}$ を g の <u>モチヴィックミルナーファイバー</u> (motivic Milnor fiber) と呼ぶ．以下 [38] で定義された $\mathcal{M}_{\mathbb{C}}^{\hat{\mu}}$ の元のHodge実現について説明しよう．ここでの（混合）Hodge構造とは $\mathbb{Q}$ 上のベクトル空間 V であって次の2条件を満たす直和分解 $\mathbb{C} \otimes_{\mathbb{Q}} V \simeq \oplus_{p,q \in \mathbb{Z}} V^{p,q}$ を持つものである：

$$\text{(i) } V^{p,q} = \overline{V^{q,p}}, \quad \text{(ii) } \bigoplus_{p+q=m} V^{p,q} \text{は } \mathbb{Q} \text{ 上定義されている.}$$

Hodge構造の射を自然に定義することでHodge構造のなすアーベル圏HSが得られる．同様にquasi-unipotentな自己同型を持つHodge構造のなすアーベル圏 $\mathrm{HS}^{\mathrm{mon}}$ が定義され，そのグロタンディーク群を $K_0(\mathrm{HS}^{\mathrm{mon}})$ と記す．Hodge構造のテンソル積により $K_0(\mathrm{HS}^{\mathrm{mon}})$ は環になる．さらに環 $\mathcal{M}_{\mathbb{C}}^{\hat{\mu}}$ からの環準同型

$$\chi_h \colon \mathcal{M}_{\mathbb{C}}^{\hat{\mu}} \longrightarrow K_0(\mathrm{HS}^{\mathrm{mon}})$$

を次のように定義することができる．巡回群 μ_d の良い作用を持つ代数多様体 Y に対して，その自己同型 $y \mapsto \zeta_d y$ $(y \in Y)$ により得られる自己同型を持つHodge構造 $H_c^j(Y;\mathbb{Q})$ たちの交代和を用いて

$$\chi_h([Y]) = \sum_{j \in \mathbb{Z}} (-1)^j [H_c^j(Y;\mathbb{Q})] \in K_0(\mathrm{HS}^{\mathrm{mon}})$$

とおく．こうして得られる χ_h を Hodge 特性射 (Hodge characteristic map) と呼ぶ．環 $K_0(\mathrm{HS}^{\mathrm{mon}})$ の元をもう一つ別の方法で定義しよう．関数 g による混合 Hodge 加群の近接サイクル函手

$$\psi_g^H \colon \mathrm{D^b}(\mathrm{MHM}(Z)) \longrightarrow \mathrm{D^b}(\mathrm{MHM}(E))$$

を定数 Hodge 加群 $\mathbb{C}_Z^H[n] \in \mathrm{MHM}(Z)$ に施すことにより $E = g^{-1}(0)$ 上の混合 Hodge 加群 $\psi_g^H(\mathbb{C}_Z^H[n]) \in \mathrm{MHM}(E)$ が得られる．Denef-Loeser [37] の記号と合わせるため，ここでは $\mathbb{Q}_Z^H[n]$ を $\mathbb{C}_Z^H[n]$ と記した．その下にある $\mathbb{Q}$-偏屈層は

$$\mathrm{rat}\psi_g^H(\mathbb{C}_Z^H[n]) = {}^p\psi_g(\mathbb{Q}_Z[n]) = \psi_g(\mathbb{Q}_Z[n-1])$$

である．さらに広義固有空間への分解

$$\psi_g^H(\mathbb{C}_Z^H[n]) \simeq \bigoplus_{\lambda \in \mathbb{C}} \psi_{g,\lambda}^H(\mathbb{C}_Z^H[n])$$

が成り立つ．ここで $\lambda \in \mathbb{C}$ は 1 の冪根をわたる．さらに一点集合 pt への射 $a_E \colon E = g^{-1}(0) \longrightarrow \mathrm{pt}$ による固有順像

$$(a_E)_! \colon \mathrm{D^b}(\mathrm{MHM}(E)) \longrightarrow \mathrm{D^b}(\mathrm{MHM}(\mathrm{pt}))$$

をこれに施して得られる混合 Hodge 加群

$$H^j(a_E)_!\psi_g^H(\mathbb{C}_Z^H[n]) \in \mathrm{MHM}(\mathrm{pt}) \qquad (j \in \mathbb{Z})$$

およびその上のモノドロミーの半単純部分の誘導する quasi-unipotent な自己同型は $K_0(\mathrm{HS}^{\mathrm{mon}})$ の元

$$\chi_c(E; \psi_g^H(\mathbb{C}_Z^H[n])) = \sum_{j \in \mathbb{Z}} (-1)^j [H^j(a_E)_!\psi_g^H(\mathbb{C}_Z^H[n])]$$

を定める．この節の主結果は次の定理である．

定理 12.8 **(Denef-Loeser [37], [38])**　グロタンディーク群 $K_0(\mathrm{HS}^{\mathrm{mon}})$ において次の等式が成り立つ：

$$\chi_c(E; \psi_g^H(\mathbb{C}_Z^H[n])) = (-1)^{n-1}\chi_h(\mathcal{S}_g).$$

証明 1 の冪根 $\lambda \in \mathbb{C}$ に対する直和 $\psi^H_{g,\lambda}(\mathbb{C}^H_Z[n]) \oplus \psi^H_{g,\bar{\lambda}}(\mathbb{C}^H_Z[n])$ は $\mathbb{Q}$-偏屈層と対応し，混合 Hodge 加群としての重みフィルター付け (weight filtration) W を持つ．これが $\psi^H_{g,\lambda}(\mathbb{C}^H_Z[n])$ に誘導するフィルター付けも同じ記号 W で表す．このときモノドロミーの冪単部分 (unipotent part) の対数

$$N\colon \psi^H_{g,\lambda}(\mathbb{C}^H_Z[n]) \longrightarrow \psi^H_{g,\lambda}(\mathbb{C}^H_Z[n])$$

に対して同型

$$N^k\colon \mathrm{Gr}^W_{n-1+k}\psi^H_{g,\lambda}(\mathbb{C}^H_Z[n]) \xrightarrow{\sim} \mathrm{Gr}^W_{n-1-k}\psi^H_{g,\lambda}(\mathbb{C}^H_Z[n])$$

$(k \geq 0)$ が成り立つ．すなわち固有値 λ 部分 $\psi^H_{g,\lambda}(\mathbb{C}^H_Z[n])$ のフィルター付け W は次数 $n-1 = \dim Z - 1$ を中心とする**モノドロミーフィルター付け** (monodromy filtration) と呼ばれるものになっている．各 $k \geq 0$ に対して N に関する**原始部分** (primitive part) と呼ばれる $\mathrm{Gr}^W_{n-1+k}\psi^H_{g,\lambda}(\mathbb{C}^H_Z[n])$ の部分加群を

$$\begin{aligned}&\mathrm{PGr}^W_{n-1+k}\psi^H_{g,\lambda}(\mathbb{C}^H_Z[n])\\ &= \mathrm{Ker}\left[N^{k+1}\colon \mathrm{Gr}^W_{n-1+k}\psi^H_{g,\lambda}(\mathbb{C}^H_Z[n]) \longrightarrow \mathrm{Gr}^W_{n-1-k-2}\psi^H_{g,\lambda}(\mathbb{C}^H_Z[n])\right]\end{aligned}$$

により定義する．このとき次の同型が成り立つ：

$$\bigoplus_j \mathrm{Gr}^W_j \psi^H_{g,\lambda}(\mathbb{C}^H_Z[n]) \simeq \bigoplus_{k\geq 0}\bigoplus_{i=0}^{k}\left[N^i \mathrm{PGr}^W_{n-1+k}\psi^H_{g,\lambda}(\mathbb{C}^H_Z[n])\right](i).$$

ここで (i) はウェイトを $2i$ 下げる Tate ひねりである．各原始部分 $\mathrm{PGr}^W_{n-1+k}\psi^H_{g,\lambda}(\mathbb{C}^H_Z[n])$ の構造はさらに次のように詳しく記述することができる．零でない複素数 $\alpha \in \mathbb{C}$ に対して $\mathbb{C}^*$ 上の階数 1 の局所系であって原点のまわりでモノドロミー α を持つものを $\mathcal{L}_\alpha$ と記す．また今考えている 1 の冪根 λ を

$$\lambda = \exp\left(2\pi\sqrt{-1}\frac{b}{d}\right) \qquad (d \in \mathbb{Z}_{>0}, b \in \mathbb{Z}_+, d \text{ と } b \text{ は互いに素})$$

と表し，$\mathbb{C}^*$ の d 重被覆写像

$$\pi_d\colon \mathbb{C}^* \longrightarrow \mathbb{C}^* \qquad (t \longmapsto t^d)$$

を考える．このとき次の直和分解が成り立つ：

$$\mathbf{R}(\pi_d)_*\mathbb{C}_{\mathbb{C}^*}^H \simeq \bigoplus_{\alpha:\alpha^d=1} \mathcal{L}_\alpha.$$

さらに包含写像 $j\colon Z^* = Z\setminus E \hookrightarrow Z$ および g の制限 $g|_{Z^*}\colon Z^* \longrightarrow \mathbb{C}^*$ を用いて Z 上の構成可能層 $\mathcal{F}_\lambda$ を

$$\mathcal{F}_\lambda = j_*(g|_{Z^*})^{-1}\mathcal{L}_{\lambda^{-1}}$$

により定義する．また

$$J(\lambda) = \{1 \leq i \leq k \mid \lambda^{m_i} = 1\ (\iff d|m_i)\}\ \subset\ \{1, 2, \ldots, k\}$$

とおく．このとき Z^* 上の局所系 $(g|_{Z^*})^{-1}\mathcal{L}_{\lambda^{-1}}$ の因子 $E_i \subset Z$ のまわりでのモノドロミーが $\lambda^{-m_i} \in \mathbb{C}^*$ で与えられることより，$\mathcal{F}_\lambda$ は Z の部分集合

$$U(\lambda) = \bigsqcup_{I\subset J(\lambda)} E_I^\circ \subset Z$$

の近傍上で階数1の局所系となることがわかる．次の重要な補題は混合 Hodge 加群の理論を用いて斉藤盛彦 [195] および Denef-Loeser [37] により得られた．

補題 12.9　すべての $k \geq 0$ に対して次の同型が成り立つ：

$$\mathrm{PGr}_{n-1+k}^W \psi_{g,\lambda}^H(\mathbb{C}_Z^H[n]) \simeq \bigoplus_{\substack{I\subset J(\lambda)\\ |I|=k+1}} \mathrm{IC}_{E_I}(\mathcal{F}_\lambda|_{E_I^\circ})(-k).$$

ここで $\mathrm{IC}_{E_I}(\mathcal{F}_\lambda|_{E_I^\circ})$ は E_I° 上の偏屈層 $\mathcal{F}_\lambda|_{E_I^\circ}[n-|I|]$ の E_I への極小拡張である．

空でない部分集合 $I \subset J(\lambda)$ に対して E_I° を含む E_I の開部分集合 $U_I \subset U(\lambda)$ を

$$U_I = E_I \setminus \bigcup_{i\notin J(\lambda)} E_i = E_I \cap U(\lambda) \subset E_I$$

により定義する．このとき系 6.5 により極小拡張 $\mathrm{IC}_{E_I}(\mathcal{F}_\lambda|_{E_I^\circ})$ は U_I 上 $\mathcal{F}_\lambda|_{U_I}[n-|I|]$ と同型である．また開埋め込み写像 $j_I\colon U_I \longrightarrow E_I$ に対して同型

$$(j_I)_!(\mathcal{F}_\lambda|_{U_I}[n-|I|]) \xrightarrow{\sim} \mathbf{R}(j_I)_*(\mathcal{F}_\lambda|_{U_I}[n-|I|])$$

が成り立つ．したがってこれはさらに極小拡張 $\mathrm{IC}_{E_I}(\mathcal{F}_\lambda|_{E_I^\circ})$ と同型である．以上により次の等式が得られる：

$$\begin{aligned}
&\chi_c(E;\psi_{g,\lambda}^H(\mathbb{C}_Z^H[n]))\\
&=\sum_{k\geq 0}\sum_{i=0}^{k}\chi_c(E;N^i\mathrm{PGr}_{n-1+k}^W\psi_{g,\lambda}^H(\mathbb{C}_Z^H[n])(i))\\
&=\sum_{k\geq 0}\chi_c(E;\mathrm{PGr}_{n-1+k}^W\psi_{g,\lambda}^H(\mathbb{C}_Z^H[n]))\cdot\left(\sum_{i=0}^{k}\mathbb{C}(i)\right)\\
&=\sum_{k\geq 0}\sum_{\substack{I\subset J(\lambda)\\|I|=k+1}}\chi_c(U_I;\mathcal{F}_\lambda|_{U_I}[n-|I|])\cdot\left(\sum_{i=0}^{k}\mathbb{C}(-i)\right).
\end{aligned}$$

ここでレフシェッツモチーフ $\mathbb{L}=[\mathbb{C}]\in\mathcal{M}_{\mathbb{C}}^{\hat{\mu}}$ に対して $\chi_h(\mathbb{L})=\mathbb{C}(-1)$ が成り立つことに注意せよ．さらに空でない部分集合 $I\subset J(\lambda)$ に対して

$$U_I=\bigsqcup_{I'\subset J(\lambda),I'\supset I}E_{I'}^\circ$$

が成り立つことより等式

$$\chi_c(U_I;\mathcal{F}_\lambda|_{U_I}[n-|I|])=(-1)^{n-|I|}\sum_{I'\subset J(\lambda),I'\supset I}\chi_c(E_{I'}^\circ;\mathcal{F}_\lambda|_{E_{I'}^\circ})$$

が得られる．$I'\subset J(\lambda)$ を I とおいて書き直すことにより，結局次の等式が得られた：

$$\chi_c(E;\psi_{g,\lambda}^H(\mathbb{C}_Z^H[n]))=\sum_{I\subset J(\lambda)}\alpha_I\cdot\chi_c(E_I^\circ;\mathcal{F}_\lambda|_{E_I^\circ}).$$

ここで

$$\alpha_I=\sum_{k=0}^{|I|-1}(-1)^{n-k-1}\binom{|I|}{k+1}\cdot\{1+\mathbb{C}(-1)+\cdots+\mathbb{C}(-k)\}$$

とおいた．さらに2項定理を用いて $K_0(\mathrm{HS}^{\mathrm{mon}})$ における等式

$$\alpha_I = (-1)^{n-1}(1-\mathbb{C}(-1))^{|I|-1} = (-1)^{n-1}\chi_h((1-\mathbb{L})^{|I|-1})$$

を容易に示すことができる．したがってあとは各 $I \subset J(\lambda)$ に対して等式

$$\chi_c(E_I^\circ; \mathcal{F}_\lambda|_{E_I^\circ}) = \chi_h([\widetilde{E_I^\circ}])_\lambda$$

を示せばよい．ここで $\chi_h([\widetilde{E_I^\circ}])_\lambda$ は $\chi_h([\widetilde{E_I^\circ}])$ の固有値 λ 部分を表す．E_I° の各点の Z におけるアフィン開近傍 $W \subset Z$ 上で g を

$$g = g_{1,W}(g_{2,W})^{m_I} \qquad (g_{1,W} \text{ は } W \text{ 上決して零にならない})$$

と分解すれば, 局所系 $\mathcal{F}_\lambda$ は W 上で $(g_{1,W})^{-1}\mathcal{L}_{\lambda^{-1}}$ と同型であることがわかる．また E_I° の Zariski 開集合 $E_I^\circ \cap W$ の m_I 重の被覆空間 $\widehat{E_I^\circ \cap W}$ をデカルト図式（ファイバー積）

$$\begin{array}{ccc} \widehat{E_I^\circ \cap W} & \xrightarrow{p} & E_I^\circ \cap W \\ {\scriptstyle q}\downarrow & \square & \downarrow{\scriptstyle g_{1,W}} \\ \mathbb{C}^* & \xrightarrow[\pi_{m_I}]{} & \mathbb{C}^* \end{array}$$

により定める．すなわち

$$\widehat{E_I^\circ \cap W} = \{(t,z) \in \mathbb{C}^* \times (E_I^\circ \cap W) \mid t^{m_I} = g_{1,W}(z)\}$$

とおく．このとき次の同型が成り立つ：

$$\begin{aligned} &\mathbf{R}\Gamma_c(\widehat{E_I^\circ \cap W}; \mathbb{C}_{\widehat{E_I^\circ \cap W}}) \\ &\simeq \mathbf{R}\Gamma_c(E_I^\circ \cap W; \mathbf{R}p_*\mathbb{C}_{\widehat{E_I^\circ \cap W}}) \\ &\simeq \mathbf{R}\Gamma_c(E_I^\circ \cap W; (g_{1,W})^{-1}\mathbf{R}(\pi_{m_I})_*\mathbb{C}_{\mathbb{C}^*}). \end{aligned}$$

さらに $\widehat{E_I^\circ \cap W}$ は前に構成した不分岐 Galois 被覆 $\widetilde{E_I^\circ}$ の $E_I^\circ \cap W \subset E_I^\circ$ 上の部分 $\widetilde{E_I^\circ \cap W}$ と写像 $(t,z) \mapsto (t^{-1}, z)$ により同型であり，$\mathbf{R}\Gamma_c(\widetilde{E_I^\circ \cap W}; \mathbb{C}_{\widetilde{E_I^\circ \cap W}})$ の固有値 λ 部分は $\mathbf{R}\Gamma_c(E_I^\circ \cap W; (g_{1,W})^{-1}\mathcal{L}_{\lambda^{-1}})$ と対応していることも上の同型より直ちにわかる．よってあとは E_I° のこのようなアフィン開集合 W による被覆に Mayer-Vietoris 完全列を用いればよい． ■

12.3　無限遠点におけるモノドロミーのジョルダン標準型

以上の準備の下，多項式写像 $f\colon \mathbb{C}^n \longrightarrow \mathbb{C}$ の無限遠点におけるモノドロミーのジョルダン標準型に関する松井-竹内 [158] および Stapledon [220] の結果を紹介しよう．ここでは 12.1 および 12.2 節の記号を用いる．混合 Hodge 加群の理論（もしくは El Zein [46] および Steenbrink-Zucker [221] の**極限混合 Hodge 構造** (limit mixed Hodge structure) の理論）により対象 $\psi_h(j_!\mathbf{R}f_!\mathbb{C}_{\mathbb{C}^n}) \in \mathrm{D}_c^{\mathrm{b}}(\{\infty\})$ は環 $K_0(\mathrm{HS}^{\mathrm{mon}})$ の元 $[H_f^\infty] = \sum_{j\in\mathbb{Z}}(-1)^j[H^j\psi_h(j_!\mathbf{R}f_!\mathbb{C}_{\mathbb{C}^n})]$ を定める．これについて次の Sabbah [191] の結果は基本的である．quasi-unipotent な自己同型 $\Theta\colon V \xrightarrow{\sim} V$ を持つ（混合）Hodge 構造 $V \in \mathrm{HS}^{\mathrm{mon}}$ に対してその複素化の (p,q)-部分 $V^{p,q}$ に誘導される射 $V^{p,q} \xrightarrow{\sim} V^{p,q}$ の固有値 λ 部分の次元を $e^{p,q}(V)_\lambda$ と記す．このとき $\dim V^{p,q} = \sum_\lambda e^{p,q}(V)_\lambda$ が成り立つ．またこれを写像 $e^{p,q}(*)_\lambda\colon K_0(\mathrm{HS}^{\mathrm{mon}}) \longrightarrow \mathbb{Z}$ に自然に拡張する．f が無限遠点において従順な場合，定理 12.2 および $f^{-1}(R)$ $(R \gg 0)$ のポアンカレ双対性より $H_c^j(f^{-1}(R);\mathbb{C}) \simeq 0$ $(j \neq n-1, 2n-2)$, $H_c^{2n-2}(f^{-1}(R);\mathbb{C}) \simeq \mathbb{C}$ が成り立つ．したがって中間次元の

$$H_c^{n-1}(f^{-1}(R);\mathbb{C}) \xrightarrow{\sim} H^{n-1}\psi_h(j_!\mathbf{R}f_!\mathbb{C}_{\mathbb{C}^n})$$

のモノドロミーのジョルダン標準型のみを調べればよい．

定理 12.10 **(Sabbah [191])**　f は無限遠点において従順であると仮定する．このとき $[H_f^\infty] \in K_0(\mathrm{HS}^{\mathrm{mon}})$ の重みフィルター付け (weight filtration) は（固有値 1 の場合のシフトを除いて）モノドロミーフィルター付け (monodromy filtration) と一致する．

元 $[H_f^\infty] \in K_0(\mathrm{HS}^{\mathrm{mon}})$ の重みフィルター付けは $H_c^j(f^{-1}(R);\mathbb{C})$ $(R \gg 0)$ の Deligne による重みフィルター付けに関する**相対モノドロミーフィルター付け** (relative monodromy filtration) により定義されていたので，この結果は非自明である．実際論文 [191] における固有値 1 の部分の証明は $\mathcal{D}$-加群のフーリエ変換を用いる大変高度なものである．なお，この証明は最近 Dimca-斉藤 [43]

により簡略化された．定理 12.10 より特に次の結果が直ちに従う．

系 12.11 f は無限遠点において従順であると仮定する．このとき次が成り立つ．

(1) $\lambda \neq 1$ に対して $e^{p,q}([H_f^\infty])_\lambda = 0$ $((p,q) \notin [0,n-1] \times [0,n-1])$ が成り立つ．さらに $(p,q) \in [0,n-1] \times [0,n-1]$ に対しては等式

$$e^{p,q}([H_f^\infty])_\lambda = e^{n-1-q,n-1-p}([H_f^\infty])_\lambda$$

が成り立つ．

(2) 固有値 1 に対して $e^{p,q}([H_f^\infty])_1 = 0$ $((p,q) \notin \{(n-1,n-1)\} \sqcup ([0,n-2] \times [0,n-2]))$ が成り立つ．さらに $(p,q) \in [0,n-2] \times [0,n-2]$ に対しては等式

$$e^{p,q}([H_f^\infty])_1 = e^{n-2-q,n-2-p}([H_f^\infty])_1$$

が成り立つ．

この系の (2) の $(p,q) = (n-1,n-1)$ の部分が $(-1)^{2n-2}H_c^{2n-2}(f^{-1}(R);\mathbb{C}) \simeq H^{2n-2}\psi_h(j_!\mathbf{R}f_!\mathbb{C}_{\mathbb{C}^n}) \simeq \mathbb{C}$ の定める $K_0(\mathrm{HS}^{\mathrm{mon}})$ の元 $[\mathbb{C}(-n+1)]$ と対応していることは明らかであろう．定理 12.10 により $[H_f^\infty] \in K_0(\mathrm{HS}^{\mathrm{mon}})$ の重みフィルター付けの各次数の部分の次元を調べれば，$H_c^{n-1}(f^{-1}(R);\mathbb{C})$ $(R \gg 0)$ の無限遠点におけるモノドロミーのジョルダン標準型が求まる（詳細は後述）．以下簡単のため f はコンビニエントかつ無限遠点において非退化であると仮定する．このとき定理 12.5 の証明および定理 12.8 により，モチヴィックグロタンディーク環 $\mathcal{M}_{\mathbb{C}}^{\hat{\mu}}$ の元 $\mathcal{S}_f^\infty \in \mathcal{M}_{\mathbb{C}}^{\hat{\mu}}$ であって $K_0(\mathrm{HS}^{\mathrm{mon}})$ における等式 $\chi_h(\mathcal{S}_f^\infty) = [H_f^\infty]$ を満たすものが以下のように構成できる．条件 $0 \notin \gamma$ を満たす面 $\gamma \prec \Gamma_\infty(f)$ に対して，その原点 $0 \in \mathbb{R}_+^n$ からの格子距離を $d_\gamma > 0$ と記す．また γ の生成する $\mathbb{R}^n$ の部分ベクトル空間を $\mathrm{Lin}(\gamma) \simeq \mathbb{R}^{\dim\gamma+1}$ と記し，その中の格子 $M_\gamma = \mathbb{Z}^n \cap \mathrm{Lin}(\gamma) \simeq \mathbb{Z}^{\dim\gamma+1}$ を用いて代数的トーラス $T_\gamma \simeq (\mathbb{C}^*)^{\dim\gamma+1}$ を $T_\gamma = \mathrm{Specm}(\mathbb{C}[M_\gamma])$ により定める．このとき $g_\gamma = f_\gamma - 1 \in \mathbb{C}[M_\gamma]$ は T_γ 上のローラン多項式であり，そのニュートン多面体 $\mathrm{NP}(g_\gamma) \subset \mathrm{Lin}(\gamma) \simeq \mathbb{R}^{\dim\gamma+1}$ は $\{0\} \sqcup \gamma$ の $\mathrm{Lin}(\gamma)$ における凸包 Δ_γ と一致する．これにより T_γ の非退化な超

曲面 $Z_{\Delta_\gamma} = \{x \in T_\gamma \mid g_\gamma(x) = 0\}$ が定まる．点 $v \in M_\gamma$ の原点からの $\mathrm{Aff}(\gamma)$ 方向への格子高さを $\mathrm{ht}(v,\gamma) \in \mathbb{Z}_+$ と記す（$\mathrm{ht}(0,\gamma) = 0, \mathrm{ht}(v,\gamma) = d_\gamma$ $(v \in \mathrm{Aff}(\gamma))$ となる）．このとき群準同型

$$M_\gamma \longrightarrow \mathbb{C}^* \qquad (v \longmapsto \zeta_{d_\gamma}^{\mathrm{ht}(v,\gamma)})$$

は $T_\gamma = \mathrm{Specm}(\mathbb{C}[M_\gamma]) = \mathrm{Hom}_{\mathrm{group}}(M_\gamma, \mathbb{C}^*) \simeq (\mathbb{C}^*)^{\dim\gamma+1}$ の元 τ_γ を定めるが，その積による位数 d_γ の作用 $l_{\tau_\gamma}\colon T_\gamma \xrightarrow{\sim} T_\gamma$ により超曲面 Z_{Δ_γ} は不変である．こうして得られる $\mathcal{M}_{\mathbb{C}}^{\hat{\mu}}$ の元を $[Z_{\Delta_\gamma}] \in \mathcal{M}_{\mathbb{C}}^{\hat{\mu}}$ と記す．さらに条件 $0 \notin \gamma$ を満たす面 $\gamma \prec \Gamma_\infty(f)$ に対してそれを含む最小の座標部分空間 $\mathbb{R}^S (\simeq \mathbb{R}^{|S|}) \subset \mathbb{R}^n$ $(S \subset \{1, 2, \ldots, n\})$ をとり $m_\gamma = |S| - \dim\gamma - 1 \geq 0$ とおく．そして

$$\mathcal{S}_f^\infty = \sum_{0 \notin \gamma} (1 - \mathbb{L})^{m_\gamma} \cdot [Z_{\Delta_\gamma}] \in \mathcal{M}_{\mathbb{C}}^{\hat{\mu}}$$

とおく．これを f の <u>**無限遠点におけるモチヴィックミルナーファイバー**</u> (motivic Milnor fiber at infinity) と呼ぶ．この概念は松井-竹内 [158] および Raibaut [185], [186] により独立に導入された．また次の結果もこれらの論文において独立に得られた．

定理 12.12　$K_0(\mathrm{HS}^{\mathrm{mon}})$ において次の等式が成り立つ：

$$\chi_h(\mathcal{S}_f^\infty) = [H_f^\infty] = \sum_{j \in \mathbb{Z}} (-1)^j [H^j \psi_h(j_! \mathbf{R} f_! \mathbb{C}_{\mathbb{C}^n})].$$

この定理は定理 12.5 の証明における偏屈層 $\psi_{h\circ g}(\iota_! \mathbb{C}_T)[n-1]$（正規交叉因子 $(h \circ g)^{-1}(0) = g^{-1}(\infty)$ の稠密な開集合の上でこれは $\psi_{h\circ g}(\mathbb{C}_{\widetilde{X_\Sigma}})[n-1]$ と同型）に定理 12.8 を適用することで証明される．詳細は [158] および [186] を参照されたい．f の無限遠点におけるモノドロミー Φ_{n-1}^∞ のジョルダン標準型を求めるためには，あとは $\chi_h(\mathcal{S}_f^\infty) \in K_0(\mathrm{HS}^{\mathrm{mon}})$ の群作用付きの混合 Hodge 数を調べればよい．$\mathcal{S}_f^\infty$ の定義より，以下のような $T = (\mathbb{C}^*)^n$ 内の非退化超曲面とその上の有限位数の自己同型の場合のみを考えれば十分である．代数的トーラス $T = (\mathbb{C}^*)^n$ 上のローラン多項式 $g(x) \in \mathbb{C}[x_1^\pm, \ldots, x_n^\pm]$ のニュートン多面体

NP(g) を $\Delta \subset \mathbb{R}^n$ と記し，g により定まる T の超曲面 $\{x \in T \mid g(x) = 0\} \subset T$ を Z_Δ と記す．条件 $\dim\Delta = n$ が成り立ち Z_Δ は非退化であると仮定する．さらに T の有限位数の元 $\tau \in T = \mathrm{Specm}(\mathbb{C}[\mathbb{Z}^n]) \xrightarrow{\sim} \mathrm{Hom}_{\mathrm{group}}(\mathbb{Z}^n, \mathbb{C}^*)$ の積による作用 $l_\tau \colon T \xrightarrow{\sim} T$ によりローラン多項式 $g(x)$ および超曲面 Z_Δ は不変であるとする．複素数 $\lambda \in \mathbb{C}$ および整数 $p, q \geq 0$ に対して

$$e^{p,q}(Z_\Delta)_\lambda = \sum_{j \in \mathbb{Z}} (-1)^j h^{p,q}(H_c^j(Z_\Delta; \mathbb{C})_\lambda)$$

とおく．ここで $H_c^j(Z_\Delta; \mathbb{C})_\lambda \subset H_c^j(Z_\Delta; \mathbb{C})$ は上で定めた Z_Δ の自己同型の固有値 λ 部分であり，$h^{p,q}(*)$ はその Deligne による混合 Hodge 数である．これらを超曲面 Z_Δ の **同変混合 Hodge 数** (equivariant mixed Hodge number) と呼ぶ．Danilov-Khovanskii [28] の結果を拡張することで，これらの数 $e^{p,q}(Z_\Delta)_\lambda$ を計算するアルゴリズムが松井-竹内 [158, Section 2] で得られた．論文 [158] ではこれにより Φ_{n-1}^∞ のジョルダン標準型を完全に求めることができた．また f の **無限遠点における** Hodge spectrum などの極限 Hodge 構造の重要な不変量の公式も得られた．Stepledon [220] は最近さらに進んで $e^{p,q}(Z_\Delta)_\lambda$ を直接書き下す公式すなわち $e^{p,q}(Z_\Delta)_\lambda$ の closed formula を得た．これは 11.3 節の結果の群作用付きの場合への一般化である．以下その結果を簡単に紹介しよう．複素数 $\lambda \in \mathbb{C}$ に対して超曲面 Z_Δ の **同変混合 Hodge 多項式** (equivariant mixed Hodge polynomial) $E_\lambda(Z_\Delta; u, v) \in \mathbb{Z}[u, v]$ を次で定める：

$$E_\lambda(Z_\Delta; u, v) = \sum_{p,q \in \mathbb{Z}} e^{p,q}(Z_\Delta)_\lambda \cdot u^p v^q \in \mathbb{Z}[u, v].$$

また有限位数の元 $\tau \in T = \mathrm{Specm}(\mathbb{C}[\mathbb{Z}^n])$ と対応する群準同型を $\mathrm{wt} \colon \mathbb{Z}^n \longrightarrow \mathbb{C}^*$ と記す．このときある（非負整数の係数を持つ）多項式 $h_\lambda^*(\Delta; t) \in \mathbb{Z}[t]$ が存在して次の等式が成り立つ：

$$\sum_{k \geq 0} \sharp\{v \in k\Delta \cap \mathbb{Z}^n \mid \mathrm{wt}(v) = \lambda\} \cdot t^k = \frac{h_\lambda^*(\Delta; t)}{(1-t)^{n+1}}.$$

さらに 11 章で導入した g-多項式を用いて

$$l_\lambda^*(\Delta; t) = \sum_{F \prec \Delta} (-1)^{\dim\Delta - \dim F} h_\lambda^*(F; t) \cdot g([F, \Delta]; t)$$

とおく．これらは $n = \dim\Delta$ 次以下の多項式である．最後に 2 変数多項式 $h_\lambda^*(\Delta;u,v) \in \mathbb{Z}[u,v]$ を次で定義する：

$$h_\lambda^*(\Delta;u,v) = \sum_{F \prec \Delta} v^{\dim F+1} l_\lambda^*(F;uv^{-1}) \cdot g([F,\Delta]^*;uv).$$

このとき定理 11.16 と同様にして松井-竹内 [158, Section 2] における Danilov-Khovanskii [28] の結果の一般化を用いることで次の定理が得られる．

定理 12.13 （**Stapledon [220]**） 次の等式が成り立つ：

$$uvE_\lambda(Z_\Delta;u,v) = \begin{cases} (-1)^{n+1}h_\lambda^*(\Delta;u,v) & (\lambda \neq 1), \\ (uv-1)^n + (-1)^{n+1}h_\lambda^*(\Delta;u,v) & (\lambda = 1). \end{cases}$$

モノドロミー定理によれば，無限遠点におけるモノドロミー Φ_{n-1}^∞ の固有値はすべて 1 の冪根であり，固有値 $\lambda \neq 1$ $(\lambda = 1)$ に対するジョルダン細胞のサイズは n 以下（$n-1$ 以下）である．松井-竹内 [158] では特に次のような大きなサイズのジョルダン細胞の個数の closed formula が得られた．条件 $0 \notin \gamma$ を満たす面 $\gamma \prec \Gamma_\infty(f)$ が $\lambda \in \mathbb{C}$ に適合しているとは，$\lambda^{d_\gamma} = 1$ が成り立つこととする．多面体 $\Gamma_\infty(f)$ の 0 次元（1 次元）の面であって $\mathbb{R}_+^n$ の内部 $\mathrm{Int}(\mathbb{R}_+^n)$ に（その相対内部が）含まれるものを $q_1,\ldots,q_k$ $(\gamma_1,\ldots,\gamma_l)$ とする．さらに $1 \leq i \leq l$ に対して

$$n(\lambda)_i = \mathrm{Vol}_{\mathbb{Z}}(\gamma_i) - \sharp\{v \prec \gamma_i \mid \dim v = 0, v \text{ は } \lambda \text{ に適合}\}$$

とおく．ここで $\mathrm{Vol}_{\mathbb{Z}}(\gamma_i) \in \mathbb{Z}_{>0}$ は線分 γ_i の格子長さである．

定理 12.14 $\lambda \neq 1$ に対して次が成り立つ．

(1) Φ_{n-1}^∞ の固有値 λ に対するジョルダン細胞であって最大サイズ n を持つものの個数は $\sharp\{q_i \mid q_i \text{ は } \lambda \text{ に適合}\}$ で与えられる．

(2) Φ_{n-1}^∞ の固有値 λ に対するジョルダン細胞であってサイズ $n-1$ を持つものの個数は $\sum_i n(\lambda)_i$ で与えられる．ここで和 $\sum_i$ は γ_i が λ に適合する $1 \leq i \leq l$ のみをわたる和である．

固有値1については次の結果が成り立つ．多面体 $\Gamma_\infty(f)$ の境界 $\partial\Gamma_\infty(f)$ の一部 $\partial\Gamma_\infty(f) \cap \mathrm{Int}(\mathbb{R}^n_+)$ の1-骨格（すなわち1次元以下の面の合併集合）上の格子点の数を Π_f と記す．

定理 12.15　(1) Φ^∞_{n-1} の固有値1に対するジョルダン細胞であって最大サイズ $n-1$ を持つものの個数は Π_f と等しい．
(2) Φ^∞_{n-1} の固有値1に対するジョルダン細胞であってサイズ $n-2$ を持つものの個数は

$$2 \sum_{\gamma:\dim\gamma=2} \sharp\{\mathbb{Z}^n \cap \mathrm{rel.int}(\gamma)\}$$

で与えられる．ここで和 $\sum_{\gamma:\dim\gamma=2}$ は $\Gamma_\infty(f)$ の2次元の面 γ であって条件 $0 \notin \gamma$, $\mathrm{rel.int}(\gamma) \subset \mathrm{Int}(\mathbb{R}^n_+)$ を満たすもののみをわたる和である．特にこのようなジョルダン細胞の個数は偶数である．

松井-竹内 [159] ではさらに局所ミルナーモノドロミーについても同様の結果が得られた．これは固有値のみを求めた Varchenko による古典的な結果 [234] の精密化であり，得られた結果は上で紹介した無限遠点におけるモノドロミーに対するものと驚くほど類似している．また Stapledon の論文 [220] では無限遠点におけるモノドロミーよりもさらに一般に，$\mathbb{C}^*$ 上の複素超曲面の族の極限 Hodge 構造が非常に詳しく研究されている．これは大変興味深い結果である．しかしながらそこで用いられたモチヴィックミルナーファイバーは Guibert-Loeser-Merle [71] らによる標準的なものとは異なっている．齋藤-竹内 [200] ではこの問題を解決し，Stapledon の証明を簡易化するとともに結果を $\mathbb{C}^*$ 上の完全交叉代数多様体の族へ一般化した．

付録A ◇ 層の理論

ここでは層の色々な構成とそれにまつわる様々な函手を紹介し，それらの基本的な性質を概観する（詳細は [116] の２章などを参照）．ここでは読者は前層や層，層準同型，圏や函手などの初歩的な定義はすでに学んでいるものと仮定して話を進める．

まず前層から層を構成する方法について復習しよう．$\mathcal{F}$ を位相空間 X 上の（アーベル群の）前層とする．このとき $\mathcal{F}$ の X の各点 $x \in X$ における茎 $\mathcal{F}_x$ たちの非交和 (disjoint union) をとって得られる集合

$$[\mathcal{F}] := \bigsqcup_{x \in X} \mathcal{F}_x$$

を $\mathcal{F}$ の **層空間** (sheaf space) あるいは **エタール空間** (étale space) と呼ぶ．$\pi\colon [\mathcal{F}] \longrightarrow X$ を $\mathcal{F}_x$ $(x \in X)$ の元を点 $x \in X$ へ移す標準射影とする．X の開集合 $U \subset X$ に対してアーベル群 $\widehat{\mathcal{F}}(U)$ を次で定める：

$$\widehat{\mathcal{F}}(U) := \{s\colon U \longrightarrow [\mathcal{F}] \mid (\pi \circ s)(x) = x \ (x \in U)\}.$$

$\widehat{\mathcal{F}}(U)$ の元 s を層空間 $\pi\colon [\mathcal{F}] \longrightarrow X$ の U 上の（不連続あるいは任意）**切断** (section) と呼ぶ．切断 $s\colon U \longrightarrow [\mathcal{F}]$ が連続であるとは，U の開被覆 $U = \bigcup_{i \in I} U_i$ および元の族 $t_i \in \mathcal{F}(U_i)$ $(i \in I)$ が存在して，任意の $i \in I$ および点 $x \in U_i$ に対して茎 $\mathcal{F}_x$ における等式 $s(x) = t_{i,x}$ が成り立つことである．ここで $t_{i,x} \in \mathcal{F}_x$ は $t_i \in \mathcal{F}(U_i)$ の点 $x \in U_i$ における芽である．層空間 $\pi\colon [\mathcal{F}] \longrightarrow X$ の U 上の連続切断のなす $\widehat{\mathcal{F}}(U)$ の部分群を $\widetilde{\mathcal{F}}(U)$ と記す．このとき対応 $U \longmapsto \widetilde{\mathcal{F}}(U)$ は X 上の層を定めることが容易に確かめられる．これを前層 $\mathcal{F}$ の **層化** (sheafification) あるいは **同伴層** (associated sheaf) と呼ぶ．以上の構成より，さらに規準的な前層の準同型 $\alpha_{\mathcal{F}}\colon \mathcal{F} \longrightarrow \widetilde{\mathcal{F}}$ が得られる．これは X の各点 $x \in X$ における茎の同型 $(\alpha_{\mathcal{F}})_x\colon \mathcal{F}_x \xrightarrow{\sim} \widetilde{\mathcal{F}}_x$ を引き起こすことに注意しよう．さらに次の結果も層の定義より明らかであろう．

補題 A.1　前層 $\mathcal{F}$ が層であることと，X の任意の開集合 $U \subset X$ に対して規準的な準同型 $\alpha_{\mathcal{F}}(U)\colon \mathcal{F}(U) \longrightarrow \widetilde{\mathcal{F}}(U)$ が同型であることは同値である．

したがって $\mathcal{F}$ が層の場合，$\mathcal{F}(U)$ の元を単に層 $\mathcal{F}$ の U 上の切断と呼ぶ．位相空間 X 上の前層および層のなす圏をそれぞれ $\mathrm{P}(X)$ および $\mathrm{Sh}(X)$ と記す．このとき上で定めた層化は函手 $\widetilde{(*)}\colon \mathrm{P}(X) \longrightarrow \mathrm{Sh}(X)$ を引き起こす．また層化の構成より，任意の $\mathcal{F} \in \mathrm{P}(X), \mathcal{G} \in \mathrm{Sh}(X)$ および前層の準同型 $\phi\colon \mathcal{F} \longrightarrow \mathcal{G}$ に対して，等式 $\psi \circ \alpha_{\mathcal{F}} = \phi$ をみたす層準同型 $\psi\colon \widetilde{\mathcal{F}} \longrightarrow \mathcal{G}$ が一意的に存在することがわかる：

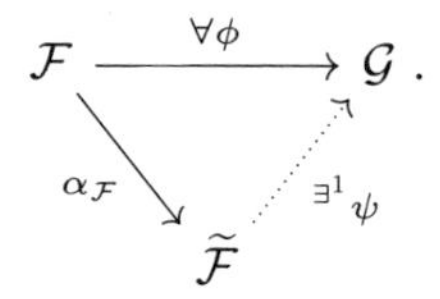

忘却函手 (forgetful functor) $\mathrm{For}\colon \mathrm{Sh}(X) \longrightarrow \mathrm{P}(X)$ を用いると，この結果は次のアーベル群の同型と解釈することができる：

$$\begin{array}{ccc} \mathrm{Hom}_{\mathrm{Sh}(X)}(\widetilde{\mathcal{F}}, \mathcal{G}) & \xrightarrow{\sim} & \mathrm{Hom}_{\mathrm{P}(X)}(\mathcal{F}, \mathrm{For}(\mathcal{G})) \\ \Downarrow & & \Downarrow \\ \psi & \longmapsto & \psi \circ \alpha_{\mathcal{F}}. \end{array}$$

すなわち函手 $\widetilde{(*)}\colon \mathrm{P}(X) \longrightarrow \mathrm{Sh}(X)$ は $\mathrm{For}\colon \mathrm{Sh}(X) \longrightarrow \mathrm{P}(X)$ の **左随伴函手** (left adjoint functor) である．X 上の層準同型 $\phi\colon \mathcal{F} \longrightarrow \mathcal{G}$ に対して対応

$$U \longmapsto \mathrm{Ker}[\phi(U) : \mathcal{F}(U) \to \mathcal{G}(U)] \subset \mathcal{F}(U)$$

は $\mathcal{F}$ の部分層 $\mathrm{Ker}\,\phi \subset \mathcal{F}$ を定める．しかしながら対応

$$U \longmapsto \mathrm{Im}[\phi(U) : \mathcal{F}(U) \to \mathcal{G}(U)] \subset \mathcal{G}(U)$$

は層になるとは限らない．したがってその層化をとって得られる $\mathcal{G}$ の部分層を $\mathrm{Im}\,\phi \subset \mathcal{G}$ と記す．同様に層 $\mathrm{Coker}\,\phi, \mathrm{Coim}\,\phi$ 等が定まり，圏 $\mathrm{Sh}(X)$ は **アーベル圏** (abelian category) となることがわかる．例えば $\mathrm{Coker}\,\phi$ は前層

$$U \longmapsto \mathcal{G}(U)/(\mathrm{Im}\,\phi)(U)$$

を層化して得られる層すなわち商層 $\mathcal{G}/\operatorname{Im}\phi$ である．X 上の層準同型の列

$$\mathcal{F}_\bullet = [\cdots \longrightarrow \mathcal{F}_{j-1} \underset{d_{j-1}}{\longrightarrow} \mathcal{F}_j \underset{d_j}{\longrightarrow} \mathcal{F}_{j+1} \longrightarrow \cdots]$$

が層の **複体** (complex) であるとは，すべての $j \in \mathbb{Z}$ に対して $d_j \circ d_{j-1} = 0$ が成り立つことである．このとき $\operatorname{Im} d_{j-1}$ は $\operatorname{Ker} d_j$ の部分層である．さらにすべての $j \in \mathbb{Z}$ に対して等式 $\operatorname{Im} d_{j-1} = \operatorname{Ker} d_j$ が成り立つとき，複体 $\mathcal{F}_\bullet$ は **完全列** (exact sequence) であるという．この条件はすべての点 $x \in X$ に対して茎をとって得られるアーベル群の複体

$$\mathcal{F}_{\bullet,x} = [\cdots \longrightarrow \mathcal{F}_{j-1,x} \underset{d_{j-1,x}}{\longrightarrow} \mathcal{F}_{j,x} \underset{d_{j,x}}{\longrightarrow} \mathcal{F}_{j+1,x} \longrightarrow \cdots]$$

が完全列であることと同値である．アーベル群のなすアーベル圏を $\mathcal{A}b$ と記す．このとき X の開集合 $U \subset X$ に対して函手

$$\Gamma(U;*) \colon \operatorname{Sh}(X) \longrightarrow \mathcal{A}b$$

が $\Gamma(U;\mathcal{F}) = \mathcal{F}(U)$ により定まる．これを U 上の **大域切断函手** (global section functor) と呼ぶ．また

$$\Gamma_c(U;\mathcal{F}) = \{s \in \mathcal{F}(U) \mid s \text{の台} \operatorname{supp} s \text{はコンパクト}\}$$

とおくことで函手

$$\Gamma_c(U;*) \colon \operatorname{Sh}(X) \longrightarrow \mathcal{A}b$$

が定まる．これらは完全列 $0 \longrightarrow \mathcal{F}' \longrightarrow \mathcal{F} \longrightarrow \mathcal{F}''$ を完全列へ移す．すなわち **左完全函手** (left exact functor) である．同様にして **右完全函手** (right exact functor) も定義される．左完全かつ右完全な（アーベル圏の間の）函手を **完全函手** (exact functor) と呼ぶ．例えば点 $x \in X$ における茎をとる函手 $(*)_x \colon \operatorname{Sh}(X) \longrightarrow \mathcal{A}b$ は完全函手である．さらに位相空間 X 上の環の層 $\mathcal{R}$ を考えよう．このとき（アーベル群の）層 $\mathcal{M} \in \operatorname{Sh}(X)$ が（左）**$\mathcal{R}$-加群の層** (sheaf of $\mathcal{R}$-modules) であるとは，各開集合 $U \subset X$ に対して $\mathcal{M}(U)$ が $\mathcal{R}(U)$-

加群であり，それらの作用が制限写像と両立する，すなわちすべての開集合の組 $V \subset U$ に対して図式

$$\begin{array}{ccc} \mathcal{R}(U) \times \mathcal{M}(U) & \longrightarrow & \mathcal{M}(U) \\ \downarrow & & \downarrow \\ \mathcal{R}(V) \times \mathcal{M}(U) & \longrightarrow & \mathcal{M}(V) \end{array}$$

が可換であることである．ここで縦の射は制限写像である．同様にして右 $\mathcal{R}$-加群の層も定義することができる．$\mathcal{R}$ の積の定義のみを $r \circ s := s \cdot r$ と変更することにより得られる新しい環の層 $\mathcal{R}^{\mathrm{op}}$ を $\mathcal{R}$ の **反対環** (opposite ring) と呼ぶ．このとき $\mathcal{M} \in \mathrm{Sh}(X)$ が右 $\mathcal{R}$-加群であることと，左 $\mathcal{R}^{\mathrm{op}}$-加群であることは同値である．層 $\mathcal{F}, \mathcal{G} \in \mathrm{Sh}(X)$ に対してアーベル群 $\mathrm{Hom}(\mathcal{F}, \mathcal{G}) \in \mathcal{A}b$ を次で定める．

$$\mathrm{Hom}(\mathcal{F}, \mathcal{G}) = \{\phi \colon \mathcal{F} \longrightarrow \mathcal{G} \quad \text{層準同型}\}.$$

これは第1成分 $\mathcal{F}$ について **反変的** (contravariant) であり第2成分 $\mathcal{G}$ について **共変的** (covariant) である．すなわち射の合成の順序をひっくり返して得られる **反対圏** (opposite category) $\mathrm{Sh}(X)^{\mathrm{op}}$ を考えることで，2つの成分について共変的な **双函手** (bifunctor)

$$\mathrm{Hom}(*, *) \colon \mathrm{Sh}(X)^{\mathrm{op}} \times \mathrm{Sh}(X) \longrightarrow \mathcal{A}b$$

が得られる．これはどちらの成分についても左完全である．また $\mathcal{R}$-加群の層 $\mathcal{M}$, $\mathcal{N}$ の間の層準同型 $\phi \colon \mathcal{M} \longrightarrow \mathcal{N}$ が **$\mathcal{R}$-線型** ($\mathcal{R}$-linear) であるとは，各開集合 $U \subset X$ に対して準同型 $\phi(U) \colon \mathcal{M}(U) \longrightarrow \mathcal{N}(U)$ が $\mathcal{R}(U)$-線型であることである．このような ϕ を単に $\mathcal{R}$-加群の（層）準同型または射と呼ぶことが多い．これらの射について左 $\mathcal{R}$-加群の層はアーベル圏をなす．これを $\mathrm{Mod}(\mathcal{R})$ と記す．明らかに X 上の定数層の環の層 $\mathbb{Z}_X$ に対して $\mathrm{Mod}(\mathbb{Z}_X) = \mathrm{Sh}(X)$ となる．$\mathcal{R}$-加群の層 $\mathcal{M}, \mathcal{N} \in \mathrm{Mod}(\mathcal{R})$ に対してアーベル群 $\mathrm{Hom}_{\mathcal{R}}(\mathcal{M}, \mathcal{N}) \in \mathcal{A}b$ を次で定める：

$$\mathrm{Hom}_{\mathcal{R}}(\mathcal{M}, \mathcal{N}) = \{\phi \colon \mathcal{M} \longrightarrow \mathcal{N} \quad \mathcal{R}\text{-加群の射}\}.$$

これは2つの成分について左完全な双函手

$$\mathrm{Hom}_{\mathcal{R}}(*,*)\colon \mathrm{Mod}(\mathcal{R})^{\mathrm{op}} \times \mathrm{Mod}(\mathcal{R}) \longrightarrow \mathcal{A}b$$

を定める．以下 $f\colon X \longrightarrow Y$ は位相空間 X, Y の間の連続写像とする．層 $\mathcal{F} \in \mathrm{Sh}(X)$ の f による順像 (direct image) $f_*\mathcal{F} \in \mathrm{Sh}(Y)$ を次で定義する：

$$(f_*\mathcal{F})(V) := \mathcal{F}(f^{-1}(V)) \qquad (V \subset Y).$$

これは左完全函手 $f_*\colon \mathrm{Sh}(X) \longrightarrow \mathrm{Sh}(Y)$ を定める．また $f_*\mathcal{F}$ の部分層 $f_!\mathcal{F} \subset f_*\mathcal{F}$ を次で定義する：

$$(f_!\mathcal{F})(V) := \{s \in \mathcal{F}(f^{-1}(V)) \mid f|_{\mathrm{supp}\, s}\colon \mathrm{supp}\, s \to V \text{ は固有写像}\} \quad (V \subset Y).$$

この Y 上の層 $f_!\mathcal{F}$ を $\mathcal{F}$ の f による固有順像 (proper direct image) と呼ぶ．これにより左完全函手 $f_!\colon \mathrm{Sh}(X) \longrightarrow \mathrm{Sh}(Y)$ が定まる．また Y 上の層 $\mathcal{G}$ より得られる X 上の前層

$$(f^{-1}\mathcal{G})'(U) = \varinjlim_{V \supset f(U)} \mathcal{G}(V) \qquad (U \subset X)$$

（ここで $V \subset Y$ は $f(U)$ を含む Y の開集合 V 全体をわたる）を層化して得られる X 上の層 $f^{-1}\mathcal{G} \in \mathrm{Sh}(X)$ を $\mathcal{G}$ の f による逆像 (inverse image) と呼ぶ．その点 $x \in X$ における茎は同型 $(f^{-1}\mathcal{G})_x \simeq \mathcal{G}_{f(x)}$ をみたす．これより逆像函手 $f^{-1}\colon \mathrm{Sh}(Y) \longrightarrow \mathrm{Sh}(X)$ が完全函手であることが直ちに従う．2つの位相空間の連続写像 $f\colon X \longrightarrow Y$, $g\colon Y \longrightarrow Z$ に対して，函手の等式 $g_* \circ f_* = (g \circ f)_*$, $g_! \circ f_! = (g \circ f)_!$ および $f^{-1} \circ g^{-1} = (g \circ f)^{-1}$ が成り立つ．1点からなる位相空間を pt と記す．また位相空間 X から pt への（ただひとつの）連続写像を $a_X\colon X \longrightarrow \mathrm{pt}$ と記す．このとき pt 上の（アーベル群の）層のなすアーベル圏 $\mathrm{Sh}(\mathrm{pt})$ はアーベル圏 $\mathcal{A}b$ と圏同値である．この同一視 $\mathrm{Sh}(\mathrm{pt}) \simeq \mathcal{A}b$ の下で函手の同型

$$(a_X)_* \simeq \Gamma(X,*), \quad (a_X)_! \simeq \Gamma_c(X;*)$$

が成り立つ．またアーベル群 $M \in \mathcal{A}b \simeq \mathrm{Sh}(\mathrm{pt})$ に対してその逆像 $a_X^{-1}M \in \mathrm{Sh}(X)$ は M を茎にもつ X 上の定数層 M_X に他ならないことを注意しておこ

う．本書において固有順像函手 $f_!$ を用いる場合は位相空間はすべて局所コンパクトかつハウスドルフであることを仮定する．位相空間 X の部分集合 $Z \subset X$ に対して $i_Z \colon Z \hookrightarrow X$ をその包含写像とする．このとき X 上の層 $\mathcal{F}$ に対して $\mathcal{F}|_Z := (i_Z)^{-1}\mathcal{F} \in \mathrm{Sh}(Z)$ を $\mathcal{F}$ の $Z \subset X$ への **制限** (restriction) と呼ぶ．X の部分集合 Z が **局所閉** (locally closed) であるとは，X のある開集合 U および閉集合 S が存在して $Z = U \cap S$ と書けることである．この条件は X の Z を含むある開集合 W が存在して Z が W 内で閉であることと同値である．局所閉な部分集合 $Z \subset X$ に対して函手 $(i_Z)_! \colon \mathrm{Sh}(Z) \longrightarrow \mathrm{Sh}(X)$ は完全函手であることが知られている．したがって合成函手

$$(*)_Z := (i_Z)_! \circ (i_Z)^{-1} \colon \mathrm{Sh}(X) \longrightarrow \mathrm{Sh}(X)$$

も完全函手である．こうして層 $\mathcal{F} \in \mathrm{Sh}(X)$ より得られる (X 上の) 層 $\mathcal{F}_Z \in \mathrm{Sh}(X)$ は次を満たす．

$$(\mathcal{F}_Z)_x \simeq \begin{cases} \mathcal{F}_x & (x \in Z) \\ 0 & (x \notin Z). \end{cases}$$

ここで $\mathcal{F}_Z$ は Z 上でなく X 上の層であることを再度強調しておく．この記法は代数幾何では標準的ではないものの，代数解析においてはよく使われるすでに定着したものである．

補題 A.2　位相空間 X は局所コンパクトかつハウスドルフであり，Z は X の局所閉部分集合，$S \subset Z$ はその閉部分集合とする．このとき任意の層 $\mathcal{F} \in \mathrm{Sh}(X)$ に対して次の $\mathrm{Sh}(X)$ における完全列が存在する：

$$0 \longrightarrow \mathcal{F}_{Z \setminus S} \longrightarrow \mathcal{F}_Z \longrightarrow \mathcal{F}_S \longrightarrow 0.$$

特に X の閉集合 S に対して $U = X \setminus S$ とおくことで完全列

$$0 \longrightarrow \mathcal{F}_U \longrightarrow \mathcal{F} \longrightarrow \mathcal{F}_S \longrightarrow 0.$$

が得られる．

補題 A.3　位相空間の デカルト図式 (cartesian square)

$$\begin{array}{ccc} X' & \xrightarrow{f'} & Y' \\ {\scriptstyle g'}\downarrow & \square & \downarrow{\scriptstyle g} \\ X & \xrightarrow[f]{} & Y \end{array}$$

を考えよう．すなわち X' はファイバー積 $X \times_Y Y'$ と同相とする．このとき層 $\mathcal{F} \in \mathrm{Sh}(X)$ に対して同型 $g^{-1}f_! \simeq f'_! g'^{-1}\mathcal{F}$ が成り立つ．

位相空間 X の局所閉部分集合 Z および層 $\mathcal{F} \in \mathrm{Sh}(X)$ に対して，Z を閉集合として含む X の開集合 W をとり

$$\Gamma_Z(X;\mathcal{F}) = \{s \in \Gamma(W;\mathcal{F}) \mid \mathrm{supp}\, s \subset Z\}$$

とおく．この定義が W のとりかたによらないことが次のようにしてわかる．上の条件をみたす 2 つの開集合 $W_1, W_2 \subset X$ をとる．このとき次の同型が成り立つ：

$$\begin{array}{l} \{s \in \Gamma(W_1;\mathcal{F}) \,|\, \mathrm{supp}\, s \subset Z\} \\ \qquad\qquad \searrow{\scriptstyle \sim} \\ \qquad\qquad\qquad \{s \in \Gamma(W_1 \cap W_2;\mathcal{F}) \,|\, \mathrm{supp}\, s \subset Z\} \\ \qquad\qquad \nearrow{\scriptstyle \sim} \\ \{s \in \Gamma(W_2;\mathcal{F}) \,|\, \mathrm{supp}\, s \subset Z\}. \end{array}$$

こうして左完全函手

$$\Gamma_Z(X;*) \colon \mathrm{Sh}(X) \longrightarrow \mathcal{A}b$$

が定まる．これを用いて X 上の層 $\Gamma_Z\mathcal{F} \in \mathrm{Sh}(X)$ を次で定義する：

$$(\Gamma_Z\mathcal{F})(U) := \Gamma_{Z\cap U}(U;\mathcal{F}|_U) \qquad (U \subset X).$$

これは左完全函手

$$\Gamma_Z(*) \colon \mathrm{Sh}(X) \longrightarrow \mathrm{Sh}(X)$$

を定める．以上の定義より，$\mathcal{F} \in \mathrm{Sh}(X)$ に対して同型

$$\Gamma_Z(X;\mathcal{F}) \simeq \Gamma(X;\Gamma_Z\mathcal{F})$$

が成り立つ．さらに X の開集合 U および層 $\mathcal{F} \in \mathrm{Sh}(X)$ に対して同型 $\Gamma_U(\mathcal{F}) \simeq (i_U)_*(i_U)^{-1}\mathcal{F} = (i_U)_*(\mathcal{F}|_U)$ が成り立つ．

定義 A.4 位相空間 X 上の層 $\mathcal{L} \in \mathrm{Sh}(X)$ が脆弱 (flabby) であるとは，X の任意の開集合 U に対して制限写像

$$\Gamma(X;\mathcal{L}) \longrightarrow \Gamma(U;\mathcal{L})$$

が全射であることである．

脆弱層は次のように構成することができる．層 $\mathcal{F} \in \mathrm{Sh}(X)$ に対して，その層空間 $[\mathcal{F}]$ の（不連続あるいは任意）切断をとって得られる前層 $\widehat{\mathcal{F}}$ は脆弱層である．さらに $\mathcal{F}$ は自然に $\widehat{\mathcal{F}}$ の部分層と同一視され，商層 $\widehat{\mathcal{F}}/\mathcal{F}$ に対する完全列

$$0 \longrightarrow \mathcal{F} \longrightarrow \widehat{\mathcal{F}} \longrightarrow \widehat{\mathcal{F}}/\mathcal{F} \longrightarrow 0$$

が得られる．この操作をくりかえし $W_0(\mathcal{F}) := \widehat{\mathcal{F}}$, $W_1(\mathcal{F}) := (\widehat{\mathcal{F}}/\mathcal{F})\widehat{\ }, \ldots$ とおくと，$\mathcal{F}$ および脆弱層 $W_0(\mathcal{F}), W_1(\mathcal{F}), \ldots$ に対する完全列

$$0 \longrightarrow \mathcal{F} \longrightarrow W_0(\mathcal{F}) \longrightarrow W_1(\mathcal{F}) \longrightarrow W_2(\mathcal{F}) \longrightarrow \cdots$$

が得られる．これを層 $\mathcal{F}$ の標準脆弱分解 (canonical flabby resolution) あるいは Godement 分解 (Godement resolution) と呼ぶ．より一般の脆弱層 $\mathcal{L}_0$, $\mathcal{L}_1, \ldots$ による完全列

$$0 \longrightarrow \mathcal{F} \longrightarrow \mathcal{L}_0 \longrightarrow \mathcal{L}_1 \longrightarrow \mathcal{L}_2 \longrightarrow \cdots$$

を $\mathcal{F}$ の脆弱分解 (flabby resolution) と呼ぶ．Godement 分解は脆弱分解の中でも具体的に構成されるという点で特に重要なものであり，Deligne による代数多様体の混合 Hodge 構造の構成においても大切な役割を果たす．

補題 A.5　アーベル圏 $\mathrm{Sh}(X)$ における完全列

$$0 \longrightarrow \mathcal{F}' \longrightarrow \mathcal{F} \longrightarrow \mathcal{F}'' \longrightarrow 0$$

において $\mathcal{F}'$ および $\mathcal{F}$ は脆弱であると仮定する．このとき $\mathcal{F}''$ も脆弱である．

層 $\mathcal{F}$ の脆弱分解 $0 \longrightarrow \mathcal{F} \longrightarrow \mathcal{L}_0 \longrightarrow \mathcal{L}_1 \longrightarrow \mathcal{L}_2 \longrightarrow \cdots$ の $\mathcal{F}$ を切り落とし大域切断 $\Gamma(X;*)$ をとることでアーベル群の複体

$$0 \longrightarrow \Gamma(X;\mathcal{L}_0) \longrightarrow \Gamma(X;\mathcal{L}_1) \longrightarrow \Gamma(X;\mathcal{L}_2) \longrightarrow \cdots$$

が得られる．そのコホモロジー群をとり

$$H^j(X;\mathcal{F}) = \frac{\mathrm{Ker}\,[\Gamma(X;\mathcal{L}_j) \longrightarrow \Gamma(X;\mathcal{L}_{j+1})]}{\mathrm{Im}[\Gamma(X;\mathcal{L}_{j-1}) \longrightarrow \Gamma(X;\mathcal{L}_j)]} \qquad (j \in \mathbb{Z})$$

とおく．これは $\mathcal{F}$ の脆弱分解のとり方によらず同型を除いて定まる（後述）．$H^j(X;\mathcal{F})$ を層 $\mathcal{F}$ の j 次の **コホモロジー群** (cohomology group) と呼ぶ．

補題 A.6　$Z \subset X$ を X の局所閉部分集合とし，層 $\mathcal{L} \in \mathrm{Sh}(X)$ は脆弱であるとする．このとき $\Gamma_Z\mathcal{L} \in \mathrm{Sh}(X)$ も脆弱である．

命題 A.7　$Z \subset X$ を X の局所閉部分集合とし，$0 \longrightarrow \mathcal{F}' \longrightarrow \mathcal{F} \longrightarrow \mathcal{F}'' \longrightarrow 0$ を $\mathrm{Sh}(X)$ の完全列とする．さらに $\mathcal{F}'$ は脆弱であると仮定する．このとき次の完全列が存在する：

$$0 \longrightarrow \Gamma_Z(X;\mathcal{F}') \longrightarrow \Gamma_Z(X;\mathcal{F}) \longrightarrow \Gamma_Z(X;\mathcal{F}'') \longrightarrow 0,$$

$$0 \longrightarrow \Gamma_Z\mathcal{F}' \longrightarrow \Gamma_Z\mathcal{F} \longrightarrow \Gamma_Z\mathcal{F}'' \longrightarrow 0.$$

補題 A.8　$Z \subset X$ を X の局所閉部分集合，$S \subset Z$ をその閉部分集合とし，層 $\mathcal{L} \in \mathrm{Sh}(X)$ は脆弱であると仮定する．このとき完全列

$$0 \longrightarrow \Gamma_S\mathcal{L} \longrightarrow \Gamma_Z\mathcal{L} \longrightarrow \Gamma_{Z\setminus S}\mathcal{L} \longrightarrow 0$$

が成り立つ．さらに X の閉（開）部分集合 S_1, S_2 (U_1, U_2) に対して次の完全列が存在する：

$$0 \longrightarrow \Gamma_{S_1 \cap S_2}\mathcal{L} \longrightarrow \Gamma_{S_1}\mathcal{L} \oplus \Gamma_{S_2}\mathcal{L} \longrightarrow \Gamma_{S_1 \cup S_2}\mathcal{L} \longrightarrow 0,$$

$$0 \longrightarrow \Gamma_{U_1 \cup U_2}\mathcal{L} \longrightarrow \Gamma_{U_1}\mathcal{L} \oplus \Gamma_{U_2}\mathcal{L} \longrightarrow \Gamma_{U_1 \cap U_2}\mathcal{L} \longrightarrow 0.$$

さらに位相空間の連続写像 $f\colon X \longrightarrow Y$ および X 上の脆弱層 $\mathcal{L}$ に対して順像層 $f_*\mathcal{L}$ も脆弱である.

定義 A.9 位相空間 X 上の $\mathcal{R}$-加群の層 $\mathcal{I} \in \mathrm{Mod}(\mathcal{R})$ が<u>**単射的**</u> (injective) であるとは，任意の $\mathcal{R}$-加群の層の単射準同型

$$0 \longrightarrow \mathcal{M}' \underset{\iota}{\hookrightarrow} \mathcal{M}$$

および $\mathcal{R}$-加群の射 $\phi\colon \mathcal{M}' \longrightarrow \mathcal{I}$ に対して等式 $\psi \circ \iota = \phi$ をみたす $\mathcal{R}$-加群の射 $\psi\colon \mathcal{M} \longrightarrow \mathcal{I}$ が存在することである：

$$\begin{array}{ccccc} 0 & \longrightarrow & \mathcal{M}' & \overset{\iota}{\hookrightarrow} & \mathcal{M} \\ & & & {}^{\forall}\phi \searrow & \vdots\, {}^{\exists}\psi \\ & & & & \mathcal{I}. \end{array}$$

双函手 $\mathrm{Hom}_{\mathcal{R}}(*,*)\colon \mathrm{Mod}(\mathcal{R})^{\mathrm{op}} \times \mathrm{Mod}(\mathcal{R}) \longrightarrow \mathcal{A}b$ の左完全性より，$\mathcal{I} \in \mathrm{Mod}(\mathcal{R})$ が単射的であることと函手

$$\mathrm{Hom}_{\mathcal{R}}(*,\mathcal{I})\colon \mathrm{Mod}(\mathcal{R})^{\mathrm{op}} \longrightarrow \mathcal{A}b$$

が完全であることは同値である．単射的な $\mathcal{R}$-加群の層 $\mathcal{I}$ は脆弱であることを示そう．$\mathcal{R}$-加群の層 $\mathcal{M}, \mathcal{N} \in \mathrm{Mod}(\mathcal{R})$ に対して X 上の層 $\mathcal{H}om_{\mathcal{R}}(\mathcal{M},\mathcal{N}) \in \mathrm{Sh}(X)$ を次で定義する：

$$\mathcal{H}om_{\mathcal{R}}(\mathcal{M},\mathcal{N})(U) := \mathrm{Hom}_{\mathcal{R}|_U}(\mathcal{M}|_U, \mathcal{N}|_U) \qquad (U \subset X).$$

これより 2 つの成分について左完全な双函手

$$\mathcal{H}om_{\mathcal{R}}(*,*)\colon \mathrm{Mod}(\mathcal{R})^{\mathrm{op}} \times \mathrm{Mod}(\mathcal{R}) \longrightarrow \mathrm{Sh}(X)$$

が得られる．$\mathcal{M}$ が両側 $\mathcal{R}$-加群の構造を持つ場合は，$\mathcal{M}$ の右 $\mathcal{R}$-加群構造を用いて，さらに $\mathcal{H}om_{\mathcal{R}}(\mathcal{M},\mathcal{N})$ に左 $\mathcal{R}$-加群の構造が入ることがわかる．これよ

り特に$\mathcal{M}=\mathcal{R}$のとき左$\mathcal{R}$-加群の層の同型

$$\mathcal{H}om_{\mathcal{R}}(\mathcal{R},\mathcal{N}) \xrightarrow{\sim} \mathcal{N} \quad (\phi \longmapsto \phi(1))$$

が成り立つ．また明らかに同型$\Gamma(X;\mathcal{H}om_{\mathcal{R}}(\mathcal{M},\mathcal{N})) \simeq \mathrm{Hom}_{\mathcal{R}}(\mathcal{M},\mathcal{N})$が成り立つ．

命題 A.10　$Z \subset X$をXの局所閉部分集合とする．このとき$\mathcal{R}$-加群の層$\mathcal{M},\mathcal{N} \in \mathrm{Mod}(\mathcal{R})$に対して次の同型が存在する：

$$\Gamma_Z \mathcal{H}om_{\mathcal{R}}(\mathcal{M},\mathcal{N}) \simeq \mathcal{H}om_{\mathcal{R}}(\mathcal{M},\Gamma_Z\mathcal{N}) \simeq \mathcal{H}om_{\mathcal{R}}(\mathcal{M}_Z,\mathcal{N}).$$

系 A.11　$\mathcal{M},\mathcal{I} \in \mathrm{Mod}(\mathcal{R})$とし，$\mathcal{I}$は単射的$\mathcal{R}$-加群の層とする．このとき層$\mathcal{H}om_{\mathcal{R}}(\mathcal{M},\mathcal{I}) \in \mathrm{Sh}(X)$は脆弱である．特に$\mathcal{M}=\mathcal{R}$とおくことにより$\mathcal{I} \simeq \mathcal{H}om_{\mathcal{R}}(\mathcal{R},\mathcal{I})$は脆弱である．

証明　命題 A.10 をZがXの開集合Uかつ$\mathcal{N}=\mathcal{I}$の場合に適用すれば次の同型が得られる：

$$\begin{aligned}\Gamma(U;\mathcal{H}om_{\mathcal{R}}(\mathcal{M},\mathcal{I})) &\simeq \Gamma(X;\Gamma_U\mathcal{H}om_{\mathcal{R}}(\mathcal{M},\mathcal{I})) \\ &\simeq \Gamma(X;\mathcal{H}om_{\mathcal{R}}(\mathcal{M}_U,\mathcal{I})) \simeq \mathrm{Hom}_{\mathcal{R}}(\mathcal{M}_U,\mathcal{I}).\end{aligned}$$

したがって$\mathcal{R}$-加群の層の単射準同型$0 \longrightarrow \mathcal{M}_U \hookrightarrow \mathcal{M}$に完全函手$\mathrm{Hom}_{\mathcal{R}}(*,\mathcal{I})$を施せば，求めるアーベル群の全射準同型

$$\begin{array}{ccccc}\mathrm{Hom}_{\mathcal{R}}(\mathcal{M},\mathcal{I}) & \longrightarrow\!\!\!\!\rightarrow & \mathrm{Hom}_{\mathcal{R}}(\mathcal{M}_U,\mathcal{I}) & \longrightarrow & 0 \\ \wr\| & & \wr\| & & \\ \Gamma(X;\mathcal{H}om_{\mathcal{R}}(\mathcal{M},\mathcal{I})) & & \Gamma(U;\mathcal{H}om_{\mathcal{R}}(\mathcal{M},\mathcal{I})) & & \end{array}$$

が得られる．■

次の結果も同様に示すことができる．

系 A.12　$Z \subset X$をXの局所閉部分集合とし，$\mathcal{I} \in \mathrm{Mod}(\mathcal{R})$は単射的$\mathcal{R}$-加群の層とする．このとき$\Gamma_Z\mathcal{I} \in \mathrm{Mod}(\mathcal{R})$も単射的である．

次の大切な結果もよく知られている(証明は柏原-Schapira [116] の Proposition 2.4.3 等を参照).

定理 A.13 任意の $\mathcal{R}$-加群の層 $\mathcal{M} \in \mathrm{Mod}(\mathcal{R})$ に対して,ある単射的 $\mathcal{R}$-加群の層 $\mathcal{I}$ および $\mathcal{R}$-加群の層の単射準同型 $\mathcal{M} \hookrightarrow \mathcal{I}$ が存在する.

この定理の主張を「アーベル圏 $\mathrm{Mod}(\mathcal{R})$ は **十分多くの単射的対象を持つ** (enough injective)」という.これにより任意の $\mathcal{R}$-加群の層 $\mathcal{M}$ は単射的 $\mathcal{R}$-加群 $\mathcal{I}_0, \mathcal{I}_1, \ldots$ による完全列 $0 \longrightarrow \mathcal{M} \longrightarrow \mathcal{I}_0 \longrightarrow \mathcal{I}_1 \longrightarrow \mathcal{I}_2 \longrightarrow \cdots$ に埋め込むことができる.これを $\mathcal{M}$ の **単射的分解** (injective resolution) と呼ぶ.

補題 A.14 アーベル圏 $\mathrm{Mod}(\mathcal{R})$ の完全列 $0 \longrightarrow \mathcal{M}' \longrightarrow \mathcal{M} \longrightarrow \mathcal{M}'' \longrightarrow 0$ において $\mathcal{M}'$ および $\mathcal{M}$ は単射的であると仮定する.このとき $\mathcal{M}''$ も単射的 $\mathcal{R}$-加群の層である.

証明 $\mathcal{M}'$ の単射性からこの単完全列は **左分裂** (left split) する.したがって主張は直和分解 $\mathcal{M} \simeq \mathcal{M}' \oplus \mathcal{M}''$ より直ちに従う. ■

命題 A.15 $f\colon Y \longrightarrow X$ を位相空間の連続写像とし,$\mathcal{R}$ を X 上の環の層とする.このとき $\mathcal{M} \in \mathrm{Mod}(\mathcal{R})$, $\mathcal{N} \in \mathrm{Mod}(f^{-1}\mathcal{R})$ に対して $\mathrm{Sh}(X)$ における同型

$$\mathcal{H}om_{\mathcal{R}}(\mathcal{M}, f_*\mathcal{N}) \simeq f_*\mathcal{H}om_{f^{-1}\mathcal{R}}(f^{-1}\mathcal{M}, \mathcal{N})$$

が成り立つここで $f_*\mathcal{N} \in \mathrm{Sh}(X)$ には自然な環準同型 $\mathcal{R} \longrightarrow f_*f^{-1}\mathcal{R}$ により左 $\mathcal{R}$-加群の構造が与えられている.

特に大域切断 $\Gamma(X; *)$ をとることで次の同型が得られる:

$$\mathrm{Hom}_{\mathcal{R}}(\mathcal{M}, f_*\mathcal{N}) \simeq \mathrm{Hom}_{f^{-1}\mathcal{R}}(f^{-1}\mathcal{M}, \mathcal{N}).$$

すなわち逆像函手 $f^{-1}\colon \mathrm{Mod}(\mathcal{R}) \longrightarrow \mathrm{Mod}(f^{-1}\mathcal{R})$ は順像函手 $f_*\colon \mathrm{Mod}(f^{-1}\mathcal{R}) \longrightarrow \mathrm{Mod}(\mathcal{R})$ の左随伴函手である.

系 A.16 命題 A.15 の状況でさらに $\mathcal{I} \in \mathrm{Mod}(f^{-1}\mathcal{R})$ は単射的 $f^{-1}\mathcal{R}$-加群

の層であると仮定する．このときその順像層 $f_*\mathcal{I} \in \mathrm{Mod}(\mathcal{R})$ は $\mathcal{R}$-加群の層として単射的である．

証明 つぎの函手の同型が成り立つ：

$$\mathrm{Hom}_{\mathcal{R}}(*, f_*\mathcal{I}) \simeq \mathrm{Hom}_{f^{-1}\mathcal{R}}(f^{-1}(*), \mathcal{I}).$$

よってその右辺が完全函手であることより，主張は明らかである． ■

次に $\mathcal{R}$-加群のテンソル積について説明する．X 上の環の層 $\mathcal{R}$ の反対環 $\mathcal{R}^{\mathrm{op}}$ を用いれば圏 $\mathrm{Mod}(\mathcal{R}^{\mathrm{op}})$ は右 $\mathcal{R}$-加群の層のなすアーベル圏であることに注意せよ．右 $\mathcal{R}$-加群の層 $\mathcal{M} \in \mathrm{Mod}(\mathcal{R}^{\mathrm{op}})$ および左 $\mathcal{R}$-加群の層 $\mathcal{N} \in \mathrm{Mod}(\mathcal{R})$ より得られる X 上の前層

$$(\mathcal{M} \otimes_{\mathcal{R}} \mathcal{N})'(U) = \mathcal{M}(U) \otimes_{\mathcal{R}(U)} \mathcal{N}(U) \qquad (U \subset X)$$

を層化して得られる X 上の層 $\mathcal{M} \otimes_{\mathcal{R}} \mathcal{N} \in \mathrm{Sh}(X)$ を $\mathcal{M}$ と $\mathcal{N}$ の $\mathcal{R}$ 上のテンソル積 (tensor product) と呼ぶ．これより 2 つの成分について右完全な双函手

$$(*) \otimes_{\mathcal{R}} (*) \colon \mathrm{Mod}(\mathcal{R}^{\mathrm{op}}) \times \mathrm{Mod}(\mathcal{R}) \longrightarrow \mathrm{Sh}(X)$$

が得られる．なお $\mathcal{R}$ が可換環の層であれば，$\mathcal{M} \otimes_{\mathcal{R}} \mathcal{N}$ にさらに（左=右）$\mathcal{R}$-加群の層の構造が入る．また両側 $\mathcal{R}$-加群の層 $\mathcal{R}$ に対して左（右）$\mathcal{R}$-加群の層の同型 $\mathcal{R} \otimes_{\mathcal{R}} \mathcal{N} \simeq \mathcal{N}$ $(\mathcal{M} \otimes_{\mathcal{R}} \mathcal{R} \simeq \mathcal{M})$ が成り立つ．

定義 A.17 右（左）$\mathcal{R}$-加群の層 $\mathcal{M} \in \mathrm{Mod}(\mathcal{R}^{\mathrm{op}})$ $(\mathcal{N} \in \mathrm{Mod}(\mathcal{R}))$ が平坦 (flat) であるとは，函手 $\mathcal{M} \otimes (*) \colon \mathrm{Mod}(\mathcal{R}) \longrightarrow \mathrm{Sh}(X)$ $((*) \otimes \mathcal{N} \colon \mathrm{Mod}(\mathcal{R}^{\mathrm{op}}) \longrightarrow \mathrm{Sh}(X))$ が完全であることである．

次の補題により，$\mathcal{R}$-加群の層が平坦であることはその各点 $x \in X$ における茎が $\mathcal{R}_x$-加群として平坦であることと同値である．

補題 A.18 $\mathcal{M} \in \mathrm{Mod}(\mathcal{R}^{\mathrm{op}}), \mathcal{N} \in \mathrm{Mod}(\mathcal{R})$ とする．このときすべての点 $x \in X$ に対して次の同型が成り立つ：

$$(\mathcal{M} \otimes_{\mathcal{R}} \mathcal{N})_x \simeq \mathcal{M}_x \otimes_{\mathcal{R}_x} \mathcal{N}_x.$$

証明 同型

$$(\mathcal{M} \otimes_{\mathcal{R}} \mathcal{N})_x = (\mathcal{M} \otimes_{\mathcal{R}} \mathcal{N})'_x = \varinjlim_{U \ni x} \Big(\mathcal{M}(U) \otimes_{\mathcal{R}(U)} \mathcal{N}(U) \Big)$$

$$\simeq \left(\varinjlim_{U \ni x} \mathcal{M}(U) \right) \otimes_{\mathcal{R}_x} \left(\varinjlim_{V \ni x} \mathcal{N}(V) \right) = \mathcal{M}_x \otimes_{\mathcal{R}_x} \mathcal{N}_x$$

より明らかである. ■

定義 A.9 の矢印の向きをすべて逆向きにすることで, **射影的** (projective) な $\mathcal{R}$-加群の層が定義できる. しかしながら任意の $\mathcal{R}$-加群の層 $\mathcal{M} \in \mathrm{Mod}(\mathcal{R})$ に対してある射影的な $\mathcal{R}$-加群の層 $\mathcal{P}$ および $\mathcal{R}$-加群の層の全射準同型

$$\mathcal{P} \twoheadrightarrow \mathcal{M} \longrightarrow 0$$

がつねに存在するわけではない. すなわちアーベル圏 $\mathrm{Mod}(\mathcal{R})$ は十分多くの射影的対象を持つとは限らない. したがって $\mathcal{R}$-加群の "層" を扱うためには, 以下の命題 (証明は柏原-Schapira [116] の Proposition 2.4.12 などを参照) を用いて射影的分解のかわりに平坦分解を構成するのが常套手段である.

命題 A.19 任意の $\mathcal{R}$-加群の層 $\mathcal{M} \in \mathrm{Mod}(\mathcal{R})$ に対して, ある平坦 $\mathcal{R}$-加群の層 $\mathcal{P}$ および $\mathcal{R}$-加群の層の全射準同型 $\mathcal{P} \twoheadrightarrow \mathcal{M}$ が存在する.

補題 A.20 アーベル圏 $\mathrm{Mod}(\mathcal{R})$ における完全列 $0 \longrightarrow \mathcal{M}' \longrightarrow \mathcal{M} \longrightarrow \mathcal{M}'' \longrightarrow 0$ において $\mathcal{M}$ および $\mathcal{M}''$ は平坦であると仮定する. このとき $\mathcal{M}'$ も平坦 $\mathcal{R}$-加群の層である.

命題 A.21 $f \colon Y \longrightarrow X$ を位相空間の連続写像とし, $\mathcal{R}$ を X 上の環の層とする. このとき $\mathcal{M} \in \mathrm{Mod}(\mathcal{R}^{\mathrm{op}}), \mathcal{N} \in \mathrm{Mod}(\mathcal{R})$ に対して $\mathrm{Sh}(Y)$ における同型

$$f^{-1}\mathcal{M} \otimes_{f^{-1}\mathcal{R}} f^{-1}\mathcal{N} \simeq f^{-1}(\mathcal{M} \otimes_{\mathcal{R}} \mathcal{N})$$

が成り立つ.

この節を終えるにあたり，導来圏と導来函手の一般理論を理解する上で大切なひな型となる層の複体の超コホモロジー群の理論を紹介しよう．位相空間 X 上の層の複体

$$\mathcal{F}_\bullet = [\cdots \longrightarrow \mathcal{F}_{j-1} \longrightarrow \mathcal{F}_j \longrightarrow \mathcal{F}_{j+1} \longrightarrow \cdots]$$

が<u>下に有界</u> (bounded below)（<u>上に有界</u> (bounded above)）であるとは，$j \ll 0$ ($j \gg 0$) に対して $\mathcal{F}_j = 0$ が成り立つことである．上かつ下に有界であるとき単に $\mathcal{F}_\bullet$ は<u>有界</u> (bounded) であるという．X 上の層の複体 $\mathcal{F}_\bullet$ から $\mathcal{G}_\bullet$ への<u>チェイン写像</u> (chain map) とは，層準同型の族 $\phi = \{\phi_j \colon \mathcal{F}_j \longrightarrow \mathcal{G}_j\}_{j\in\mathbb{Z}}$ であって次の図式を可換にするものである：

$$\begin{array}{ccccccccc}
\cdots & \longrightarrow & \mathcal{F}_{j-1} & \longrightarrow & \mathcal{F}_j & \longrightarrow & \mathcal{F}_{j+1} & \longrightarrow & \cdots \\
 & & \downarrow{\scriptstyle \phi_{j-1}} & & \downarrow{\scriptstyle \phi_j} & & \downarrow{\scriptstyle \phi_{j+1}} & & \\
\cdots & \longrightarrow & \mathcal{G}_{j-1} & \longrightarrow & \mathcal{G}_j & \longrightarrow & \mathcal{G}_{j+1} & \longrightarrow & \cdots .
\end{array}$$

X 上の層の複体を対象とし，それらの間のチェイン写像を射とする圏を $\mathrm{C}(\mathrm{Sh}(X))$ と記す．すなわち対象 $\mathcal{F}_\bullet, \mathcal{G}_\bullet \in \mathrm{C}(\mathrm{Sh}(X))$ に対して

$$\mathrm{Hom}_{\mathrm{C}(\mathrm{Sh}(X))}(\mathcal{F}_\bullet, \mathcal{G}_\bullet) = \{\phi \colon \mathcal{F}_\bullet \longrightarrow \mathcal{G}_\bullet \text{ チェイン写像}\}$$

とおく．このとき $\mathrm{Hom}_{\mathrm{C}(\mathrm{Sh}(X))}(\mathcal{F}_\bullet, \mathcal{G}_\bullet)$ はアーベル群であり，$\mathrm{C}(\mathrm{Sh}(X))$ はアーベル圏となる．チェイン写像 $\phi \colon \mathcal{F}_\bullet \longrightarrow \mathcal{G}_\bullet$ のことを<u>複体の射</u> (morphism of complexes) と呼ぶことも多い．圏 $\mathrm{C}(\mathrm{Sh}(X))$ の下に（上に）有界な対象のなす充満部分圏を $\mathrm{C}^+(\mathrm{Sh}(X))$ ($\mathrm{C}^-(\mathrm{Sh}(X))$) と記す．また $\mathrm{C}(\mathrm{Sh}(X))$ の有界な対象のなす充満部分圏を $\mathrm{C}^{\mathrm{b}}(\mathrm{Sh}(X))$ と記す．層の複体

$$\mathcal{F}_\bullet = [\cdots \longrightarrow \mathcal{F}_{j-1} \longrightarrow \mathcal{F}_j \longrightarrow \mathcal{F}_{j+1} \longrightarrow \cdots] \in \mathrm{C}(\mathrm{Sh}(X))$$

に対して

$$H^j \mathcal{F}_\bullet = \frac{\mathrm{Ker}[\mathcal{F}_j \xrightarrow[d_j]{} \mathcal{F}_{j+1}]}{\mathrm{Im}[\mathcal{F}_{j-1} \xrightarrow[d_{j-1}]{} \mathcal{F}_j]} \in \mathrm{Sh}(X) \qquad (j \in \mathbb{Z})$$

とおく．$H^j\mathcal{F}_\bullet \in \mathrm{Sh}(X)$ を複体 $\mathcal{F}_\bullet$ の j 次 **コホモロジー層** (cohomology sheaf) と呼ぶ．層の複体の間のチェイン写像 $\phi\colon \mathcal{F}_\bullet \longrightarrow \mathcal{G}_\bullet$ はコホモロジー層の間の準同型

$$H^j(\phi)\colon H^j\mathcal{F}_\bullet \longrightarrow H^j\mathcal{G}_\bullet \qquad (j \in \mathbb{Z})$$

を引き起こす．

定義 A.22 圏 $\mathrm{C}(\mathrm{Sh}(X))$ の射（すなわち層の複体の間のチェイン写像）$\phi\colon \mathcal{F}_\bullet \longrightarrow \mathcal{G}_\bullet$ が **擬同型** (quasi-isomorphism) であるとは，すべての $j \in \mathbb{Z}$ に対して $H^j(\phi)\colon H^j\mathcal{F}_\bullet \longrightarrow H^j\mathcal{G}_\bullet$ が同型であることである．

複体 $\mathcal{F}_\bullet$ が 0 に擬同型であることと，$\mathcal{F}_\bullet$ が完全列であることは同値である．圏同値 $\mathrm{Sh}(X) \simeq \mathrm{Mod}(\mathbb{Z}_X)$ および定理 A.13 より，任意の層 $\mathcal{F} \in \mathrm{Sh}(X)$ は単射的層（$\mathbb{Z}_X$-加群の層）$\mathcal{I}_0, \mathcal{I}_1, \ldots$ による単射的分解

$$0 \longrightarrow \mathcal{F} \underset{\alpha}{\longrightarrow} \mathcal{I}_0 \longrightarrow \mathcal{I}_1 \longrightarrow \mathcal{I}_2 \longrightarrow \cdots \tag{A.1}$$

を持つ．層 $\mathcal{F}$ を 0 次に集中した層の複体 $[\cdots \longrightarrow 0 \longrightarrow \mathcal{F} \longrightarrow 0 \longrightarrow \cdots]$ と同一視することにより，上の列 $(A.1)$ の完全性はチェイン写像（複体の射）

$$\begin{array}{ccccccccccc}
\mathcal{F} = [\cdots & \longrightarrow & 0 & \longrightarrow & \mathcal{F} & \longrightarrow & 0 & \longrightarrow & 0 & \longrightarrow & \cdots] \\
 & & & & \downarrow{\scriptstyle \alpha} & & \downarrow{\scriptstyle 0} & & \downarrow{\scriptstyle 0} & & \\
\mathcal{I}_\bullet := [\cdots & \longrightarrow & 0 & \longrightarrow & \mathcal{I}_0 & \longrightarrow & \mathcal{I}_1 & \longrightarrow & \mathcal{I}_2 & \longrightarrow & \cdots]
\end{array}$$

が擬同型であることと同値である．定理 A.13 を用いることでこの事実は次のように一般化することができる（証明は谷崎 [229, 命題 2.15] などを参照）．

命題 A.23 X 上の下に有界な層の複体 $\mathcal{F}_\bullet \in \mathrm{C}^+(\mathrm{Sh}(X))$ に対して，下に有界な単射的層の複体 $\mathcal{I}_\bullet \in \mathrm{C}^+(\mathrm{Sh}(X))$ およびそれへの擬同型 $\phi\colon \mathcal{F}_\bullet \longrightarrow \mathcal{I}_\bullet$ が存在する．

チェイン写像（複体の射）$\phi\colon \mathcal{F}_\bullet \longrightarrow \mathcal{G}_\bullet$ が擬同型であることを $\phi\colon \mathcal{F}_\bullet \xrightarrow[\mathrm{Qis}]{\sim} \mathcal{G}_\bullet$ と略記する．上の命題の擬同型 $\phi\colon \mathcal{F}_\bullet \xrightarrow[\mathrm{Qis}]{\sim} \mathcal{I}_\bullet$ を層の複体 $\mathcal{F}_\bullet$ の **単射的分解**

(injective resolution) と呼ぶ．この層の複体 $\mathcal{I}_\bullet$ の大域切断 $\Gamma(X;*)$ をとることでアーベル群の複体

$$[\cdots \longrightarrow \Gamma(X;\mathcal{I}_{j-1}) \longrightarrow \Gamma(X;\mathcal{I}_j) \longrightarrow \Gamma(X;\mathcal{I}_{j+1}) \longrightarrow \cdots]$$

が得られる．さらにそのコホモロジー群をとり

$$H^j(X;\mathcal{F}_\bullet) = \frac{\mathrm{Ker}[\Gamma(X;\mathcal{I}_j) \longrightarrow \Gamma(X;\mathcal{I}_{j+1})]}{\mathrm{Im}[\Gamma(X;\mathcal{I}_{j-1}) \longrightarrow \Gamma(X;\mathcal{I}_j)]} \qquad (j \in \mathbb{Z})$$

とおく．$H^j(X;\mathcal{F}_\bullet)$ を層の複体 $\mathcal{F}_\bullet \in \mathrm{C}^+(\mathrm{Sh}(X))$ の j 次の **超コホモロジー群** (hyper cohomology group) と呼ぶ．この定義により直ちにわかるとおり，超コホモロジー群の理論は古典的な層係数コホモロジー群の理論の層の複体への一般化である．超コホモロジー群の定義が $\mathcal{F}_\bullet$ の単射的分解 $\phi\colon \mathcal{F}_\bullet \underset{\mathrm{Qis}}{\xrightarrow{\sim}} \mathcal{I}_\bullet$ のとり方によらないことを証明しよう．

定義 A.24

(1) 層の複体 $\mathcal{F}_\bullet = [\cdots \longrightarrow \mathcal{F}_j \underset{d_j}{\longrightarrow} \mathcal{F}_{j+1} \longrightarrow \cdots] \in \mathrm{C}(\mathrm{Sh}(X))$ および整数 $k \in \mathbb{Z}$ に対して，**k シフトされた複体** (shifted complex) $\mathcal{F}_\bullet[k] = [\cdots \longrightarrow \mathcal{F}_j[k] \underset{d'_j}{\longrightarrow} \mathcal{F}_{j+1}[k] \longrightarrow \cdots] \in \mathrm{C}(\mathrm{Sh}(X))$ を次で定義する：

$$\begin{cases} \mathcal{F}_j[k] := \mathcal{F}_{j+k}, \\ d'_j := (-1)^k d_{j+k}\colon \mathcal{F}_j[k] = \mathcal{F}_{j+k} \longrightarrow \mathcal{F}_{j+1}[k] = \mathcal{F}_{j+k+1}. \end{cases}$$

(2) 複体 $\mathcal{F}_\bullet = [\cdots \longrightarrow \mathcal{F}_j \underset{d_j}{\longrightarrow} \mathcal{F}_{j+1} \longrightarrow \cdots]$, $\mathcal{G}_\bullet = [\cdots \longrightarrow \mathcal{G}_j \underset{\delta_j}{\longrightarrow} \mathcal{G}_{j+1} \longrightarrow \cdots] \in \mathrm{C}(\mathrm{Sh}(X))$ の間のチェイン写像 $\phi = \{\phi_j\}_{j\in\mathbb{Z}}\colon \mathcal{F}_\bullet \longrightarrow \mathcal{G}_\bullet$ の **写像錐** (mapping cone) $\mathcal{M}(\phi)_\bullet = [\cdots \longrightarrow \mathcal{M}(\phi)_j \underset{D_j}{\longrightarrow} \mathcal{M}(\phi)_{j+1} \longrightarrow \cdots] \in \mathrm{C}(\mathrm{Sh}(X))$ を次で定義する：

$$\begin{cases} \mathcal{M}(\phi)_j := \mathcal{F}_{j+1} \oplus \mathcal{G}_j, \\ D_j \colon \mathcal{M}(\phi)_j = \mathcal{F}_{j+1} \oplus \mathcal{G}_j \longrightarrow \mathcal{M}(\phi)_{j+1} = \mathcal{F}_{j+2} \oplus \mathcal{G}_{j+1} \\ \qquad\qquad \begin{pmatrix} a \\ b \end{pmatrix} \longmapsto \begin{pmatrix} -d_{j+1}(a) \\ \phi_{j+1}(a) + \delta_j(b) \end{pmatrix}. \end{cases}$$

複体のkシフトは複体を$k \in \mathbb{Z}$だけ左へずらすことに注意しよう．また写像錐$\mathcal{M}(\phi)_\bullet \in \mathrm{C}(\mathrm{Sh}(X))$は次の複体の短完全列に自然に埋め込まれる：

$$0 \longrightarrow \mathcal{G}_\bullet \xrightarrow[\alpha(\phi)]{} \mathcal{M}(\phi)_\bullet \xrightarrow[\beta(\phi)]{} \mathcal{F}_\bullet[1] \longrightarrow 0$$

（アーベル圏$\mathrm{C}(\mathrm{Sh}(X))$における完全列）．したがってへびの補題よりコホモロジー層の長完全列

$$\cdots \longrightarrow H^{j-1}(\mathcal{M}(\phi)_\bullet) \longrightarrow H^j(\mathcal{F}_\bullet) \longrightarrow H^j(\mathcal{G}_\bullet) \longrightarrow H^j(\mathcal{M}(\phi)_\bullet) \longrightarrow \cdots$$

が得られる．さらにその中の<u>連結準同型</u> (connecting homomorphism) $H^j(\mathcal{F}_\bullet) \longrightarrow H^j(\mathcal{G}_\bullet)$はもとのチェイン写像$\phi\colon \mathcal{F}_\bullet \longrightarrow \mathcal{G}_\bullet$から誘導される$H^j(\phi)\colon H^j(\mathcal{F}_\bullet) \longrightarrow H^j(\mathcal{G}_\bullet)$と一致することも容易にわかる．よって次の補題が成り立つ．

補題 A.25

層の複体$\mathcal{F}_\bullet, \mathcal{G}_\bullet \in \mathrm{C}(\mathrm{Sh}(X))$の間のチェイン写像$\phi\colon \mathcal{F}_\bullet \longrightarrow \mathcal{G}_\bullet$が擬同型であることは，その写像錐$\mathcal{M}(\phi)_\bullet$に対して$H^j(\mathcal{M}(\phi)_\bullet) \simeq 0$ $(j \in \mathbb{Z})$が成り立つこと（すなわち$\mathcal{M}(\phi)_\bullet \xrightarrow[\mathrm{Qis}]{\sim} 0$であること）と同値である．

定義 A.26 層の複体$\mathcal{F}_\bullet = [\cdots \longrightarrow \mathcal{F}_j \xrightarrow[d_j]{} \mathcal{F}_{j+1} \longrightarrow \cdots], \mathcal{G}_\bullet = [\cdots \longrightarrow \mathcal{G}_j \xrightarrow[\delta_j]{} \mathcal{G}_{j+1} \longrightarrow \cdots] \in \mathrm{C}(\mathrm{Sh}(X))$の間のチェイン写像$\phi = \{\phi_j\}_{j \in \mathbb{Z}}\colon \mathcal{F}_\bullet \longrightarrow \mathcal{G}_\bullet$が<u>0にホモトピック</u> (homotopic to 0) であるとは，ある層の準同型の属$\{s_j\colon \mathcal{F}_j \longrightarrow \mathcal{G}_{j-1}\}_{j \in \mathbb{Z}}$が存在してすべての$j \in \mathbb{Z}$に対して等式

$$\phi_j = \delta_{j-1} \circ s_j + s_{j-1} \circ d_j$$

が成り立つことである：

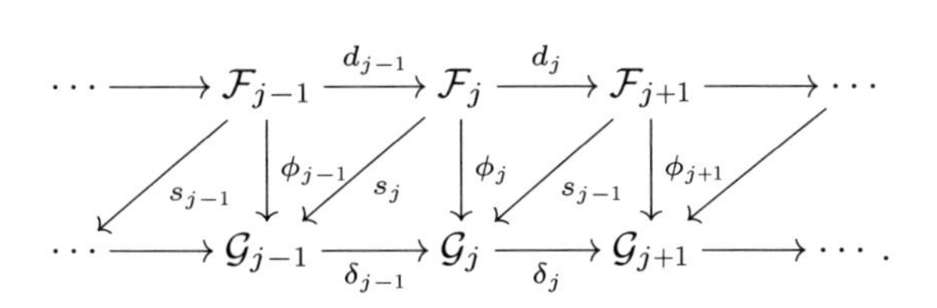

このとき $\phi \sim 0$ と記す．また2つのチェイン写像 $\phi, \psi\colon \mathcal{F}_\bullet \longrightarrow \mathcal{G}_\bullet$ が**ホモトピック** (homotopic) であるとは，$\phi - \psi\colon \mathcal{F}_\bullet \longrightarrow \mathcal{G}_\bullet$ が0にホモトピックであることである．このとき $\phi \sim \psi$ と記す．

層の複体 $\mathcal{F}_\bullet, \mathcal{G}_\bullet \in \mathrm{C}(\mathrm{Sh}(X))$ の間の0にホモトピックな射全体 $\mathrm{Ht}(\mathcal{F}_\bullet, \mathcal{G}_\bullet)$ はアーベル群 $\mathrm{Hom}_{\mathrm{C}(\mathrm{Sh}(X))}(\mathcal{F}_\bullet, \mathcal{G}_\bullet)$ の部分群をなす．圏 $\mathrm{C}(\mathrm{Sh}(X))$ と同じ対象を持ち，それらの間の射を

$$\mathrm{Hom}_{\mathrm{K}(\mathrm{Sh}(X))}(\mathcal{F}_\bullet, \mathcal{G}_\bullet) = \mathrm{Hom}_{\mathrm{C}(\mathrm{Sh}(X))}(\mathcal{F}_\bullet, \mathcal{G}_\bullet)/\mathrm{Ht}(\mathcal{F}_\bullet, \mathcal{G}_\bullet)$$

と商群に変更してできる新しい圏 $\mathrm{K}(\mathrm{Sh}(X))$ をアーベル圏 $\mathrm{Sh}(X)$ の**ホモトピー圏** (homotopy category) と呼ぶ．同様に $\mathrm{C}^+(\mathrm{Sh}(X))$, $\mathrm{C}^-(\mathrm{Sh}(X))$, $\mathrm{C}^\mathrm{b}(\mathrm{Sh}(X))$ よりそれぞれホモトピー圏 $\mathrm{K}^+(\mathrm{Sh}(X)), \mathrm{K}^-(\mathrm{Sh}(X)), \mathrm{K}^\mathrm{b}(\mathrm{Sh}(X))$ が得られる．これらはすべて加法圏である（もはやアーベル圏にはならない）．アーベル群 $\mathrm{Hom}_{\mathrm{K}(\mathrm{Sh}(X))}(\mathcal{F}_\bullet, \mathcal{G}_\bullet)$ を理解するために重要な新しいアーベル群の複体 $\mathrm{Hom}^\bullet(\mathcal{F}_\bullet, \mathcal{G}_\bullet) = [\cdots \longrightarrow \mathrm{Hom}^k(\mathcal{F}_\bullet, \mathcal{G}_\bullet) \underset{\Delta_k}{\longrightarrow} \mathrm{Hom}^{k+1}(\mathcal{F}_\bullet, \mathcal{G}_\bullet) \longrightarrow \cdots] \in \mathrm{C}(\mathcal{A}b)$ を次で定義する（ここで $\mathrm{C}(\mathcal{A}b)$ はアーベル群の複体のなすアーベル圏である）：

$$\begin{cases} \mathrm{Hom}^k(\mathcal{F}_\bullet, \mathcal{G}_\bullet) = \displaystyle\prod_{j-i=k} \mathrm{Hom}(\mathcal{F}_i, \mathcal{G}_j) \\ \Delta_k\colon \displaystyle\prod_{j-i=k} \mathrm{Hom}(\mathcal{F}_i, \mathcal{G}_j) \longrightarrow \prod_{j-i=k+1} \mathrm{Hom}(\mathcal{F}_i, \mathcal{G}_j) \\ \qquad\qquad \uplus \qquad\qquad\qquad\qquad\qquad \uplus \\ \qquad \{\phi_{i,j}\} \longmapsto \{\psi_{i,j} = (-1)^{k+1}\phi_{i+1,j} \circ d_i + \delta_{j-1} \circ \phi_{i,j-1}\}. \end{cases}$$

このとき次の同型が直ちに確かめられる（各自手を動かしてチェックせよ）：

$$\begin{cases} \operatorname{Ker}\Delta_k \simeq \operatorname{Hom}_{\mathrm{C}(\mathrm{Sh}(X))}(\mathcal{F}_\bullet, \mathcal{G}_\bullet[k]), \\ \operatorname{Im}\Delta_{k-1} \simeq \operatorname{Ht}(\mathcal{F}_\bullet, \mathcal{G}_\bullet[k]). \end{cases}$$

これより同型

$$H^k[\operatorname{Hom}^\bullet(\mathcal{F}_\bullet, \mathcal{G}_\bullet)] \simeq \operatorname{Hom}_{\mathrm{K}(\mathrm{Sh}(X))}(\mathcal{F}_\bullet, \mathcal{G}_\bullet[k]) \qquad (k \in \mathbb{Z})$$

が得られる．すなわちホモトピー圏 $\mathrm{K}(\mathrm{Sh}(X))$ の射の空間の新しい解釈が得られた．次の命題が大変重要である（証明は谷崎 [229, 命題 2.16] を参照）．

命題 A.27 下に有界な層の複体 $\mathcal{F}_\bullet, \mathcal{I}_\bullet \in \mathrm{C}^+(\mathrm{Sh}(X))$ に対して，$\mathcal{F}_\bullet \xrightarrow[\mathrm{Qis}]{\sim} 0$ であり，さらに $\mathcal{I}_\bullet$ は単射的層からなる複体であるとする．このときすべての $j \in \mathbb{Z}$ に対して $H^j\operatorname{Hom}^\bullet(\mathcal{F}_\bullet, \mathcal{I}_\bullet) \simeq 0$ （すなわち $\operatorname{Hom}^\bullet(\mathcal{F}_\bullet, \mathcal{I}_\bullet) \xrightarrow[\mathrm{Qis}]{\sim} 0$）が成り立つ．

系 A.28 下に有界な単射的層の複体 $\mathcal{I}_\bullet \in \mathrm{C}^+(\mathrm{Sh}(X))$ および下に有界な層の複体 $\mathcal{F}_\bullet, \mathcal{G}_\bullet \in \mathrm{C}^+(\mathrm{Sh}(X))$ のあいだの擬同型 $\phi : \mathcal{F}_\bullet \xrightarrow[\mathrm{Qis}]{\sim} \mathcal{G}_\bullet$ を考える．このとき ϕ から定まるアーベル群の準同型

$$\begin{array}{ccc} \operatorname{Hom}_{\mathrm{K}^+(\mathrm{Sh}(X))}(\mathcal{G}_\bullet, \mathcal{I}_\bullet) & \longrightarrow & \operatorname{Hom}_{\mathrm{K}^+(\mathrm{Sh}(X))}(\mathcal{F}_\bullet, \mathcal{I}_\bullet) \\ \Uparrow & & \Uparrow \\ \psi & \longmapsto & \psi \circ \phi. \end{array}$$

は同型である：

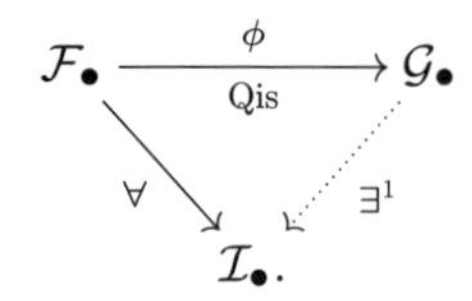

証明 補題 A.25 より擬同型 ϕ: $\mathcal{F}_\bullet \xrightarrow[\mathrm{Qis}]{\sim} \mathcal{G}_\bullet$ の写像錐 $\mathcal{M}(\phi)_\bullet \in \mathrm{C}^+(\mathrm{Sh}(X))$ に対して $\mathcal{M}(\phi)_\bullet \xrightarrow[\mathrm{Qis}]{\sim} 0$ が成り立つ．また複体の短完全列

$$0 \longrightarrow \mathcal{G}_\bullet \longrightarrow \mathcal{M}(\phi)_\bullet \longrightarrow \mathcal{F}_\bullet[1] \longrightarrow 0$$

が<u>分裂</u> (split) していることより，それに函手 $\mathrm{Hom}^\bullet(*, \mathcal{I}_\bullet)$ を施すことで，アーベル群の複体の短完全列

$$0 \longrightarrow \mathrm{Hom}^\bullet(\mathcal{F}_\bullet[1], \mathcal{I}_\bullet) \longrightarrow \mathrm{Hom}^\bullet(\mathcal{M}(\phi)_\bullet, \mathcal{I}_\bullet) \longrightarrow \mathrm{Hom}^\bullet(\mathcal{G}_\bullet, \mathcal{I}_\bullet) \longrightarrow 0$$

が得られる．へびの補題によりこれから得られるコホモロジー群の長完全列に上の結果 $\mathcal{M}(\phi)_\bullet \xrightarrow[\mathrm{Qis}]{\sim} 0$ を適用することで同型

$$H^j\mathrm{Hom}^\bullet(\mathcal{G}_\bullet, \mathcal{I}_\bullet) \xrightarrow{\sim} H^j\mathrm{Hom}^\bullet(\mathcal{F}_\bullet, \mathcal{I}_\bullet) \qquad (j \in \mathbb{Z})$$

を得る．求める主張はその $j = 0$ の場合である． ■

さて下に有界な層の複体 $\mathcal{F}_\bullet \in \mathrm{C}^+(\mathrm{Sh}(X))$ の 2 つの単射的分解 $\phi_1 \colon \mathcal{F}_\bullet \xrightarrow[\mathrm{Qis}]{\sim} \mathcal{I}_\bullet$ および $\phi_2 \colon \mathcal{F}_\bullet \xrightarrow[\mathrm{Qis}]{\sim} \mathcal{I}'_\bullet$ を考えよう．このとき系 A.28 よりホモトピー圏 $\mathrm{K}^+(\mathrm{Sh}(X))$ における 2 つの図式

$$\begin{array}{ccc} & & \mathcal{I}_\bullet \\ & \overset{\phi_1}{\nearrow}{\scriptstyle \mathrm{Qis}} & \\ \mathcal{F}_\bullet & & \Big\downarrow \psi_1 \\ & \underset{\phi_2}{\searrow}{\scriptstyle \mathrm{Qis}} & \\ & & \mathcal{I}'_\bullet, \end{array} \qquad \begin{array}{ccc} & & \mathcal{I}_\bullet \\ & \overset{\phi_1}{\nearrow}{\scriptstyle \mathrm{Qis}} & \\ \mathcal{F}_\bullet & & \Big\uparrow \psi_2 \\ & \underset{\phi_2}{\searrow}{\scriptstyle \mathrm{Qis}} & \\ & & \mathcal{I}'_\bullet \end{array}$$

を可換にするような $\mathrm{K}^+(\mathrm{Sh}(X))$ における射 $\psi_1 \colon \mathcal{I}_\bullet \longrightarrow \mathcal{I}'_\bullet$ および $\psi_2 \colon \mathcal{I}'_\bullet \longrightarrow \mathcal{I}_\bullet$ がそれぞれただ 1 つ存在する．系 A.28 よりこれらは互いに圏 $\mathrm{K}^+(\mathrm{Sh}(X))$ における逆写像となっていることもわかる．さらに各 $j \in \mathbb{Z}$ に対する可換図式

$$\begin{array}{ccc} & & H^j\mathcal{I}_\bullet \\ & \overset{H^j\phi_1}{\nearrow}{\scriptstyle \sim} & \\ H^j\mathcal{F}_\bullet & & \Big\downarrow H^j\psi_1 \\ & \underset{H^j\phi_2}{\searrow}{\scriptstyle \sim} & \\ & & H^j\mathcal{I}'_\bullet, \end{array} \qquad \begin{array}{ccc} & & H^j\mathcal{I}_\bullet \\ & \overset{H^j\phi_1}{\nearrow}{\scriptstyle \sim} & \\ H^j\mathcal{F}_\bullet & & \Big\uparrow H^j\psi_2 \\ & \underset{H^j\phi_2}{\searrow}{\scriptstyle \sim} & \\ & & H^j\mathcal{I}'_\bullet \end{array}$$

より，ψ_1 および ψ_2 擬同型である．特に擬同型 $\psi := \psi_1 \colon \mathcal{I}_\bullet \longrightarrow \mathcal{I}'_\bullet$ の写像錐 $\mathcal{K}_\bullet \in \mathrm{K}^+(\mathrm{Sh}(X))$ は $\mathcal{K}_\bullet \xrightarrow[\mathrm{Qis}]{\sim} 0$ をみたす．よって

$$\mathcal{K}_\bullet = [\cdots \longrightarrow 0 \longrightarrow 0 \longrightarrow \mathcal{K}_j \longrightarrow \mathcal{K}_{j+1} \longrightarrow \mathcal{K}_{j+2} \longrightarrow \cdots]$$

は単射的層すなわち脆弱層からなる完全列である．ここで次の補題を用いる．

補題 A.29　脆弱層からなる完全列

$$0 \longrightarrow \mathcal{L}_0 \longrightarrow \mathcal{L}_1 \longrightarrow \mathcal{L}_2 \longrightarrow \mathcal{L}_3 \longrightarrow \cdots$$

より得られるアーベル群の複体

$$0 \longrightarrow \Gamma(X;\mathcal{L}_0) \longrightarrow \Gamma(X;\mathcal{L}_1) \longrightarrow \Gamma(X;\mathcal{L}_2) \longrightarrow \cdots$$

は完全列である．

証明　この完全列を次のように短完全列に分解する：

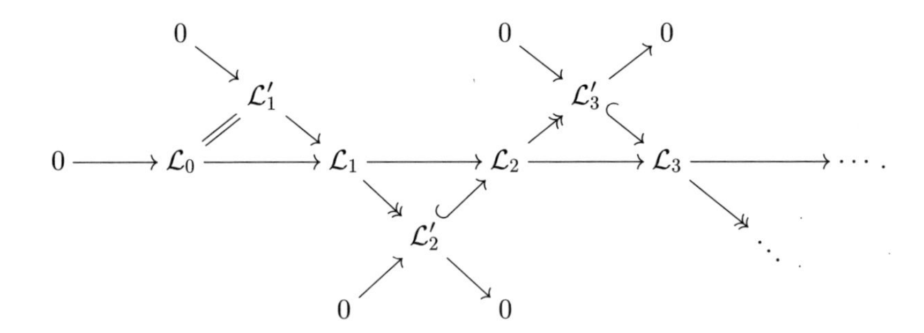

このとき補題 A.5 より $\mathcal{L}'_1, \mathcal{L}'_2, \mathcal{L}'_3, \ldots$ はすべて脆弱層である．よって上の可換図式に大域切断函手 $\Gamma(X;*)$ を施したものに命題 A.7 を適用することで求める主張が直ちに従う．■

なおこの証明において $\mathcal{L}_0, \mathcal{L}_1, \ldots$ がすべて単射的層の場合には各短完全列は分裂しさらに $\mathcal{L}'_1, \mathcal{L}'_2, \ldots$ は単射的層となることを注意しておく．補題 A.29 により写像錐 $\mathcal{K}_\bullet \in \mathrm{K}^+(\mathrm{Sh}(X))$ に対して $\Gamma(X;\mathcal{K}_\bullet) \xrightarrow[\mathrm{Qis}]{\sim} 0$ が成り立つ．よってアーベル群の複体の短完全列

$$0 \longrightarrow \Gamma(X;\mathcal{I}'_\bullet) \longrightarrow \Gamma(X;\mathcal{K}_\bullet) \longrightarrow \Gamma(X;\mathcal{I}_\bullet[1]) \longrightarrow 0$$

より擬同型

$$\Gamma(X;\mathcal{I}_\bullet) \xrightarrow[\mathrm{Qis}]{\sim} \Gamma(X;\mathcal{I}'_\bullet)$$

が得られる．以上により下に有界な層の複体 $\mathcal{F}_\bullet \in \mathrm{C}^+(\mathrm{Sh}(X))$ の超コホモロジー群の定義が $\mathcal{F}_\bullet$ の単射的分解のとり方によらないことが示された．超コホモロジー群の理論は当初，混合 Hodge 構造や Deligne コホモロジー群の研究などにおいてその有用性が認識された．これは今や多くの分野で基本的な概念として幅広く使われている．

付録B ◇ 導来圏の理論

この節では導来圏およびそれらの間の導来函手について基本的な定義および性質を使い方に力点をおきつつ概説する．より詳しい解説はBorel et al. [19]，堀田-竹内-谷崎 [89]，柏原-Schapira [116]，[118]などを適宜参照されたい．

ここでは付録Aの記号を用いる．$\mathcal{C}$をアーベル圏，例えば$\mathrm{Sh}(X), \mathrm{Mod}(\mathcal{R})$（$\mathcal{R}$はある位相空間上の環の層），$\mathcal{A}b$などとし，付録Aと同様にその複体の圏$\mathrm{C}^\sharp(\mathcal{C})$ $(\sharp = \emptyset, +, -, \mathrm{b})$およびホモトピー圏$\mathrm{K}^\sharp(\mathcal{C})$ $(\sharp = \emptyset, +, -, \mathrm{b})$を構成する．このとき$\mathcal{C}$は（0次に集中した複体として）自然に圏$\mathrm{C}^\sharp(\mathcal{C})$および$\mathrm{K}^\sharp(\mathcal{C})$の充満部分圏と同一視される．圏$\mathrm{C}^\sharp(\mathcal{C})$はアーベル圏であり，圏$\mathrm{K}^\sharp(\mathcal{C})$は加法圏となる．圏$\mathrm{C}^\sharp(\mathcal{C})$の射$\phi\colon \mathcal{F}_\bullet \longrightarrow \mathcal{G}_\bullet$が<u>ホモトピー同値</u> (homotopy equivalence)であるとは，ある逆向きの$\mathrm{C}^\sharp(\mathcal{C})$の射$\psi\colon \mathcal{G}_\bullet \longrightarrow \mathcal{F}_\bullet$が存在して

$$\psi \circ \phi \sim \mathrm{id}_{\mathcal{F}_\bullet}, \quad \phi \circ \psi \sim \mathrm{id}_{\mathcal{G}_\bullet}$$

が成り立つことである．この条件はϕの定める$\mathrm{K}^\sharp(\mathcal{C})$の射$[\phi] \in \mathrm{Hom}_{\mathrm{K}^\sharp(\mathcal{C})}(\mathcal{F}_\bullet, \mathcal{G}_\bullet)$が$\mathrm{K}^\sharp(\mathcal{C})$における同型であることと同値である．また$\mathrm{K}^\sharp(\mathcal{C})$の射$\phi\colon \mathcal{F}_\bullet \longrightarrow \mathcal{G}_\bullet$はコホモロジー群の間の射$H^j(\phi)\colon H^j(\mathcal{F}_\bullet) \longrightarrow H^j(\mathcal{G}_\bullet)$ $(j \in \mathbb{Z})$をwell-definedに定めることを注意しておこう．これにより加法圏の間の加法函手

$$H^j(*)\colon \mathrm{K}^\sharp(\mathcal{C}) \longrightarrow \mathcal{C} \qquad (j \in \mathbb{Z})$$

が得られる．複体$\mathcal{F}_\bullet = [\cdots \longrightarrow \mathcal{F}_j \underset{d_j}{\longrightarrow} \mathcal{F}_{j+1} \longrightarrow \cdots] \in \mathrm{C}^\sharp(\mathcal{C})$および整数$k \in \mathbb{Z}$に対して，次の$\mathrm{C}^\sharp(\mathcal{C})$の対象を定める：

$$\tau^{\leq k}\mathcal{F}_\bullet := \Bigl[\cdots \longrightarrow \mathcal{F}_{k-2} \longrightarrow \mathcal{F}_{k-1} \longrightarrow \mathrm{Ker}\, d_k \longrightarrow 0 \longrightarrow \cdots\Bigr],$$

$$\tau^{\geq k}\mathcal{F}_\bullet := \Bigl[\cdots \longrightarrow 0 \longrightarrow \mathrm{Im}\, d_{k-1} \longrightarrow \mathcal{F}_k \longrightarrow \mathcal{F}_{k+1} \longrightarrow \cdots\Bigr].$$

このとき任意の $k \in \mathbb{Z}$ に対して次の $\mathrm{C}^\sharp(\mathcal{C})$ における短完全列（複体の短完全列）が存在する：

$$0 \longrightarrow \tau^{\leq k}\mathcal{F}_\bullet \longrightarrow \mathcal{F}_\bullet \longrightarrow \tau^{\geq k+1}\mathcal{F}_\bullet \longrightarrow 0.$$

またこれらの複体は条件

$$H^j(\tau^{\leq k}\mathcal{F}_\bullet) \simeq \begin{cases} H^j\mathcal{F}_\bullet & (j \leq k) \\ 0 & (j > k), \end{cases}$$
$$H^j(\tau^{\geq k}\mathcal{F}_\bullet) \simeq \begin{cases} H^j\mathcal{F}_\bullet & (j \geq k) \\ 0 & (j < k) \end{cases}$$

を満たす．こうして加法函手 $\tau^{\leq k}(*), \tau^{\geq k}(*) \colon \mathrm{C}^\sharp(\mathcal{C}) \longrightarrow \mathrm{C}^\sharp(\mathcal{C})$ および $\tau^{\leq k}(*)$, $\tau^{\geq k}(*) \colon \mathrm{K}^\sharp(\mathcal{C}) \longrightarrow \mathrm{K}^\sharp(\mathcal{C})$ が得られる．これらを**切り落とし函手** (truncation functor) と呼ぶ．さらに付録 A と同様に $\mathrm{C}^\sharp(\mathcal{C})$ および $\mathrm{K}^\sharp(\mathcal{C})$ の複体のシフトや擬同型などが定義される．こうして得られたホモトピー圏 $\mathrm{K}^\sharp(\mathcal{C})$ はもはやアーベル圏ではないので，次の特殊三角形が複体の短完全列の代わりをつとめる．

定義 B.1

(1) 圏 $\mathrm{K}^\sharp(\mathcal{C})$ の射の列 $\mathcal{X}_\bullet \longrightarrow \mathcal{Y}_\bullet \longrightarrow \mathcal{Z}_\bullet \longrightarrow \mathcal{X}_\bullet[1]$ を**三角形** (triangle) と呼ぶ.

(2) 圏 $\mathrm{K}^\sharp(\mathcal{C})$ の**三角形の射** (morphism of triangles) とは可換図式

$$\begin{array}{ccccccc} \mathcal{X}_\bullet & \longrightarrow & \mathcal{Y}_\bullet & \longrightarrow & \mathcal{Z}_\bullet & \longrightarrow & \mathcal{X}_\bullet[1] \\ \phi \downarrow & & \downarrow & & \downarrow & & \downarrow \phi[1] \\ \mathcal{X}'_\bullet & \longrightarrow & \mathcal{Y}'_\bullet & \longrightarrow & \mathcal{Z}'_\bullet & \longrightarrow & \mathcal{X}'_\bullet[1] \end{array}$$

のことである.

(3) 圏 $\mathrm{K}^\sharp(\mathcal{C})$ の三角形 $\mathcal{X}_\bullet \longrightarrow \mathcal{Y}_\bullet \longrightarrow \mathcal{Z}_\bullet \longrightarrow \mathcal{X}_\bullet[1]$ が**特殊三角形** (distinguished triangle) であるとは，ある $\mathrm{C}^\sharp(\mathcal{C})$ の写像 $\phi \colon \mathcal{F}_\bullet \longrightarrow \mathcal{G}_\bullet$

に対する <u>**写像錐三角形**</u> (mapping cone triangle) $\mathcal{F}_\bullet \underset{\phi}{\longrightarrow} \mathcal{G}_\bullet \underset{\alpha(\phi)}{\longrightarrow} \mathcal{M}(\phi)_\bullet \underset{\beta(\phi)}{\longrightarrow} \mathcal{F}_\bullet[1]$ と同型，すなわち次の可換図式が成り立つことである：

$$\begin{array}{ccccccc}
\mathcal{F}_\bullet & \underset{\phi}{\longrightarrow} & \mathcal{G}_\bullet & \underset{\alpha(\phi)}{\longrightarrow} & \mathcal{M}(\phi)_\bullet & \underset{\beta(\phi)}{\longrightarrow} & \mathcal{F}_\bullet[1] \\
\downarrow \wr & & \downarrow \wr & & \downarrow \wr & & \downarrow \wr \\
\mathcal{X}_\bullet & \longrightarrow & \mathcal{Y}_\bullet & \longrightarrow & \mathcal{Z}_\bullet & \longrightarrow & \mathcal{X}_\bullet[1].
\end{array}$$

ここで縦の射はすべて圏 $\mathrm{K}^\sharp(\mathcal{C})$ における同型である．

特殊三角形 $\mathcal{X}_\bullet \longrightarrow \mathcal{Y}_\bullet \longrightarrow \mathcal{Z}_\bullet \longrightarrow \mathcal{X}_\bullet[1]$ のことを，しばしば $\mathcal{X}_\bullet \longrightarrow \mathcal{Y}_\bullet \longrightarrow \mathcal{Z}_\bullet \xrightarrow{+1}$ または

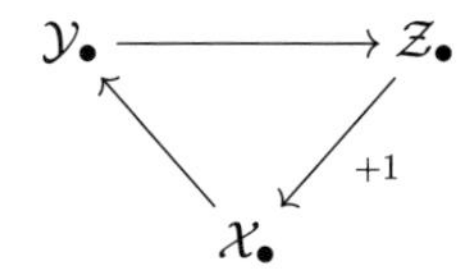

などと記す．

<u>**命題 B.2**</u>　圏 $\mathcal{C}_0 = \mathrm{K}^\sharp(\mathcal{C})$ における特殊三角形の族は次の性質 (TR0)〜(TR5) を満たす：

(TR0):　特殊三角形と同型な三角形は特殊三角形である．

(TR1):　任意の対象 $\mathcal{X}_\bullet \in \mathcal{C}_0$ に対して，$\mathcal{X}_\bullet \underset{\mathrm{id}_{\mathcal{X}_\bullet}}{\longrightarrow} \mathcal{X}_\bullet \longrightarrow 0 \longrightarrow \mathcal{X}_\bullet[1]$ は特殊三角形である．

(TR2):　圏 $\mathcal{C}_0$ における任意の射 $\phi\colon \mathcal{X}_\bullet \longrightarrow \mathcal{Y}_\bullet$ は，ある特殊三角形 $\mathcal{X}_\bullet \underset{\phi}{\longrightarrow} \mathcal{Y}_\bullet \longrightarrow \mathcal{Z}_\bullet \longrightarrow \mathcal{X}_\bullet[1]$ に埋め込むことができる．

(TR3):　圏 $\mathcal{C}_0$ における三角形 $\mathcal{X}_\bullet \underset{\phi}{\longrightarrow} \mathcal{Y}_\bullet \underset{\psi}{\longrightarrow} \mathcal{Z}_\bullet \underset{\lambda}{\longrightarrow} \mathcal{X}_\bullet[1]$ が特殊三角形であることと，三角形 $\mathcal{Y}_\bullet \underset{\psi}{\longrightarrow} \mathcal{Z}_\bullet \underset{\lambda}{\longrightarrow} \mathcal{X}_\bullet[1] \underset{-\phi[1]}{\longrightarrow} \mathcal{Y}_\bullet[1]$ が特殊三角形であることは同値である．

(TR4):　圏 $\mathcal{C}_0$ における 2 つの特殊三角形 $\mathcal{X}_\bullet \underset{\phi_1}{\longrightarrow} \mathcal{Y}_\bullet \longrightarrow \mathcal{Z}_\bullet \longrightarrow \mathcal{X}_\bullet[1]$,

$\mathcal{X}'_\bullet \xrightarrow[\phi_2]{} \mathcal{Y}'_\bullet \longrightarrow \mathcal{Z}'_\bullet \longrightarrow \mathcal{X}'_\bullet[1]$ および $\mathcal{C}_0$ における可換図式

$$\begin{array}{ccc} \mathcal{X}_\bullet & \xrightarrow[\phi_1]{} & \mathcal{Y}_\bullet \\ {\scriptstyle\psi}\downarrow & & \downarrow \\ \mathcal{X}'_\bullet & \xrightarrow[\phi_2]{} & \mathcal{Y}'_\bullet \end{array}$$

が与えられたとする．このときこれらは次の三角形の射に埋め込むことができる：

$$\begin{array}{ccccccc} \mathcal{X}_\bullet & \xrightarrow[\phi_1]{} & \mathcal{Y}_\bullet & \longrightarrow & \mathcal{Z}_\bullet & \longrightarrow & \mathcal{X}_\bullet[1] \\ {\scriptstyle\psi}\downarrow & & \downarrow & & \vdots & & \downarrow{\scriptstyle\psi[1]} \\ \mathcal{X}'_\bullet & \xrightarrow[\phi_2]{} & \mathcal{Y}'_\bullet & \longrightarrow & \mathcal{Z}'_\bullet & \longrightarrow & \mathcal{X}'_\bullet[1]. \end{array}$$

(TR5): 圏 $\mathcal{C}_0$ における 3 つの特殊三角形

$$\begin{cases} \mathcal{X}_\bullet \xrightarrow[\phi]{} \mathcal{Y}_\bullet \longrightarrow \mathcal{Z}'_\bullet \longrightarrow \mathcal{X}_\bullet[1], \\ \mathcal{Y}_\bullet \xrightarrow[\psi]{} \mathcal{Z}_\bullet \longrightarrow \mathcal{X}'_\bullet \longrightarrow \mathcal{Y}_\bullet[1], \\ \mathcal{X}_\bullet \xrightarrow[\psi\circ\phi]{} \mathcal{Z}_\bullet \longrightarrow \mathcal{Y}'_\bullet \longrightarrow \mathcal{X}_\bullet[1] \end{cases}$$

を考えよう．このとき次の可換図式に埋め込むことのできる特殊三角形 $\mathcal{Z}'_\bullet \longrightarrow \mathcal{Y}'_\bullet \longrightarrow \mathcal{X}'_\bullet \longrightarrow \mathcal{Z}'_\bullet[1]$ が存在する：

$$\begin{array}{ccccccc} \mathcal{X}_\bullet & \xrightarrow[\phi]{} & \mathcal{Y}_\bullet & \longrightarrow & \mathcal{Z}'_\bullet & \longrightarrow & \mathcal{X}_\bullet[1] \\ {\scriptstyle\mathrm{id}}\| & & \downarrow{\scriptstyle\psi} & & \downarrow & & \|{\scriptstyle\mathrm{id}} \\ \mathcal{X}_\bullet & \xrightarrow[\psi\circ\phi]{} & \mathcal{Z}_\bullet & \longrightarrow & \mathcal{Y}'_\bullet & \longrightarrow & \mathcal{X}_\bullet[1] \\ {\scriptstyle\phi}\downarrow & & \|{\scriptstyle\mathrm{id}} & & \downarrow & & \downarrow{\scriptstyle\phi[1]} \\ \mathcal{Y}_\bullet & \xrightarrow[\psi]{} & \mathcal{Z}_\bullet & \longrightarrow & \mathcal{X}'_\bullet & \longrightarrow & \mathcal{Y}_\bullet[1] \\ \downarrow & & \downarrow & & \|{\scriptstyle\mathrm{id}} & & \downarrow \\ \mathcal{Z}'_\bullet & \longrightarrow & \mathcal{Y}'_\bullet & \longrightarrow & \mathcal{X}'_\bullet & \longrightarrow & \mathcal{Z}'_\bullet[1]. \end{array}$$

この命題の証明は柏原-Schapira [116, Proposition 1.4.4] を参照されたい. 性質 (TR5) は次のように視覚化できるので**八面体公理** (octahedral axiom) と呼ばれる：

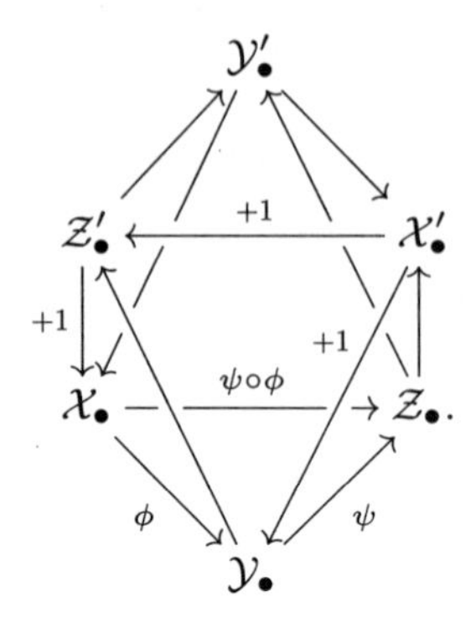

系B.3 圏 $\mathcal{C}_0 = \mathrm{K}^\sharp(\mathcal{C})$ における特殊三角形 $\mathcal{X}_\bullet \underset{\phi}{\longrightarrow} \mathcal{Y}_\bullet \underset{\psi}{\longrightarrow} \mathcal{Z}_\bullet \xrightarrow{+1}$ を考える.

(1) 任意の $j \in \mathbb{Z}$ に対して

$$H^j\mathcal{X}_\bullet \underset{H^j\phi}{\longrightarrow} H^j\mathcal{Y}_\bullet \underset{H^j\psi}{\longrightarrow} H^j\mathcal{Z}_\bullet$$

はアーベル圏 $\mathcal{C}$ の完全列である.

(2) 合成射 $\psi \circ \phi$ は0射である.

(3) 任意の $\mathcal{W}_\bullet \in \mathcal{C}_0$ に対して, 次のアーベル群の完全列が存在する：

$$\begin{cases} \mathrm{Hom}_{\mathcal{C}_0}(\mathcal{W}_\bullet, \mathcal{X}_\bullet) \underset{\phi\circ}{\longrightarrow} \mathrm{Hom}_{\mathcal{C}_0}(\mathcal{W}_\bullet, \mathcal{Y}_\bullet) \underset{\psi\circ}{\longrightarrow} \mathrm{Hom}_{\mathcal{C}_0}(\mathcal{W}_\bullet, \mathcal{Z}_\bullet), \\ \mathrm{Hom}_{\mathcal{C}_0}(\mathcal{Z}_\bullet, \mathcal{W}_\bullet) \underset{\circ\psi}{\longrightarrow} \mathrm{Hom}_{\mathcal{C}_0}(\mathcal{Y}_\bullet, \mathcal{W}_\bullet) \underset{\circ\phi}{\longrightarrow} \mathrm{Hom}_{\mathcal{C}_0}(\mathcal{X}_\bullet, \mathcal{W}_\bullet). \end{cases}$$

上に述べたホモトピー圏 $\mathrm{K}^\sharp(\mathcal{C})$ およびその中の特殊三角形の性質を抽象化して三角圏を定義しよう. 以下の定義において $\mathcal{C}_0 = \mathrm{K}^\sharp(\mathcal{C})$ の場合は圏の自己同型 $T\colon \mathcal{C}_0 \xrightarrow{\sim} \mathcal{C}_0$ はシフト函手 $(*)[1]\colon \mathrm{K}^\sharp(\mathcal{C}) \xrightarrow{\sim} \mathrm{K}^\sharp(\mathcal{C})$ のことである.

定義B.4 加法圏 $\mathcal{C}_0$ とその自己同型 $T\colon \mathcal{C}_0 \xrightarrow{\sim} \mathcal{C}_0$ を考える. また $\mathcal{C}_0$ の三角形とは $\mathcal{C}_0$ の射の列 $\mathcal{X} \longrightarrow \mathcal{Y} \longrightarrow \mathcal{Z} \longrightarrow T(\mathcal{X})$ のこととする. このとき $\mathcal{C}_0$

と$\mathcal{C}_0$の三角形の族$\mathcal{T}$の組$(\mathcal{C}_0,\mathcal{T})$が<u>三角圏</u> (triangulated category) であるとは，三角形の族$\mathcal{T}$が命題 B.2の性質 (TR0)～(TR5) においてシフト函手$(*)[1]$をすべて$T(*)$に変更することで得られる公理を満たすことである．またこのとき族$\mathcal{T}$に属する三角形を<u>特殊三角形</u> (distinguished triangle) と呼ぶ.

系 B.3の (2) と (3) はすべての三角圏に対して成り立つ．また，以下にホモトピー圏より構成する導来圏も三角圏となる．なお公理 (TR4) における縦の射 $\dashrightarrow$ は一意的には定まらないことを注意しておく.

定義 B.5 2つの三角圏$(\mathcal{C}_0,\mathcal{T}),(\mathcal{C}_0',\mathcal{T}')$ $(T\colon \mathcal{C}_0 \xrightarrow{\sim} \mathcal{C}_0, T'\colon \mathcal{C}_0' \xrightarrow{\sim} \mathcal{C}_0')$の間の加法函手$F\colon \mathcal{C}_0 \longrightarrow \mathcal{C}_0'$が<u>三角函手</u> (functor of triangulated categories) または<u>∂-函手</u> (∂-functor) であるとは，$F\circ T = T'\circ F$を満たしFが$\mathcal{C}_0$の任意の特殊三角形を$\mathcal{C}_0'$の特殊三角形に移すことである.

定義 B.6 三角圏$(\mathcal{C}_0,\mathcal{T})$ $(T\colon \mathcal{C}_0 \xrightarrow{\sim} \mathcal{C}_0)$およびアーベル圏$\mathcal{A}$を考える．このとき加法函手$F\colon \mathcal{C}_0 \longrightarrow \mathcal{A}$が<u>コホモロジー的函手</u> (cohomological functor) であるとは，$\mathcal{C}_0$の任意の特殊三角形$\mathcal{X} \longrightarrow \mathcal{Y} \longrightarrow \mathcal{Z} \longrightarrow T(\mathcal{X})$より得られる列$F(\mathcal{X}) \longrightarrow F(\mathcal{Y}) \longrightarrow F(\mathcal{Z})$が$\mathcal{A}$の完全列であることである.

系 B.3より函手$H^j\colon \mathcal{C}_0 = \mathrm{K}^\sharp(\mathcal{C}) \longrightarrow \mathcal{C}$ $(j\in\mathbb{Z})$および$\mathrm{Hom}_{\mathcal{C}_0}(\mathcal{W}_\bullet,*)\colon \mathcal{C}_0 = \mathrm{K}^\sharp(\mathcal{C}) \longrightarrow \mathcal{A}b$ $(\mathcal{W}_\bullet\in\mathcal{C}_0)$はコホモロジー的函手である．コホモロジー的函手$F\colon \mathcal{C}_0 \longrightarrow \mathcal{A}$および$\mathcal{C}_0$の任意の特殊三角形$\mathcal{X} \longrightarrow \mathcal{Y} \longrightarrow \mathcal{Z} \longrightarrow T(\mathcal{X})$に対して，公理 (TR3) をくり返し適用することで，次のアーベル圏$\mathcal{A}$における長完全列が得られる：

$$\cdots \longrightarrow F(T^{-1}\mathcal{Z}) \longrightarrow F(\mathcal{X}) \longrightarrow F(\mathcal{Y}) \longrightarrow F(\mathcal{Z}) \longrightarrow F(T\mathcal{X}) \longrightarrow \cdots.$$

定義 B.7 圏$\mathcal{C}_0$とその射の族$\mathcal{S}$が<u>乗法的システム</u> (multiplicative system) であるとは以下の公理を満たすことである：

(M1): すべての対象$\mathcal{X}\in\mathcal{C}_0$に対して$\mathrm{id}_{\mathcal{X}}\in\mathcal{S}$.

(M2): 射 $\phi, \psi \in \mathcal{S}$ に対して合成射 $\psi \circ \phi$ が存在するならば，$\psi \circ \phi \in \mathcal{S}$.

(M3): 圏 $\mathcal{C}_0$ における $\sigma \in \mathcal{S}$ を満たす図式

$$\begin{array}{ccc} & & \mathcal{Y}' \\ & & \downarrow{\scriptstyle \sigma} \\ \mathcal{X} & \xrightarrow[\phi]{} & \mathcal{Y} \end{array}$$

は次の $\mathcal{C}_0$ における $\sigma' \in \mathcal{S}$ を満たす可換図式に埋め込むことができる：

$$\begin{array}{ccc} \mathcal{X}' & \xrightarrow[\phi']{} & \mathcal{Y}' \\ {\scriptstyle \sigma'}\downarrow & & \downarrow{\scriptstyle \sigma} \\ \mathcal{X} & \xrightarrow[\phi]{} & \mathcal{Y}. \end{array}$$

また矢印の向きをすべて逆向きにして得られる同様の条件も満たす．

(M4): 圏 $\mathcal{C}_0$ における射 $\phi, \psi \colon \mathcal{X} \longrightarrow \mathcal{Y}$ に対して，次の2条件は同値である：

(i) ある射 $\sigma \colon \mathcal{Y} \longrightarrow \mathcal{Y}'$ $(\sigma \in \mathcal{S})$ が存在して，$\sigma \circ \phi = \sigma \circ \psi$ を満たす．

(ii) ある射 $\tau \colon \mathcal{X}' \longrightarrow \mathcal{X}$ $(\tau \in \mathcal{S})$ が存在して，$\phi \circ \tau = \psi \circ \tau$ を満たす．

アーベル圏のホモトピー圏 $\mathcal{C}_0 = \mathrm{K}^\sharp(\mathcal{C})$ の擬同型の族 $\mathcal{S}$ は上の意味で乗法的システムをなすことが確かめられる（証明は柏原-Schapira [116, Proposition 1.6.7] などを参照）．このとき $\mathcal{C}_0 = \mathrm{K}^\sharp(\mathcal{C})$ と $\mathcal{S}$ より $\mathcal{S}$ の射がすべて可逆になるような新しい圏 $(\mathcal{C}_0)_\mathcal{S} = \mathrm{D}^\sharp(\mathcal{C})$ を次のように構成することができる．まず $(\mathcal{C}_0)_\mathcal{S}$ の対象は $\mathcal{C}_0$ の対象と同じとし，対象 $\mathcal{X}_\bullet$ と $\mathcal{Y}_\bullet$ の間の射は

$$\mathrm{Hom}_{(\mathcal{C}_0)_\mathcal{S}}(\mathcal{X}_\bullet, \mathcal{Y}_\bullet) = \left\{ (\mathcal{X}_\bullet \xleftarrow[\sigma]{} \mathcal{W}'_\bullet \xrightarrow[\phi]{} \mathcal{Y}_\bullet) \;\middle|\; \sigma \in \mathcal{S} \right\} \Big/ \sim$$

と定める．ここで2つの図式 $(\mathcal{X}_\bullet \xleftarrow[\sigma_1]{} \mathcal{W}'_\bullet \xrightarrow[\phi_1]{} \mathcal{Y}_\bullet)$ $(\sigma_1 \in \mathcal{S})$ と $(\mathcal{X}_\bullet \xleftarrow[\sigma_2]{} \mathcal{W}''_\bullet \xrightarrow[\phi_2]{} \mathcal{Y}_\bullet)$ $(\sigma_2 \in \mathcal{S})$ が同値 $(\sim)$ であることを，ある擬同型 $\mathcal{X}_\bullet \xleftarrow[\sigma_3]{} \mathcal{W}'''_\bullet$ $(\sigma_3 \in \mathcal{S})$ に対する可換図式

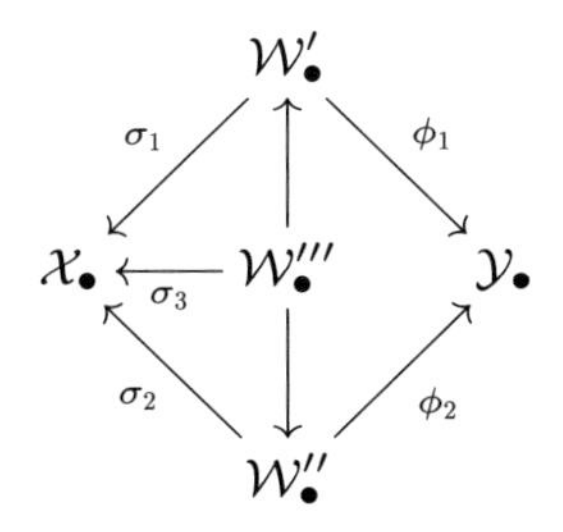

が存在することと定義する．これにより $(\mathcal{C}_0)_\mathcal{S} = \mathrm{D}^\sharp(\mathcal{C})$ は加法圏になる．実際 2 つの射 $[(\mathcal{X}_\bullet \underset{\sigma_1}{\longleftarrow} \mathcal{W}'_\bullet \underset{\phi_1}{\longrightarrow} \mathcal{Y}_\bullet)]$ $(\sigma_1 \in \mathcal{S})$ および $[(\mathcal{X}_\bullet \underset{\sigma_2}{\longleftarrow} \mathcal{W}''_\bullet \underset{\phi_2}{\longrightarrow} \mathcal{Y}_\bullet)]$ $(\sigma_2 \in \mathcal{S})$ の商集合 $\mathrm{Hom}_{(\mathcal{C}_0)_\mathcal{S}}(\mathcal{X}_\bullet, \mathcal{Y}_\bullet)$ における和は，定義 B.7 の性質 (M3) により構成される図式

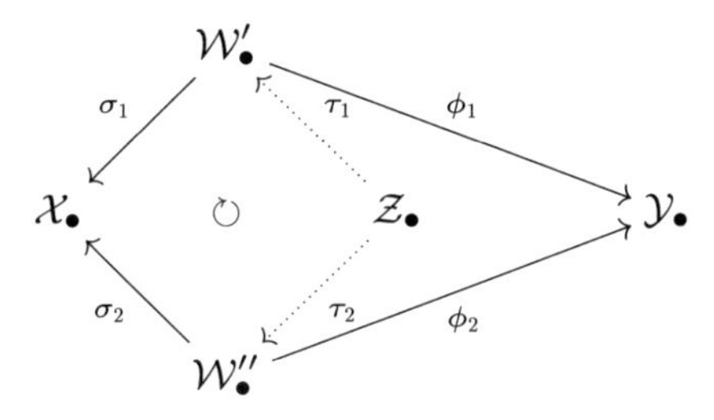

$(\tau_2 \in \mathcal{S})$ 内の合成射 $\sigma := \sigma_1 \circ \tau_1 = \sigma_2 \circ \tau_2 \in \mathcal{S} \cap \mathrm{Hom}_{\mathcal{C}_0}(\mathcal{Z}_\bullet, \mathcal{X}_\bullet)$ および $\phi := \phi_1 \circ \tau_1 + \phi_2 \circ \tau_2 \in \mathrm{Hom}_{\mathcal{C}_0}(\mathcal{Z}_\bullet, \mathcal{Y}_\bullet)$ を用いて

$$[(\mathcal{X}_\bullet \underset{\sigma}{\longleftarrow} \mathcal{Z}_\bullet \underset{\phi}{\longrightarrow} \mathcal{Y}_\bullet)] \in \mathrm{Hom}_{(\mathcal{C}_0)_\mathcal{S}}(\mathcal{X}_\bullet, \mathcal{Y}_\bullet)$$

と定めることができる（この定義が上の可換図式のとり方によらないことを各自チェックせよ）．また $(\mathcal{C}_0)_\mathcal{S} = \mathrm{D}^\sharp(\mathcal{C})$ の 2 つの射 $[(\mathcal{X}_\bullet \underset{\sigma_1}{\longleftarrow} \mathcal{W}'_\bullet \underset{\phi_1}{\longrightarrow} \mathcal{Y}_\bullet)] \in \mathrm{Hom}_{(\mathcal{C}_0)_\mathcal{S}}(\mathcal{X}_\bullet, \mathcal{Y}_\bullet)$ および $[(\mathcal{Y}_\bullet \underset{\sigma_2}{\longleftarrow} \mathcal{W}''_\bullet \underset{\phi_2}{\longrightarrow} \mathcal{Z}_\bullet)] \in \mathrm{Hom}_{(\mathcal{C}_0)_\mathcal{S}}(\mathcal{Y}_\bullet, \mathcal{Z}_\bullet)$ の合成射を，定義 B.7 の性質 (M3) により構成される可換図式

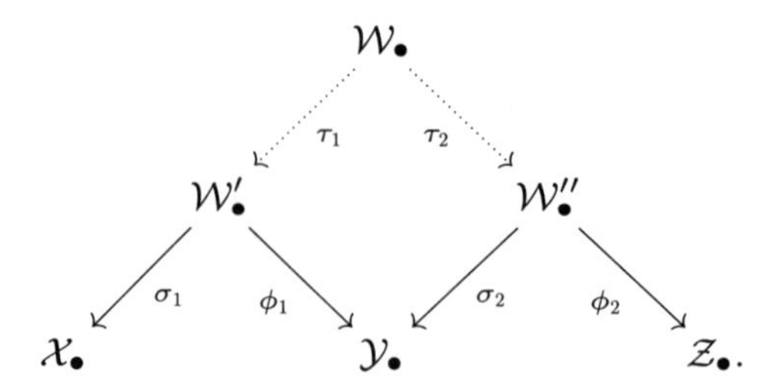

$(\tau_1 \in \mathcal{S})$ 内の合成射 $\sigma := \sigma_1 \circ \tau_1 \in \mathcal{S} \cap \mathrm{Hom}_{\mathcal{C}_0}(\mathcal{W}_\bullet, \mathcal{X}_\bullet)$ および $\phi := \phi_2 \circ \tau_2 \in \mathrm{Hom}_{\mathcal{C}_0}(\mathcal{W}_\bullet, \mathcal{Z}_\bullet)$ を用いて

$$[(\mathcal{X}_\bullet \underset{\sigma}{\longleftarrow} \mathcal{W}_\bullet \underset{\phi}{\longrightarrow} \mathcal{Z}_\bullet)] \in \mathrm{Hom}_{(\mathcal{C}_0)_\mathcal{S}}(\mathcal{X}_\bullet, \mathcal{Z}_\bullet)$$

と定めることができる．こうして得られる加法圏 $\mathrm{D}^\sharp(\mathcal{C}) = (\mathcal{C}_0)_\mathcal{S}$ をアーベル圏 $\mathcal{C}$ の **導来圏** (derived category) と呼ぶ．元のホモトピー圏 $\mathrm{K}^\sharp(\mathcal{C}) = \mathcal{C}_0$ の対象 $\mathcal{X}_\bullet$ に対して，導来圏 $\mathrm{D}^\sharp(\mathcal{C}) = (\mathcal{C}_0)_\mathcal{S}$ の対象 $\mathcal{X}_\bullet$ 自身を対応させ，アーベル群の準同型

$$\begin{array}{ccc} \mathrm{Hom}_{\mathcal{C}_0}(\mathcal{X}_\bullet, \mathcal{Y}_\bullet) & \longrightarrow & \mathrm{Hom}_{(\mathcal{C}_0)_\mathcal{S}}(\mathcal{X}_\bullet, \mathcal{Y}_\bullet) \\ \Uparrow & & \Uparrow \\ \phi & \longmapsto & [(\mathcal{X}_\bullet \underset{\mathrm{id}_{\mathcal{X}_\bullet}}{\longleftarrow} \mathcal{X}_\bullet \underset{\phi}{\longrightarrow} \mathcal{Y}_\bullet)] \end{array}$$

を考えることにより，加法函手 $Q\colon \mathrm{K}^\sharp(\mathcal{C}) = \mathcal{C}_0 \longrightarrow (\mathcal{C}_0)_\mathcal{S} = \mathrm{D}^\sharp(\mathcal{C})$ が得られる．組 $((\mathcal{C}_0)_\mathcal{S}, Q)$ は以下の定義における圏 $\mathcal{C}_0$ の $\mathcal{S}$ による局所化の定義を満たすことが容易にチェックできる．圏 $\mathcal{A}_1, \mathcal{A}_2$ の間の 2 つの函手 $F_1, F_2\colon \mathcal{A}_1 \longrightarrow \mathcal{A}_2$ に対して，$\mathrm{Hom}_{\mathrm{Fun}(\mathcal{A}_1,\mathcal{A}_2)}(F_1, F_2)$ により F_1 から F_2 への **自然変換** (natural transformation) のなす集合を表す．

定義 B.8 $\mathcal{C}_0$ を圏とし，$\mathcal{S}$ をその射の族とする．このとき圏 $\mathcal{C}_0$ の $\mathcal{S}$ による **局所化** (localization) とは圏 $(\mathcal{C}_0)_\mathcal{S}$ および函手 $Q\colon \mathcal{C}_0 \longrightarrow (\mathcal{C}_0)_\mathcal{S}$ の組 $((\mathcal{C}_0)_\mathcal{S}, Q)$ であって次の条件を満たすものである：

(1) 任意の $\sigma \in \mathcal{S}$ に対して，$Q(\sigma)$ は同型である．

(2) 任意の $\sigma \in \mathcal{S}$ に対し $F(\sigma)$ が同型となるような函手 $F\colon \mathcal{C}_0 \longrightarrow \mathcal{C}_1$ に対して，函手 $F_\mathcal{S}\colon (\mathcal{C}_0)_\mathcal{S} \longrightarrow \mathcal{C}_1$ および同型 $F \simeq F_\mathcal{S} \circ Q$ が存在する：

$$\begin{array}{ccc} \mathcal{C}_0 & \xrightarrow{F} & \mathcal{C}_1. \\ {\scriptstyle Q}\downarrow & \nearrow_{\exists F_{\mathcal{S}}} & \\ (\mathcal{C}_0)_{\mathcal{S}} & & \end{array}$$

(3)　任意の2つの函手 $G_1, G_2 \colon (\mathcal{C}_0)_{\mathcal{S}} \longrightarrow \mathcal{C}_1$ に対して自然な射

$$\mathrm{Hom}_{\mathrm{Fun}((\mathcal{C}_0)_{\mathcal{S}}, \mathcal{C}_1)}(G_1, G_2) \longrightarrow \mathrm{Hom}_{\mathrm{Fun}(\mathcal{C}_0, \mathcal{C}_1)}(G_1 \circ Q, G_2 \circ Q)$$

は全単射である．

条件(3)により(2)の $F_{\mathcal{S}}$ は一意的に定まる．また特に上で考えた $\mathcal{C}_0 = \mathrm{K}^\sharp(\mathcal{C})$，$\mathcal{S}$ は擬同型の族，$(\mathcal{C}_0)_{\mathcal{S}} = \mathrm{D}^\sharp(\mathcal{C})$ の場合，(2)の函手 $F_{\mathcal{S}} \colon (\mathcal{C}_0)_{\mathcal{S}} = \mathrm{D}^\sharp(\mathcal{C}) \longrightarrow \mathcal{C}_1$ は

$$F_{\mathcal{S}}([(\mathcal{X}_\bullet \underset{\sigma}{\longleftarrow} \mathcal{W}_\bullet \underset{\phi}{\longrightarrow} \mathcal{Y}_\bullet)]) = F(\phi) \circ F(\sigma)^{-1}$$

により（一意的に）定まる．さらに条件(2)の普遍性 (universality) より，2つの組 $((\mathcal{C}_0)_{\mathcal{S}}, Q)$ および $((\mathcal{C}_0)'_{\mathcal{S}}, Q')$ が(2)の性質を満たせば，それらは同型である．すなわちある圏同値 $\Phi \colon (\mathcal{C}_0)_{\mathcal{S}} \xrightarrow{\sim} (\mathcal{C}_0)'_{\mathcal{S}}$ が存在して次の可換図式が成り立つ：

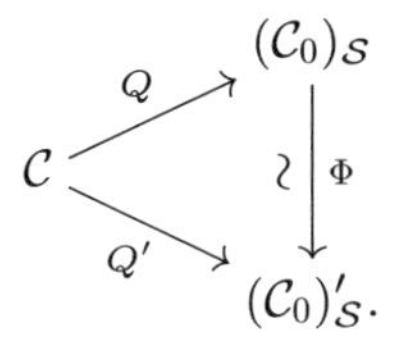

特に $\mathcal{C}_0 = \mathrm{K}^\sharp(\mathcal{C})$，$\mathcal{S}$ は擬同型の族，$(\mathcal{C}_0)_{\mathcal{S}} = \mathrm{D}^\sharp(\mathcal{C})$ の場合，$(\mathcal{C}_0)_{\mathcal{S}}$ の定義を少し変更し

$$\mathrm{Hom}_{(\mathcal{C}_0)^{\mathcal{S}}}(\mathcal{X}_\bullet, \mathcal{Y}_\bullet) = \left\{ (\mathcal{X}_\bullet \underset{\phi}{\longrightarrow} \mathcal{W}'_\bullet \underset{\sigma}{\longleftarrow} \mathcal{Y}_\bullet) \,\middle|\, \sigma \in \mathcal{S} \right\} \Big/ \sim$$

として定まる加法圏 $(\mathcal{C}_0)^{\mathcal{S}}$ は $(\mathcal{C}_0)_{\mathcal{S}}$ と圏同値になる．ここで2つの図式 $(\mathcal{X}_\bullet \underset{\phi_1}{\longrightarrow} \mathcal{W}'_\bullet \underset{\sigma_1}{\longleftarrow} \mathcal{Y}_\bullet)$ $(\sigma_1 \in \mathcal{S})$ と $(\mathcal{X}_\bullet \underset{\phi_2}{\longrightarrow} \mathcal{W}''_\bullet \underset{\sigma_2}{\longleftarrow} \mathcal{Y}_\bullet)$ $(\sigma_2 \in \mathcal{S})$ が同値 $(\sim)$ であるこ

とを，ある擬同型 $\mathcal{W}'''_\bullet \xleftarrow[\sigma_3]{} \mathcal{Y}_\bullet (\sigma_3 \in \mathcal{S})$ に対する可換図式

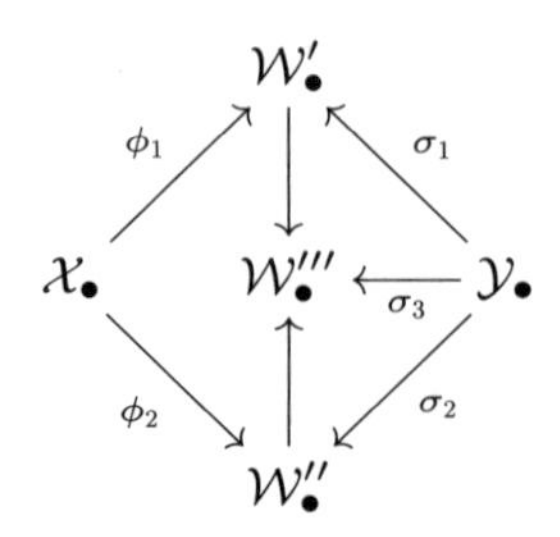

が存在することと定義する．つまり導来圏 $\mathrm{D}^\sharp(\mathcal{C})$ を $(\mathcal{C}_0)^{\mathcal{S}}$ と定義することも可能である．導来圏 $\mathrm{D}^\sharp(\mathcal{C})$ に対して，函手 $Q\colon \mathrm{K}^\sharp(\mathcal{C}) \longrightarrow \mathrm{D}^\sharp(\mathcal{C}')$ を<u>**局所化函手**</u> (localization functor) と呼ぶ．同様の局所化の構成は一般の加法圏 $\mathcal{C}_0$ とその乗法的システム $\mathcal{S}$ に対して成り立つ．アーベル圏 $\mathcal{C}$ に対して，$\mathcal{C}$ 自身と $\mathrm{D}^\sharp(\mathcal{C})$ $(\sharp = \emptyset, +, -, \mathrm{b})$ は自然に $\mathrm{D}(\mathcal{C})$ の充満部分圏となることがよく知られている．また導来圏 $\mathrm{D}^\sharp(\mathcal{C})$ $(\sharp = \emptyset, +, -, \mathrm{b})$ の特殊三角形を $\mathrm{K}^\sharp(\mathcal{C})$ の特殊三角形の局所化函手 $Q\colon \mathrm{K}^\sharp(\mathcal{C}) \longrightarrow \mathrm{D}^\sharp(\mathcal{C})$ による像と同型な $\mathrm{D}^\sharp(\mathcal{C})$ の三角形と定義する．このとき $\mathrm{D}^\sharp(\mathcal{C})$ とそのシフト函手 $(*)[1]$ は三角圏となり，$Q\colon \mathrm{K}^\sharp(\mathcal{C}) \longrightarrow \mathrm{D}^\sharp(\mathcal{C})$ は三角函手となる．また導来圏 $\mathrm{D}^\sharp(\mathcal{C})$ の特殊三角形 $\mathcal{X}_\bullet \longrightarrow \mathcal{Y}_\bullet \longrightarrow \mathcal{Z}_\bullet \longrightarrow \mathcal{X}_\bullet[1]$ より，アーベル圏 $\mathcal{C}$ の長完全列

$$\cdots \longrightarrow H^{j-1}\mathcal{Z}_\bullet \longrightarrow H^j\mathcal{X}_\bullet \longrightarrow H^j\mathcal{Y}_\bullet \longrightarrow H^j\mathcal{Z}_\bullet \longrightarrow H^{j+1}\mathcal{X}_\bullet \longrightarrow \cdots$$

が得られる．次の補題は導来圏で様々な特殊三角形を構成する上で大変重要である．

<u>**補題 B.9**</u>　アーベル圏 $\mathrm{C}^\sharp(\mathcal{C})$ における短完全列（すなわち複体の短完全列）$0 \longrightarrow \mathcal{X}_\bullet \xrightarrow[\phi]{} \mathcal{Y}_\bullet \xrightarrow[\psi]{} \mathcal{Z}_\bullet \longrightarrow 0$ は導来圏 $\mathrm{D}^\sharp(\mathcal{C})$ における特殊三角形 $\mathcal{X}_\bullet \xrightarrow[\phi]{} \mathcal{Y}_\bullet \xrightarrow[\psi]{} \mathcal{Z}_\bullet \longrightarrow \mathcal{X}_\bullet[1]$ に埋め込むことができる．

証明　次の $\mathrm{C}^\sharp(\mathcal{C})$ における短完全列を考えよう：

$$0 \longrightarrow \mathcal{M}(\mathrm{id}_{\mathcal{X}_\bullet})_\bullet \xrightarrow[\begin{pmatrix} \mathrm{id}_{\mathcal{X}_\bullet} & 0 \\ 0 & \phi \end{pmatrix}]{} \mathcal{M}(\phi)_\bullet \xrightarrow[(0\ \psi)]{\lambda} \mathcal{Z}_\bullet \longrightarrow 0.$$

このとき補題 A.25 より $\mathcal{M}(\mathrm{id}_{\mathcal{X}_\bullet})_\bullet \xrightarrow[\mathrm{Qis}]{\sim} 0$ であり，導来圏 $\mathrm{D}^\sharp(\mathcal{C})$ における同型 $\lambda\colon \mathcal{M}(\phi)_\bullet \xrightarrow{\sim} \mathcal{Z}_\bullet$ が得られる．これより次の $\mathrm{D}^\sharp(\mathcal{C})$ の可換図式を得る：

$$\begin{array}{ccccccc}
\mathcal{X}_\bullet & \xrightarrow[\phi]{} & \mathcal{Y}_\bullet & \xrightarrow[\alpha(\phi)]{} & \mathcal{M}(\phi)_\bullet & \xrightarrow[\beta(\phi)]{} & \mathcal{X}_\bullet[1] \\
\mathrm{id}_{\mathcal{X}_\bullet}\Big\| & & \mathrm{id}_{\mathcal{Y}_\bullet}\Big\| & & \lambda\Big\downarrow\wr & & \Big\|\mathrm{id}_{\mathcal{X}_\bullet[1]} \\
\mathcal{X}_\bullet & \xrightarrow[\phi]{} & \mathcal{Y}_\bullet & \xrightarrow[\psi]{} & \mathcal{Z}_\bullet & \xrightarrow[\beta(\phi)\circ\lambda^{-1}]{} & \mathcal{X}_\bullet[1].
\end{array}$$

したがって $\mathcal{X}_\bullet \xrightarrow[\phi]{} \mathcal{Y}_\bullet \xrightarrow[\psi]{} \mathcal{Z}_\bullet \xrightarrow[\beta(\phi)\circ\lambda^{-1}]{} \mathcal{X}_\bullet[1]$ は $\mathrm{D}^\sharp(\mathcal{C})$ における特殊三角形となる． ■

さて，アーベル圏の加法函手 $F\colon \mathcal{C} \longrightarrow \mathcal{C}'$ から導来圏の間の加法函手 $\mathrm{D}^\sharp(\mathcal{C}) \longrightarrow \mathrm{D}^\sharp(\mathcal{C}')$ を構成する問題を考えよう．まず F はホモトピー圏の間の加法函手 $\mathrm{K}^\sharp F\colon \mathrm{K}^\sharp(\mathcal{C}) \longrightarrow \mathrm{K}^\sharp(\mathcal{C}')$, $\mathcal{M}_\bullet \longmapsto F(\mathcal{M}_\bullet)$ を定める．さらに F が完全函手であれば，これは $\mathrm{K}^\sharp(\mathcal{C})$ の擬同型を $\mathrm{K}^\sharp(\mathcal{C}')$ の擬同型に移す．よって函手 $\widetilde{F}\colon \mathrm{D}^\sharp(\mathcal{C}) \longrightarrow \mathrm{D}^\sharp(\mathcal{C}')$, $\mathcal{M}_\bullet \longmapsto F(\mathcal{M}_\bullet)$ が定義され，次の可換図式が成り立つ：

$$\begin{array}{ccc}
\mathrm{K}^\sharp(\mathcal{C}) & \xrightarrow{\mathrm{K}^\sharp F} & \mathrm{K}^\sharp(\mathcal{C}') \\
Q\Big\downarrow & & \Big\downarrow Q' \\
\mathrm{D}^\sharp(\mathcal{C}) & \xrightarrow[\widetilde{F}]{} & \mathrm{D}^\sharp(\mathcal{C}')
\end{array}$$

(Q, Q' は局所化函手)．しかしながら付録 A で見たように層の理論にあらわれる多くの加法函手 F は左完全か右完全でしかない．ここではまず F が左完全函手の場合を考えよう．ホモトピー圏 $\mathcal{C}_0 = \mathrm{K}^+(\mathcal{C})$ およびそこにおける擬同型の族 $\mathcal{S}$ を用いて $\mathrm{D}^+(\mathcal{C}) = (\mathcal{C}_0)_\mathcal{S}$ を定めた．単射的対象のなす $\mathcal{C}$ の充満部分圏を $\mathcal{J} \subset \mathcal{C}$ と記し，さらに $\mathcal{J}$ の対象からなる複体のなす $\mathrm{K}^+(\mathcal{C})$ の充満部分圏を $\mathrm{K}^+(\mathcal{J})$ と記す．このとき命題 A.23 と同様に次の定理が成り立つ（証明は谷崎 [229, 命題 2.15] などを参照）．

命題 B.10　アーベル圏 $\mathcal{C}$ は十分多くの単射的対象を持つとする．このとき

任意の $\mathcal{M}_\bullet \in \mathrm{K}^+(\mathcal{C})$ に対して，単射的（対象からなる）複体 $\mathcal{I}_\bullet \in \mathrm{K}^+(\mathcal{J})$ およびそれへの擬同型 $\mathcal{M}_\bullet \xrightarrow[\mathrm{Qis}]{\sim} \mathcal{I}_\bullet$ が存在する．

定理 A.13 より，環の層 $\mathcal{R}$ 上の加群の層の圏 $\mathcal{C} = \mathrm{Mod}(\mathcal{R})$ に対してこの命題の主張が成り立つ．次の結果も重要である．

命題 B.11 複体 $\mathcal{M}_\bullet \in \mathrm{K}^+(\mathcal{C})$ および単射的複体 $\mathcal{I}_\bullet \in \mathrm{K}^+(\mathcal{J})$ に対して，（局所化函手 $Q\colon \mathrm{K}^+(\mathcal{C}) \longrightarrow \mathrm{D}^+(\mathcal{C})$ より誘導される）アーベル群の準同型

$$Q\colon \mathrm{Hom}_{\mathrm{K}^+(\mathcal{C})}(\mathcal{M}_\bullet, \mathcal{I}_\bullet) \longrightarrow \mathrm{Hom}_{\mathrm{D}^+(\mathcal{C})}(\mathcal{M}_\bullet, \mathcal{I}_\bullet)$$

は同型である．

証明 まず Q の単射性を示そう．圏 $\mathrm{K}^+(\mathcal{C})$ の 2 つの射 $\phi, \psi\colon \mathcal{M}_\bullet \longrightarrow \mathcal{I}_\bullet$ に対して $Q(\phi) = Q(\psi)$ が成り立つとする．このとき，次の $\mathrm{K}^+(\mathcal{C})$ における可換図式が存在する：

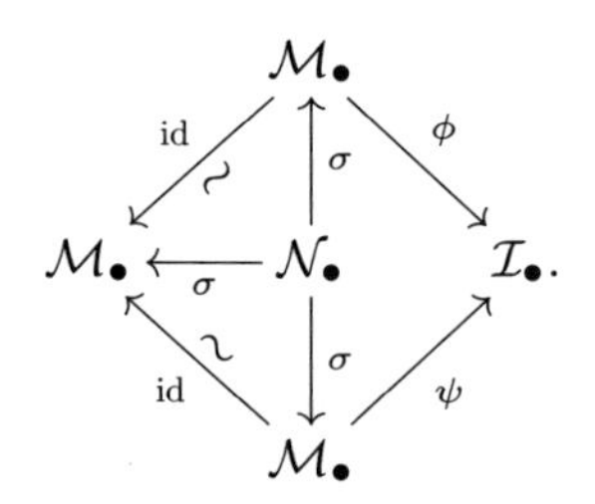

すなわちある擬同型 σ に対して，$\phi \circ \sigma = \psi \circ \sigma$ が成り立つ．これに系 A.28（の一般のアーベル圏 $\mathcal{C}$ への一般化）を適用することで $\phi = \psi$ が得られる．次に Q の全射性を示そう．導来圏 $\mathrm{D}^+(\mathcal{C})$ の射 $[(\ \mathcal{M}_\bullet \xleftarrow[\sigma]{} \mathcal{N}_\bullet \xrightarrow[\phi]{} \mathcal{I}_\bullet\ )] \in \mathrm{Hom}_{\mathrm{D}^+(\mathcal{C})}(\mathcal{M}_\bullet, \mathcal{I}_\bullet)$（$\sigma$ は擬同型）に対して，系 A.28（の一般化）より次の $\mathrm{K}^+(\mathcal{C})$ における可換図式が存在する：

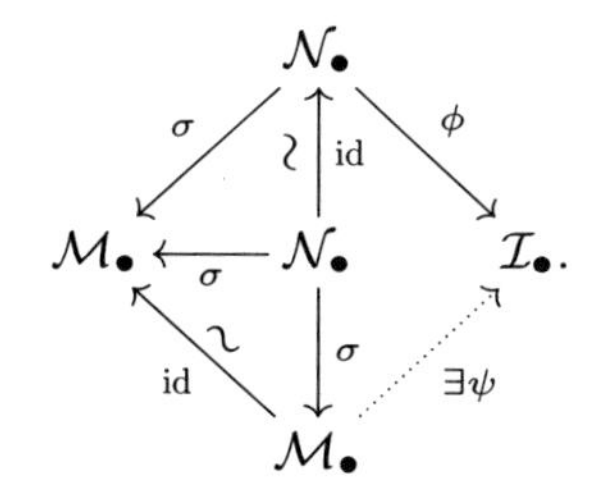

これは等式 $Q(\psi) = [(\mathcal{M}_\bullet \xleftarrow[\sigma]{} \mathcal{N}_\bullet \xrightarrow[\phi]{} \mathcal{I}_\bullet)]$ を意味する. ■

上の証明で用いた系 A.28（の一般のアーベル圏 $\mathcal{C}$ への一般化）により，2つの単射的複体 $\mathcal{I}_\bullet, \mathcal{I}'_\bullet \in \mathrm{K}^+(\mathcal{J})$ の間の擬同型は実は $\mathrm{K}^+(\mathcal{C})$ における同型すなわちホモトピー同値であることがわかる．命題 B.2 は実は $\mathcal{C}$ が加法圏であっても成り立つので，$\mathrm{K}^+(\mathcal{J})$ は三角圏となる．上の2つの命題より次の基本的な結果が得られる．

定理 B.12 アーベル圏 $\mathcal{C}$ は十分多くの単射的対象を持つとする．このとき埋め込み函手 $\mathrm{K}^+(\mathcal{J}) \longrightarrow \mathrm{K}^+(\mathcal{C})$ および局所化函手 $Q\colon \mathrm{K}^+(\mathcal{C}) \longrightarrow \mathrm{D}^+(\mathcal{C})$ の合成函手 $\Phi\colon \mathrm{K}^+(\mathcal{J}) \longrightarrow \mathrm{D}^+(\mathcal{C})$ は圏同値 $\mathrm{K}^+(\mathcal{J}) \xrightarrow{\sim} \mathrm{D}^+(\mathcal{C})$ を引き起こす．

証明 函手 Φ が本質的に全射 (essentially surjective) であるとは，任意の対象 $\mathcal{M}_\bullet \in \mathrm{D}^+(\mathcal{C})$ に対して，$\Phi(\mathcal{I}_\bullet)$ が $\mathcal{M}_\bullet$ と同型となるような対象 $\mathcal{I}_\bullet \in \mathrm{K}^+(\mathcal{J})$ が存在することであった．求める圏同値を示すためには，Φ が本質的に全射かつ充満忠実 (fully faithful) であることを示せばよい．本質的全射性は命題 B.10 より，充満忠実性は命題 B.11 よりそれぞれ従う． ■

定義 B.13 アーベル圏 $\mathcal{C}$ は十分多くの単射的対象を持つとする．このときアーベル圏の間の左完全函手 $F\colon \mathcal{C} \longrightarrow \mathcal{C}'$ の右導来函手 (right derived functor) $\mathbf{R}F\colon \mathrm{D}^+(\mathcal{C}) \longrightarrow \mathrm{D}^+(\mathcal{C}')$ を次の函手の合成として定める：

$$\begin{array}{ccccccc} \mathrm{D}^+(\mathcal{C}) & \xrightarrow[\Phi^{-1}]{\sim} & \mathrm{K}^+(\mathcal{J}) & \longrightarrow & \mathrm{K}^+(\mathcal{C}') & \xrightarrow[Q']{} & \mathrm{D}^+(\mathcal{C}'). \\ & & \Cup & & \Cup & & \\ & & \mathcal{I}_\bullet & \longmapsto & F(\mathcal{I}_\bullet) & & \end{array}$$

ここで $\Phi^{-1}\colon \mathrm{D}^+(\mathcal{C}) \longrightarrow \mathrm{K}^+(\mathcal{J})$ は定理 B.12 の圏同値 Φ の逆函手 (quasi-inverse) であり，Q' は局所化函手である．

すなわち $\mathcal{M}_\bullet \in \mathrm{D}^+(\mathcal{C})$ に対して，その単射的分解 $\mathcal{M}_\bullet \xrightarrow[\mathrm{Qis}]{\sim} \mathcal{I}_\bullet$ $(\mathcal{I}_\bullet \in \mathrm{K}^+(\mathcal{J}))$ をとり，$\mathbf{R}F(\mathcal{M}_\bullet) = F(\mathcal{I}_\bullet)$ とおく．これは三角函手 $\mathbf{R}F\colon \mathrm{D}^+(\mathcal{C}) \longrightarrow \mathrm{D}^+(\mathcal{C}')$ を定めることが次のようにして示せる．実際 $\mathrm{D}^+(\mathcal{C})$ の写像錐三角形 $\mathcal{F}_\bullet \xrightarrow[\phi]{} \mathcal{G}_\bullet \longrightarrow \mathcal{M}(\phi)_\bullet \longrightarrow \mathcal{F}_\bullet[1]$ が $\mathbf{R}F$ により再び写像錐三角形に移されることを示せば十分である．単射的分解 $\sigma\colon \mathcal{F}_\bullet \xrightarrow[\mathrm{Qis}]{\sim} \mathcal{I}_\bullet$ および $\sigma'\colon \mathcal{G}_\bullet \xrightarrow[\mathrm{Qis}]{\sim} \mathcal{I}'_\bullet$ に対して，系 A.28（の一般化）より次の $\mathrm{K}^+(\mathcal{C})$ における可換図式が存在する：

$$\begin{array}{ccc} \mathcal{F}_\bullet & \xrightarrow{\ \phi\ } & \mathcal{G}_\bullet \\ {\scriptstyle\sigma}\downarrow{\scriptstyle\mathrm{Qis}} & & {\scriptstyle\mathrm{Qis}}\downarrow{\scriptstyle\sigma'} \\ \mathcal{I}_\bullet & \xrightarrow[\psi]{\cdots\cdots} & \mathcal{I}'_\bullet. \end{array}$$

ここで写像錐の間の射 $\mathcal{M}(\phi)_\bullet \longrightarrow \mathcal{M}(\psi)_\bullet$ を σ と σ' の直和として定義したいが，それではチェイン写像とならない．したがって 0 にホモトピックな射 $\psi \circ \sigma - \sigma' \circ \phi \in \mathrm{Ht}(\mathcal{F}_\bullet, \mathcal{I}'_\bullet)$ を表現するチェインホモトピー $\{s_j\colon \mathcal{F}_j \longrightarrow \mathcal{I}'_{j-1}\}_{j\in\mathbb{Z}}$ を用いてチェイン写像 $\lambda\colon \mathcal{M}(\phi)_\bullet \longrightarrow \mathcal{M}(\psi)_\bullet$ を次で定める：

$$\begin{array}{ccc} \lambda_j\colon \mathcal{F}_{j+1} \oplus \mathcal{G}_j & \longrightarrow & \mathcal{I}_{j+1} \oplus \mathcal{I}'_j \\ \Cup & & \Cup \\ \begin{pmatrix} a \\ b \end{pmatrix} & & \begin{pmatrix} \sigma_{j+1}(a) \\ -s_{j+1}(a) + \sigma'_j(b) \end{pmatrix}. \end{array}$$

すると次の $\mathrm{K}^+(\mathcal{C})$ における可換図式が得られる：

$$\begin{array}{ccccccc}
\mathcal{F}_\bullet & \xrightarrow{\phi} & \mathcal{G}_\bullet & \longrightarrow & \mathcal{M}(\phi)_\bullet & \longrightarrow & \mathcal{F}_\bullet[1] \\
\sigma \downarrow \text{Qis} & & \text{Qis} \downarrow \sigma' & & \downarrow \lambda & & \downarrow \sigma[1] \\
\mathcal{I}_\bullet & \xrightarrow[\psi]{} & \mathcal{I}'_\bullet & \longrightarrow & \mathcal{M}(\psi)_\bullet & \longrightarrow & \mathcal{I}_\bullet[1].
\end{array}$$

この図式の上下2行の写像錐三角形より得られるコホモロジー群の長完全列を考えると，5項補題 (five lemma) より λ も擬同型であることがわかる．すなわち $\mathcal{M}(\psi)_\bullet$ は $\mathcal{M}(\phi)_\bullet$ の単射的分解である．これにより写像錐三角形 $\mathcal{F}_\bullet \underset{\phi}{\longrightarrow} \mathcal{G}_\bullet \longrightarrow \mathcal{M}(\phi)_\bullet \longrightarrow \mathcal{F}_\bullet[1]$ の $\mathbf{R}F$ による像は再び写像錐三角形 $F(\mathcal{I}_\bullet) \underset{F(\psi)}{\longrightarrow} F(\mathcal{I}'_\bullet) \longrightarrow \mathcal{M}(F(\psi))_\bullet \longrightarrow F(\mathcal{I}_\bullet)[1]$ となることがわかる．左完全函手の右導来函手は単射的分解の代わりに次の F-単射的対象からなる複体による分解を用いても計算することができる．

定義 B.14 アーベル圏の間の左完全（加法）函手 $F\colon \mathcal{C} \longrightarrow \mathcal{C}'$ を考える．このとき $\mathcal{C}$ の加法的充満部分圏 $\widetilde{\mathcal{J}} \subset \mathcal{C}$ が F-**単射的** (F-injective) であるとは次の条件を満たすことである：

(1) 任意の $\mathcal{M} \in \mathcal{C}$ に対して，ある対象 $\mathcal{I} \in \widetilde{\mathcal{J}}$ および単射 $\mathcal{M} \hookrightarrow \mathcal{I}$ が存在する．

(2) アーベル圏 $\mathcal{C}$ の完全列 $0 \longrightarrow \mathcal{M}' \longrightarrow \mathcal{M} \longrightarrow \mathcal{M}'' \longrightarrow 0$ において $\mathcal{M}', \mathcal{M} \in \widetilde{\mathcal{J}}$ であれば $\mathcal{M}'' \in \widetilde{\mathcal{J}}$ である．

(3) アーベル圏 $\mathcal{C}$ の完全列 $0 \longrightarrow \mathcal{M}' \longrightarrow \mathcal{M} \longrightarrow \mathcal{M}'' \longrightarrow 0$ において $\mathcal{M}', \mathcal{M}, \mathcal{M}'' \in \widetilde{\mathcal{J}}$ であれば $0 \longrightarrow F(\mathcal{M}') \longrightarrow F(\mathcal{M}) \longrightarrow F(\mathcal{M}'') \longrightarrow 0$ は $\mathcal{C}'$ の完全列である．

• 例 B.15

(1) アーベル圏 $\mathcal{C}$ は十分多くの単射的対象を持つとし，$\mathcal{J} \subset \mathcal{C}$ は $\mathcal{C}$ の単射的対象のなす充満部分圏とする．このとき $\mathcal{C}$ の完全列 $0 \longrightarrow \mathcal{M}' \longrightarrow \mathcal{M} \longrightarrow \mathcal{M}'' \longrightarrow 0$ で $\mathcal{M}' \in \mathcal{J}$ を満たすものは分裂 (split) することより，$\mathcal{J}$ はすべての加法函手 $F\colon \mathcal{C} \longrightarrow \mathcal{C}'$ に対して F-単射的である

ことがわかる.

(2) 位相空間 X 上の層のなすアーベル圏 $\mathcal{C} = \mathrm{Sh}(X)$ 上の大域切断函手 $F = \Gamma(X; *)\colon \mathcal{C} = \mathrm{Sh}(X) \longrightarrow \mathcal{A}b$ を考える. このとき F は左完全で $\mathcal{C}$ の充満部分圏

$$\widetilde{\mathcal{J}} = \{X \text{ 上の脆弱層}\} \subset \mathcal{C} = \mathrm{Sh}(X)$$

は F-単射的である.

アーベル圏 $\mathcal{C}$ は十分多くの単射的対象を持ち, アーベル圏の間の左完全函手 $F\colon \mathcal{C} \longrightarrow \mathcal{C}'$ に対してある F-単射的な充満部分圏 $\widetilde{\mathcal{J}} \subset \mathcal{C}$ であって $\mathcal{J}$ を含むものが存在すると仮定しよう. このとき命題 B.10 と同様に, 任意の $\mathcal{M}_\bullet \in \mathrm{D}^+(\mathcal{C})$ に対してある $\widetilde{\mathcal{I}}_\bullet \in \mathrm{K}^+(\widetilde{\mathcal{J}})$ への擬同型 $\mathcal{M}_\bullet \xrightarrow[\mathrm{Qis}]{\sim} \widetilde{\mathcal{I}}_\bullet$ が存在する. この $\widetilde{\mathcal{I}}_\bullet$ に対して, $\mathrm{D}^+(\mathcal{C}')$ における同型 $\mathbf{R}F(\mathcal{M}_\bullet) \simeq F(\widetilde{\mathcal{I}}_\bullet)$ が成り立つことが以下のようにして簡単に示せる. まず $\mathcal{M}_\bullet$ の単射的分解 $\mathcal{M}_\bullet \xrightarrow[\mathrm{Qis}]{\sim} \mathcal{I}_\bullet$ ($\mathcal{I}_\bullet \in \mathrm{K}^+(\mathcal{J})$) と擬同型 $\mathcal{M}_\bullet \xrightarrow[\mathrm{Qis}]{\sim} \widetilde{\mathcal{I}}_\bullet$ に系 A.28 (の一般化) を適用することで, 次の $\mathrm{K}^+(\mathcal{C})$ における可換図式が得られる:

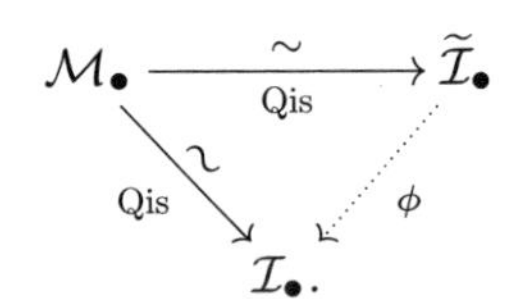

ここで ϕ も擬同型であり, その写像錐 $\mathcal{K}_\bullet \in \mathrm{K}^+(\widetilde{\mathcal{J}})$ に対して $\mathcal{K}_\bullet \xrightarrow[\mathrm{Qis}]{\sim} 0$ が成り立つ. 複体 $\mathcal{K}_\bullet$ を補題 A.29 の証明のように短完全列に分解して定義 B.14 の条件 (2), (3) を適用すれば, 擬同型 $F(\mathcal{K}_\bullet) \xrightarrow[\mathrm{Qis}]{\sim} 0$ が得られる. これは導来圏 $\mathrm{D}^+(\mathcal{C}')$ における同型 $\mathbf{R}F(\mathcal{M}_\bullet) = F(\mathcal{I}_\bullet) \simeq F(\widetilde{\mathcal{I}}_\bullet)$ を意味する. これにより付録 A で紹介した層の複体の超コホモロジー群が脆弱分解を用いても計算できることがわかった. 以上の考察をさらに一般化して次の形にまとめることができる.

定理 B.16 アーベル圏の間の左完全函手 $F\colon \mathcal{C} \longrightarrow \mathcal{C}'$ に対して, ある F-

単射的な充満部分圏 $\widetilde{\mathcal{J}} \subset \mathcal{C}$ が存在すると仮定する．また充満部分圏 $\mathrm{K}^+(\widetilde{\mathcal{J}}) \subset \mathrm{K}^+(\mathcal{C})$ の擬同型の族を $\widetilde{\mathcal{S}}$ と記す．このとき $\widetilde{\mathcal{S}}$ は乗法的システム (multiplicative system) であり，それによる $\mathrm{K}^+(\widetilde{\mathcal{J}})$ の局所化 $(\mathrm{K}^+(\widetilde{\mathcal{J}}))_{\widetilde{\mathcal{S}}}$ は $\mathrm{D}^+(\mathcal{C})$ と圏同値である．

証明 $\widetilde{\mathcal{S}}$ が乗法的システムであることの証明は柏原-Schapira [116, Proposition 1.6.7] などを参照せよ．また任意の $\mathcal{M}_\bullet \in \mathrm{D}^+(\mathcal{C})$ に対してある $\widetilde{\mathcal{I}}_\bullet \in \mathrm{K}^+(\widetilde{\mathcal{J}})$ への擬同型 $\mathcal{M}_\bullet \xrightarrow[\mathrm{Qis}]{\sim} \widetilde{\mathcal{I}}_\bullet$ が存在することより，自然な函手 $(\mathrm{K}^+(\widetilde{\mathcal{J}}))_{\widetilde{\mathcal{S}}} \longrightarrow (\mathrm{K}^+(\mathcal{C}))_{\mathcal{S}} = \mathrm{D}^+(\mathcal{C})$ は本質的に全射 (essentially surjective) である．同じ事実ともう一つの局所化の定義より，函手

$$(\mathrm{K}^+(\widetilde{\mathcal{J}}))_{\widetilde{\mathcal{S}}} \simeq (\mathrm{K}^+(\widetilde{\mathcal{J}}))^{\widetilde{\mathcal{S}}} \longrightarrow (\mathrm{K}^+(\mathcal{C}))^{\mathcal{S}} \simeq \mathrm{D}^+(\mathcal{C})$$

が充満忠実 (fully faithful) であることもすぐにわかる． ■

この定理によりアーベル圏の間の左完全函手 $F\colon \mathcal{C} \longrightarrow \mathcal{C}'$ の右導来函手 $\mathbf{R}F\colon \mathrm{D}^+(\mathcal{C}) \longrightarrow \mathrm{D}^+(\mathcal{C}')$ を合成函手

$$\begin{array}{ccccc} \mathrm{D}^+(\mathcal{C}) & \xleftarrow{\sim} & (\mathrm{K}^+(\widetilde{\mathcal{J}}))_{\widetilde{\mathcal{S}}} & \longrightarrow & \mathrm{D}^+(\mathcal{C}') \\ & & \Psi & & \Psi \\ & & \widetilde{\mathcal{I}}_\bullet & \longmapsto & F(\widetilde{\mathcal{I}}_\bullet) \end{array}$$

として定めることができる（$\mathrm{K}^+(\widetilde{\mathcal{J}})$ の擬同型 $\widetilde{\mathcal{I}}_\bullet \xrightarrow[\mathrm{Qis}]{\sim} \widetilde{\mathcal{I}}'_\bullet$ は $\mathrm{D}^+(\mathcal{C}')$ における同型 $F(\widetilde{\mathcal{I}}_\bullet) \xrightarrow[\mathrm{Qis}]{\sim} F(\widetilde{\mathcal{I}}'_\bullet)$ を引き起こす）．この右導来函手は三角函手であり，さらにそれを普遍性を用いて圏論的により美しく定式化することもできる．詳しくは柏原-Schapira [116], [118]，堀田-竹内-谷崎 [89] などを参照されたい．次の命題は右導来函手の構成より明らかである．

命題 B.17 アーベル圏の間の左完全函手 $F\colon \mathcal{C} \longrightarrow \mathcal{C}'$ および $G\colon \mathcal{C}' \longrightarrow \mathcal{C}''$ を考える．圏 $\mathcal{C}\,(\mathcal{C}')$ は F-単射的（G-単射的）な部分圏 $\widetilde{\mathcal{J}}\,(\widetilde{\mathcal{J}}')$ を持ち，任意の対象 $\mathcal{I} \in \widetilde{J}$ に対して $F(\mathcal{I}) \in \widetilde{\mathcal{J}}'$ が成り立つと仮定する．このとき部分圏

$\widetilde{\mathcal{J}} \subset \mathcal{C}$ は $(G \circ F)$-単射的であり，函手の等式

$$\mathbf{R}(G \circ F) = \mathbf{R}G \circ \mathbf{R}F \colon \mathrm{D}^+(\mathcal{C}) \longrightarrow \mathrm{D}^+(\mathcal{C}'')$$

が成り立つ．

以上の一般理論を付録Aで紹介した様々な左完全函手に応用してみよう．以下 $f \colon Y \longrightarrow X$ を位相空間の連続写像，$\mathcal{R}$ は X 上の環の層とし，$i_Z \colon Z \hookrightarrow X$ は局所閉集合の埋め込みとする．また導来圏 $\mathrm{D}^\sharp(\mathrm{Mod}(\mathcal{R}))$ ($\sharp = \emptyset, +, -, \mathrm{b}$) 等を $\mathrm{D}^\sharp(\mathcal{R})$ 等と略記する．このときまず完全函手

$$\begin{cases} f^{-1} \colon \mathrm{Mod}(\mathcal{R}) \longrightarrow \mathrm{Mod}(f^{-1}\mathcal{R}), \\ (*)_Z \colon \mathrm{Mod}(\mathcal{R}) \longrightarrow \mathrm{Mod}(\mathcal{R}), \\ (i_Z)_! \colon \mathrm{Sh}(Z) \longrightarrow \mathrm{Sh}(X) \end{cases}$$

より，それぞれ次の導来圏の間の三角函手が得られる：

$$\begin{cases} f^{-1} \colon \mathrm{D}^\sharp(\mathcal{R}) \longrightarrow \mathrm{D}^\sharp(f^{-1}\mathcal{R}), \\ (*)_Z \colon \mathrm{D}^\sharp(\mathcal{R}) \longrightarrow \mathrm{D}^\sharp(\mathcal{R}), \\ (i_Z)_! \colon \mathrm{D}^\sharp(\mathrm{Sh}(Z)) \longrightarrow \mathrm{D}^\sharp(\mathrm{Sh}(X)). \end{cases}$$

さらに左完全函手

$$\begin{cases} \Gamma(X;*), \Gamma_c(X;*), \Gamma_Z(X;*) \colon \mathrm{Mod}(\mathcal{R}) \longrightarrow \mathcal{A}b, \\ \Gamma_Z(*) \colon \mathrm{Mod}(\mathcal{R}) \longrightarrow \mathrm{Mod}(\mathcal{R}), \\ f_*, f_! \colon \mathrm{Mod}(f^{-1}\mathcal{R}) \longrightarrow \mathrm{Mod}(\mathcal{R}) \end{cases}$$

より，それぞれ右導来函手

$$\begin{cases} \mathbf{R}\Gamma(X;*), \mathbf{R}\Gamma_c(X;*), \mathbf{R}\Gamma_Z(X;*) \colon \mathrm{D}^+(\mathcal{R}) \longrightarrow \mathrm{D}^+(\mathcal{A}b), \\ \mathbf{R}\Gamma_Z(*) \colon \mathrm{D}^+(\mathcal{R}) \longrightarrow \mathrm{D}^+(\mathcal{R}), \\ \mathbf{R}f_*, \mathbf{R}f_! \colon \mathrm{D}^+(f^{-1}\mathcal{R}) \longrightarrow \mathrm{D}^+(\mathcal{R}) \end{cases}$$

が $\mathcal{M}_\bullet \in \mathrm{D}^+(\mathcal{R})$ に対して，その単射的分解 $\mathcal{M}_\bullet \underset{\mathrm{Qis}}{\xrightarrow{\sim}} \mathcal{I}_\bullet$ をとることで $\mathbf{R}\Gamma(X;\mathcal{M}_\bullet) = \Gamma(X;\mathcal{I}_\bullet) \in \mathrm{D}^+(\mathcal{A}b)$ などと定まる．補題 A.6 または系 A.12 よ

り，この $\mathcal{M}_\bullet$ に対して，次の $\mathrm{D}^+(\mathcal{A}b)$ における同型が成り立つ：

$$\mathbf{R}\Gamma(X; \mathbf{R}\Gamma_Z(\mathcal{M}_\bullet)) \simeq \mathbf{R}\Gamma_Z(X; \mathcal{M}_\bullet).$$

また系 A.16 より $\mathcal{N}_\bullet \in \mathrm{D}^+(f^{-1}\mathcal{R})$ に対して，次の $\mathrm{D}^+(\mathcal{A}b)$ における同型が成り立つ：

$$\mathbf{R}\Gamma(X; \mathbf{R}f_*\mathcal{N}_\bullet) \simeq \mathbf{R}\Gamma(Y; \mathcal{N}_\bullet).$$

$S \subset Z$ を閉部分集合，S_1, S_2 $(U_1, U_2) \subset X$ を X の閉（開）部分集合とする．このとき補題 A.2 と補題 A.8 より $\mathcal{M}_\bullet \in \mathrm{D}^+(\mathcal{R})$ に対して次の $\mathrm{D}^+(\mathcal{R})$ の特殊三角形が存在する：

$$\begin{cases} (\mathcal{M}_\bullet)_{Z\setminus S} \longrightarrow (\mathcal{M}_\bullet)_Z \longrightarrow (\mathcal{M}_\bullet)_S \xrightarrow{+1}, \\ \mathbf{R}\Gamma_S(\mathcal{M}_\bullet) \longrightarrow \mathbf{R}\Gamma_Z(\mathcal{M}_\bullet) \longrightarrow \mathbf{R}\Gamma_{Z\setminus S}(\mathcal{M}_\bullet) \xrightarrow{+1}, \\ \mathbf{R}\Gamma_{S_1\cap S_2}(\mathcal{M}_\bullet) \longrightarrow \mathbf{R}\Gamma_{S_1}(\mathcal{M}_\bullet) \oplus \mathbf{R}\Gamma_{S_2}(\mathcal{M}_\bullet) \longrightarrow \mathbf{R}\Gamma_{S_1\cup S_2}(\mathcal{M}_\bullet) \xrightarrow{+1}, \\ \mathbf{R}\Gamma_{U_1\cup U_2}(\mathcal{M}_\bullet) \longrightarrow \mathbf{R}\Gamma_{U_1}(\mathcal{M}_\bullet) \oplus \mathbf{R}\Gamma_{U_2}(\mathcal{M}_\bullet) \longrightarrow \mathbf{R}\Gamma_{U_1\cap U_2}(\mathcal{M}_\bullet) \xrightarrow{+1}. \end{cases}$$

次の結果もよく知られている（柏原-Schapira [116, Proposition 2.6.7] などを参照）．

命題 B.18　位相空間のデカルト図式（ファイバー積）

$$\begin{array}{ccc} Y' & \xrightarrow{f'} & X' \\ {\scriptstyle g'}\downarrow & \square & \downarrow{\scriptstyle g} \\ Y & \xrightarrow[f]{} & X \end{array}$$

に対して，合成函手の同型

$$g^{-1} \circ \mathbf{R}f_! \simeq \mathbf{R}f'_! \circ g'^{-1} \colon \mathrm{D}^+(\mathrm{Sh}(Y)) \longrightarrow \mathrm{D}^+(\mathrm{Sh}(X'))$$

が成り立つ．

付録 A で考えた複体 $\mathrm{Hom}^\bullet_{\mathcal{R}}(*, *)$ はホモトピー圏の間の双函手 (bifunctor)

$$\mathrm{Hom}^\bullet_{\mathcal{R}}(*, *) \colon \mathrm{K}^-(\mathrm{Mod}(\mathcal{R}))^{\mathrm{op}} \times \mathrm{K}^+(\mathrm{Mod}(\mathcal{R})) \longrightarrow \mathrm{K}^+(\mathcal{A}b)$$

を引き起こす．これより導来圏の間の双函手

$$\mathbf{R}\mathrm{Hom}_{\mathcal{R}}(*,*)\colon \mathrm{D}^-(\mathcal{R})^{\mathrm{op}} \times \mathrm{D}^+(\mathcal{R}) \longrightarrow \mathrm{D}^+(\mathcal{A}b)$$

が $\mathcal{M}_\bullet \in \mathrm{D}^-(\mathcal{R})$ および $\mathcal{N}_\bullet \in \mathrm{D}^+(\mathcal{R})$ に対して，$\mathcal{N}_\bullet$ の単射的分解 $\mathcal{N}_\bullet \xrightarrow[\mathrm{Qis}]{\sim} \mathcal{I}_\bullet$ をとり

$$\mathbf{R}\mathrm{Hom}_{\mathcal{R}}(\mathcal{M}_\bullet, \mathcal{N}_\bullet) = \mathrm{Hom}^\bullet_{\mathcal{R}}(\mathcal{M}_\bullet, \mathcal{I}_\bullet)$$

とおくことで定義できる．この定義が well-defined であることは，（擬同型の写像錐を考えれば）$\mathcal{M}_\bullet \xrightarrow[\mathrm{Qis}]{\sim} 0$ または $\mathcal{I}_\bullet \xrightarrow[\mathrm{Qis}]{\sim} 0$ であるとき $\mathrm{Hom}^\bullet_{\mathcal{R}}(\mathcal{M}_\bullet, \mathcal{I}_\bullet) \xrightarrow[\mathrm{Qis}]{\sim} 0$ が成り立つことより直ちにわかる．同様にホモトピー圏の間の双函手

$$\mathcal{H}om^\bullet_{\mathcal{R}}(*,*)\colon \mathrm{K}^-(\mathrm{Mod}(\mathcal{R}))^{\mathrm{op}} \times \mathrm{K}^+(\mathrm{Mod}(\mathcal{R})) \longrightarrow \mathrm{K}^+(\mathrm{Sh}(X))$$

が定義され，それより導来圏の間の双函手

$$\mathbf{R}\mathcal{H}om_{\mathcal{R}}(*,*)\colon \mathrm{D}^-(\mathcal{R})^{\mathrm{op}} \times \mathrm{D}^+(\mathcal{R}) \longrightarrow \mathrm{D}^+(\mathrm{Sh}(X))$$

が得られる．補題 A.11 より，$\mathcal{M}_\bullet \in \mathrm{D}^-(\mathcal{R})$ および $\mathcal{N}_\bullet \in \mathrm{D}^+(\mathcal{R})$ に対して次の $\mathrm{D}^+(\mathcal{A}b)$ における同型が成り立つ：

$$\mathbf{R}\Gamma(X; \mathbf{R}\mathcal{H}om_{\mathcal{R}}(\mathcal{M}_\bullet, \mathcal{N}_\bullet)) \simeq \mathbf{R}\mathrm{Hom}_{\mathcal{R}}(\mathcal{M}_\bullet, \mathcal{N}_\bullet).$$

次の 2 つの命題はそれぞれ命題 A.10 および命題 A.15 とそれらの系より直ちに従う．

命題 B.19 $\mathcal{M}_\bullet \in \mathrm{D}^-(\mathcal{R})$ および $\mathcal{N}_\bullet \in \mathrm{D}^+(\mathcal{R})$ に対して，次の $\mathrm{D}^+(\mathrm{Sh}(X))$ における同型が成り立つ：

$$\begin{aligned}\mathbf{R}\Gamma_Z \mathbf{R}\mathcal{H}om_{\mathcal{R}}(\mathcal{M}_\bullet, \mathcal{N}_\bullet) &\simeq \mathbf{R}\mathcal{H}om_{\mathcal{R}}(\mathcal{M}_\bullet, \mathbf{R}\Gamma_Z \mathcal{N}_\bullet)\\ &\simeq \mathbf{R}\mathcal{H}om_{\mathcal{R}}((\mathcal{M}_\bullet)_Z, \mathcal{N}_\bullet).\end{aligned}$$

命題 B.20 $\mathcal{M}_\bullet \in \mathrm{D}^-(\mathcal{R})$ および $\mathcal{N}_\bullet \in \mathrm{D}^+(f^{-1}\mathcal{R})$ に対して，次の $\mathrm{D}^+(\mathrm{Sh}(X))$ における同型が成り立つ：

$$\mathbf{R}\mathcal{H}om_{\mathcal{R}}(\mathcal{M}_\bullet, \mathbf{R}f_*\mathcal{N}_\bullet) \simeq \mathbf{R}f_* \mathbf{R}\mathcal{H}om_{f^{-1}\mathcal{R}}(f^{-1}\mathcal{M}_\bullet, \mathcal{N}_\bullet).$$

さらに $\mathrm{D}^+(\mathcal{A}b)$ における同型

$$\mathbf{R}\mathrm{Hom}_{\mathcal{R}}(\mathcal{M}_\bullet, \mathbf{R}f_*\mathcal{N}_\bullet) \simeq \mathbf{R}\mathrm{Hom}_{f^{-1}\mathcal{R}}(f^{-1}\mathcal{M}_\bullet, \mathcal{N}_\bullet)$$

も成り立つ.

この命題の結果を導来圏における **随伴公式** (adjunction formula) と呼ぶ. 下に有界な複体のなす導来圏 $\mathrm{D}^+(\mathcal{R})^{\mathrm{op}} \times \mathrm{D}^+(\mathcal{R})$ 上でも双函手

$$\mathbf{R}\mathrm{Hom}_{\mathcal{R}}(*, *) \colon \mathrm{D}^+(\mathcal{R})^{\mathrm{op}} \times \mathrm{D}^+(\mathcal{R}) \longrightarrow \mathrm{D}(\mathcal{A}b)$$

が定義されて同様の結果が成り立つ. 特に次の結果は導来圏において射を構成する場合につねに用いられる（代数解析の研究者にとってはほとんど空気のような）とても基本的なものである.

定理 B.21 $\mathcal{M}_\bullet \in \mathrm{D}^+(\mathcal{R})$ および $\mathcal{N}_\bullet \in \mathrm{D}^+(\mathcal{R})$ に対して, 次のアーベル群の同型が成り立つ：

$$H^0\mathbf{R}\mathrm{Hom}_{\mathcal{R}}(\mathcal{M}_\bullet, \mathcal{N}_\bullet) \simeq \mathrm{Hom}_{\mathrm{D}^+(\mathcal{R})}(\mathcal{M}_\bullet, \mathcal{N}_\bullet).$$

証明 複体 $\mathcal{N}_\bullet$ の単射的分解 $\mathcal{N}_\bullet \xrightarrow[\mathrm{Qis}]{\sim} \mathcal{I}_\bullet$ に対して命題 B.11 を適用することで所要の同型

$$\begin{aligned} H^0\mathbf{R}\mathrm{Hom}_{\mathcal{R}}(\mathcal{M}_\bullet, \mathcal{N}_\bullet) &= H^0\mathrm{Hom}^\bullet_{\mathcal{R}}(\mathcal{M}_\bullet, \mathcal{I}_\bullet) \\ &\simeq \mathrm{Hom}_{\mathrm{K}^+(\mathrm{Mod}(\mathcal{R}))}(\mathcal{M}_\bullet, \mathcal{I}_\bullet) \xrightarrow{\sim} \mathrm{Hom}_{\mathrm{D}^+(\mathcal{R})}(\mathcal{M}_\bullet, \mathcal{I}_\bullet) \\ &\simeq \mathrm{Hom}_{\mathrm{D}^+(\mathcal{R})}(\mathcal{M}_\bullet, \mathcal{N}_\bullet) \end{aligned}$$

が得られる. ■

この定理より $\mathcal{M}_\bullet \in \mathrm{D}^+(\mathcal{R})$ および $\mathcal{N}_\bullet \in \mathrm{D}^+(f^{-1}\mathcal{R})$ に対してアーベル群の同型

$$\mathrm{Hom}_{\mathrm{D}^+(\mathcal{R})}(\mathcal{M}_\bullet, \mathbf{R}f_*\mathcal{N}_\bullet) \simeq \mathrm{Hom}_{\mathrm{D}^+(f^{-1}\mathcal{R})}(f^{-1}\mathcal{M}_\bullet, \mathcal{N}_\bullet)$$

が成り立つ. すなわち函手 $\mathbf{R}f_*$ は f^{-1} の右随伴函手である. 次に右完全函手の取り扱いについて説明しよう.

定義 B.22 アーベル圏の間の右完全函手 $F\colon \mathcal{C} \longrightarrow \mathcal{C}'$ を考える．このとき $\mathcal{C}$ の加法的充満部分圏 $\widetilde{\mathcal{L}} \subset \mathcal{C}$ が **F-射影的** (F-projective) であるとは次の条件を満たすことである：

(1) 任意の $\mathcal{M} \in \mathcal{C}$ に対して，ある対象 $\mathcal{P} \in \widetilde{\mathcal{L}}$ および全射 $\mathcal{P} \twoheadrightarrow \mathcal{M}$ が存在する．

(2) アーベル圏 $\mathcal{C}$ の完全列 $0 \longrightarrow \mathcal{M}' \longrightarrow \mathcal{M} \longrightarrow \mathcal{M}'' \longrightarrow 0$ において $\mathcal{M}, \mathcal{M}'' \in \widetilde{\mathcal{L}}$ であれば $\mathcal{M}' \in \widetilde{\mathcal{L}}$ である．

(3) アーベル圏 $\mathcal{C}$ の完全列 $0 \longrightarrow \mathcal{M}' \longrightarrow \mathcal{M} \longrightarrow \mathcal{M}'' \longrightarrow 0$ において $\mathcal{M}', \mathcal{M}, \mathcal{M}'' \in \widetilde{\mathcal{L}}$ であれば $0 \longrightarrow F(\mathcal{M}') \longrightarrow F(\mathcal{M}) \longrightarrow F(\mathcal{M}'') \longrightarrow 0$ は $\mathcal{C}'$ の完全列である．

● **例 B.23** 位相空間 X 上の環の層 $\mathcal{R}$ に対してアーベル圏 $\mathcal{C} = \mathrm{Mod}(\mathcal{R})$ を考える．このとき右 $\mathcal{R}$-加群の層 $\mathcal{M}$ によるテンソル積函手

$$F = \mathcal{M} \otimes_{\mathcal{R}} (*)\colon \mathcal{C} = \mathrm{Mod}(\mathcal{R}) \longrightarrow \mathrm{Sh}(X)$$

は右完全であり，$\mathcal{C}$ の充満部分圏

$$\widetilde{\mathcal{L}} = \{\, \text{平坦}\, \mathcal{R}\text{-加群の層} \,\} \subset \mathcal{C} = \mathrm{Mod}(\mathcal{R})$$

は F-射影的である．

F-射影的な部分圏についても定理 B.16 の類似が成り立つ．ここでは応用上重要なテンソル積函手の場合のみ導来函手の構成を紹介する．まず，テンソル積函手

$$(*) \otimes_{\mathcal{R}} (*)\colon \mathrm{Mod}(\mathcal{R}^{\mathrm{op}}) \times \mathrm{Mod}(\mathcal{R}) \longrightarrow \mathrm{Sh}(X)$$

は上に有界な複体の圏上の双函手

$$\begin{array}{cccc} (*) \otimes_{\mathcal{R}} (*)\colon & \mathrm{C}^{-}(\mathrm{Mod}(\mathcal{R}^{\mathrm{op}})) \times \mathrm{C}^{-}(\mathrm{Mod}(\mathcal{R})) & \longrightarrow & \mathrm{C}^{-}(\mathrm{Sh}(X)) \\ & \Cup & & \Cup \\ & (\mathcal{M}_\bullet, \mathcal{N}_\bullet) & \longmapsto & (\mathcal{M}_\bullet \otimes_{\mathcal{R}} \mathcal{N}_\bullet)_\bullet \end{array}$$

を定める．実際，$\mathcal{M}_\bullet = [\cdots \longrightarrow \mathcal{M}_i \underset{d_i}{\longrightarrow} \mathcal{M}_{i+1} \longrightarrow \cdots]$ および $\mathcal{N}_\bullet =$

$[\cdots \longrightarrow \mathcal{N}_j \underset{d'_j}{\longrightarrow} \mathcal{N}_{j+1} \longrightarrow \cdots]$ に対して X 上の層の複体 $(\mathcal{M}_\bullet \otimes_{\mathcal{R}} \mathcal{N}_\bullet)_\bullet =$ $[\cdots \longrightarrow (\mathcal{M}_\bullet \otimes_{\mathcal{R}} \mathcal{N}_\bullet)_k \underset{\delta_k}{\longrightarrow} (\mathcal{M}_\bullet \otimes_{\mathcal{R}} \mathcal{N}_\bullet)_{k+1} \longrightarrow \cdots] \in \mathrm{C}^-(\mathrm{Sh}(X))$ を

$$\begin{cases} (\mathcal{M}_\bullet \otimes_{\mathcal{R}} \mathcal{N}_\bullet)_k = \displaystyle\bigoplus_{i+j=k} \mathcal{M}_i \otimes_{\mathcal{R}} \mathcal{N}_j, \\ \delta_k \colon \displaystyle\bigoplus_{i+j=k} \mathcal{M}_i \otimes_{\mathcal{R}} \mathcal{N}_j \longrightarrow \bigoplus_{i+j=k+1} \mathcal{M}_i \otimes_{\mathcal{R}} \mathcal{N}_j \\ \qquad\qquad \Psi \qquad\qquad\qquad\qquad \Psi \\ \qquad \{a_i \otimes b_j\} \longmapsto \{d_i(a_i) \otimes b_j + (-1)^i a_i \otimes d'_j(b_j)\} \end{cases}$$

と定義すればよい．これはさらにホモトピー圏上の双函手

$$(*) \otimes_{\mathcal{R}} (*) \colon \mathrm{K}^-(\mathrm{Mod}(\mathcal{R}^{\mathrm{op}})) \times \mathrm{K}^-(\mathrm{Mod}(\mathcal{R})) \longrightarrow \mathrm{K}^-(\mathrm{Sh}(X))$$

を引き起こす．そして導来圏上の双函手

$$(*) \otimes^{\mathbf{L}}_{\mathcal{R}} (*) \colon \mathrm{D}^-(\mathcal{R}^{\mathrm{op}}) \times \mathrm{D}^-(\mathcal{R}) \longrightarrow \mathrm{D}^-(\mathrm{Sh}(X))$$

が $\mathcal{M}_\bullet \in \mathrm{D}^-(\mathcal{R}^{\mathrm{op}})$ および $\mathcal{N}_\bullet \in \mathrm{D}^-(\mathcal{R})$ に対して $\mathcal{N}_\bullet$ の平坦分解 $\mathcal{P}_\bullet \underset{\mathrm{Qis}}{\xrightarrow{\sim}} \mathcal{N}_\bullet$ をとり

$$\mathcal{M}_\bullet \otimes^{\mathbf{L}}_{\mathcal{R}} \mathcal{N}_\bullet = (\mathcal{M}_\bullet \otimes_{\mathcal{R}} \mathcal{P}_\bullet)_\bullet$$

とおくことで定義できる．これは $\mathcal{M}_\bullet$ の平坦分解 $\mathcal{Q}_\bullet \underset{\mathrm{Qis}}{\xrightarrow{\sim}} \mathcal{M}_\bullet$ を用いても計算できることが擬同型

$$(\mathcal{Q}_\bullet \otimes_{\mathcal{R}} \mathcal{N}_\bullet)_\bullet \underset{\mathrm{Qis}}{\xleftarrow{\sim}} (\mathcal{Q}_\bullet \otimes_{\mathcal{R}} \mathcal{P}_\bullet)_\bullet \underset{\mathrm{Qis}}{\xrightarrow{\sim}} (\mathcal{M}_\bullet \otimes_{\mathcal{R}} \mathcal{P}_\bullet)_\bullet$$

より直ちにわかる．双函手 $(*) \otimes^{\mathbf{L}}_{\mathcal{R}} (*)$ をテンソル積函手 $(*) \otimes_{\mathcal{R}} (*)$ の **左導来函手** (left derived functor) と呼ぶ．次の命題は命題 A.21 と函手 $(*) \otimes^{\mathbf{L}}_{\mathcal{R}} (*)$ の定義より明らかである（平坦加群の逆像は平坦である）．

命題 B.24　$f \colon Y \longrightarrow X$ を位相空間の連続写像とし，$\mathcal{R}$ を X 上の環の層とする．このとき $\mathcal{M}_\bullet \in \mathrm{D}^-(\mathcal{R}^{\mathrm{op}})$ および $\mathcal{N}_\bullet \in \mathrm{D}^-(\mathcal{R})$ に対して，$\mathrm{D}^-(\mathrm{Sh}(Y))$ における同型

$$f^{-1}\mathcal{M}_\bullet \otimes^{\mathbf{L}}_{f^{-1}\mathcal{R}} f^{-1}\mathcal{N}_\bullet \simeq f^{-1}(\mathcal{M}_\bullet \otimes^{\mathbf{L}}_{\mathcal{R}} \mathcal{N}_\bullet)$$

が成り立つ．

次の結果は導来圏における**射影公式** (projection formula) と呼ばれる（証明は柏原-Schapira [116, Proposition 2.6.6] などを参照）．

命題 B.25　命題 B.24 の状況でさらに $\mathcal{R}$ は有限の弱大域次元 (weak global dimension) を持つと仮定する．このとき $\mathcal{M}_\bullet \in \mathrm{D}^+(\mathcal{R}^{\mathrm{op}})$ および $\mathcal{N}_\bullet \in \mathrm{D}^+(f^{-1}\mathcal{R})$ に対して，$\mathrm{D}^+(\mathrm{Sh}(X))$ における同型

$$\mathcal{M}_\bullet \otimes^{\mathbf{L}}_{\mathcal{R}} \mathbf{R}f_!\mathcal{N}_\bullet \xrightarrow{\sim} \mathbf{R}f_!(f^{-1}\mathcal{M}_\bullet \otimes^{\mathbf{L}}_{f^{-1}\mathcal{R}} \mathcal{N}_\bullet)$$

が成り立つ．

この節を終えるにあたり，Poincaré-Verdier 双対性定理を紹介しよう．以下 $f\colon Y \longrightarrow X$ は局所コンパクトなハウスドルフ位相空間の間の連続写像，A は有限の大域次元 (global dimension) を持つ可換環（例えば A は体 k）とし，写像 f はさらに次の条件を満たすと仮定する．

定義 B.26　函手 $f_!\colon \mathrm{Sh}(Y) \longrightarrow \mathrm{Sh}(X)$ が**有限のコホモロジー次元** (finite cohomological dimension) を持つとは，ある $d > 0$ が存在してすべての Y 上の層 $\mathcal{F}$ に対して $H^k\mathbf{R}f_!\mathcal{F} \simeq 0$ $(k > d)$ が成り立つことである．

以上の設定の下で次の Poincaré-Verdier **双対性定理** (Poincaré-Verdier duality theorem) が成り立つ（証明は柏原-Schapira [116, Chapter 3] を参照せよ）．

定理 B.27　三角函手 $f^!\colon \mathrm{D}^+(A_X) \longrightarrow \mathrm{D}^+(A_Y)$ が存在して，任意の $\mathcal{M}_\bullet \in \mathrm{D}^{\mathrm{b}}(A_Y)$ および $\mathcal{N}_\bullet \in \mathrm{D}^+(A_X)$ に対して $\mathrm{D}^+(A_X)$ における同型

$$\mathbf{R}f_*\mathbf{R}\mathcal{H}om_{A_Y}(\mathcal{M}_\bullet, f^!\mathcal{N}_\bullet) \simeq \mathbf{R}\mathcal{H}om_{A_X}(\mathbf{R}f_!\mathcal{M}_\bullet, \mathcal{N}_\bullet)$$

が成り立つ．また $\mathrm{D}^+(\mathrm{Mod}(A))$ における同型

$$\mathbf{R}\mathrm{Hom}_{A_Y}(\mathcal{M}_\bullet, f^!\mathcal{N}_\bullet) \simeq \mathbf{R}\mathrm{Hom}_{A_X}(\mathbf{R}f_!\mathcal{M}_\bullet, \mathcal{N}_\bullet)$$

が成り立つ.

特に函手 $f^!$ は $\mathbf{R}f_!$ の右随伴函手 (right adjoint functor) である. 函手 $f^!$ を <u>ねじれ逆像函手</u> (twisted inverse image functor) と呼ぶ. 複体 $\mathcal{N}_\bullet \in \mathrm{D}^+(A_X)$ に対して $f^!\mathcal{N}_\bullet \in \mathrm{D}^+(A_Y)$ は Y 上のある A_Y-加群の層の二重複体を単化して得られる A_Y-加群の層の複体である. 次の結果が知られている（柏原-Schapira [116, Chapter 3] 参照).

命題 B.28

(1) Y が X の局所閉集合で $f = i_Y : Y \hookrightarrow X$ であるとき, 同型

$$f^!\mathcal{N}_\bullet \simeq f^{-1}\mathbf{R}\Gamma_{f(Y)}(\mathcal{N}_\bullet) \simeq \mathbf{R}\Gamma_{f(Y)}(\mathcal{N}_\bullet)|_Y$$

が成り立つ.

(2) X および Y は C^1-級多様体でさらに $f: Y \longrightarrow X$ は C^1-級沈め込み (submersion) であると仮定する. また $d = \dim Y - \dim X$ とおく. このとき $H^j(f^!A_X) \simeq 0$ $(j \neq -d)$ が成り立ち, $\mathrm{or}_{Y/X} := H^{-d}(f^!A_X)$ は A_Y 上の階数 1 の局所自由層である. すなわち $\mathrm{D}^+(A_Y)$ における同型 $f^!A_X \simeq \mathrm{or}_{Y/X}[\dim Y - \dim X]$ が成り立つ. さらに $\mathcal{N}_\bullet \in \mathrm{D}^{\mathrm{b}}(A_X)$ に対して次の同型が成り立つ：

$$f^!\mathcal{N}_\bullet \simeq f^!A_X \otimes^{\mathbf{L}}_{A_Y} f^{-1}\mathcal{N}_\bullet \simeq \mathrm{or}_{Y/X} \otimes_{A_Y} f^{-1}\mathcal{N}_\bullet[\dim Y - \dim X].$$

上の (2) の $\mathrm{or}_{Y/X}$ を $f: Y \longrightarrow X$ の <u>相対向きづけ層</u> (relative orientation sheaf) と呼ぶ. さらに X が 1 点集合 pt であるとき, $\mathrm{or}_Y := \mathrm{or}_{Y/X} = H^{-\dim Y}(f^!A_{\mathrm{pt}})$ を Y の <u>向きづけ層</u> (orientation sheaf) と呼ぶ. 多様体 Y が向きづけ可能（例えば Y が複素多様体）ならば, これは定数層 A_Y と同型である. 定理 B.27 をさらに特別な A が体 k, $\mathcal{M}_\bullet = k_Y, \mathcal{N}_\bullet = k_{\mathrm{pt}}$ の場合に適用すれば, よく知られた <u>Poincaré 双対性定理</u> (Poincaré duality theorem)

$$H^j_c(X; k_Y) \simeq H^{\dim Y - j}(Y; k_Y) \qquad (j \in \mathbb{Z})$$

が直ちに得られる. すなわち定理 B.27 は Poincaré 双対性定理の導来圏および一般の写像 $f: Y \longrightarrow X$ への劇的な一般化である.

参考文献

[1] N. A'Campo, *La fonction zêta d'une monodromie*, Comment. Math. Helv., **50** (1975), 233–248.

[2] A. Adolphson, *Hypergeometric functions and rings generated by monomials*, Duke Math. J., **73** (1994), 269–290.

[3] K. Ando, A. Esterov and K. Takeuchi, *Monodromies at infinity of confluent A-hypergeometric functions*, Adv. in Math., **272** (2015), 1–19.

[4] E. Andronikof, *A microlocal version of the Riemann-Hilbert correspondence*, Topol. Methods Nonlinear Anal. **4** (1994), no. 2, 417–425.

[5] ———, *Microlocalisation tempérée*, Mém. Soc. Math. France (N.S.) **57**, 1994.

[6] 青本和彦, 喜多通武, 超幾何関数論, シュプリンガー現代数学シリーズ, 1994.

[7] V. Batyrev and L. Borisov, *Mirror duality and string-theoretic Hodge numbers*, Invent. Math., 126 (1996), 183–203.

[8] A. A. Beilinson, *On the derived category of perverse sheaves*, K-theory, arithmetic and geometry (Moscow, 1984–1986), Lecture Notes in Math., vol. 1289, Springer, Berlin, 1987, pp. 27–41.

[9] A. A. Beilinson and J. Bernstein, *Localisation de $\mathfrak{g}$-modules*, C. R. Acad. Sci. Paris Sér. I Math. **292** (1981), no. 1, 15–18.

[10] A. A. Beilinson, J. Bernstein, and P. Deligne, *Faisceaux pervers*, Analysis and topology on singular spaces, I (Luminy, 1981), Astérisque, **100** (1982), pp. 5–171.

[11] G. Bellamy and T. Kuwabara, *On deformation quantizations of hypertoric varieties*, Pacific J. Math. 260 (2012), no. 1, 89–127.

[12] J. Bernstein, *Modules over a ring of differential operators. An investigation of the fundamental solutions of equations with constant coefficients*, Func. Anl. and its Appl. **5** (1971), 89–101.

[13] ———, *Analytic continuation of generalized functions with respect to a parameter*, Func. Anl. and its Appl. **6** (1972), 273–285.

[14] ———, *Algebraic theory of D-modules*, unpublished notes.

[15] J.-E. Björk, *Rings of differential operators*, North-Holland Mathematical Li-

brary, vol. 21, 1979.

[16] ———, *Analytic D-modules and applications*, Mathematics and its Applications, vol. 247, Kluwer Academic Publishers Group, Dordrecht, 1993.

[17] J.-M. Bony and P. Schapira, *Existence et prolongement des solutions holomorphes des équations aux dérivées partielles*, Invent. Math. **17** (1972), 95–105.

[18] A. Borel (ed.), *Intersection cohomology (Bern, 1983)*, Progr. Math., vol. 50, Birkhäuser Boston, 1984.

[19] A. Borel, P.-P. Grivel, B. Kaup, A. Haefliger, B. Malgrange, and F. Ehlers, *Algebraic D-modules*, Perspectives in Mathematics, vol. 2, Academic Press Inc., Boston, 1987.

[20] W. Borho and R. MacPherson, *Partial resolutions of nilpotent varieties*, Analysis and topology on singular spaces, II, III (Luminy, 1981), Astérisque **101** (1983), pp. 23–74.

[21] L. Borisov and A. Mavlyutov, *String cohomology of Calabi-Yau hypersurfaces in mirror symmetry*, Adv. in Math., 180 (2003), 335–390.

[22] J.-P. Brasselet, J. Schürmann and S. Yokura, *Hirzebruch classes and motivic Chern classes for singular spaces*, Journal of Topology and Analysis, **2** (2010), 1–55.

[23] S.-A. Broughton, *Milnor numbers and the topology of polynomial hypersurfaces*, Invent. Math., 92 (1988), 217–241.

[24] J.-L. Brylinski, *Transformations canoniques, dualité projective, théorie de Lefschetz, transformations de Fourier et sommes trigonométriques*, Géométrie et analyse microlocales, Astérisque **140**, **141** (1986), 3–134.

[25] J.-L. Brylinski and M. Kashiwara, *Kazhdan-Lusztig conjecture and holonomic systems*, Invent. Math. **64** (1981), no. 3, 387–410.

[26] J.-L. Brylinski, B. Malgrange, and J.-L. Verdier, *Transformation de Fourier géométrique. I, II*, C. R. Acad. Sci. Paris Sér. I Math. **297** (1983), 55–58; ibid. **303** (1986), 193–198.

[27] N. Chriss and V. Ginzburg, *Representation theory and complex geometry*, Birkhäuser Boston Inc., 1997.

[28] V. I. Danilov and A. G. Khovanskii, *Newton polyhedra and an algorithm for computing Hodge-Deligne numbers*, Math. Ussr Izvestiya, 29 (1987), 279–298.

[29] A. D'Agnolo and M. Kashiwara, *Riemann-Hilbert correspondence for holonomic D-modules*, Publ. Math. IHES **123** (2016), 69–197.

[30] A. D'Agnolo and P. Schapira, *An inverse image theorem for sheaves with applications to the Cauchy problem*, Duke Math. J. **64** (1991), no. 3, 451–472.

[31] ———, *Radon-Penrose transform for D-modules*, J. Funct. Anal. **139** (1996), no. 2, 349–382.

[32] P. Deligne, *Équations différentielles à points singuliers réguliers*, Lecture Notes in Math., vol. 163, Springer-Verlag, Berlin, 1970.

[33] ———, *Théorie de Hodge I*, Actes du Congrés international des Mathématiciens (Nice 1970), 425–430; II et III, Publ. Math. IHES **40** (1971), 5–57 et **44** (1974), 5–77.

[34] ———, *Le formalisme des cycles évanescents, in SGA7 XIII and XIV*, Lecture Notes in Math., Springer-Verlag, Berlin,, vol. 340, (1973), 82–115 and 116–164.

[35] ———, *La conjecture de Weil I et II*, Publ. Math. IHES **43** (1974), 273–307 et **52** (1980), 137–252.

[36] J. Denef and F. Loeser, *Weights of exponential sums, intersection cohomology, and Newton polyhedra*, Invent. Math., 106 (1991), 275–294.

[37] ———, *Motivic Igusa zeta functions*, J. Alg. Geom., 7 (1998), 505–537.

[38] ———, *Geometry on arc spaces of algebraic varieties*, Progr. Math., 201 (2001), 327–348.

[39] A. Dimca, *Sheaves in topology*, Universitext, Springer-Verlag, Berlin, 2004.

[40] A. Dimca and A. Némethi, *On the monodromy of complex polynomials*, Duke Math. J. **108** (2001), no. 2, 199–209.

[41] A. Dimca and Morihiko Saito, *Monodromy at infinity and the weights of cohomology*, Compositio Math. **138**, 55–71 (2003).

[42] ———, *Some consequences of perversity of vanishing cycles*, Ann. Inst. Fourier (Grenoble) **54**, 1769–1792 (2004).

[43] ———, *Weight filtration of the limit mixed Hodge structure at infinity for tame polynomials*, Mathematische Zeitschrift, **275**, (2013), 293–306.

[44] A. S. Dubson, *Formule pour l'indice des complexes constructibles et des Modules holonomes*, C. R. Acad. Sci. Paris Sér. I Math. **298** (1984), no. 6, 113–116.

[45] J. J. Duistermaat, *Fourier integral operators*, Lect. Notes. Courant Inst. New York, 1973.

[46] F. El Zein, *Théorie de Hodge des cycles évanescents*, Ann. Sci. École Norm. Sup., 19 (1986), 107–184.

[47] ———, *Structure de Hodge mixte*, Hermann, Paris, 1991.

[48] F. El Zein and D.-T. Lê, Mixed Hodge structures, Math. Notes, 49, Princeton Univ. Press, Princeton, NJ, 2014.

[49] A. Esterov and K. Takeuchi, *Motivic Milnor fibers over complete intersection*

varieties and their virtual Betti numbers, Int. Math. Res. Not., Vol. 2012, No. 15 (2012), 3567–3613.

[50] ———, *Confluent A-hypergeometric functions and rapid decay homology cycles*, American J. Math., **137** (2015), 365–409.

[51] K. H. Fieseler, *Rational intersection cohomology of projective toric varieties*, J. Reine Angew. Math., 413 (1991), 88–98.

[52] J. Frisch, *Points de platitude d'un morphisme d'espaces analytiques complexes*, Invent. Math., 4 (1967), 118–138.

[53] W. Fulton, *Intersection theory*, Ergebnisse der Mathematik und ihrer Grenzgebiete (3), vol. 2, Springer-Verlag, Berlin, 1984.

[54] ———, *Introduction to toric varieties*, Annals of Mathematics Studies, 131, The William H. Roever Lectures in Geometry, Princeton University Press, Princeton, NJ, (1993).

[55] O. Gabber, *The integrability of the characteristic variety*, Amer. J. Math. **103** (1981), no. 3, 445–468.

[56] A. Galligo, M. Granger, and P. Maisonobe, *D-modules et faisceaux pervers dont le support singulier est un croisement normal*, Ann. Inst. Fourier (Grenoble) **35** (1985), no. 1, 1–48.

[57] I.M. Gelfand, M. Kapranov and A. Zelevinsky, *Hypergeometric functions and toral manifolds*, Funct. Anal. Appl., **23** (1989), 94–106.

[58] ———, *Generalized Euler integrals and A-hypergeometric functions*, Adv. in Math., **84** (1990), 255–271.

[59] ———, *Discriminants, resultants and multidimensional determinants*, Birkhäuser, 1994.

[60] S. I. Gelfand, R. MacPherson, and K. Vilonen, *Perverse sheaves and quivers*, Duke Math. J. **83** (1996), no. 3, 621–643.

[61] V. Ginsburg, *Characteristic varieties and vanishing cycles*, Invent. Math. **84** (1986), no. 2, 327–402.

[62] I. Gordon and I. Losev, *On category $\mathcal{O}$ for cyclotomic rational Cherednik algebras*, J. Eur. Math. Soc. 16 (2014), no. 5, 1017–1079.

[63] M. Goresky and R. MacPherson, *Intersection homology. II*, Invent. Math. **72** (1983), no. 1, 77–129.

[64] ———, *Stratified Morse theory*, Ergebnisse der Mathematik und ihrer Grenzgebiete (3), vol. 14, Springer-Verlag, Berlin, 1988.

[65] ———, *Local contribution to the Lefschetz fixed point formula*, Invent. Math. 111 (1993), no. 1, 1–33.

[66] L. Göttsche, *The Betti numbers of the Hilbert scheme of points on a smooth projective surface*, Math. Ann. **286** (1990), no. 1-3, 193–207.

[67] P. A. Griffiths, *Periods of integrals on algebraic manifolds: Summary of main results and discussion of open problems*, Bull. Amer. Math. Soc. **76** (1970), 228–296.

[68] I. Grojnowski, *Instantons and affine algebras. I. The Hilbert scheme and vertex operators*, Math. Res. Lett. **3** (1996), no. 2, 275–291.

[69] A. Grothendieck, *Sur quelques points d'algèbre homologique*, Tôhoku Math. J. (2) **9** (1957), 119–221.

[70] ———, *Eléments de géométrie algébrique, EGA (avec J. Dieudonné*, Publ. Math. IHES **4** (1960), **8**, **11** (1961), **17** (1963), **20** (1964), **24** (1965), **28** (1966), **32** (1967).

[71] G. Guibert, F. Loeser and M. Merle, *Iterated vanishing cycles, convolution, and a motivic analogue of a conjecture of Steenbrink*, Duke Math. J., 132 (2006), 409–457.

[72] S. Guillermou, *Lefschetz class of elliptic pairs*, Duke Math. J. 85 (1996), no. 2, 273-314.

[73] ———, *Introduction aux faisceaux pervers*, personal note.

[74] ———, *Index of transversally elliptic D-modules*, Ann. Sci. École Norm. Sup. (4) **34** (2001), no. 2, 223–265.

[75] S. Guillermou, M. Kashiwara and P. Schapira, *Sheaf quantization of Hamiltonian isotopies and applications to nondisplaceability problems*, Duke Math. J. 161 (2012), no. 2, 201–245.

[76] R. Hartshorne, *Residues and duality*, Lecture notes of a seminar on the work of A. Grothendieck, given at Harvard 1963/64. With an appendix by P. Deligne. Lecture Notes in Math., vol. 20, Springer-Verlag, Berlin, 1966.

[77] ———, *Algebraic geometry*, Graduate Texts in Math., vol. 52, Springer-Verlag, New York, 1977.

[78] 服部晶夫, 位相幾何学, 岩波書店, 1991.

[79] M. Hien, *Periods for flat algebraic connections*, Invent Math., **178**, (2009), 1–22.

[80] M. Hien and C. Roucairol, *Integral representations for solutions of exponential Gauss-Manin systems*, Bull. Soc. Math. France, **136**, (2008), 505–532.

[81] H. Hironaka, *Resolution of singularities of an algebraic variety over a field of characteristic zero. I, II*, Ann. of Math. (2) **79** (1964), 109–203; ibid. **79** (1964), 205–326.

[82] 一松信, 多変数関数論, 培風館, 1966.

[83] 堀川穎二, 複素代数幾何学入門, 岩波書店, 1990.

[84] 堀田良之, 代数入門—群と加群—, 裳華房, 1987.

[85] R. Hotta, *Introduction to D-modules*, Lecture Notes Series **1**, Inst. of Math. Sci., Madras, 1987.

[86] ———, *Equivariant D-modules (CIMPA spring course in Wuhan)*, Travaux en cours, Hermann, Paris, 1995.

[87] 堀田良之, 環と体 1 , 岩波書店, 1997

[88] R. Hotta and M. Kashiwara, *The invariant holonomic system on a semisimple Lie algebra*, Invent. Math. **75** (1984), no. 2, 327–358.

[89] R. Hotta, K. Takeuchi and T. Tanisaki, *D-modules, perverse sheaves and representation theory*, Progress in Math., Birkhäuser, Boston, 2008.

[90] Y. Ike, *Microlocal Lefschetz classes of graph trace kernels*, Publ. Res. Inst. Math. Sci., 52 (2016), 83–101.

[91] Y. Ike, *Compact exact Lagrangian intersection in cotangent bundles via sheaf quantization*, arXiv:1701.02057, preprint.

[92] Y. Ike, Y. Matsui and K. Takeuchi, *Hyperbolic localization and Lefschetz fixed point formulas for higher-dimensional fixed point sets*, to appear in Int. Math. Res. Not.

[93] R. Ishimura, *The Cauchy-Kowalevski theorem for E-modules*, J. Math. Pures Appl. (9) **77** (1998), no. 7, 647–654.

[94] JST CREST 日比チーム, グレブナー道場, 共立出版, 2011.

[95] M. Kapranov and V. Schechtman, *Perverse sheaves over real hyperplane arrangements*, Ann. Math., 183 (2016), 619–679.

[96] 柏原正樹, 偏微分方程式系の代数的研究, 東京大学修士論文, 1970.

[97] ———, *Index theorem for a maximally overdetermined system of linear differential equations*, Proc. Japan Acad. **49** (1973), 803–804.

[98] ———, *On the maximally overdetermined system of linear differential equations. I*, Publ. Res. Inst. Math. Sci. **10** (1974/75), 563–579.

[99] ———, *B-functions and holonomic systems. Rationality of roots of B-functions*, Invent. Math. **38** (1976/77), no. 1, 33–53.

[100] ———, *On the holonomic systems of linear differential equations. II*, Invent. Math. **49** (1978), no. 2, 121–135.

[101] ———, *Faisceaux constructibles et systèmes holonômes d'équations aux dérivées partielles linéaires à points singuliers réguliers*, Séminaire Goulaouic-Schwartz Exp. No. 19, 1979–1980 (French), École Polytech., Palaiseau, 1980.

[102] ———, *Systems of microdifferential equations*, Progr. Math., vol. 34, Birkhäuser Boston Inc., 1983, Based on lecture notes by Teresa Monteiro Fernandes translated from the French.

[103] ———, *Vanishing cycle sheaves and holonomic systems of differential equa-*

tions, Algebraic geometry (Tokyo/Kyoto, 1982), Lecture Notes in Math., vol. 1016, Springer, Berlin, 1983, pp. 134–142.

[104] ———, *The Riemann-Hilbert problem for holonomic systems*, Publ. Res. Inst. Math. Sci. **20** (1984), no. 2, 319–365.

[105] ———, *Index theorem for constructible sheaves*, Differential systems and singularities (Luminy, 1983), Astérisque **130** (1985), 193–209.

[106] ———, *A study of variation of mixed Hodge structure*, Publ. Res. Inst. Math. Sci. **22** (1986), no. 5, 991–1024.

[107] ———, *Algebraic study of systems of partial differential equations* (Master thesis, University of Tokyo, December 1970), Mém. Soc. Math. France (N.S.) **63**, 1995, translated by A. D'Agnolo and J.-P. Schneiders.

[108] 柏原正樹, 代数解析概論, 岩波書店, 2000.

[109] M. Kashiwara, *T-structures on the derived categories of holonomic D-modules and coherent O-modules*, Moscow Math. Journal, **4** (2004), 847–868.

[110] ———, *Self-dual t-structure*, Publ. Res. Inst. Math. Sci. **52** (2016), no. 3, 271–295.

[111] M. Kashiwara and T. Kawai, *On holonomic systems of microdifferential equations. III. Systems with regular singularities*, Publ. Res. Inst. Math. Sci. **17** (1981), no. 3, 813–979.

[112] 柏原正樹, 河合隆裕, 木村達雄, 代数解析学の基礎, 紀伊国屋書店, 1986.

[113] M. Kashiwara and T. Oshima, *Systems of differential equations with regular singularities and their boundary value problems*, Ann. Math. (2) **106** (1977), no. 1, 145–200.

[114] M. Kashiwara and R. Rouquier, *Microlocalization of rational Cherednik algebras*, Duke Math. J. 144 (2008), 525–573.

[115] M. Kashiwara and P. Schapira, *Microlocal study of sheaves*, Astérisque **128** (1985).

[116] ———, *Sheaves on manifolds*, Grundlehren der Mathematischen Wissenschaften, vol. 292, Springer-Verlag, Berlin, 1990.

[117] ———, *Ind-sheaves*, Astérisque **271** (2001).

[118] ———, *Categories and sheaves*, Grundlehren der mathematischen Wissenschaften, Vol. **332**, Springer-Verlag, Berlin, 2006.

[119] ———, *Microlocal Euler classes and Hochschild homology*, J. Inst. Math. Jussieu 13 (2014), no. 3, 487–516.

[120] M. Kashiwara and T. Tanisaki, *Kazhdan-Lusztig conjecture for affine Lie algebras with negative level*, Duke Math. J. **77** (1995), no. 1, 21–62.

[121] ———, *Kazhdan-Lusztig conjecture for affine Lie algebras with negative level. II. Nonintegral case*, Duke Math. J. **84** (1996), no. 3, 771–813.

[122] ———, *Kazhdan-Lusztig conjecture for symmetrizable Kac-Moody Lie algebras. III. Positive rational case*, Asian J. Math. **2** (1998), no. 4, 779–832.

[123] M. Kato and Y. Matsumoto, *On the connectivity of the Milnor fiber of a holomorphic function at a critical point*, Manifolds-Tokyo 1973 (Proc. Internat. Conf., Tokyo, 1973), pp. 131–136. Univ. Tokyo Press, Tokyo, 1975.

[124] E. Katz and A. Stapledon, *Local h-polynomials, invariants of subdivisions, and mixed Ehrhart theory*, Adv. in Math. **286** (2016), 181–239.

[125] ———, *Tropical geometry, the motivic nearby fiber and limit mixed Hodge numbers of hypersurfaces*, Res. Math. Sci. **3** (2016), no.10, 36pp.

[126] D. Kazhdan and G. Lusztig, *Representations of Coxeter groups and Hecke algebras*, Invent. Math. **53** (1979), no. 2, 165–184.

[127] ———, *Schubert varieties and Poincaré duality*, Geometry of the Laplace operator (Proc. Sympos. Pure Math., Univ. Hawaii, Honolulu, Hawaii, 1979), Proc. Sympos. Pure Math., XXXVI, Amer. Math. Soc., 1980, pp. 185–203.

[128] 河田敬義，ホモロジー代数 I, II，岩波書店, 1977.

[129] K.-S. Kedlaya, *Good formal structures for flat meromorphic connections, I: surfaces*, Duke Math. J., **154** (2010), 343–418.

[130] ———, *Good formal structures for flat meromorphic connections, II: excellent schemes*, J. Amer. Math. Soc., **24** (2011), 183–229.

[131] G. Kennedy, *MacPherson's Chern classes of singular varieties*, Comm. Alg., **9** (1990), 2821–2839.

[132] 木村達雄, 概均質ベクトル空間, 岩波書店, 1998.

[133] F. Kirwan, *An introduction to intersection homology theory*, Second Edition, Chapman & Hall/CRC, 2006.

[134] A.-G. Kouchnirenko, *Polyédres de Newton et nombres de Milnor*, Invent. Math., 32 (1976): 1-31.

[135] V.-S. Kulikov, *Mixed Hodge structures and singularities*, Cambridge University Press, 1998.

[136] 熊ノ郷準, 偏微分方程式, 共立出版, 1978.

[137] T. Kuwabara, *Representation theory of the rational Cherednik algebras of type $\mathbb{Z}/\ell\mathbb{Z}$ via microlocal analysis*, Publ. Res. Inst. Math. Sci. 49 (2013), no. 1, 87–110.

[138] ———, *BRST cohomologies for symplectic reflection algebras and quantizations of hypertoric varieties*, Transformation Groups 20 (2015), no. 2, 437–461.

[139] D.-T. Lê, *Calcul du nombre de cycles évanouissants d'une hypersurface complexe*, Ann. Inst. Fourier (Grenoble) **23**, (1973), 261–270.

[140] ———, *Some remarks on relative monodromy*, Real and complex singu-

larities, Proc. Ninth Nordic Summer School/NAVF Sympos. Math., Oslo, (1977), pp. 397–403.

[141] A. Libgober and S. Sperber, *On the zeta function of monodromy of a polynomial map*, Compositio Math., **95** (1995), 287–307.

[142] R. MacPherson, *Chern classes for singular algebraic varieties*, Ann. Math. (2) **100** (1974), 423–432.

[143] P. Maisonobe, C. Sabbah, et al., *D-modules cohérents et holonomes; Images directes et constructibilité (les cours du CIMPA)*, Travaux en cours **45**, **46**, Hermann, Paris, 1993.

[144] B. Malgrange, *Intégrales asymptotiques et monodromie*, Ann. Sci. École Norm. Sup. (4) **7** (1974), 405–430 (1975).

[145] ———, *Le polynôme de Bernstein d'une singularité isolée*, Fourier integral operators and partial differential equations (Colloq. Internat., Univ. Nice, Nice, 1974), Lecture Notes in Math., vol. 459, Springer, Berlin, 1975, pp. 98–119.

[146] ———, *Polynômes de Bernstein-Sato et cohomologie évanescente*, Analysis and topology on singular spaces, II, III (Luminy, 1981), Astérisque **101** (1983), pp. 243–267.

[147] ———, *Transformation de Fourier géométrique*, Astérisque, Sém. Bourbaki, **692** (1987-88), 133–150.

[148] ———, *Équations différentielles à coefficients polynomiaux*, Progr. Math., vol. 96, Birkhäuser Boston Inc., 1991.

[149] C. Marastoni and T. Tanisaki, *Radon transforms for quasi-equivariant D-modules on generalized flag manifolds*, Differential Geom. Appl. **18** (2003), no. 2, 147–176.

[150] D. B. Massey, *Hypercohomology of Milnor fibres*, Topology, 35, No. 4 (1996), 969–1003.

[151] ———, *Lê cycles and hypersurface singularities*, Lecture Notes in Mathematics, 1615. Springer-Verlag, Berlin, 1995.

[152] Y. Matsui and K. Takeuchi, *Microlocal study of topological Radon transforms and real projective duality*, Adv. in Math. 212 (2007), no. 1, 191–224.

[153] ———, *Microlocal study of Lefschetz fixed point formulas for higher-dimensional fixed point sets*, Int. Math. Res. Not., Vol. 2010, No. 5 (2010), 882–913.

[154] ———, *A geometric degree formula for A-discriminants and Euler obstructions of toric varieties*, Adv. in Math., **226** (2011), 2040–2064.

[155] ———, *Milnor fibers over singular toric varieties and nearby cycle sheaves*,

Tohoku Math. Journal, **63** (2011), 113–136.

[156] ———, *Monodromy at infinity, Newton polyhedra and constructible sheaves*, Mathematische Zeitschrift, **268** (2011), 409–439.

[157] 松井優, 竹内潔, 多項式写像と A-超幾何関数の無限遠点におけるモノドロミー, 日本数学会「数学」, 第64巻 (2012), 225–253.

[158] Y. Matsui and K. Takeuchi, *Monodromy at infinity of polynomial maps and Newton polyhedra, with Appendix by C. Sabbah*, Int. Math. Res. Not., Vol. 2013, No. 8 (2013), 1691–1746.

[159] ———, *Motivic Milnor fibers and Jordan normal forms of Milnor monodromies*, Publ. Res. Inst. Math. Sci., **50**, No. 2 (2014), 207–226.

[160] K. McGerty and T. Nevins, *Derived equivalence for quantum symplectic resolutions*, Selecta Math. (N.S.) 20 (2014), no. 2, 675–717.

[161] ———, *Compatibility of t-structures for quantum symplectic resolutions*, arXiv:1312.7180.

[162] Z. Mebkhout, *Sur le problème de Hilbert-Riemann*, Complex analysis, microlocal calculus and relativistic quantum theory (Proc. Internat. Colloq., Centre Phys., Les Houches, 1979), Lecture Notes in Phys., vol. 126, Springer, Berlin, 1980, pp. 90–110.

[163] ———, *Une équivalence de catégories; Une autre équivalence de catégories*, Compositio Math. **51** (1984), no. 1, 51–62; ibid. **51** (1984) no. 1, 63–88.

[164] ———, *Le formalisme des six opérations de Grothendieck pour les D_X-modules cohérents*, Travaux en Cours **35**, Hermann, Paris, 1989.

[165] J. Milnor, *Singular points of complex hypersurfaces*, Princeton University Press, 1968.

[166] T. Mochizuki, *Asymptotic behaviour of tame harmonic bundles and an application to pure twistor D-modules I*, Mem. Amer. Math. Soc. 185 (2007), no. 869.

[167] ———, *Asymptotic behaviour of tame harmonic bundles and an application to pure twistor D-modules II*, Mem. Amer. Math. Soc. 185 (2007), no. 870.

[168] ———, *Wild harmonic bundles and wild pure twister D-modules*, Astérisque, **340** (2011).

[169] ———, *Mixed twistor D-modules*, Lecture Notes in Mathematics, 2125. Springer, Cham, 2015.

[170] 森本光生, 佐藤超函数入門, 共立出版, 1976.

[171] D. Mumford, *The red book of varieties and schemes*, Lecture Notes in Math., vol. 1358, Springer-Verlag, Berlin, 1988.

[172] D. Nadler, *Microlocal branes are constructible sheaves*, Selecta Math., **15** (2009), 563–619.

[173] D. Nadler and E. Zaslow, *Constructible sheaves and the Fukaya category*, J. Amer. Math. Soc., **22** (2009), 233–286.

[174] H. Nakajima, *Heisenberg algebra and Hilbert schemes of points on projective surfaces*, Ann. Math. (2) **145** (1997), no. 2, 379–388.

[175] ———, *Lectures on Hilbert schemes of points on surfaces*, University Lecture Series, vol. 18, American Mathematical Society, 1999.

[176] P. Nang and K. Takeuchi, *Characteristic cycles of perverse sheaves and Milnor fibers*, Mathematische Zeitschrift, **249** (2005), No. 3, 493–511. (and its addendum in Mathematische Zeitschrift, **250** (2005), no. 3, 729.).

[177] 野口潤次郎, 多変数解析関数論 —学部生へおくる岡の連接定理, 朝倉書店, 2013.

[178] 大阿久俊則, グレブナ基底と線型偏微分方程式系 (計算代数解析入門), 上智大学数学講究録 No. 38, 1994.

[179] T. Oaku, *An algorithm of computing b-functions*, Duke Math. J. **87** (1997), no. 1, 115–132.

[180] 大阿久俊則, D 加群と計算数学, 朝倉書店, 2002.

[181] T. Oda, *Convex bodies and algebraic geometry. An introduction to the theory of toric varieties*, Springer-Verlag, 1988.

[182] M. Oka, *Non-degenerate complete intersection singularity*, Hermann, Paris, 1997.

[183] A. Parusinski and P. Pragacz, *Characteristic classes of hypersurfaces and characteristic cycles*, J. Alg. Geom., 10 (2001), 63–79.

[184] F. Pham, *Singularités des systèmes différentiels de Gauss-Manin*, Progr. Math., vol. 2, Birkhäuser Boston, Mass., 1979.

[185] M. Raibaut, *Fibre de Milnor motivique à l'infini*, C. R. Acad. Sci. Paris Sér. I Math., 348 (2010), 419–422.

[186] ———, *Singularités à l'infini et intégration motivique*, Bull. Soc. Math. France, 140 (2012), 51–100.

[187] T. Reichelt and C. Sevenheck, *Logarithmic Frobenius manifolds, hypergeometric systems and quantum D-modules*, J. Algebraic Geom., 24 (2015), 201–281.

[188] C. Sabbah, *Quelques remarques sur la géométrie des espaces conormaux*, Differential systems and singularities (Luminy, 1983), Astérisque **130** (1985), 161–192.

[189] ———, *Monodromy at infinity and Fourier transform*, Publ. Res. Inst. Math. Sci., 33 (1997), 643–685.

[190] ———, *Polarizable twistor D-modules*, Astérisque **300** (2005).

[191] ———, *Hypergeometric periods for a tame polynomial*, Port. Math., 63

(2006), 173–226.

[192] ———, *Introduction to Stokes structures*, Lecture Notes in Mathematics, 2060. Springer, Heidelberg, 2013.

[193] Morihiko Saito, *Modules de Hodge polarisables*, Publ. Res. Inst. Math. Sci. **24** (1988), no. 6, 849–995.

[194] ———, *Mixed Hodge modules*, Publ. Res. Inst. Math. Sci. **26** (1990), no. 2, 221–333.

[195] ———, *Vanishing cycles and mixed modules*, IHES preprint (1988).

[196] ———, *A young person's guide to mixed Hodge modules*, arXiv:1605.00435.

[197] Mutsumi Saito, *Irreducible quotients of A-hypergeometric systems*, Compositio Math., **147** (2011), 613–632.

[198] Mutsumi Saito, B. Sturmfels, and N. Takayama, *Gröbner deformations of hypergeometric differential equations*, Algorithms and Computation in Mathematics, vol. 6, Springer-Verlag, Berlin, 2000.

[199] Takahiro Saito, *On the mixed Hodge structures of the intersection cohomology stalks of complex hypersurfaces*, arXiv:1602.02976, submitted.

[200] Takahiro Saito and K. Takeuchi *On the monodromies and the limit mixed Hodge structures of families of algebraic varieties*, arXiv:1603.00702, submitted.

[201] M. Sato, T. Kawai, and M. Kashiwara, *Microfunctions and pseudo-differential equations*, Hyperfunctions and pseudo-differential equations (Proc. Conf., Katata, 1971; dedicated to the memory of André Martineau), Lecture Notes in Math., vol. 287, Springer, Berlin, 1973, pp. 265–529.

[202] P. Schapira, *Microdifferential systems in the complex domain*, Grundlehren der Mathematischen Wissenschaften, vol. 269, Springer-Verlag, Berlin, 1985.

[203] ———, *Cycles lagrangiens, fonctions constructibles et applications*, Séminaire sur les Équations aux Dérivées Partielles, 1988–1989, Exp. No. XI, 9, École Polytech, Palaiseau, (1989).

[204] P. Schapira and J.-P. Schneiders, *Elliptic pairs. I. Relative finiteness and duality; II. Euler class and relative index theorem*, Astérisque **224** (1994), 5–60; ibid. 61–98.

[205] W. Schmid and K. Vilonen, *Characteristic cycles of constructible sheaves*, Invent. Math. **124** (1996), no. 1–3, 451–502.

[206] W. Schmid and K. Vilonen, *Two geometric character formulas for reductive Lie groups*, J. Amer. Math. Soc., **11** (1998), 799–867.

[207] W. Schmid and K. Vilonen, *Characteristic cycles and wave front cycles of representations of reductive Lie groups*, Ann. Math. (2) **151** (2000), no. 3,

1071–1118.

[208] C. Schnell, *Holonomic D-modules on abelian varieties*, Publ. Math. IHES **121** (2015), 1–55.

[209] ———, *An overview of Morihiko Saito's theory of mixed Hodge modules*, arXiv:1405.3096.

[210] M. Schulze and U. Walther, *Irregularity of hypergeometric systems via slopes along coordinate subspaces*, Duke Math. J., **142** (2008), 465–509.

[211] J. Schürmann, *Topology of singular spaces and constructible sheaves*, Instytut Matematyczny Polskiej Akademii Nauk. Monografie Matematyczne (New Series) Mathematics Institute of the Polish Academy of Sciences. Mathematical Monographs (New Series), vol. 63, Birkhäuser Verlag, Basel, 2003.

[212] ———, *Lectures on characteristic classes of constructible functions*, Trends Math., Topics in cohomological studies of algebraic varieties, 175-201, Birkhauser, Basel, 2005.

[213] 関口次郎, 微分方程式の表現論への応用, 上智大学数学講究録. No. 27, 1988.

[214] J.-P. Serre, *Géométrie algébrique et géométrie analytique*, Ann. Inst. Fourier (Grenoble) **6** (1955–1956), 1–42.

[215] 渋谷泰隆, 複素領域における線型常微分方程式—解析接続の問題, 紀伊国屋書店, 1976.

[216] D. Siersma and M. Tibăr, *Singularities at infinity and their vanishing cycles*, Duke Math. J., 80 (1995), 771–783.

[217] R. Stanley, *The number of faces of a simplicial convex polytope*, Adv. in Math., 35, (1980), 236–238.

[218] ———, *Generalized h-vectors, intersection cohomology of toric varieties, and related results*, Advanced Studies in Pure Mathematics 11, (1987), 187–213.

[219] ———, *Subdivisions and local h-vectors*, J. Amer. Math. Soc. 5 (1992), no. 4, 805–851.

[220] A. Stapledon, *Formulas for monodromy*, arXiv:1405.5355.

[221] J. H. M. Steenbrink and S. Zucker, *Variation of mixed Hodge structure I*, Invent. Math., 80 (1985), 489–542.

[222] Y. Sugiki and K. Takeuchi, *Notes on the Canchy-Kowalevski theorem for E-modules*, J. Funct. Anal, 181 (2001), p.1–13.

[223] K. Takeuchi, *Microlocal vanishing cycles and ramified Canchy problems in the Nilsson class*, Compositio Math, 125 (2001), p.111–127.

[224] ———, *Dimension formulas for the hyperfunction solutions to holonomic D-modules*, Adv. in Math. **180** (2003), no. 1, 134–145.

[225] ———, *Perverse sheaves and Milnor fibers over singular varieties*, Ad-

vanced Studies in Pure Mathematics, Singularities in geometry and topology, (2007), 211-222.

[226] ———, *Monodromy at infinity of A-hypergeometric functions and toric compactifications*, Math. Ann., **348** (2010), 815–831.

[227] K. Takeuchi and M. Tibăr, *Monodromies at infinity of non-tame polynomials*, Bull. Soc. Math. France, **144** (2016), 477–506.

[228] T. Tanisaki, *Hodge modules, equivariant K-theory and Hecke algebras*, Publ. Res. Inst. Math. Sci. **23** (1987), no. 5, 841–879.

[229] 谷崎俊之, 環と体 3, 岩波書店, 1997.

[230] R. Thom, *Ensembles et morphismes stratifiés*, Bull. Amer. Math. Soc. **75** (1969), 240–284.

[231] M. Tibăr, *Bouquet decomposition of the Milnor fibre*, Topology, 35, (1996), 227-241.

[232] ———, *Topology at infinity of polynomial mappings and Thom regularity condition*, Compositio Math., 111, no. 1 (1998), 89–109.

[233] 上野健爾, 代数幾何, 岩波書店, 2005.

[234] A.-N. Varchenko, *Zeta-function of monodromy and Newton's diagram*, *Invent. Math.*, 37 (1976): 253–262.

[235] J.-L. Verdier, *Catégories dérivées (état 0), SGA* $4\frac{1}{2}$, LNM **569**, 262–311, Springer Verlag, 1977.

[236] O.-Y. Viro, *Some integral calculus based on Euler characteristics*, Lecture Notes in Math. 1346, Springer-Verlag, Berlin (1988), 127–138.

[237] C. Voisin, *Hodge theory and complex algebraic geometry, I, II*, Cambridge University Press, 2007.

[238] I. Waschkies, *The stack of microlocal perverse sheaves*, Bull. Soc. Math. France **132** (2004), no. 3, 397–462.

[239] M. Zerner, *Domaine d'holomorphie des fonctions vérifiant une équation aux dérivées partielles*, C. R. Acad. Sci. Paris S'er. I Math **272** (1971), 1646–1648.

索　引

K

L

M

N

O

P

Q

R

S

T

Memorandum

Memorandum

著者紹介

竹内（たけうち） **潔**（きよし）

1995年　東京大学大学院数理科学研究科数理科学専攻博士課程修了

専　攻　数理科学（代数解析学）

現　在　筑波大学数理物質系数学域 教授

共立講座 数学の輝き 11

$\mathcal{D}$ 加群

($\mathcal{D}$-modules)

2017 年 8 月 10 日　初版 1 刷発行

2017 年 10 月 30 日　初版 2 刷発行

著　者　竹内　潔　© 2017

発行者　南條光章

発行所　**共立出版株式会社**

〒 112-0006

東京都文京区小日向 4-6-19

電話番号　03-3947-2511（代表）

振替口座　00110-2-57035

共立出版㈱ホームページ

URL http://www.kyoritsu-pub.co.jp/

印　刷　啓文堂

製　本　ブロケード

検印廃止

NDC 411.8

ISBN 978-4-320-11205-6

一般社団法人

自然科学書協会

会員

Printed in Japan